Wolfgang Weber
Heiko Koch

Industrieroboter

Methoden der Steuerung und Regelung

5., aktualisierte und erweiterte Auflage

HANSER

Die Autoren:
Prof. Dr.-Ing. Wolfgang Weber, Wilhelm Büchner Hochschule Darmstadt/Hochschule Darmstadt
Dr.-Ing. Heiko Koch, Hochschule Darmstadt

Bibliografische Information der Deutschen Nationalbibliothek:
Die Deutsche Nationalbibliothek verzeichnet diese Publikation in der Deutschen Nationalbibliografie; detaillierte bibliografische Daten sind im Internet über *http://dnb.d-nb.de* abrufbar.

www.hanser-fachbuch.de
Lektorat: Julia Stepp
Herstellung: Melanie Zinsler
Coverkonzept: Marc Müller-Bremer, www.rebranding.de, München
Titelmotiv: © gettyimages.de/Prapass Pulsub
Coverrealisation: Max Kostopoulos
Satz: Eberl & Koesel Studio, Altusried-Krugzell
Druck und Bindung: CPI books GmbH, Leck
Printed in Germany

Print-ISBN: 978-3-446-46869-6
E-Book-ISBN: 978-3-446-46870-2

Inhalt

Vorwort zur 1. Auflage

Die Robotik als interdisziplinäres Gebiet

Roboter werden mit intelligenten Maschinen in Verbindung gebracht, die komplexe Arbeiten ähnlich dem Menschen zielgerichtet ausführen können. Die dabei angenommenen Möglichkeiten machen die Anziehungskraft und Faszination der Robotik aus. Der „Roboter" ist deshalb auch ein gesellschaftliches und kulturelles Objekt geworden. Neben der Diskussion um die Gentechnik dient die Robotertechnik als Bezugspunkt, um Möglichkeiten und Gefahren von aktuellen und zukünftigen technischen Entwicklungen zu diskutieren. In den eher nüchternen technischen Wissenschaften ist der Roboter ein beliebtes Testobjekt, um fortgeschrittene Verfahren der Steuerung, Regelung, Sensorik, künstlicher Intelligenz etc. anzuwenden.

Dieses Buch konzentriert sich auf die Industrierobotertechnik, die innerhalb der Robotik die größte ökonomische Bedeutung zu verzeichnen hat und Ausgangspunkt für neue Anwendungen z. B. in der Medizintechnik und im Servicebereich ist. Aber auch ein Industrierobotersystem selbst ist ein technisches Produkt, das nur in interdisziplinärer Zusammenarbeit vieler Fachdisziplinen entstehen kann. Ohne Anspruch auf Vollständigkeit können Mechanik, Maschinenbau, Elektrotechnik, Antriebstechnik, Informationsverarbeitung und Informatik, Mathematik, Regelungstechnik, Sensortechnik, Expertensysteme und künstliche Intelligenz genannt werden. Weiterhin ist zu bedenken, dass ein Industrieroboter beim Einsatz im industriellen Umfeld nur ein Teilsystem eines komplexen Fertigungsumfeldes ist und entsprechend mit anderen Industrierobotern und Automatisierungseinrichtungen zusammenarbeiten und mit Leitsystemen kommunizieren muss. Aus diesem Grunde wird die Robotertechnik auch von der Fertigungsplanung, Arbeitswissenschaft und betriebswirtschaftlichen Aspekten beeinflusst. Nicht zuletzt steht der Industrieroboter als markantes Rationalisierungsinstrument der Automatisierungstechnik im Zusammenhang mit einer sozialverträglichen Technikgestaltung in der Diskussion.

Schwerpunkt und Interessentenkreis des Buches

Wer sich in die Robotertechnik einarbeiten will, steht somit vor einem sehr umfangreichen und interdisziplinären Gebiet. In der Industrierobotertechnik werden vielseitig einsetzbare, leistungsfähige Komponenten der technischen Fachdisziplinen genutzt, um eine kostengünstige, hochflexible Maschine „Roboter" zu entwickeln. Schwerpunkt des Buches sind deshalb diejenigen Methoden der Kinematik, Dynamik und Regelung, die es auf der Basis dieser Komponenten ermöglichen, eine funktionsfähige Steuerung zu entwickeln und effektiv einzusetzen. Bei diesem mechatronischen Ansatz stehen Lagebeschreibung, Bewegungssteuerung, Programmierung, Beschreibung der Dynamik und Bewegungsregelung im Vordergrund. Kenntnisse der Bewegungsbeschreibung und Programmierung sind auch Voraussetzung, um sich in spezielle Teilbereiche der Robotik wie Sensorik,

Bildverarbeitung, fortgeschrittene Methoden der Programmierung, kooperative Roboter, Kollisionsvermeidung, künstliche Intelligenz und autonomes Verhalten einzuarbeiten.

Ausgehend von diesem Ansatz richtet sich das Buch an einen breiten Leserkreis. Studenten technischer Fachrichtungen und der Informatik an Universitäten und Fachhochschulen, die sich im Rahmen des Hauptstudiums mit der Robotertechnik beschäftigen, bietet das Buch einen Grundkurs in die Bewegungsbeschreibung, Programmierung und Regelung von Industrierobotern.

Für die wachsende Zahl von Ingenieuren, die sich mit der Anwendung von Industrierobotern beschäftigen, werden die benötigten Grundkenntnisse in der Bewegungsbeschreibung vermittelt, um einen Industrieroboter oder andere Mehrachsgeräte geeignet zu programmieren und damit effektiv einzusetzen. Die Leistungsfähigkeit der Steuerungshardware nimmt bei sinkenden Kosten zu. Dies eröffnet die Möglichkeit, auch außerhalb von Forschungslabors fortgeschrittene Regelungsalgorithmen zu entwickeln, zu erproben und einzusetzen. Den Ingenieuren in der Praxis, die diese Aufgaben angehen, bietet das Buch einen effizienten Zugang und Anregungen zur Modellbildung und zum Regelungsentwurf.

Erfahrungsgemäß bilden die mathematischen Methoden der Steuerung und Regelung die größten Hemmschwellen, wenn man sich als Ingenieurstudent/in mit der Robotertechnik befasst oder sich als Ingenieur/in in der Praxis neuen Methoden der Steuerung und Regelung zuwendet. Das Buch führt deshalb schrittweise mit einfachen, anwendungsnahen Beispielen in die unbedingt notwendige Mathematik der Steuerung und Regelung ein, damit die mathematischen Methoden schon bei der Einführung unmittelbar mit der Anwendung im Zusammenhang stehen. Die Methoden zur Steuerung und Regelung werden im Gegensatz zu anderen Lehrbüchern zuerst an einem Eingelenkarm und „Robotern“ mit zwei Gelenken eingeführt, bevor sie auf handelsübliche Industrieroboter angewandt werden. Die angebotenen Aufgaben können zumeist mit Matlab gelöst werden. Die beiliegende CD enthält Lösungsbeispiele und Programme und das in Matlab geschriebene Entwicklungs- und Visualisierungswerkzeug RoCSy. Mit einer menügesteuerten einfachen Programmiersprache ist es in RoCSy möglich, Bewegungen des Industrieroboters RV6 von Reis vorzugeben und im dreidimensionalen Raum mit einem Vollkörpermodell zu visualisieren. Auch die Simulation und grafische Darstellung des Regelungsverhaltens bei Einsatz konventioneller und fortgeschrittener Regelungsmethoden ist in RoCSy enthalten.

Zum Inhalt

Kapitel 1 gibt einen Überblick über einige wesentliche Teilgebiete der Robotik. Der folgende Inhalt des Buches kann in zwei Teile aufgeteilt werden. Der erste Teil des Buches (Kapitel 2 bis Kapitel 5) beschäftigt sich mit der kinematischen Beschreibung und der Programmierung, der zweite Teil (Kapitel 6 und Kapitel 7) behandelt die Dynamik und Regelung.

In Kapitel 2 wird nach Einführung der unbedingt nötigen Grundkenntnisse über Vektoren und Matrizen der Nutzen von Rotationsmatrizen, homogenen Matrizen (Frames) und der Denavit-Hartenberg-Konvention bei der Lagebeschreibung von Industrierobotern aus einfachen Anwendungsbeispielen abgeleitet. Dabei wird der Zugang zur Denavit-Hartenberg-Konvention für Industrieroboter durch eine neue, ausführliche Formulierung erleichtert. Die in der Robotik wichtigen Transformationen zwischen Gelenkkoordinaten und kartesischen Koordinaten werden in Kapitel 3 behandelt und exemplarisch an einem Zweigelenkroboter und am Knickarmroboter RV6 durchgeführt. Die wesentlichen Bewegungs- und Interpolationsarten erläutert Kapitel 4 ausführlich, während Kapitel 5 die Roboterprogrammierung zum Inhalt hat, die dazu dient, diese Bewegungsabläufe geeignet vorzugeben. Zur Übung und Visualisierung kann vom Leser die einfache Offline-Programmiersprache von RoCSy verwendet werden.

Im zweiten Teil des Buches wird in Kapitel 6 das Newton-Euler-Verfahren als für den Ingenieur zugänglichste und effizienteste Methode zur Beschreibung der Roboterdynamik behandelt. Dabei wird das Newton-Euler-Verfahren nicht wie gewöhnlich als anzuwendender Algorithmus gebracht, sondern auch für Ingenieure ohne fundierte Mechanikausbildung verständlich hergeleitet und an Beispielen erläutert. Elektrische Antriebssysteme mit antriebsnaher Servoelektronik und das Getriebe werden so weit beschrieben, wie es für die Gewinnung eines geeigneten Regelungsmodells notwendig ist und schließlich mit der Roboterarmdynamik in einfacher Weise zu einer Vektordifferenzialgleichung zusammengefasst, die als Grundlage für den Regelungsentwurf (Kapitel 7) dient. Zuerst wird in Kapitel 7 die konventionelle Kaskadenregelung behandelt, die die gegenseitige Beeinflussung durch Stellung und Bewegung der Achsen nicht explizit in den Regelungsentwurf einbezieht. Vorteile und Grenzen solcher Einzelgelenkregelungen werden diskutiert. Eine leistungsfähige fortgeschrittene Regelung muss diese Verkopplungen bei der Ansteuerung der Antriebe berücksichtigen. Als erste Möglichkeit zur Verbesserung der Regelungsgüte wird das Prinzip adaptiver Gelenkregelungen betrachtet und ein spezielles Verfahren näher erläutert. Anschließend werden solche modellbasierten Regelungen behandelt, die das nichtlineare Modell der Dynamik direkt in die Regelungsalgorithmen einbeziehen und somit zu einer Entkopplung beitragen. Aus den vielfältigen Verfahren aus dieser Klasse von Regelungsverfahren werden diejenigen behandelt, die einen einfachen transparenten Entwurf ermöglichen. In diesem Zusammenhang wird zum ersten Mal in einem Lehrbuch eine modellbasierte Regelung vorgestellt, die mit der in der Praxis üblichen Kaskadenstruktur arbeitet. Anschließend werden Vorgehensweise und prinzipielle Strukturen der Fuzzy-Technik und neuronalen Netze erläutert und einige Anwendungen in der Roboterregelung skizziert. Zum Abschluss wird ein Überblick über Strukturen von Kraftregelungen gegeben.

Der Anhang enthält einige Definitionen und Rechenregeln für Matrizen sowie Hinweise zum Gebrauch der Simulationssoftware RoCSy und weiteren Matlab-Programmen zu Bahnberechnungen und Simulation. Voraussetzung zur Nutzung der Matlab-Programme auf der CD ist eine Studentenversion oder Vollversion von MATLAB 5. Die lauffähigen Programme in MATLAB 6 können auf Anfrage vom Autor erhalten werden.

Voraussetzungen und Möglichkeiten der Nutzung des Buches

Zum Verständnis der ersten fünf Kapitel werden nur geringe mathematische Kenntnisse aus Trigonometrie, Geometrie, Analysis, Differential- und Integralrechnung vorausgesetzt. Das Arbeiten mit Vektoren und Matrizen wird, soweit benötigt, schrittweise eingeführt oder ist kurzgefasst im Anhang zu finden. Ein Leser, der sich ausschließlich in die Bewegungsbeschreibung und Programmierung einarbeiten will, muss sich nicht mit den umfangreichen Kapiteln 6 und 7 beschäftigen. Zur Erarbeitung von Hintergrundwissen zu den Bewegungsbefehlen der Roboterprogrammierung genügen aus Kapitel 3 die Prinzipien der kinematischen Transformationen.

Kapitel 6 führt in die Kinematik und Dynamik eines Industrieroboterarms als Mehrkörpersystem ein, wobei das Antriebssystem in das mathematische Modell einbezogen wird. Auf der Basis dieser Beschreibung werden in Kapitel 7 verschiedene Regelungsverfahren behandelt. Zum Studium dieser beiden Kapitel sollten grundlegende Kenntnisse der Kinematik und Dynamik und der Regelungstechnik vorhanden sein, wie sie in den ingenieurwissenschaftlichen Studiengängen an den Hochschulen gelehrt werden.

Danksagung

Ein solches Buch kann nur aus der intensiven Beschäftigung und kritischen Auseinandersetzung mit dem Thema entstehen. In diesem Sinne haben Kolleginnen und Kollegen aus dem beruflichen Umfeld und Studierende zur Entstehung des Buches beigetragen. So möchte ich mich besonders bei Herrn Dipl.-Ing. Günter Trautmann, Herrn Jens Meyer und den Studierenden und Diplomanden bedanken, die mitgeholfen haben, die Simulationsumgebung RoCSy zu entwickeln. Meinem Kollegen Herrn Prof. Dr. Friedrich Münter danke ich herzlich für die sorgfältige Durchsicht von Teilen des Manuskripts, Frau Dipl.-Ing. Erika Hotho vom Hanser Verlag für die gute Zusammenarbeit und die aufgebrachte Geduld. Voraussetzung ist auch die Förderung der Lehre und von Projekten im Bereich der Robotertechnik an der Fachhochschule Darmstadt durch die Hochschulleitung und die beteiligten Fachbereiche. Herzlich danken möchte ich auch Herrn Dipl.-Ing. Stefan Anton von der Fa. EASY-ROB™ für die Überlassung und Hilfe bei der Integration seiner Visualisierungssoftware in die Entwicklungsumgebung RoCSy. Die Firmen Reis Robotics GmbH, KUKA Roboter GmbH, Hirata Robotics GmbH, Bosch GmbH und imt Peter Nagler GmbH haben mir freundlicherweise werkseigenes Bildmaterial zur Verfügung gestellt. Dafür möchte ich mich herzlich bedanken.

Meine Familie hat durch ihr entgegengebrachtes Verständnis für die zusätzliche Arbeit wesentlich zum Gelingen des Buches beigetragen.

Darmstadt, März 2002 *Wolfgang Weber*

Vorwort zur 5. Auflage

Die 5., aktualisierte und erweiterte Auflage hält an dem Ziel fest, ein handliches und leicht verständliches Werk für Studierende und Praktiker bereitzustellen, das sowohl Grundlagen als auch spezielle Gebiete der Steuerung und Regelung behandelt.

Die Auflage zeichnet sich im Besonderen dadurch aus, dass Dr.-Ing. Heiko Koch als Co-Autor hinzugewonnen wurde. Neben verschiedenen Aktualisierungen und Ergänzungen hat er eine Einführung in die immer umfangreicher in der Praxis eingesetzte bildgestützte Regelung beigesteuert.

In Kapitel 2 wurde die Orientierungsbeschreibung durch Roll-Pitch-Yaw-Winkel (Roll-Nick-Gier-Winkel) aufgenommen. Die Rückwärtstransformation für einen SCARA-Roboter mit verschiedenen Methoden wurde in Kapitel 3 ergänzt. Zusätzlich zu den kubischen Splines werden in Kapitel 4 nun auch die quintischen Splines (Splines 5. Ordnung) behandelt. In Kapitel 5 wurde ein weiteres Beispiel zur Programmierung von Industrierobotern in der Sprache RAPID formuliert. In Kapitel 6 wurde explizit die Beziehung zwischen Denavit-Hartenberg-Parametern und kinematischen Angaben beim rekursiven Newton-Euler-Verfahren aufgeführt. Wie eingangs erwähnt, enthält Kapitel 7 neben einigen Ergänzungen zur Gelenkregelung nun einen Abschnitt zur bildgestützten Regelung. Die Website zum Buch wird laufend aktualisiert.

Wir danken allen Firmen und Einrichtungen, die uns aktuelles Bildmaterial zur Verfügung gestellt haben. Ebenso danken wir den Studierenden und Fachkolleg*innen, die Fehler gemeldet und konstruktive Vorschläge für die neue Auflage gemacht haben. Zu guter Letzt danken wir Frau Julia Stepp vom Carl Hanser Verlag für die angenehme und motivierende Zusammenarbeit bei der Vorbereitung der 5. Auflage.

Darmstadt, Oktober 2021 *Wolfgang Weber, Heiko Koch*

1 Komponenten eines Industrieroboters

1.1 Definition und Einsatzgebiete von Industrierobotern

Der Begriff **Roboter** hat seinen Ursprung im tschechischen Wort „robota“ (arbeiten) und wurde zuerst 1921 im Bühnenstück „Rossums Universal Robot“ des tschechischen Schriftstellers Karl Capek verwendet, wobei die Roboter alle schweren Arbeiten verrichten, mit der Zeit jedoch zu rebellieren beginnen. Auch heute wird der Begriff Roboter immer wieder mit Anthropoiden, menschenähnlichen Maschinen, in Verbindung gebracht, denen neben der Fähigkeit Werkzeuge zu führen und mechanische Arbeit zu verrichten auch Charaktereigenschaften und vom Willen gesteuertes Handeln unterstellt werden.

Der Begriff „intelligenter Roboter“ wird verwendet, wenn der Roboter als wissensbasierter Agent aufgefasst wird, der mehr oder weniger „intelligent“ mit seiner Umgebung interagiert (/1.15/). In diesem Zusammenhang befassen sich auch Sozial- und Kulturwissenschaftler mit den Auswirkungen der Robotik, meist im Zusammenhang mit der Künstlichen Intelligenz, auf die gesellschaftliche Entwicklung (s. z.B. /1.2/, /1.7/).

Auch in technisch orientierten Kreisen wird zum Teil der Begriff Roboter weit gefasst. So werden z.B. Systeme, die etwas wahrnehmen, diese Information verarbeiten und dann entsprechend handeln, als Roboter bezeichnet. Unter solche weit gefassten Definitionen lassen sich autonome Fahrzeuge, mit Sensorik ausgerüstete Baumaschinen etc., aber auch einfachere Systeme einordnen.

In diesem Buch soll der Industrieroboter im Mittelpunkt stehen. Der Industrieroboter kann als Handhabungsgerät aufgefasst werden. Die **Handhabungstechnik** befasst sich mit technischen Einrichtungen, die Bewegungen in mehreren Bewegungsachsen im Raum ähnlich den Bewegungen des Menschen ausführen. Einteilung und Definition von **Handhabungsgeräten** weichen mehr oder weniger voneinander ab. In der VDI-Richtlinie 2860 wird Handhaben als „das Schaffen, definierte Verändern oder vorübergehende Aufrechterhalten einer vorgegebenen räumlichen Anordnung von geometrisch bestimmten Körpern“ verstanden.

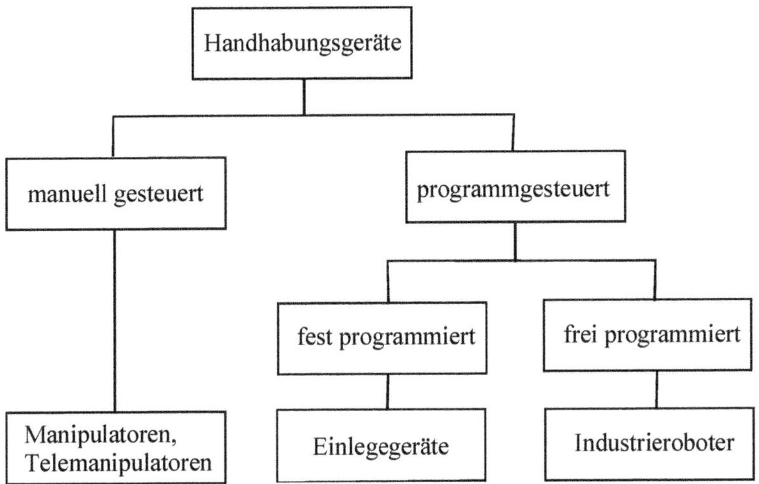

Bild 1.1 Einteilung von Handhabungsgeräten

Obwohl mit dem Industrieroboter vielfältige Bearbeitungsaufgaben wie Schweißen und Lackieren ausgeführt werden, wird er meist als spezielles Handhabungsgerät betrachtet. Bild 1.1 zeigt eine mögliche Einteilung. **Einlegegeräte** werden zum Zuführen und Entnehmen von Werkstücken eingesetzt. Sie haben wenige Achsen und erhalten Weginformationen über Endschalter. Mit diesen Geräten ist es nicht möglich, definierte Bahnen im Raum zu programmieren. Manipulatorsysteme dienen der Fernhantierung, sie haben die Entwicklung von Industrierobotern entscheidend beeinflusst. **Manipulatoren** werden durch menschliche Intelligenz gesteuert. Ein Operateur trifft Entscheidungen und gibt Bewegungen vor. Manuelle Geschicklichkeit, kognitive Fähigkeiten, komplexe Sensorik und Erfahrung des Menschen werden genutzt und vom technischen System unterstützt. Der Einsatz liegt hauptsächlich bei schwierigen, unerwarteten Hantierungsaufgaben in schwer zugänglichen, gesundheitsgefährdenden Umgebungen. Zur Steuerung des Arbeitsarms des Telemanipulatorsystems werden ähnlich aufgebaute Bedienarme, Joy-Sticks oder Ähnliches genutzt. **Telemanipulatoren** sind ferngesteuerte Manipulatoren, wobei der Bediener über ein Kamerasystem Informationen über die Arbeitsumgebung erhält. Oft sind jedoch auch Telemanipulatoren programmierbar oder die Telemanipulatortechnik wird zur Programmierung von Industrierobotern verwendet. Die VDI-Richtlinie 2860 definiert den **Industrieroboter** auf folgende Weise:

> *Industrieroboter sind universell einsetzbare Bewegungsautomaten mit mehreren Achsen, deren Bewegungen hinsichtlich Bewegungsfolge und Wegen bzw. Winkeln frei programmierbar (d. h. ohne mechanischen Eingriff vorzugeben bzw. änderbar) und gegebenenfalls sensorgeführt sind. Sie sind mit Greifern, Werkzeugen oder anderen Fertigungsmitteln ausrüstbar und können Handhabe- oder andere Fertigungsaufgaben ausführen.*

Etwas allgemeiner ist die Definition nach DIN EN ISO 8373. In Japan wird von der Japan Industrial Robot Association (JIRA) der Begriff Industrieroboter viel weiter gefasst (/1.8/). Bei einem Zahlenvergleich bez. des Einsatzes von Industrierobotern in verschiedenen Ländern ist deshalb Vorsicht geboten.

Der wesentliche Unterschied zu den anderen Handhabungsgeräten liegt in den Eigenschaften „frei programmierbar“ und „universell einsetzbar“. Der Industrieroboter hat aus ökonomischen Gründen dort sein Haupteinsatzgebiet, wo kürzere Produktzyklen, kleinere Serien und damit eine kostengünstige flexible Umrüstung gefordert sind. Wichtige Anwendungsgebiete sind Be- und Entladen, Schweißen, Entgraten, Lackieren, Montage, Vermessen. Aus der Industrieroboter- und Manipulatortechnik entstanden auch verwandte Bereiche wie Roboter im Bauwesen, Anwendungen in der Medizintechnik, Serviceroboter für Dienstleistungen u. Ä.

Die Servicerobotertechnik stellt eine Verbindung zwischen der Manipulatortechnik und der Industrierobotertechnik her. Ein Serviceroboter erbringt Dienstleistungen für den Menschen, er reagiert dabei direkt auf Anweisungen des Menschen wie ein Manipulator, führt aber auch Teilaufgaben automatisch und programmgeführt durch.

1.2 Mechanischer Aufbau

Ein Industrieroboter hat die Aufgabe einen Effektor geeignet im Raum zu führen. Der **Effektor** kann ein Greifer, eine Messspitze, ein Bearbeitungswerkzeug etc. sein. Der Effektor ist dasjenige Teil des Roboterarms, welches mit der Umgebung in Kontakt tritt, um Werkstücke aufzunehmen, zu bearbeiten und vieles mehr. Ein charakteristischer Punkt des Effektors, z. B. die Werkzeugspitze, wird **Tool Center Point (TCP)** genannt. Der Roboter besteht aus mehreren Armteilen und Gelenken. Die Anordnung der Armteile und Gelenke bestimmt die kinematische Struktur. Man unterscheidet zwei Hauptklassen: Die serielle Kinematik und die Parallelkinematik.

Ein serieller Roboter besteht aus einer Aneinanderreihung von Armteilen, die durch **Gelenke (Achsen)** verbunden sind. Der **Effektor** kann als letztes Armteil aufgefasst werden. Die Bewegungsmöglichkeiten des Effektors sind im Wesentlichen durch die mechanische Konstruktion des Roboters bestimmt, d. h. durch die Größenverhältnisse der Armteile, den Typ und die Anordnung der Gelenke. Man spricht auch etwas ungenau von der **Roboterkinematik.** In Bild 1.2a ist ein Industrieroboter der Firma Stäubli Tec-Systems mit sechs rotatorischen Gelenken (Drehgelenken) abgebildet. Dieser häufig verwendete Typ wird als vertikaler **Knickarmroboter** bezeichnet und kann vielseitig eingesetzt werden.

Man unterteilt die Achsen eines Industrieroboters in Haupt- und Nebenachsen. Die **Hauptachsen** beeinflussen wesentlich die Position des TCP im Raum, während die **Nebenachsen** nur kleine Positionsänderungen hervorrufen aber hauptsächlich die Ausrichtung des Effektors, die Orientierung, bestimmen.

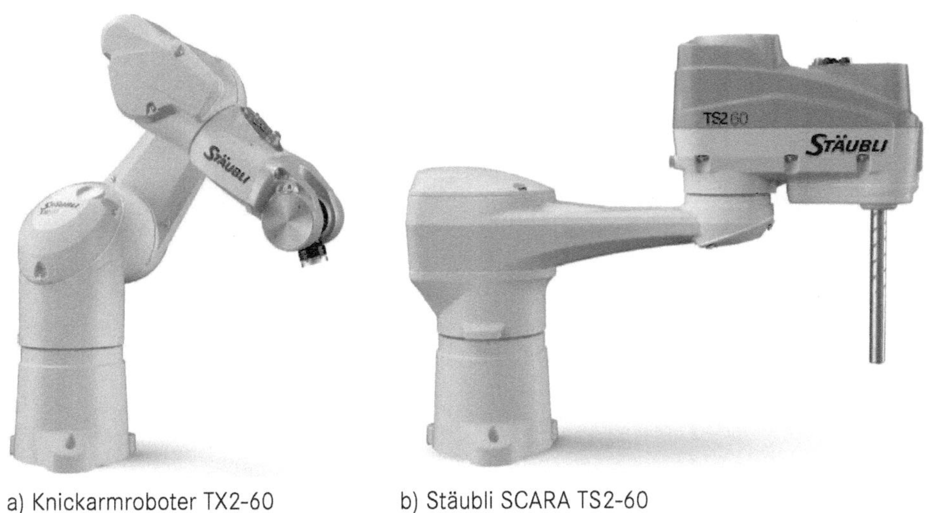

a) Knickarmroboter TX2-60 b) Stäubli SCARA TS2-60

Bild 1.2 a) Knickarmroboter TX2-60 (Werkbild Stäubli), b) SCARA-Roboter TS2-60 von Stäubli (Werkbild Stäubli)

Ein Körper, der sich im Raum frei bewegen kann, hat den Freiheitsgrad 6. Nach der VDI-Richtlinie 2861 ist der **Freiheitsgrad** f die Anzahl der möglichen unabhängigen Bewegungen (Verschiebungen, Drehungen) eines starren Körpers gegenüber einem Bezugssystem. f entspricht der Anzahl der Angaben, die die Lage eines Körpers im Raum vollständig beschreibt. Die Lage des Effektors (Position und Orientierung), auch **Pose** in der Roboterliteratur genannt, kann durch drei Positionsangaben und drei Drehwinkel bezogen auf ein Bezugskoordinatensystem beschrieben werden (s. auch Abschnitt 2.1).

Der **Getriebefreiheitsgrad** F gibt an, wie viele unabhängig voneinander angetriebene Achsen zu einer eindeutigen Bewegung des Roboterarms führen. Durch eine geeignete Anordnung der Gelenke kann mit sechs Gelenkachsen ($F = 6$) dem Effektor der maximale Freiheitsgrad $f = 6$ verliehen werden. Dies ist bei den Knickarmrobotern mit sechs Achsen realisiert. In Sonderfällen werden Roboter mit mehr als sechs Achsen ($F > 6$) eingesetzt, sogenannte **redundante Kinematiken**, um die Feinbewegungen zu verbessern, was jedoch zu höheren Kosten verbunden mit einem größeren Steuerungsaufwand führt. Auch Zweiarmroboter werden für spezielle Aufgaben eingesetzt. Bild 1.3a zeigt eine Lösung der Fa. YASKAWA Europe GmbH mit insgesamt 15 Gelenken. Ein solches Zweiarmsystem eignet sich für eine flexible und platzsparende Montage, wobei zusätzlich Haltevorrichtungen eingespart werden können. Während die typischen Industrieroboter ein Verhältnis der Lastmasse zur Eigenmasse von 1 : 10 aufweisen, sind Leichtbauroboter auf dem Markt, die ein Verhältnis der Lastmasse zur Eigenmasse von ca. 1 : 2 aufweisen. Bild 1.3b zeigt den Leichtbauroboter iiwa von KUKA, der sieben Drehgelenke hat. Die Vorarbeiten zu diesem Roboter wurden vom Institut für Mechatronik und Roboter des Deutschen Zentrums für Luft- und Raumfahrt (DLR) geleistet. Die notwendige Steifigkeit wird durch fortgeschrittene Regelungsalgorithmen erreicht, die auch auf zusätzliche Sensorwerte, z. B. die Gelenkbeschleunigung, zugreifen können.

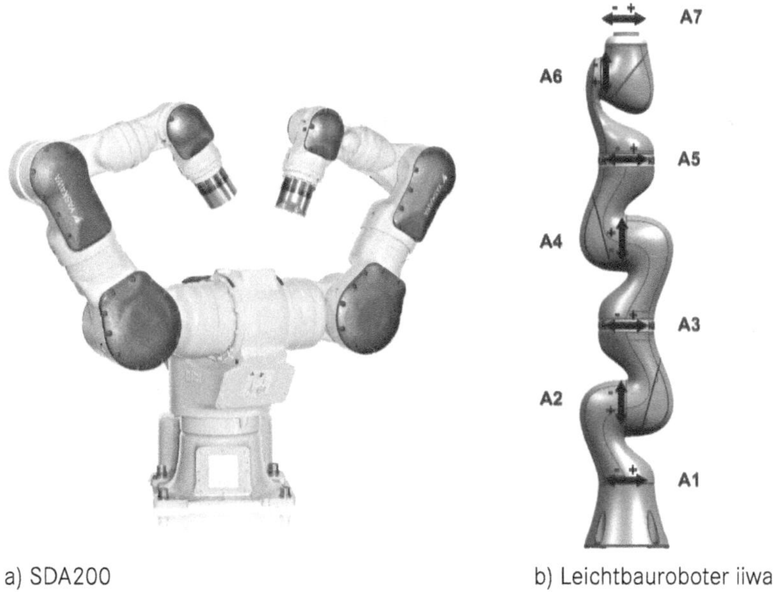

a) SDA200 b) Leichtbauroboter iiwa

Bild 1.3 a) Zweiarmroboter SDA20F (Werkbild YASKAWA), b) Leichtbauroboter iiwa (Werkbild KUKA Roboter GmbH)

Roboter mit weniger als sechs Achsen führen zu einem Freiheitsgrad von $f < 6$. Ein wichtiger Vertreter dieser Klasse ist der **SCARA-Roboter**, auch **Schwenkarmroboter** genannt. SCARA ist die Abkürzung für „Selective Compliance Assembly Robot Arm". Bild 1.2b zeigt den SCARA TS60 der Fa. Stäubli. Dieser Typ eines seriellen Roboters eignet sich für Arbeiten, die in einer Ebene stattfinden, z. B. Bohren, Lötpunkte auf einer Platine setzen, bestimmte Montage- und Handhabungsvorgänge. Die ersten zwei rotatorischen Gelenke dienen zur Positionierung in einer Ebene, die dritte Achse ist eine Translationsachse, die zur Höhenverstellung dient, z. B. Senken und Anheben beim Bohrvorgang, und die vierte Achse ist wieder eine Drehachse (s. auch Bild 2.19b). Im Arbeitsbereich kann eine beliebige Position des TCP angefahren werden, aber die Werkzeugspitze zeigt stets auf die Bearbeitungsebene. Die Orientierung des Effektors kann nur durch Drehung um die Längsachse verändert werden, der Freiheitsgrad des Effektors ist $f = F = 4$.

Weitere wichtige geometrische Kenngrößen beziehen sich auf den von bewegten Teilen des Roboters erreichbaren Raum. Nach DIN 2861, Blatt 1, wird unter **Arbeitsraum** derjenige Raumbereich verstanden, der vom Mittelpunkt der Schnittstelle zwischen den Nebenachsen und dem Effektor mit der Gesamtheit aller Achsbewegungen erreicht werden kann. In Bild 1.4 sind die Arbeitsräume eines Vertikalknickarmroboters und eines SCARA-Roboters skizziert. Die vollständigen Kennzeichnungen der Raumaufteilung sind in DIN 2861, Blatt 1, zu finden. Oft wird unter Arbeitsraum auch der Raumbereich verstanden, der mit dem TCP erreicht werden kann (**„reachable workspace"**, /1.12/). Derjenige Raumbereich, bei dem zusätzlich zur Positionierung des TCP auch die Orientierung des Effektors frei gewählt werden kann, ist dann ein Teilraum des Arbeitsraums (**„dexterous workspace"**, /1.12/).

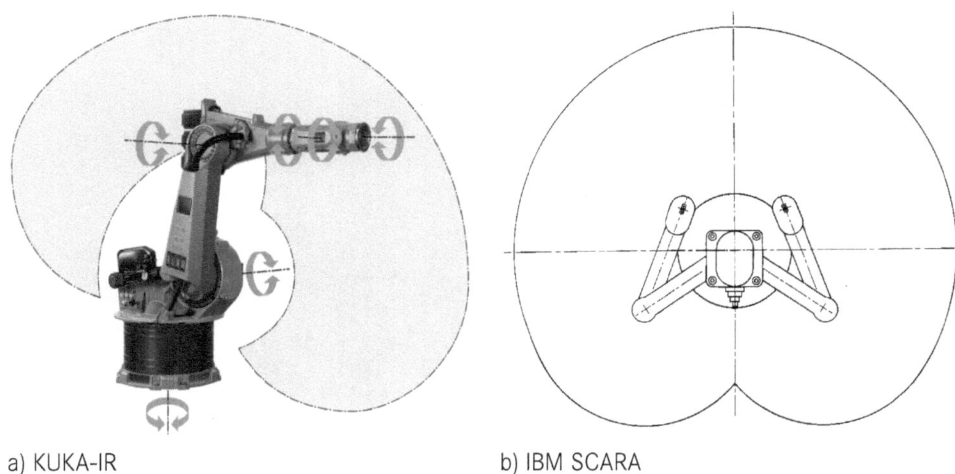

a) KUKA-IR b) IBM SCARA

Bild 1.4 a) Arbeitsraum eines KUKA Knickarmroboters (Werkbild KUKA Roboter GmbH), b) Arbeitsraum eines IBM SCARA-Roboters (Werkbild IBM)

Die folgenden Abschnitte und Kapitel beziehen sich auf serielle kinematische Strukturen, die die größte Bedeutung haben. In Spezialgebieten werden auch **Parallelroboter** eingesetzt. Bei diesen Parallelkinematiken wirken mehrere Schub- oder Drehgelenke direkt auf den Effektor. Bild 1.5a zeigt den Hexapod PI-HexAntenna von Physik Instrumente (PI) mit 6 Schubgelenken. Bild 1.5b stellt einen sogenannten Delta-Roboter autonox 24 von MAJAtronic GmbH mit vier rotatorischen Gelenken dar. Parallelroboter können den Effektor auf kleinstem Raum sehr schnell positionieren und orientieren, sie sind relativ steif und die bewegten Massen sind gering. Allerdings ist der Arbeitsraum relativ klein. Einsatzgebiet sind im Besonderen schnelle Handhabungsaufgaben, die oft mit einer Bildverarbeitung zur Lageerkennung der zu hantierenden Teile verknüpft ist. Es gibt Ansätze den Arbeitsraum durch Zusatzachsen oder durch mehrere Arme zu erweitern (z. B. Adept Quattro s650).

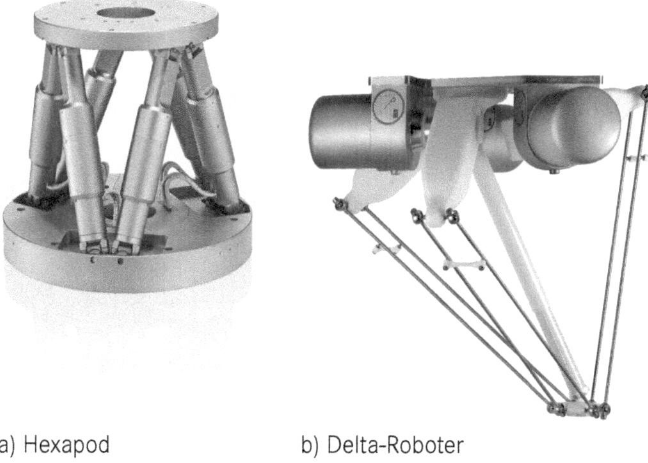

a) Hexapod b) Delta-Roboter

Bild 1.5 a) Hexapod PI-HexAntenna (Werkbild Physik Instrumente (PI)), b) Delta-Roboter autonox 24 (Werkbild autonox GmbH)

1.3 Steuerung und Programmierung

Robotermechanik, Robotersteuerung und Programmiersystem werden oft als Einheit verstanden und vom Hersteller geliefert. Bild 1.6 zeigt als Beispiel eine Übersicht über die Geräteausrüstung und die Schnittstellen für die PC-basierte Robotersteuerung KR C4 von KUKA Roboter GmbH. Bedienung, Anzeige, Dateiverwaltung, Abarbeitung des Roboterprogramms und die Bahnplanung werden auf dem PC (4) unter dem Betriebssystem Windows durchgeführt, ergänzt durch die Echtzeiterweiterung VxWorks. Neben der Programmerstellung mit dem Handprogrammiergerät (14) ist natürlich auch eine Offline-Programmierung in der Programmiersprache KRL (KUKA Robot Language) möglich. Weitere wichtige Komponenten sind das CSP (Control System Panel, 3), das als Anzeigeelement für den Betriebszustand dient und die CCU (Cabinet Control Unit, 9). Die CCU ist die zentrale Stromverteilungseinheit und Kommunikationsschnittstelle für alle Komponenten der Robotersteuerung. In 5, 6, 7 sind das Antriebsnetzteil und die Antriebsregler untergebracht. Das SIB/SIB-Extended (Safety Interface Board, 10) stellt sichere diskrete Ein- und Ausgänge zur Verfügung. Weitere Komponenten sind Netzfilter (1), Hauptschalter (2), Bremsenfilter (8), Akkus (12) und ein Anschlussfeld (13), das im Wesentlichen Anschlüsse für Motorleitungen und Datenleitungen von und zum Manipulator bereitstellt. Hier ist auch die Schnittstelle zum RDC (Resolver Digital Converter), der die Signale der Resolver zur Messung der Motorpositionsdaten aufbereitet und über den internen KUKA Controller Bus (KCP) den Antriebsreglern zuführt. Über eine entsprechende Konfiguration des KEB (KUKA Extension Bus) kann die Robotersteuerung über einen Bus (PROFIBUS, EtherCAT, DeviceNet) oder einer seriellen Schnittstelle mit anderen Steuerungen, z. B. mit einer SPS, kommunizieren.

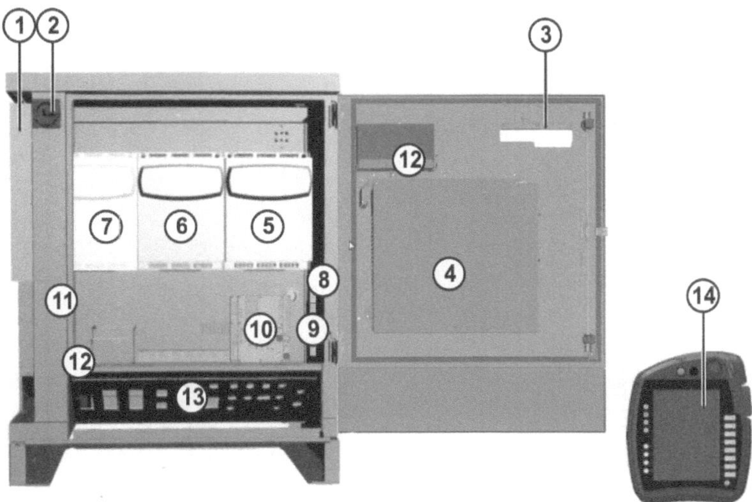

Bild 1.6 Gesamtübersicht über die Steuerung KR C4 (Werkbild KUKA Roboter GmbH)

Steuerung und Programmiersystem haben unterschiedliche Aufgaben (s. schematische Einteilung in Bild 1.7). Das **Programmiersystem** stellt dem Anwender Funktionen und Befehle bereit, um Bewegungsprogramme aufzustellen, zu korrigieren und zu testen.

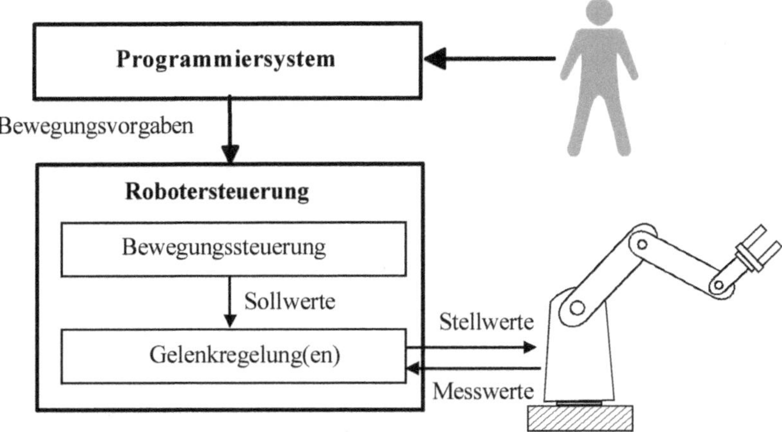

Bild 1.7 Hauptkomponenten Programmiersystem und Steuerung

Zusätzlich kann festgelegt werden, wie die Bewegungsabläufe in Abhängigkeit peripherer Ereignisse abgearbeitet werden sollen. Ergänzend stehen Softwarehilfsmittel zum Ein- und Auslesen, zum Archivieren und Dokumentieren von Programmen, zur Visualisierung der Roboterbewegung etc. zur Verfügung (s. Kapitel 5). Das Programmiersystem ist ein wesentlicher Teil der Schnittstelle zwischen dem Anwender und dem Industrieroboter (**HMI – Human Machine Interface**). Es ermöglicht dem Anwender erst, die in der Steuerung enthaltenen Algorithmen zur Interpolation zu nutzen. Wie bei anderen hochentwickelten Maschinen sind die Eigenschaften des HMI ein wichtiges Entscheidungskriterium für den Einsatz von Industrierobotern, da eine der Anwendung entsprechende, einfache, flexible Programmierung und damit Nutzung des Industrierobotersystems aus Kostengründen wesentlich ist. In neueren Entwicklungen wird eine Steuerungssoftware für mehrere Roboterarme bereitgestellt (z. B. Steuerung IRC5 von ABB). Dies fördert die koordinierte Zusammenarbeit mehrerer Roboter an einer Aufgabe (**kooperierende Roboter**).

Die Robotersteuerung umfasst die notwendige Hardware und Systemsoftware, um die Antriebsmotoren so anzusteuern, dass die durch die Programme vorgegebenen Bewegungs- und Bearbeitungsvorgänge ausgeführt werden. Hauptkomponente der Robotersteuerung ist die **Bewegungssteuerung**, die aus der programmierten Bewegung Sollverläufe für die Gelenkbewegungen berechnet. Es müssen geeignete zeitliche Zwischenwerte zwischen den programmierten Zielstellungen des Roboters berechnet werden (**Interpolation**, s. Kapitel 4). Bewegungen, die im kartesischen Raum definiert sind, müssen auf entsprechende Gelenkbewegungen transformiert werden (**inverse Kinematik**, s. Kapitel 3).

Die **Gelenkregelung** hat die Aufgabe, auf der Basis dieser Sollbewegungen und der Messwerte der Gelenkgrößen die Servomotoren über die Antriebskarten so anzusteuern, dass sich trotz Störgrößen wie wechselnde Lasten und Kopplungen zwischen den Gelenkbewegungen eine hinreichend genaue Bewegung einstellt. In Bild 1.8 ist ein Wirkschema mit den wesentlichen Softwarekomponenten einer Robotersteuerung skizziert. Zu den erwähnten Aufgaben kommen noch die Echtzeitsteuerung, Schnittstellen zur Verarbeitung von Signalen der Peripherie etc.

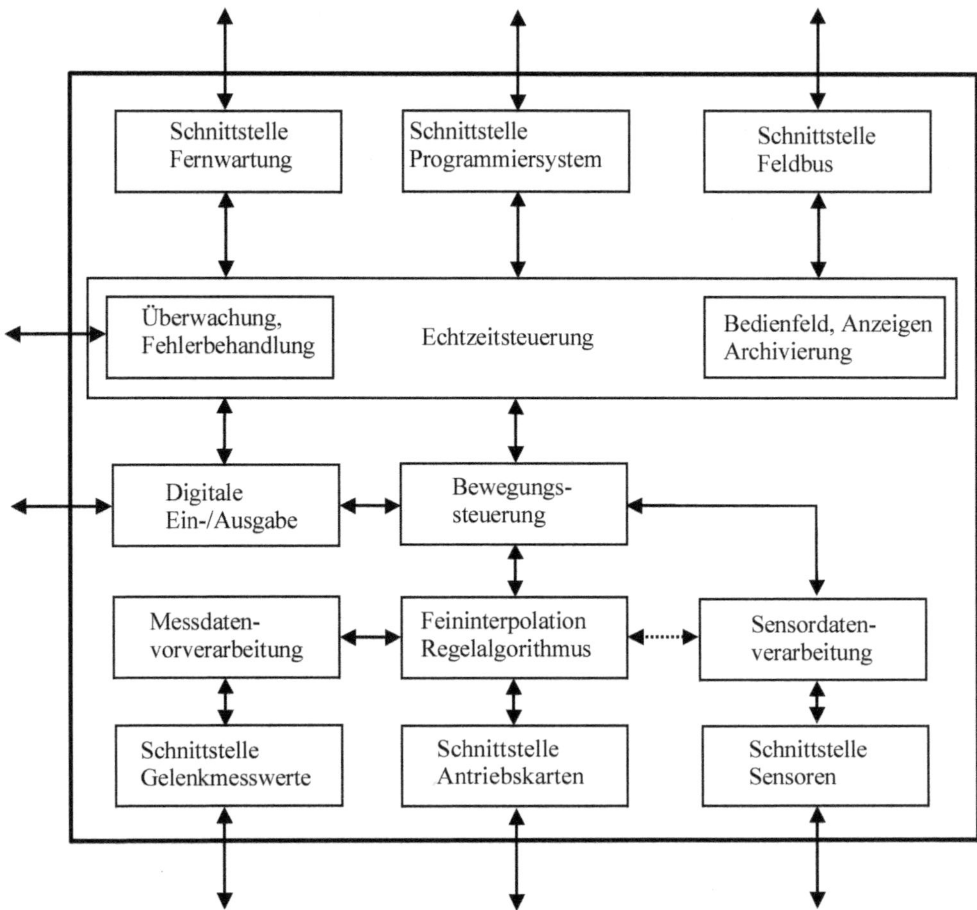

Bild 1.8 Wirkschema der wesentlichen Softwarekomponenten einer Robotersteuerung

Immer mehr Firmen, die nicht zu den Roboterherstellern gehören, entwerfen und konstruieren neue oder modifizierte Roboter für spezielle Anwendungen. Zur Unterstützung bei der Softwareentwicklung können die Open-Source-Bibliotheken von ROS (Robot Operating System) verwendet werden (/1.18/).

1.4 Struktur und Aufgaben der Regelung

Bei der Regelung von Industrierobotern kann man prinzipiell Lageregelungen und Kraftregelungen unterscheiden. Eine **Kraftregelung** soll dafür sorgen, dass definierte Kräfte/Drehmomente auf die Arbeitsumgebung ausgeübt werden. Bei der **Lageregelung** besteht die Aufgabe, unabhängig von den Bearbeitungskräften/Momenten eine gewünschte Roboterbewegung zur Durchführung einer Arbeitsaufgabe zu garantieren. Da eine komplexe Arbeitsaufgabe allein mit einer Kraftregelung nicht zu bewerkstelligen ist, treten Mischformen zwischen Lage- und Kraftregelungen auf (**hybride Regelungen**), bei denen zwischen Lage- und Kraftregelung aufgabenspezifisch umgeschaltet wird. Während in der industriellen Praxis aus verschiedenen Gründen noch relativ wenige Kraftregelungen eingesetzt werden, muss in jeder Robotersteuerung eine Lageregelung vorhanden sein.

Die funktionelle Einbettung der Regelung in die Robotersteuerung ist aus Bild 1.9 ersichtlich. Durch die Bewegungssteuerung wird abhängig von den Anweisungen des Programmierers eine Sollbewegung erstellt und damit der gewünschte Bewegungszustand zu jedem Zeitpunkt des Arbeitsvorganges definiert. Abhängig von diesen Sollgrößen und entsprechenden Messgrößen werden von einem geeigneten Regelalgorithmus Stellwerte berechnet. Mit diesen Stellwerten wird das Antriebssystem so angesteuert, dass sich das gewünschte Verhalten so gut wie möglich einstellt. Zur Ausführung von Arbeiten tritt dabei der Effektor des Industrieroboters mit der Arbeitsumgebung in Kontakt, beispielsweise zum Greifen von Objekten, Bearbeiten von Werkstücken etc. Aus der Sicht einer Bewegungsregelung sind die dadurch auftretenden Kräfte und Drehmomente Störgrößen.

Zur Regelung der Gelenkbewegung eines Roboters müssen Messwerte über die Gelenkwinkel, Schublängen bzw. die Gelenkgeschwindigkeiten vorliegen. Während die technischen Einrichtungen zur Erfassung dieser Größen von einigen Autoren als **interne Sensoren** aufgefasst werden (/1.13/, /1.25/), sind sie in /1.14/ als **Messaufnehmer** bezeichnet.

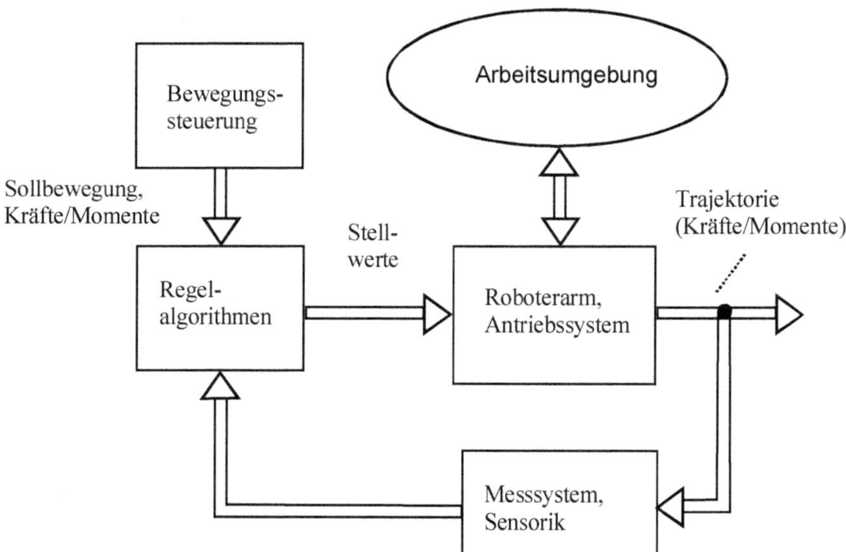

Bild 1.9 Grobstruktur der Regelung

Nach der Definition in /1.14/ liefert das Messsystem Informationen über die Bewegung der Achsen, während ein Sensor Aussagen über die Umgebungssituation liefert (z.B. Werkstück xy in den Toleranzgrenzen auf dem Förderband) und den weiteren Ablauf des Arbeitsvorganges beeinflusst. Auf der Basis von Sensorinformationen kann die Steuerung auf Ereignisse und Zustände reagieren, die nicht vom Programmierer im Detail vorausgesehen werden können. Diese Teilautonomie ist auch Voraussetzung für eine Entwicklung von der roboterorientierten Programmierung in Bewegungsbefehlen hin zur aufgabenorientierten Programmierung (/1.15/, /1.25/). Bei der Sensorentwicklung sind in der Robotertechnik vor allem die sensorischen Fähigkeiten des Menschen beim Fühlen und Sehen ein Vorbild. Taktile Sensoren, Kraft-/Momentensensoren, Abstandssensoren und videooptische Sensoren mit anschließender Bildverarbeitung finden mehr und mehr Einsatz in der industriellen Praxis. Da die Sensoren Prozesszustände an die Steuerung rückmelden, kann die Verarbeitung dieser Informationen als **externer Regelkreis** aufgefasst werden, der angepasste Bewegungssollwerte in Arbeitskoordinaten (kartesische Koordinaten) generiert und nach einer Koordinatentransformation (**inverse Kinematik**) der **internen Regelung** (**Gelenkregelung**) Bewegungssollwerte zur Verfügung stellt (Bild 1.10). Einige Sensoren wie Kraft-/Momentensensoren können auch direkt den Gelenkregelkreis beeinflussen.

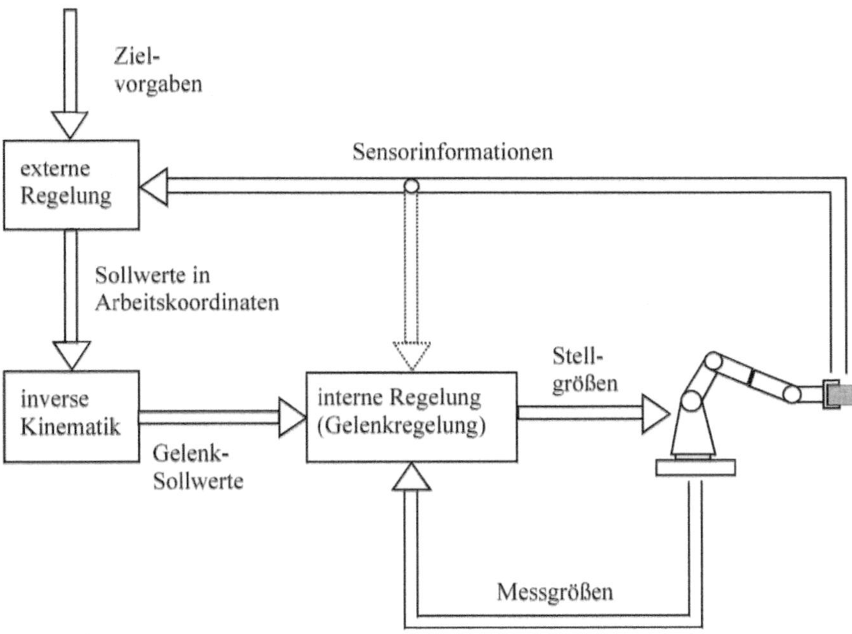

Bild 1.10 Interne und externe Roboterregelung

In Kapitel 7 wird die Gelenkregelung ausführlich behandelt. Eine charakteristische Eigenschaft der Gelenkregelung von Industrieroboterarmen sind die nichtlinearen Verkopplungen. Ausgangsgrößen der Gelenkregelung sind die Bewegungen der Gelenkachsen, sie beeinflussen sich gegenseitig. Veranlasst die Regelung, ein Drehmoment bzw. eine Schubkraft auf eine Gelenkachse zu ändern, hat das nicht nur Auswirkungen auf diese Gelenkachse, sondern i. Allg. auf alle anderen Gelenkbewegungen. Daher ist die Regelstrecke Roboterarm ein verkoppeltes **Mehrgrößensystem**. Die Beziehungen sind zudem nichtlinear, da trigonometrische Funktionen und Quadrate von zeitabhängigen Größen zur Beschreibung verwendet werden müssen.

Anhand des Roboters mit drei Gelenken in Bild 1.11 sollen einige auftretende Verkopplungen verdeutlicht werden:

- Der Verlauf des Gelenkwinkels $\theta_1(t)$, der sich bei einem gegebenen Drehmoment $\tau_1(t)$ einstellt, hängt vom Verlauf der Gelenkwinkel θ_2 und θ_3 ab, da das wirkende Massenträgheitsmoment bei einer Beschleunigung von Gelenk 1 von diesen Winkeln abhängt. Ist der Arm nach oben ausgestreckt (vertikale Stellung), ist das Massenträgheitsmoment minimal. In horizontaler Stellung der Armteile 2 und 3 wirkt ein maximales Massenträgheitsmoment.
- Die Gravitation bewirkt im Gelenk 2 ein Drehmoment, das von der Stellung der Gelenke 2 und 3 abhängt. Es gilt: In vertikaler Stellung hat die Gravitation keine Wirkung, in horizontaler Stellung jedoch maximale Wirkung.
- Bewegt sich Gelenk 1, so wirken Zentripetalmomente in den Gelenken 2 und 3, die von der Winkelgeschwindigkeit des Gelenks 1 und den aktuellen Winkeln θ_2, θ_3 abhängen.

Die regelungstechnische Behandlung der Verkopplungen und die Forderung aus der Praxis, dass die Bewegungen des Roboterarms möglichst schnell mit großer Bahngenauigkeit zu erfolgen haben, sind die prägenden Herausforderungen für die Gelenkregelung. Zudem geht die weitere Entwicklung in Richtung **„Leichtbauroboter"** (s. auch Bild 1.3b), d. h. das Verhältnis von bewegten Eigenmassen des Roboterarms zu aufgenommenen Lastmassen wird kleiner, was von der Regelung eine große Robustheit gegenüber veränderlichen Lastmassen bzw. adaptive Eigenschaften erfordert. Da der Einsatz von Kraft-/Momentensensorik immer wirtschaftlicher wird, werden neue Einsatzgebiete z. B. in der Montage erschlossen, bei der die Kraftregelung eine zunehmende Rolle spielen wird.

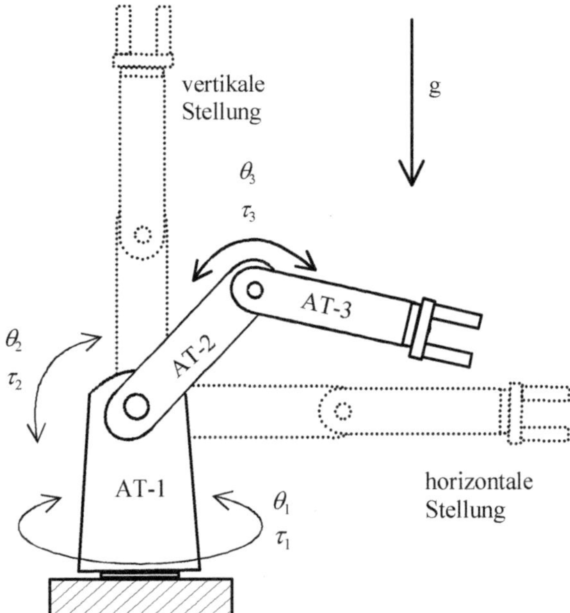

Bild 1.11 Kopplungen an einem Roboterarm mit drei Gelenken

1.5 Neuere Einsatzfelder und Konzepte der Industrierobotik

Die Entwicklung der Industrierobotertechnik war lange Zeit von der Großserienproduktion, im Besonderen durch die Automobilindustrie, geprägt. Die hochflexible Produktionsmaschine Industrieroboter hatte im Wesentlichen schnelle und/oder genaue Bewegungen durchzuführen. Drei Randbedingungen beeinflussen heute und in jüngster Vergangenheit die Entwicklung: Die Reduzierung der Losgrößen durch eine größere Produktvielfalt, der verstärkte Einzug der Industrierobotertechnik in kleine und mittelständische Unternehmen und die Erschließung von Anwendungen wie die Montage oder der Einsatz im Lebensmittelbereich und anderen Anwendungsfeldern, die noch vor einigen Jahren für die Robotertechnik kaum Bedeutung hatten.

In kleinen und mittelständischen Unternehmen sind zumeist keine Spezialisten für die Roboterprogrammierung vorhanden. Bei kleinen Losgrößen ist es wichtig, dass bei einer Umrüstung die Einrichtzeiten reduziert werden. Aus diesen Gründen stand und steht die Vereinfachung und Beschleunigung der Roboterprogrammierung im Fokus von Entwicklungen der Roboterhersteller. Schlagworte sind in diesem Zusammenhang **„intuitive Programmierung“**, **„Programmieren durch Vormachen“** oder die automatisierte Programmerstellung auf der Basis des CAD-Modells. Im umfassenden Sinne ist die Roboterprogrammierung als Mensch-Maschine-Schnittstelle der **Mensch-Roboter-Kooperation** zuzurechnen.

Ein weiterer Ansatz, um die Herstellung kleiner Stückzahlen oder Prozessen mit wechselnden Randbedingungen wirtschaftlich zu automatisieren, ist die Interaktion von Mensch und Roboter während des Bearbeitungsprozesses. Teilen sich Mensch und Roboter den Arbeitsraum, wird von **Assistenzrobotik** gesprochen. Arbeiten Roboter und Werker gemeinsam an einem Werkstück, liegt eine **Mensch-Roboter-Kollaboration** vor und der Roboter wird als **Kobot** (Cobot) bezeichnet. Bild 1.12a zeigt einen solchen Arbeitsplatz. Zudem werden Effektoren entwickelt, die den Sicherheitsanforderungen genügen. Bild 1.12b zeigt als Beispiel einen Greifer der Schunk KG. Wie bei der Telerobotik werden die günstigen Eigenschaften des Menschen im Produktionsprozess (überragende sensorische Fähigkeiten, kognitive Fähigkeiten, schnelles Lernen) mit den Eigenschaften eines Industrieroboters (keine Ermüdung, große Wiederholbarkeit von Bewegungen, hohe Genauigkeit) kombiniert. Bei der Mensch-Roboter-Kooperation werden spezielle Sicherheitsanforderungen an die Robotersteuerung gestellt. Zusätzlich zur internationalen Norm für Robotersicherheit EN ISO 10218 muss die Norm ISO/TS 15066 erfüllt werden. Inwieweit man von **Humanzentrierter Automatisierung** sprechen kann, hängt letztlich von der konkreten Ausgestaltung solcher Arbeitsplätze ab. Für die Assistenzrobotik und Mensch-Roboter-Kollaboration eignen sich besonders Leichtbauroboter (s. auch Bild 1.3b), die ein geringeres Gefahrenpotential für den Menschen darstellen.

a) Arbeitsplatz mit Roboter-Kollaboration (Werkbild YASKAWA)

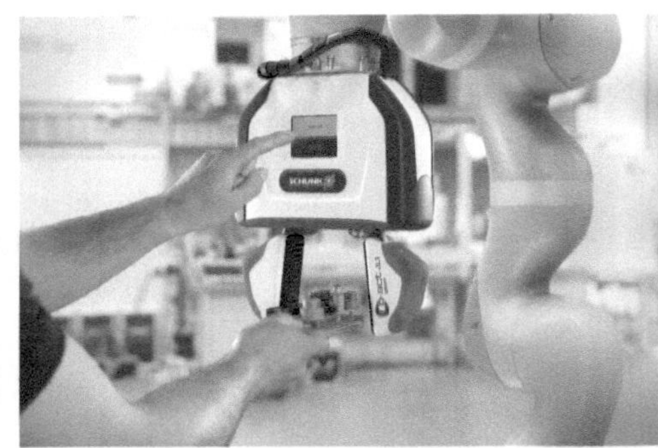

b) Greifer für die Kollaboration (Werkbild Schunk GmbH & Co. KG)

Bild 1.12 Mensch-Roboter-Kollaboration

Kommt es zum Kontakt zwischen Mensch und Roboter, ist bei der Risikobeurteilung die Art des Kontaktes ausschlaggebend. Die Norm ISO/TS 15066 gibt eine Übersicht über biomechanische Grenzwerte beim Menschen. Je nach Körperregion gelten unterschiedliche Maximalkräfte bis eine Verletzung eintritt. So unterliegt ein auf Kopfhöhe arbeitender Roboter anderen Kraftgrenzwerten als ein im Beinbereich eingesetzter Roboter. Zur Risikobeurteilung müssen alle Eigenschaften der gesamten Roboterzelle betrachtet werden. Dabei ist es von zentraler Bedeutung, wie eng die Zusammenarbeit zwischen Mensch und Roboter ist. Man unterscheidet vier Typen der Zusammenarbeit:

- Ko-Existenz
- sequenzielle Kooperation
- parallele Kooperation
- Kollaboration

Die Bestimmung der Mensch-Roboter-Kooperation (MRK) ist in Bild 1.13 dargestellt. Die geringste Form der Zusammenarbeit ist die **Ko-Existenz**. Hier liegen der Arbeitsbereich des Roboters und der Arbeitsbereich des Menschen ohne Überlappung nah zueinander. Durch den Einsatz von Kobots wird im Allgemeinen auf klassische Schutzeinrichtungen (Schutzzäune) verzichtet. Stattdessen verwendet man alternative Möglichkeiten zur Minimierung des Risikos. So kann der Roboter stoppen, sobald Sensoren den Eintritt in den gemeinsamen Arbeitsbereich detektieren (**sicherheitsgerichteter Stopp**). Mit entsprechender Sensorik kann zudem die Anwesenheit und Position von Personen erfasst werden, um die Geschwindigkeit angemessen zu verringern, bevor es zu einem Kontakt kommt. Darüber hinaus kann die **Leistungs- und Kraftbegrenzung** entsprechend der biomechanischen Grenzwerte zum Tragen kommen, um im Falle von Kontakt das Verletzungsrisiko zu reduzieren.

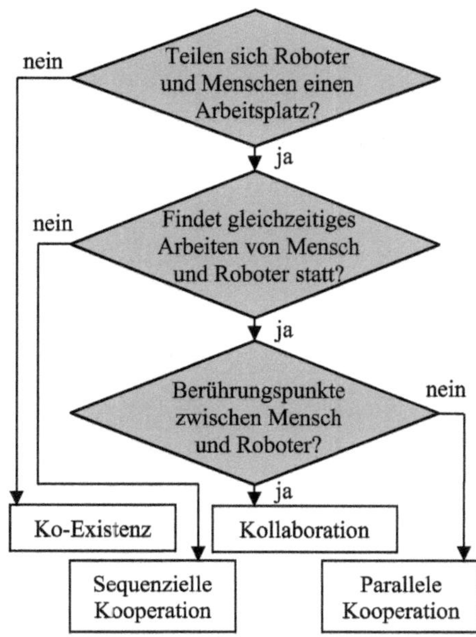

Bild 1.13 Bestimmung der Mensch-Roboter-Kooperation (MRK) (Quelle: /1.30/)

Bei der **sequenziellen Kooperation** arbeiten Mensch und Roboter am selben Werkstück im gemeinsamen Arbeitsbereich. Die Bearbeitungsschritte erfolgen jedoch nicht gleichzeitig. Der Arbeitsbereich muss während der Bearbeitung durch den Roboter überwacht werden, um bei unzulässiger Annäherung des Menschen zu stoppen, die Geschwindigkeit zu reduzieren oder Kontaktkräfte zu überwachen.

Die **parallele Kooperation** sieht das gleichzeitige Arbeiten von Mensch und Roboter innerhalb des gemeinsamen Arbeitsraumes vor. Der sicherheitsgerichtete Stopp ist hier keine geeignete Maßnahme, sobald der Arbeitsbereich betreten wird. Es müssen nach Bedarf Geschwindigkeiten und auftretende Kontaktkräfte überwacht und angepasst werden.

Bei der engsten Form der Zusammenarbeit, der **Kollaboration,** arbeiten Mensch und Roboter im gemeinsamen Kontakt. Da hier der Kontakt notwendig ist, entfällt auch die Geschwindigkeitsanpassung bei Kontakt. Hier müssen die Kontaktkräfte überwacht werden. Bei der Handführung (z. B. Teachen durch Vormachen oder Verwendung als Hebehilfe) wird der Roboter mit einer Führungseinrichtung geführt, sodass der Roboter dem Menschen die Kräfte des Roboters zur Verfügung stellt.

Zur Überwachung des Arbeitsraumes stehen unterschiedliche Technologien zur Verfügung. Hierzu zählen z. B. Lichtschranken, drucksensitive Trittmatten oder taktile Sensorsysteme am Roboterarm, um Anwesenheit oder Kontakt zu detektieren. Flexiblere Arbeitsraumüberwachungen können auf Basis von z. B. Laserscannern oder Kamerasystemen realisiert werden. Diese Systeme können die Position des Menschen erfassen, um eine Geschwindigkeitsreduktion entsprechend der Nähe zum Roboter zu ermöglichen. Die Kameraüberwachung benötigt teilweise aufwendige Algorithmen, um Objekte sicher zu detektieren. Zudem ist es nachteilig, dass der Mensch die Sicherheitsbereiche nicht direkt erkennen kann. Feste Markierungen der Sicherheitsbereiche im Raum reduzieren die Flexibilität dieser Systeme. Eine Lösung bietet hier die **projektionsbasierte Arbeitsraum-**

überwachung (/1.29/). Durch Projektionen werden für den Menschen und für die Kamera gleichermaßen sichtbare Linien und Muster in den Arbeitsraum projiziert. Das Kamerasystem kann mit einfachen Algorithmen diese Projektion erkennen und mit einer erwarteten Form vergleichen. Bei Verletzung eines Sicherheitsbereiches verändert sich das erwartete Kamerabild, sodass eine Schutzraumverletzung sicher detektiert werden kann. Bild 1.14 zeigt eine projektionsbasierte Arbeitsraumüberwachung. Der Werker hält seine Hand in die projizierte Linie. Die erfasste Linie ändert sich im Kamerabild, eine Schutzraumverletzung wird detektiert.

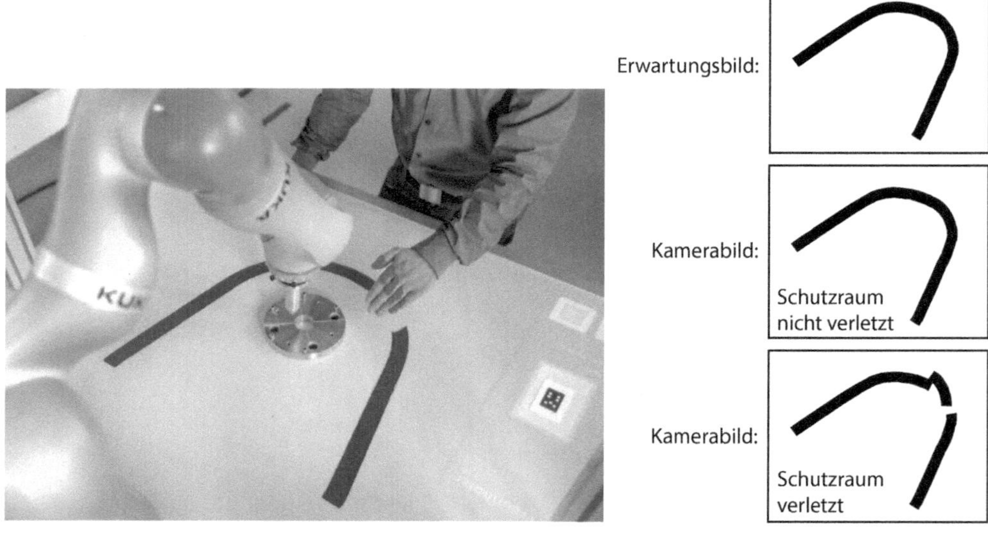

Bild 1.14 Projektionsbasierte Arbeitsraumüberwachung (Bild links: Fraunhofer IFF/ Stefan Deutsch)

Im Zusammenhang mit der Mensch-Roboter-Kollaboration und der Leichtbaurobotik ist auch der Begriff **Soft Robotics** entstanden. Unter diesem Begriff werden Forschungen und Entwicklungen zusammengefasst, die sich mit der Bereitstellung, Antrieb, Steuerung, Regelung und Simulation nachgiebiger Roboterstrukturen befassen. Von der Regelungstechnik fordern diese Entwicklungen, dass neben Modifikationen in den Bewegungsregelungen auch Kraftregelungen und hybride Regelungen eine größere Bedeutung gewinnen.

Natürlich beeinflussen auch Produktionsszenarien mit Industrie 4.0 die Entwicklung in der Robotertechnik. Z. B. werden auch Roboterkomponenten wie Werkzeuge/Greifer kommunikationsfähig. Solche Komponenten müssen (besser) mit der Robotersteuerung vernetzt werden und können mit Instanzen aus der Produktionsumgebung kommunizieren.

2 Beschreibung einer Roboterstellung

In diesem Kapitel wird erläutert, wie die Lage des Roboterarms vollständig beschrieben werden kann. Im ersten Abschnitt werden die unbedingt nötigen Kenntnisse über Koordinatensysteme, freie Vektoren, Ortsvektoren, Rotationsmatrizen und homogene Matrizen (Frames) anhand praxisnaher Aufgabenstellungen eingeführt. Anschließend werden die Möglichkeiten behandelt, wie die Lage des Effektors im Raum angegeben werden kann. Zum Schluss des Kapitels wird die in der Robotertechnik gängige Denavit-Hartenberg-Konvention eingeführt, die festlegt, wie die notwendigen Koordinatensysteme an den Roboter zu legen sind, um eine vollständige und effektive kinematische Beschreibung des Roboterarms zu erhalten.

2.1 Grundlagen der Lagebeschreibung

2.1.1 Koordinatensysteme

Zur Beschreibung der Lage von Robotereffektor, Armteilen etc. werden kartesische **Koordinatensysteme** (Rechtssysteme) verwendet. Drei paarweise senkrecht aufeinander stehend gerichtete Achsen x, y, z, die im Ursprung des Koordinatensystems beginnen, bilden ein kartesisches Koordinatensystem (Bild 2.1). Es gilt die **Rechtsschraubenregel:**

Dreht man die x-Achse auf dem kürzesten Weg zur y-Achse, würde man eine Schraube mit Rechtsgewinde in positiver z-Richtung bewegen.

Zusätzlich muss auf den Achsen ein Maßstab vereinbart werden, der je nach der physikalischen Größe festgelegt wird (Bild 2.1b, c). In Bild 2.1a ist eine perspektivische Darstellung gezeichnet. Wird das Koordinatensystem so dargestellt, dass zwei Achsen in der Zeichenebene liegen, so wird die dritte Achse mit einem kleinen Kreis und einem Punkt gezeichnet, wenn sie aus der Zeichenebene zeigt, andernfalls mit einem Kreis und einem Kreuz (s. Bild 2.1b, c). Der Schnittpunkt der drei Achsen wird Ursprung des Koordinatensystems genannt.

2.1.2 Freie Vektoren

Will man die Geschwindigkeit irgendeines Körperpunktes (z. B. des Schwerpunktes eines Armteils) zu einem bestimmten Zeitpunkt angeben, so muss man sowohl den Betrag der Geschwindigkeit als Maßzahl angeben als auch die Richtung, in die sich der Punkt gerade bewegt. Diese beiden Angaben kann man in einem (freien) Vektor $\boldsymbol{v}$ zusammenfassen (Bild 2.2a). Die Richtung der Strecke gibt an, wohin sich der Körper im betrachteten Zeitpunkt bewegt. Die Länge der gerichteten Strecke legt den Betrag der Geschwindigkeit fest.

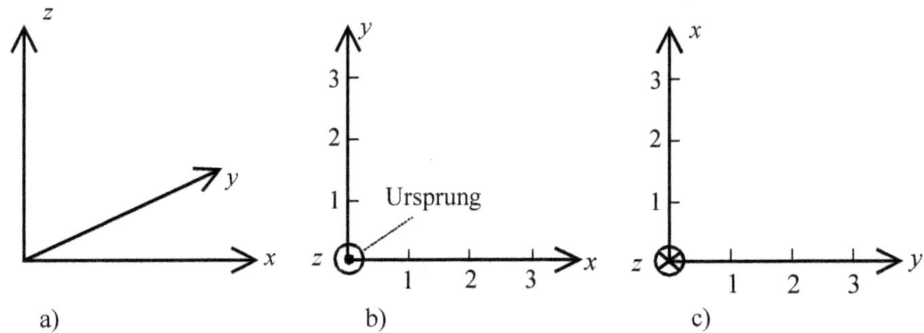

Bild 2.1 Kartesische Koordinatensysteme, a) räumliche Darstellung, b) Kreis mit Punkt: Achse zeigt aus der Zeichenebene, c) Kreis mit Kreuz: Achse zeigt in die Zeichenebene

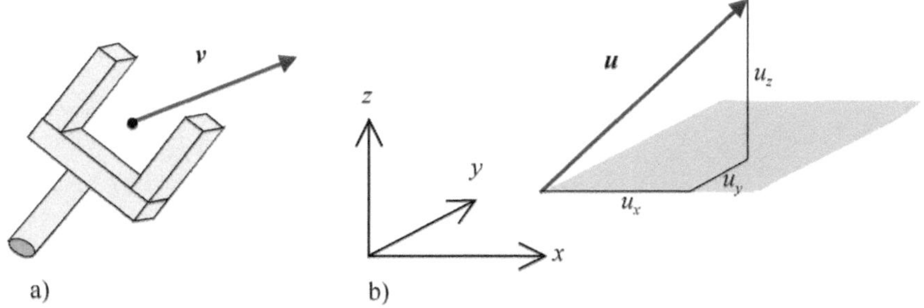

Bild 2.2 Freie Vektoren: a) Beispiel: Lineargeschwindigkeit des TCP (Tool Center Point), b) Darstellung eines Vektors $\boldsymbol{u}$ in Komponenten eines kartesischen Koordinatensystems

Allgemein können physikalische Größen, die sowohl einen Betrag (Maßzahl) als auch eine Richtung haben, als **freie Vektoren** angegeben werden. Die Länge der Strecke ist der Betrag des Vektors. Im Gegensatz dazu sind skalare Größen ausschließlich durch die Angabe einer Maßzahl bestimmt. Ein Beispiel für einen Skalar ist die Zeit. Um Vektoren der rechnerischen Behandlung zugänglich zu machen, wird ein Vektor in einem Koordinatensystem dargestellt (Bild 2.2b). Die senkrechten Projektionen auf die Achsen des Koordinatensystems bezeichnet man als Komponenten des Vektors. Hier sollen die Komponenten in einer Spalte angeordnet werden:

$$\boldsymbol{u} = \begin{pmatrix} u_x \\ u_y \\ u_z \end{pmatrix}$$

Man spricht in diesem Fall von einem **Spaltenvektor.** Derselbe Spaltenvektor kann auch als transponierter **Zeilenvektor** $\boldsymbol{u} = \left(u_x, u_y, u_z\right)^{\mathrm{T}}$ geschrieben werden. Freie Vektoren können parallel verschoben werden, da sich durch diese Verschiebung weder Betrag noch Richtung ändern. Unter $-\boldsymbol{u}$ versteht man einen Vektor mit demselben Betrag wie $\boldsymbol{u}$, aber mit entgegengesetzter Richtung (Bild 2.4a). Der **Betrag eines Vektors** ist durch

$$|\boldsymbol{u}| = \sqrt{u_x^2 + u_y^2 + u_z^2} \tag{2.1}$$

gegeben. Der zum Vektor $\boldsymbol{u}$ gehörige **Richtungsvektor** $\boldsymbol{e}_u$ hat den Betrag 1 und zeigt in Richtung des Vektors (Bild 2.3a). Ein Richtungsvektor kann durch seine Komponenten

$$\boldsymbol{e}_u = \frac{\boldsymbol{u}}{|\boldsymbol{u}|} = \begin{pmatrix} u_x / |\boldsymbol{u}| \\ u_y / |\boldsymbol{u}| \\ u_z / |\boldsymbol{u}| \end{pmatrix} \tag{2.2}$$

ausgedrückt werden. Spezielle Richtungsvektoren sind die **Basisvektoren** eines Koordinatensystems. Ein Roboter muss immer mit mehreren Koordinatensystemen versehen werden. In Bild 2.3b ist ein beliebiges Koordinatensystem K_i mit seinen Basisvektoren gezeichnet. Sie werden im Koordinatensystem K_i nach Gl. (2.3) dargestellt:

$$\boldsymbol{x}_i = \begin{pmatrix} 1 \\ 0 \\ 0 \end{pmatrix}, \quad \boldsymbol{y}_i = \begin{pmatrix} 0 \\ 1 \\ 0 \end{pmatrix}, \quad \boldsymbol{z}_i = \begin{pmatrix} 0 \\ 0 \\ 1 \end{pmatrix}, \quad |\boldsymbol{x}_i| = |\boldsymbol{y}_i| = |\boldsymbol{z}_i| = 1 \tag{2.3}$$

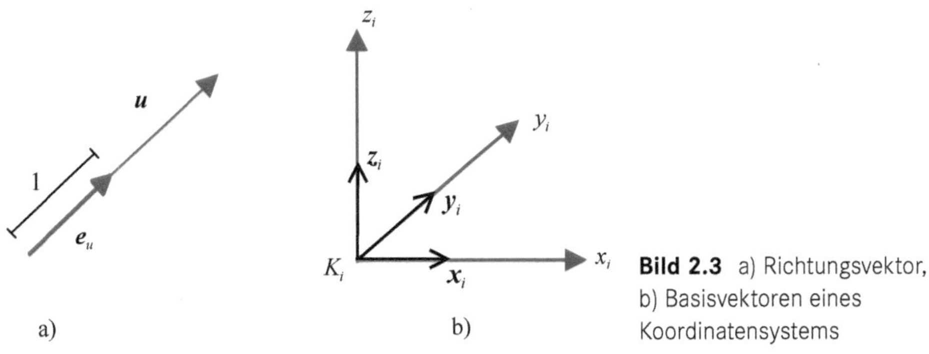

Bild 2.3 a) Richtungsvektor, b) Basisvektoren eines Koordinatensystems

2.1.3 Operationen mit Vektoren

Vektoren können rechnerisch addiert und subtrahiert werden, indem man sie komponentenweise addiert bzw. subtrahiert:

$$\boldsymbol{u}_1 + \boldsymbol{u}_2 = \begin{pmatrix} u_{1x} + u_{2x} \\ u_{1y} + u_{2y} \\ u_{1z} + u_{2z} \end{pmatrix}, \quad \boldsymbol{u}_1 - \boldsymbol{u}_2 = \begin{pmatrix} u_{1x} - u_{2x} \\ u_{1y} - u_{2y} \\ u_{1z} - u_{2z} \end{pmatrix} \tag{2.4}$$

Die zeichnerische Addition und Subtraktion von Vektoren wird nach Bild 2.4b und Bild 2.4c durchgeführt. Ein Vektor wird mit einem Skalar k multipliziert, indem man jede Komponente mit dem Skalar multipliziert:

$$k \cdot \boldsymbol{u} = \begin{pmatrix} k \cdot u_x \\ k \cdot u_y \\ k \cdot u_z \end{pmatrix} \tag{2.5}$$

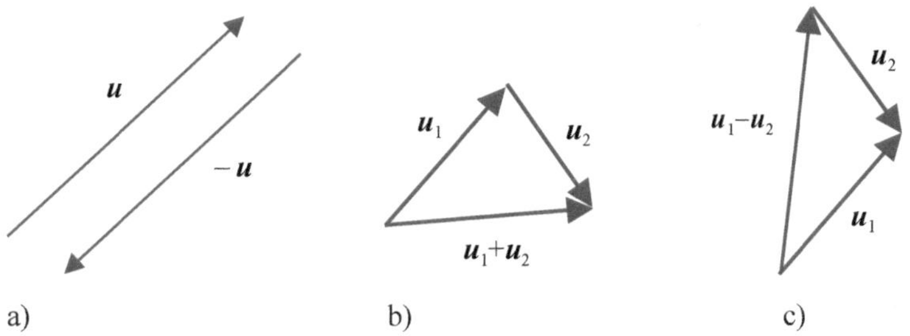

a) b) c)

Bild 2.4 Operationen mit Vektoren: a) negativer Vektor, b) Addition, c) Subtraktion

Der Vektor behält durch Multiplikation mit einem Skalar seine Richtung bei, die Länge (Betrag) wird mit dem Faktor k multipliziert. Für die Multiplikation von Vektoren sind das **Vektorprodukt (Kreuzprodukt)** und das **Skalarprodukt** definiert. Als Beispiel soll Bild 2.5 betrachtet werden. An einem „Roboter" mit einem Drehgelenk greift eine externe Kraft an, deren Betrag und Richtung durch den Vektor $\boldsymbol{f}_{ex}$ ausgedrückt wird. Im Punkt G entsteht ein Drehmoment, wobei die Richtung und der Betrag dieses Drehmoments von den Vektoren $\boldsymbol{f}_{ex}$ und $\boldsymbol{r}$ abhängen. Der Drehmomentenvektor $\boldsymbol{n}$ steht senkrecht auf der Ebene, die $\boldsymbol{f}_{ex}$ und $\boldsymbol{r}$ aufspannen. Es gilt $|\boldsymbol{n}| = |\boldsymbol{r}| \cdot |\boldsymbol{f}_{ex}| \cdot \sin\alpha$. Betrag und Richtung von $\boldsymbol{n}$ lassen sich mathematisch durch das Kreuzprodukt $\boldsymbol{n} = \boldsymbol{r} \times \boldsymbol{f}_{ex}$ zweier Vektoren ausdrücken. Allgemein ist das Vektorprodukt zweier Vektoren durch

$$\boldsymbol{u}_3 = \boldsymbol{u}_1 \times \boldsymbol{u}_2, \quad \boldsymbol{u}_3 = \begin{pmatrix} u_{3x} \\ u_{3y} \\ u_{3z} \end{pmatrix} = \begin{pmatrix} u_{1y} \cdot u_{2z} - u_{1z} \cdot u_{2y} \\ u_{1z} \cdot u_{2x} - u_{1x} \cdot u_{2z} \\ u_{1x} \cdot u_{2y} - u_{1y} \cdot u_{2x} \end{pmatrix} \tag{2.6}$$

definiert. $\boldsymbol{u}_3$ steht senkrecht zur Ebene, die $\boldsymbol{u}_1$ und $\boldsymbol{u}_2$ aufspannen. Es gilt die Rechtsschraubenregel für $\boldsymbol{u}_3$, d. h. wird $\boldsymbol{u}_1$ auf dem kürzesten Wege nach $\boldsymbol{u}_2$ gedreht, würde eine Rechtsschraube die Richtung von $\boldsymbol{u}_3$ einnehmen (s. Bild 2.6a). Das Skalarprodukt zweier Vektoren $\boldsymbol{u}_1$ und $\boldsymbol{u}_2$ ist der Wert, der sich ergibt, wenn $\boldsymbol{u}_1$ rechtwinklig auf die Richtung von $\boldsymbol{u}_2$ projiziert wird und mit dem Betrag von $\boldsymbol{u}_2$ multipliziert wird (Bild 2.6b). Voraussetzung ist, dass beide Vektoren in einem gemeinsamen Anfangspunkt aufgetragen werden. Das Skalarprodukt kann auch durch seine Komponenten ausgedrückt werden. Es gilt:

$$\boldsymbol{u}_1 \cdot \boldsymbol{u}_2 = |\boldsymbol{u}_1| \cdot |\boldsymbol{u}_2| \cdot \cos\varphi = u_{1x} \cdot u_{2x} + u_{1y} \cdot u_{2y} + u_{1z} \cdot u_{2z} \tag{2.7}$$

Der Kosinus des Winkels φ, den zwei Vektoren einschließen, kann mithilfe des Skalarproduktes berechnet werden:

$$\cos\varphi = \frac{\boldsymbol{u}_1 \cdot \boldsymbol{u}_2}{|\boldsymbol{u}_1| \cdot |\boldsymbol{u}_2|} = \frac{u_{1x} \cdot u_{2x} + u_{1y} \cdot u_{2y} + u_{1z} \cdot u_{2z}}{\sqrt{u_{1x}^2 + u_{1y}^2 + u_{1z}^2} \cdot \sqrt{u_{2x}^2 + u_{2y}^2 + u_{2z}^2}} \tag{2.8}$$

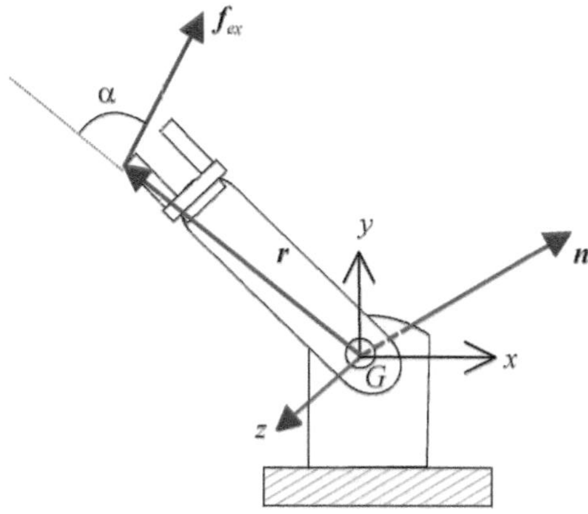

Bild 2.5 Drehmomentvektor als Beispiel für das Vektorprodukt

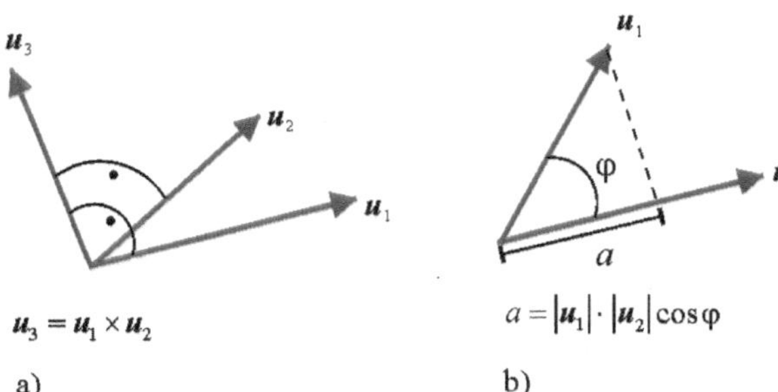

Bild 2.6 a) Vektorprodukt, b) Skalarprodukt zweier Vektoren

Als Beispiel für Vektor- und Skalarprodukt soll das Drehmoment τ berechnet werden, das von einem Motor an der Gelenkachse aufgebracht werden muss, um gegen die Kraft $\boldsymbol{f}_{ex} = (5,15,10)^{\mathrm{T}}\,\mathrm{N}$ in Bild 2.5 den Armteil zu halten. Der Vektor von Punkt G zum Kraftangriffspunkt ist $\boldsymbol{r} = (-0.5, 0.4, 0)^{\mathrm{T}}\,\mathrm{m}$. Die Gelenkachse soll dabei in Richtung der z-Achse zeigen. Den Drehmomentenvektor $\boldsymbol{n} = \boldsymbol{r} \times \boldsymbol{f}_{ex}$ erhält man nach Gl. (2.6) zu $\boldsymbol{n} = (4, 5, -9.5)^{\mathrm{T}}\,\mathrm{N \cdot m}$. Man kann sofort vermuten, dass der Motor das Drehmoment von $-9.5\,\mathrm{N \cdot m}$ in negativer z-Richtung durch ein Drehmoment $\tau = 9.5\,\mathrm{N \cdot m}$ in positiver z-Richtung kompensieren muss. Dieses Ergebnis kann jedoch als Skalarprodukt nach Gl. (2.7) zu $\tau = -\boldsymbol{n} \cdot \boldsymbol{z} = 9.5\,\mathrm{N \cdot m}$ berechnet werden. Würde die Drehachse aber in Richtung der Winkelhalbierenden der x- und y-Achse zeigen, kann diese Richtung als Richtungsvektor $\boldsymbol{e}_g = (1/\sqrt{2}, 1/\sqrt{2}, 0)^{\mathrm{T}}$ angegeben werden und τ wird in diesem Fall zu $\tau = -\boldsymbol{n} \cdot \boldsymbol{e}_g$ berechnet.

2.1.4 Ortsvektoren

Ein Punkt P ist in einem kartesischen Koordinatensystem durch den **Ortsvektor $\boldsymbol{p}$** eindeutig bestimmt. $\boldsymbol{p}$ beginnt im Ursprung und endet im Punkt P. Als Beispiel für einen Ortsvektor ist in Bild 2.7 der Ortsvektor $\boldsymbol{p}_0$ vom Ursprung eines ortsfesten Koordinatensystems K_0 zum Tool Center Point (TCP) abgebildet. Ein Roboterprogrammierer gibt z. B. die gewünschte Lage dieses Punktes in den Koordinaten x_0, y_0 und z_0 an. Aus Bild 2.7 ist ersichtlich, dass der Ortsvektor $\boldsymbol{p}_i$ vom Ursprung eines beliebigen Koordinatensystems K_i zum TCP nicht identisch mit $\boldsymbol{p}_0$ ist. Ortsvektoren dürfen nicht wie freie Vektoren parallel verschoben werden.

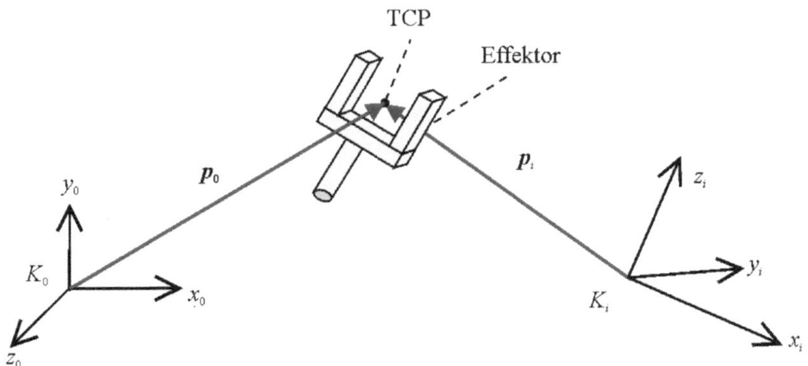

Bild 2.7 Ortsvektoren zum Tool Center Point (TCP)

2.1.5 Anordnung von Elementen in Vektoren und Matrizen

Alle Vektoren, die bisher in diesem Abschnitt betrachtet wurden, haben drei Komponenten und können geometrisch dargestellt werden. Trennt man sich von der geometrischen Anschauung, kann man auch einen Vektor mit n Komponenten als Anordnung von n Zahlen betrachten. So sollen in diesem Buch die Gelenkkoordinaten (Gelenkwinkel bzw. Schublängen) eines Roboters zu einem Spaltenvektor

$$\boldsymbol{q} = \begin{pmatrix} q_1 \\ q_2 \\ \vdots \\ q_n \end{pmatrix}$$

zusammengefasst werden. Werden $m \cdot n$ Elemente (Zahlen, Variable, ...) in eine rechteckige Anordnung mit m Zeilen und n Spalten gebracht, spricht man von einer $(m \cdot n)$-**Matrix**. Im Anhang A sind in Kurzform diejenigen Rechenregeln und Eigenschaften von Matrizen aufgeführt, die in diesem Buch benötigt werden.

2.1.6 Rotationsmatrizen

Im vorherigen Abschnitt wurde gezeigt, wie freie Vektoren durch Angabe von drei Komponenten in einem Koordinatensystem ausgedrückt werden können. Bei einem Industrieroboter werden immer mehrere Koordinatensysteme definiert (s. Abschnitt 2.2). Ein freier Vektor kann in mehreren Koordinatensystemen ausgedrückt werden. Als Beispiel soll ein beliebiger Armteil eines Roboters betrachtet werden (Bild 2.8). Ein ausgezeichneter Punkt dieses Körpers (z. B. der Schwerpunkt) bewege sich zu einem bestimmten Zeitpunkt mit einer absoluten Geschwindigkeit von 0,8 m/s in Bezug zur ruhenden Erde. Betrag und Richtung der Geschwindigkeit werden durch den Geschwindigkeitsvektor $\boldsymbol{v}_{s,k}$ angegeben.

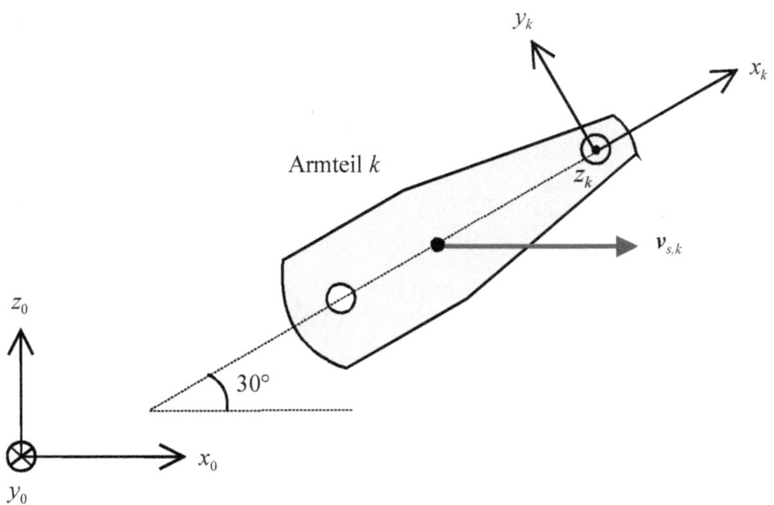

Bild 2.8 Lineargeschwindigkeit $\boldsymbol{v}_{s,k}$ in zwei Koordinatensystemen

Neben dem ruhenden Koordinatensystem K_0 ist ein Koordinatensystem K_k vorhanden, das fest am bewegten Armteil angebracht ist. Die Achse x_k zeigt in Längsrichtung des Armteils, dessen Längsachse zum betrachteten Zeitpunkt 30° gegenüber der x_0-Achse geneigt sein soll. Wird der Vektor $\boldsymbol{v}_{s,k}$ in Koordinaten von K_0 ausgedrückt, wird er zu $\boldsymbol{v}_{s,k}^{(0)} = (0.8, 0, 0)^{\mathrm{T}}$ m/s angegeben, in Koordinaten von K_k jedoch als $\boldsymbol{v}_{s,k}^{(k)} = (0.8 \cdot \cos 30°, -0.8 \cdot \sin 30°, 0)^{\mathrm{T}}$ m/s und man erhält als Ergebnis $\boldsymbol{v}_{s,k}^{(k)} = (0.6928, -0.4, 0)^{\mathrm{T}}$ m/s. Der in Klammer gesetzte hochgestellte Index soll hier und im Folgenden ausdrücken, in welchem Koordinatensystem ein Vektor beschrieben ist. Es ist offensichtlich, dass sich der Vektor $\boldsymbol{v}_{s,k}$ durch die Beschreibung in verschiedenen Koordinatensystemen nicht ändert. Nun soll gezeigt werden, wie durch die **Rotationsmatrix** ${}^k_0\boldsymbol{A}$ ein Vektor, der im Koordinatensystem K_k dargestellt ist, in die Darstellung von K_0 überführt wird. Zuerst werden die Basisvektoren von K_k in K_0 dargestellt. Vom Basisvektor $\boldsymbol{x}_k$ (s. auch Bild 2.3b) weiß man, dass er die Länge 1 hat. Man kann diesen Vektor wie jeden beliebigen Vektor auf die Achsen von K_0 projizieren und erhält die Darstellung $\boldsymbol{x}_k^{(0)} = (\cos 30°, 0, \sin 30°)^{\mathrm{T}}$. Auf diese Weise werden auch $\boldsymbol{y}_k$ und $\boldsymbol{z}_k$ in K_0 dargestellt. Die Rotationsmatrix ${}^k_0\boldsymbol{A}$ ist die Zusammenfassung dieser drei Spaltenvektoren zu einer Matrix. Für das Beispiel erhält man:

$$
{}^k_0\boldsymbol{A} = (\boldsymbol{x}_k^{(0)} \quad \boldsymbol{y}_k^{(0)} \quad \boldsymbol{z}_k^{(0)}) = \begin{pmatrix} \cos 30° & -\sin 30° & 0 \\ 0 & 0 & -1 \\ \sin 30° & \cos 30° & 0 \end{pmatrix} = \begin{pmatrix} \sqrt{3}/2 & -1/2 & 0 \\ 0 & 0 & -1 \\ 1/2 & \sqrt{3}/2 & 0 \end{pmatrix}
$$

Die Rotationsmatrix ${}^k_0\boldsymbol{A}$ beschreibt, wie die Basisvektoren des Koordinatensystems K_k gegenüber K_0 gedreht (rotiert) sind. Nun gilt aber:

$$
\boldsymbol{v}_{s,k}^{(0)} = {}^k_0\boldsymbol{A} \cdot \boldsymbol{v}_{s,k}^{(k)} = \begin{pmatrix} \sqrt{3}/2 & -1/2 & 0 \\ 0 & 0 & -1 \\ 1/2 & \sqrt{3}/2 & 0 \end{pmatrix} \cdot \begin{pmatrix} 0.8 \cdot \sqrt{3}/2 \\ -0.4 \\ 0 \end{pmatrix} = \begin{pmatrix} 0.8 \\ 0 \\ 0 \end{pmatrix}
$$

Wird also die Rotationsmatrix ${}^{k}_{0}\boldsymbol{A}$ mit einem Vektor multipliziert, der in K_k dargestellt ist, erhält man die Komponenten des Vektors im Koordinatensystem K_0. Diese Eigenschaft der Rotationsmatrix soll nun verallgemeinert werden. Ist ein beliebiger freier Vektor $\boldsymbol{a}$ in einem rechtwinkligen Koordinatensystem K_k zu $\boldsymbol{a}^{(k)}$ dargestellt, kann er in die Darstellung eines anderen rechtwinkligen Koordinatensystems K_i überführt werden, wenn die Rotationsmatrix ${}^{k}_{i}\boldsymbol{A}$ mit $\boldsymbol{a}^{(k)}$ multipliziert wird:

$$\boldsymbol{a}^{(i)} = (\boldsymbol{x}_k^{(i)}, \boldsymbol{y}_k^{(i)}, \boldsymbol{z}_k^{(i)}) \cdot \boldsymbol{a}^{(k)} = {}^{k}_{i}\boldsymbol{A} \cdot \boldsymbol{a}^{(k)} \tag{2.9}$$

Wenn jedoch der Vektor $\boldsymbol{a}$ im Koordinatensystem K_i gegeben und die Darstellung im Koordinatensystem K_k gesucht ist, so muss obige Gleichung von links mit der Inversen von ${}^{k}_{i}\boldsymbol{A}$ multipliziert werden, um nach $\boldsymbol{a}^{(k)}$ aufzulösen. Es gilt:

$$\boldsymbol{a}^{(k)} = \left[{}^{k}_{i}\boldsymbol{A}\right]^{-1} \cdot \boldsymbol{a}^{(i)} = \left[{}^{k}_{i}\boldsymbol{A}\right]^{\mathrm{T}} \cdot \boldsymbol{a}^{(i)} = {}^{i}_{k}\boldsymbol{A} \cdot \boldsymbol{a}^{(i)} = (\boldsymbol{x}_i^{(k)}, \boldsymbol{y}_i^{(k)}, \boldsymbol{z}_i^{(k)}) \cdot \boldsymbol{a}^{(i)} \tag{2.10}$$

Bei Rotationsmatrizen ist die inverse Matrix mit der transponierten Matrix identisch. Am Beispiel Bild 2.8 kann die Beziehung geprüft werden:

$$\boldsymbol{v}_{\mathrm{s},k}^{(k)} = {}^{0}_{k}\boldsymbol{A} \cdot \boldsymbol{v}_{\mathrm{s},k}^{(0)} = \begin{pmatrix} \sqrt{3}/2 & 0 & 1/2 \\ -1/2 & 0 & \sqrt{3}/2 \\ 0 & -1 & 0 \end{pmatrix} \cdot \begin{pmatrix} 0.8 \\ 0 \\ 0 \end{pmatrix} = \begin{pmatrix} 0.8 \cdot \sqrt{3}/2 \\ -0.4 \\ 0 \end{pmatrix}$$

Sind mehr als zwei Koordinatensysteme vorhanden, gilt entsprechend:

$$\begin{aligned} {}^{k}_{i}\boldsymbol{A} &= {}^{i+1}_{i}\boldsymbol{A} \cdot {}^{i+2}_{i+1}\boldsymbol{A} \cdot \ldots \cdot {}^{k-1}_{k-2}\boldsymbol{A} \cdot {}^{k}_{k-1}\boldsymbol{A} \\ {}^{i}_{k}\boldsymbol{A} &= \left[{}^{k}_{i}\boldsymbol{A}\right]^{\mathrm{T}} = {}^{k}_{k-1}\boldsymbol{A}^{\mathrm{T}} \cdot {}^{k-1}_{k-2}\boldsymbol{A}^{\mathrm{T}} \cdot \ldots \cdot {}^{i+2}_{i+1}\boldsymbol{A}^{\mathrm{T}} \cdot {}^{i+1}_{i}\boldsymbol{A}^{\mathrm{T}} = {}^{k-1}_{k}\boldsymbol{A} \cdot {}^{k-2}_{k-1}\boldsymbol{A} \cdot \ldots \cdot {}^{i+1}_{i+2}\boldsymbol{A} \cdot {}^{i}_{i+1}\boldsymbol{A} \end{aligned} \tag{2.11}$$

Für drei Koordinatensysteme (Bild 2.9) wird Gl. (2.11) zu ${}^{3}_{1}\boldsymbol{A} = {}^{2}_{1}\boldsymbol{A} \cdot {}^{3}_{2}\boldsymbol{A}$, ${}^{1}_{3}\boldsymbol{A} = {}^{3}_{2}\boldsymbol{A}^{\mathrm{T}} \cdot {}^{2}_{1}\boldsymbol{A}^{\mathrm{T}} = {}^{2}_{3}\boldsymbol{A} \cdot {}^{1}_{2}\boldsymbol{A}$. Für die verschiedenen Darstellungen des Vektors $\boldsymbol{a}$ gilt beispielsweise:

$$\boldsymbol{a}^{(2)} = {}^{3}_{2}\boldsymbol{A} \cdot \boldsymbol{a}^{(3)}, \boldsymbol{a}^{(3)} = {}^{1}_{3}\boldsymbol{A} \cdot \boldsymbol{a}^{(1)} = {}^{2}_{3}\boldsymbol{A} \cdot {}^{1}_{2}\boldsymbol{A} \cdot \boldsymbol{a}^{(1)}$$

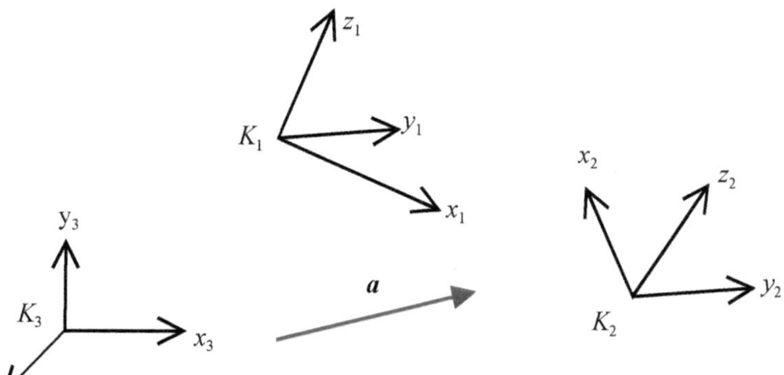

Bild 2.9 Darstellung eines Vektors in drei verschiedenen Koordinatensystemen

2.1.7 Homogene Matrizen (Frames)

Die Lage des Effektors im Raum ist durch die Angabe des Ortsvektors $\boldsymbol{p}_0$ vom Ursprung des Bezugskoordinatensystems K_0 zum TCP nicht eindeutig bestimmt (s. auch Bild 2.7). Es muss noch angegeben werden, wie der Effektor im Raum ausgerichtet ist (**Orientierung** des Effektors). Zu diesem Zweck wird mit dem Effektor ein Koordinatensystem K_W fest verbunden, dessen Ursprung im TCP liegt (Bild 2.10a). Der Index W steht für **Werkzeugkoordinatensystem**. Der Effektor kann durch die Angabe der Basisvektoren $\boldsymbol{x}_W, \boldsymbol{y}_W, \boldsymbol{z}_W$ in Koordinaten des ruhenden Bezugssystems K_0 wie gewünscht ausgerichtet werden. Dadurch wird definiert, wie K_W gegenüber K_0 gedreht ist. Die Angaben der Position des TCP und der Orientierung des Effektors werden in einer (4 · 4)-Matrix (**homogene Matrix** oder **Frame**) zusammengefasst:

$$\boldsymbol{T} = \begin{pmatrix} \boldsymbol{x}_W^{(0)} & \boldsymbol{y}_W^{(0)} & \boldsymbol{z}_W^{(0)} & \boldsymbol{p}_0^{(0)} \\ 0 & 0 & 0 & 1 \end{pmatrix}$$

Die Nützlichkeit der scheinbar willkürlich eingeführten vierten Zeile wird im Folgenden klar werden. Ein Frame lässt sich auch für zwei beliebige Koordinatensysteme K_i und K_k definieren (Bild 2.10b):

$$^k_i\boldsymbol{T} = \begin{pmatrix} \boldsymbol{x}_k^{(i)} & \boldsymbol{y}_k^{(i)} & \boldsymbol{z}_k^{(i)} & \boldsymbol{p}_{ik}^{(i)} \\ 0 & 0 & 0 & 1 \end{pmatrix} \tag{2.12}$$

Hier sind die Basisvektoren von K_k und der Ortsvektor vom Ursprung K_i zum Ursprung K_k in Koordinaten von K_i angegeben. Damit ist die Lage von K_k in Bezug auf K_i vollständig beschrieben.

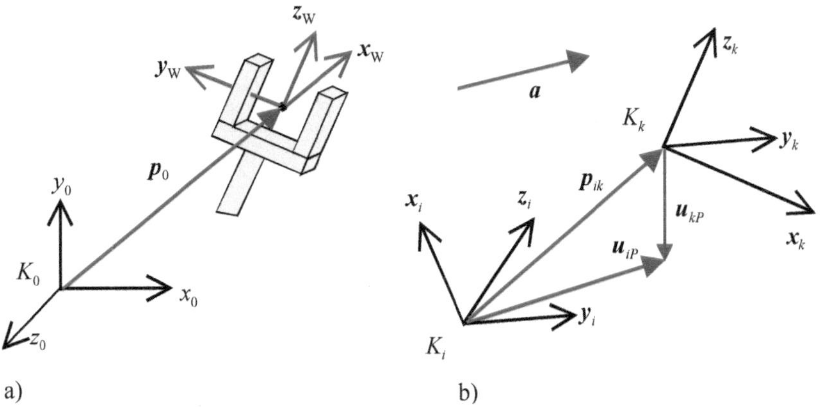

Bild 2.10 a) Angabe der Position und Orientierung des Effektors, b) Relative Lage zweier Koordinatensysteme zueinander

Mithilfe von $^k_i\boldsymbol{T}$ können freie Vektoren und Ortsvektoren in die Darstellung des jeweils anderen Koordinatensystems überführt werden. Ein freier Vektor wird zu diesem Zweck als Spaltenvektor mit vier Komponenten geschrieben, wobei die vierte Komponente stets den Wert 0 hat. Es gilt dann für einen freien Vektor $\boldsymbol{a}$:

$$\boldsymbol{a}^{(i)} = {}^k_i\boldsymbol{T} \cdot \boldsymbol{a}^{(k)} \tag{2.13}$$

Als Beispiel soll der Vektor $\boldsymbol{a}$ in Bild 2.11 von der Beschreibung im Koordinatensystem K_k in das Koordinatensystem K_i überführt werden. Zuerst wird ${}^k_i\boldsymbol{T}$ nach Gl. (2.12) aufgestellt und die Koordinaten von $\boldsymbol{a}$ im System K_k angegeben. Dann wird mit Gl. (2.13) die Darstellung des Vektors $\boldsymbol{a}$ in Koordinaten von K_i berechnet:

$${}^k_i\boldsymbol{T} = \begin{pmatrix} 0 & 0 & -1 & 0 \\ -1 & 0 & 0 & 4 \\ 0 & 1 & 0 & 2 \\ 0 & 0 & 0 & 1 \end{pmatrix}, \quad \boldsymbol{a}^{(k)} = \begin{pmatrix} 1 \\ 2 \\ 0 \\ 0 \end{pmatrix}, \quad \boldsymbol{a}^{(i)} = \begin{pmatrix} 0 & 0 & -1 & 0 \\ -1 & 0 & 0 & 4 \\ 0 & 1 & 0 & 2 \\ 0 & 0 & 0 & 1 \end{pmatrix} \cdot \begin{pmatrix} 1 \\ 2 \\ 0 \\ 0 \end{pmatrix} = \begin{pmatrix} 0 \\ -1 \\ 2 \\ 0 \end{pmatrix}$$

Dieses Ergebnis könnte einfacher mit einer Rotationsmatrix nach Gl. (2.9) berechnet werden, da die nordwestliche $(3 \cdot 3)$-Matrix von ${}^k_i\boldsymbol{T}$ der Rotationsmatrix ${}^k_i\boldsymbol{A}$ entspricht und die vierte Zeile und Spalte bei freien Vektoren bedeutungslos sind. Der Nutzen der Frames zeigt sich in der Abbildung von Ortsvektoren. Ortsvektoren werden hier ebenfalls als Spaltenvektoren mit vier Komponenten beschrieben, wobei die vierte Komponente jedoch den Wert eins erhält. Ist nun der Ortsvektor vom Ursprung eines Koordinatensystems K_k zu einem Punkt P als $\boldsymbol{u}_{kP}$ im Koordinatensystem K_k gegeben, kann der Ortsvektor vom Ursprung von K_i zum Punkt P durch

$$\boldsymbol{u}_{iP}^{(i)} = {}^k_i\boldsymbol{T} \cdot \boldsymbol{u}_{kP}^{(k)} \tag{2.14}$$

berechnet werden. Als einfaches Beispiel soll wieder Bild 2.11 dienen. Gegeben sei der Ortsvektor $\boldsymbol{u}_{kP}^{(k)} = (-2,\ -1,\ 0,\ 1)^{\mathrm{T}}$ vom Ursprung von K_k zum Punkt P, gesucht der Ortsvektor vom Ursprung von K_i zum Punkt P. Die Berechnung wird nach Gl. (2.14) zu

$$\boldsymbol{u}_{iP}^{(i)} = \begin{pmatrix} 0 & 0 & -1 & 0 \\ -1 & 0 & 0 & 4 \\ 0 & 1 & 0 & 2 \\ 0 & 0 & 0 & 1 \end{pmatrix} \cdot \begin{pmatrix} -2 \\ -1 \\ 0 \\ 1 \end{pmatrix} = \begin{pmatrix} 0 \\ 6 \\ 1 \\ 1 \end{pmatrix}$$

durchgeführt. Während sich ein freier Vektor durch die Abbildung mit einem Frame (oder einer Rotationsmatrix) nicht ändert, sondern nur seine Darstellung, sind die beiden Ortsvektoren $\boldsymbol{u}_{kP}$ und $\boldsymbol{u}_{iP}$ im Allgemeinen weder im Betrag noch in der Richtung gleich.

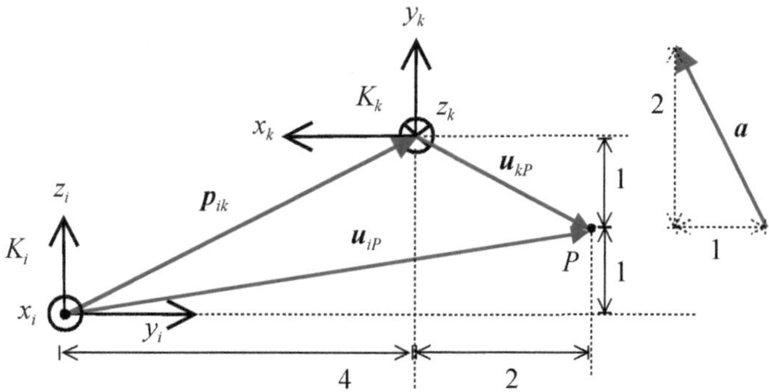

Bild 2.11 Beispiel für die Abbildung von freien Vektoren und Ortsvektoren

Ist ein freier Vektor oder Ortsvektor $\boldsymbol{w}$ in K_i gegeben und der entsprechende Vektor im Koordinatensystem K_k gesucht, gilt:

$$\boldsymbol{w}^{(k)} = \left[{}^{k}_{i}\boldsymbol{T}\right]^{-1} \cdot \boldsymbol{w}^{(i)} = {}^{i}_{k}\boldsymbol{T} \cdot \boldsymbol{w}^{(i)} = \begin{pmatrix} \boldsymbol{x}_i^{(k)} & \boldsymbol{y}_i^{(k)} & \boldsymbol{z}_i^{(k)} & \boldsymbol{p}_{ki}^{(k)} \\ 0 & 0 & 0 & 1 \end{pmatrix} \cdot \boldsymbol{w}^{(i)} \tag{2.15}$$

Im Gegensatz zu den Rotationsmatrizen ist die Inversion nicht identisch mit der Transposition der Matrix. Zu jeder homogenen Matrix ist immer die inverse homogene Matrix gegeben und es gilt speziell:

$${}^{i}_{k}\boldsymbol{T} = ({}^{k}_{i}\boldsymbol{T})^{-1} = \begin{pmatrix} {}^{k}_{i}\boldsymbol{A}^{\mathrm{T}} & -{}^{k}_{i}\boldsymbol{A}^{\mathrm{T}}\boldsymbol{p}_{ik}^{(i)} \\ \boldsymbol{0}^{\mathrm{T}} & 1 \end{pmatrix} \tag{2.16}$$

Dabei ist ${}^{k}_{i}\boldsymbol{A}$ die Rotationsmatrix, die identisch mit der nordwestlichen $(3 \cdot 3)$-Matrix von ${}^{k}_{i}\boldsymbol{T}$ ist. $\boldsymbol{p}_{ik}$ ist der Ortsvektor mit drei Komponenten vom Ursprung von K_i zum Ursprung von K_k und $\boldsymbol{0}^{\mathrm{T}} = (0,0,0)$. Wendet man diese Regel auf das Beispiel in Bild 2.11 an, erhält man

$${}^{i}_{k}\boldsymbol{T} = \begin{pmatrix} 0 & -1 & 0 & 4 \\ 0 & 0 & 1 & -2 \\ -1 & 0 & 0 & 0 \\ 0 & 0 & 0 & 1 \end{pmatrix}$$

und kann leicht nachprüfen, dass z.B. $\boldsymbol{u}_{kP}^{(k)} = {}^{i}_{k}\boldsymbol{T} \cdot \boldsymbol{u}_{iP}^{(i)}$ gilt. Sind weitere Koordinatensysteme zwischen K_i und K_k definiert, gilt entsprechend Gl. (2.11):

$$\begin{aligned} {}^{k}_{i}\boldsymbol{T} &= {}^{i+1}_{i}\boldsymbol{T} \cdot {}^{i+2}_{i+1}\boldsymbol{T} \cdot \ldots \cdot {}^{k-1}_{k-2}\boldsymbol{T} \cdot {}^{k}_{k-1}\boldsymbol{T} \\ {}^{i}_{k}\boldsymbol{T} &= \left[{}^{k}_{i}\boldsymbol{T}\right]^{-1} = {}^{k}_{k-1}\boldsymbol{T}^{-1} \cdot {}^{k-1}_{k-2}\boldsymbol{T}^{-1} \cdot \ldots \cdot {}^{i+2}_{i+1}\boldsymbol{T}^{-1} \cdot {}^{i+1}_{i}\boldsymbol{T}^{-1} = {}^{k-1}_{k}\boldsymbol{T} \cdot {}^{k-2}_{k-1}\boldsymbol{T} \cdot \ldots \cdot {}^{i+1}_{i+2}\boldsymbol{T} \cdot {}^{i}_{i+1}\boldsymbol{T} \end{aligned} \tag{2.17}$$

Die Umrechnung von Vektoren und Ortsvektoren in verschiedenen Koordinatensystemen wird in vielen Bereichen der Robotik benötigt. So bei den Transformationen zwischen Gelenkkoordinaten und kartesischen Koordinaten des Industrieroboters und bei Dynamikberechnungen (s. auch Übungsaufgaben zu Kapitel 2).

2.1.8 Beschreibung der Orientierung durch Euler-Winkel

Die Lage des Effektors wurde im vorhergehenden Abschnitt 2.1.7 durch den Ortsvektor und durch die Basisvektoren des Effektorkoordinatensystems beschrieben, die in Koordinaten des Basissystems K_0 ausgedrückt sind. Dabei beschreibt der Ortsvektor $\boldsymbol{p}_0$ die Position des Tool Center Point (TCP), während die Vektoren $\boldsymbol{x}_{\mathrm{w}}, \boldsymbol{y}_{\mathrm{w}}, \boldsymbol{z}_{\mathrm{w}}$, ausgedrückt in Koordinaten des Basiskoordinatensystems K_0, die **Orientierung** des Effektors bzgl. K_0 beschreiben (s. Bild 2.10a). Da der Anwender neun Angaben machen müsste, um die Orientierung anzugeben, hat sich für die Schnittstelle zum Anwender eine andere Beschreibung der Orientierung, die sogenannten **Euler-Winkel**, durchgesetzt. Im Allgemeinen geht es darum, die Orientierung eines beliebigen Koordinatensystems K_W in einem Bezugs-

oder **Referenzkoordinatensystem** K_R mit nur drei Angaben zu beschreiben[1]. Oder in anderen Worten: Wie ist das Koordinatensystem K_W gegenüber dem Bezugskoordinatensystem K_R verdreht? Diese Verdrehung kann durch drei Winkel angegeben werden. Diese drei Winkel werden Euler-Winkel genannt, wenn die Drehungen nacheinander ausgeführt werden. Durch eine Drehung um eine Achse des Bezugssystems K_R entsteht ein (fiktives) Hilfskoordinatensystem K'. Wird wieder um eine definierte Achse von K' gedreht, erhält man das Koordinatensystem K''. Schließlich wird um eine weitere Achse von K'' gedreht, sodass das entstehende Koordinatensystem mit dem Koordinatensystem K_W identisch ist. Allerdings gibt es verschiedene Definitionen (s. z. B. in /2.4/, /2.13/), von denen hier zwei angeführt werden sollen. Mithilfe der Euler-Winkel lässt sich wie mit den Rotationsmatrizen unabhängig von der Robotertechnik die Orientierung eines beliebigen rechtwinkligen Koordinatensystems zu einem anderen Koordinatensystem beschreiben.

Z-Y-Z-Euler-Winkel

Zuerst stellt man sich vor, dass ein Hilfskoordinatensystem die Orientierung des Bezugskoordinatensystems K_R hat. Es wird zuerst um die z-Achse von K_R gedreht, dann um die y-Achse des entstehenden Koordinatensystems und schließlich um die z-Achse des aktuellen Koordinatensystems. Man kann versuchen, folgendermaßen vorzugehen:

- Das Hilfskoordinatensystem wird zuerst um die z_R-Achse mit dem Winkel α gedreht, sodass die y'-Achse des entstehenden Koordinatensystems K' senkrecht auf der z_W-Achse steht.
- Als zweites wird um die y'-Achse mit dem Winkel β gedreht, sodass die z''-Achse des nun entstehenden Koordinatensystems K'' identisch mit z_W ist.
- Schließlich wird mit dem Winkel χ um $z'' = z_W$ gedreht, sodass das entstehende Koordinatensystem identisch mit dem Zielkoordinatensystem K_W ist.

Z-Y-X-Euler-Winkel

Man stellt sich zuerst wieder vor, dass ein Hilfskoordinatensystem die Orientierung des Bezugskoordinatensystems K_R hat. Es wird zuerst um die z-Achse von K_R gedreht, dann um die y-Achse des entstehenden Koordinatensystems und schließlich um die x-Achse des aktuellen Koordinatensystems. Man kann versuchen, folgendermaßen vorzugehen:

- Das Hilfskoordinatensystem wird zuerst um die z_R-Achse mit dem Winkel A gedreht, sodass, wenn möglich, die x'-Achse des entstehenden Koordinatensystems K' senkrecht zur z_W-Achse steht und so weit wie möglich die Richtung von x_W einnimmt.
- Als Zweites wird um die y'-Achse mit dem Winkel B gedreht, sodass für das entstehende Koordinatensystem K'' dann $x'' = x_W$ gilt.
- Schließlich wird um $x'' = x_W$ mit dem Winkel C gedreht, sodass das entstehende Koordinatensystem identisch mit dem Zielkoordinatensystem K_W ist.

---

[1] Hier steht der Index W allgemein für ein Zielkoordinatensystem. In der Robotik ist das **Zielkoordinatensystem** oft identisch mit dem Werkzeugkoordinatensystem.

Ein Beispiel zeigt Bild 2.12. Das Bezugskoordinatensystem ist hier das ruhende Koordinatensystem K_0. Es sollen die Euler-Winkel des Werkzeugkoordinatensystems K_W ermittelt werden. Für die Z-Y-Z-Euler-Winkel erhält man die Lösung $\alpha = 30°, \beta = 90°, \chi = 180°$.

In Bild 2.13 sind die Hilfskoordinatensysteme K' und K'' für diese Lösung gezeichnet. Es ist jedoch zu beachten, dass z. B. auch die Lösung $\alpha = -150°, \beta = -90°, \chi = 0°$ möglich ist.

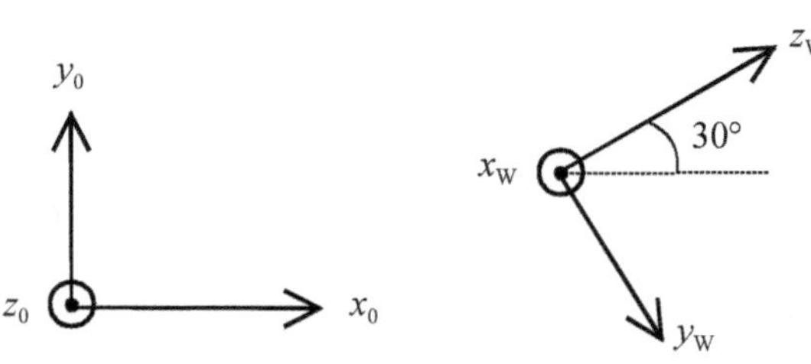

Bild 2.12 Beispiel für die Beschreibung der Orientierung mit Euler-Winkeln

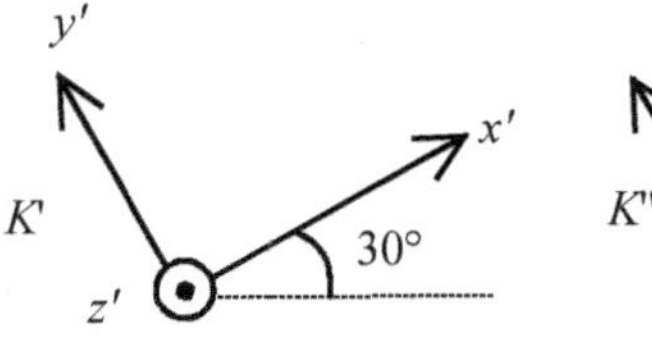

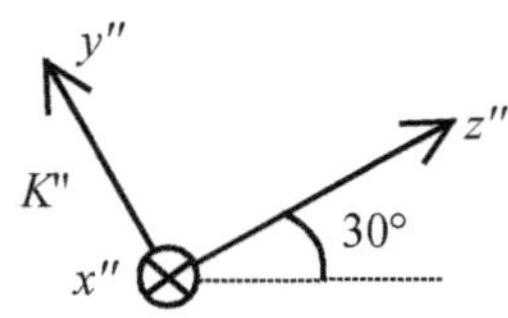

Bild 2.13 Hilfskoordinatensysteme K' und K'' für das Beispiel in Bild 2.12 mit den Z-Y-Z-Euler-Winkeln $\alpha = 30°$, $\beta = 90°, \chi = 180°$

Sollen die Z-Y-X-Euler-Winkel angegeben werden, erhält man die Lösung $A = -60°$, $B = -90°$, $C = -90°$. In Bild 2.14 sind die Hilfskoordinatensysteme K' und K'' für diese Lösung abgebildet. Auch hier gibt es zusätzlich die Lösungen $A = 120°, B = 90°, C = 90°$ oder $A = 30°, B = -90°, C = 180°$ bzw. $A = 0°, B = -90°, C = -150°$.

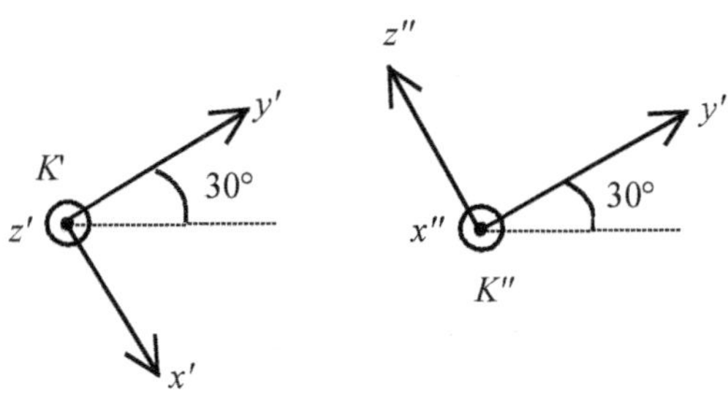

Bild 2.14 Hilfskoordinatensysteme K' und K'' für das Beispiel in Bild 2.12 mit den Z-Y-X-Euler-Winkeln $A = -60°, B = -90°$, $C = -90°$

Selbstverständlich muss es eine Beziehung zwischen den Euler-Winkeln und der Rotationsmatrix geben, die die Einheitsvektoren des **Zielkoordinatensystems** K_W im Bezugskoordinatensystem K_R beschreibt. Diese Rotationsmatrix lässt sich durch Multiplikation der drei Rotationsmatrizen gewinnen, die die einzelnen Drehbewegungen ausdrücken:

$$\boldsymbol{R} = {}^{W}_{R}\boldsymbol{A} = \left(\boldsymbol{x}_W^{(R)} \quad \boldsymbol{y}_W^{(R)} \quad \boldsymbol{z}_W^{(R)}\right) = {}^{'}_{R}\boldsymbol{A} \cdot {}^{''}_{'}\boldsymbol{A} \cdot {}^{W}_{''}\boldsymbol{A}$$

Dabei gilt für die Z-Y-Z-Euler-Winkel mit $C_\alpha = \cos\alpha$, $S_\alpha = \sin\alpha$ etc.:

$$\boldsymbol{R} = {}^{\mathrm{W}}_{R}\boldsymbol{A} = \begin{pmatrix} C_\alpha & -S_\alpha & 0 \\ S_\alpha & C_\alpha & 0 \\ 0 & 0 & 1 \end{pmatrix} \cdot \begin{pmatrix} C_\beta & 0 & S_\beta \\ 0 & 1 & 0 \\ -S_\beta & 0 & C_\beta \end{pmatrix} \cdot \begin{pmatrix} C_\chi & -S_\chi & 0 \\ S_\chi & C_\chi & 0 \\ 0 & 0 & 1 \end{pmatrix} =$$
$$\begin{pmatrix} C_\alpha C_\beta C_\chi - S_\alpha S_\chi & -C_\alpha C_\beta S_\chi - S_\alpha C_\chi & C_\alpha S_\beta \\ S_\alpha C_\beta C_\chi + C_\alpha S_\chi & -S_\alpha C_\beta S_\chi + C_\alpha C_\chi & S_\alpha S_\beta \\ -S_\beta C_\chi & S_\beta S_\chi & C_\beta \end{pmatrix} = (\boldsymbol{x}_{\mathrm{W}}^{(R)} \quad \boldsymbol{y}_{\mathrm{W}}^{(R)} \quad \boldsymbol{z}_{\mathrm{W}}^{(R)}) \tag{2.18}$$

Ist im umgekehrten Fall die Rotationsmatrix $\boldsymbol{R} = {}^{\mathrm{W}}_{R}\boldsymbol{A}$ bekannt und sind die Euler-Winkel gesucht, so können mit der rechten Seite von Gl. (2.18) die Euler-Winkel mit folgender Vorschrift berechnet werden:

$$\beta = \arccos(R_{33}),\ \alpha = \arctan 2(R_{23}, R_{13}),\ \chi = \arctan 2(R_{32}, R_{31}) \tag{2.19}$$

Wird $\beta = 0$ berechnet, ist die Lösung degeneriert. In diesem Fall kann α und χ nicht explizit berechnet werden, da sowohl α als auch χ Drehwinkel um die z-Achse des Referenzkoordinatensystems sind. Berechnet werden kann nur die Summe von α und χ. Aus Gl. (2.18) wird

$$\boldsymbol{R} = \begin{pmatrix} C_\alpha \cdot C_\chi - S_\alpha \cdot S_\chi & -C_\alpha \cdot S_\chi - S_\alpha \cdot C_\chi & 0 \\ S_\alpha \cdot C_\chi + C_\alpha \cdot S_\chi & -S_\alpha \cdot S_\chi + C_\alpha \cdot C_\chi & 0 \\ 0 & 0 & 1 \end{pmatrix} = \begin{pmatrix} \cos(\alpha+\chi) & -\sin(\alpha+\chi) & 0 \\ \sin(\alpha+\chi) & \cos(\alpha+\chi) & 0 \\ 0 & 0 & 1 \end{pmatrix}$$

und es gilt:

$$\alpha + \chi = \arctan 2(R_{21}, R_{11}) \tag{2.20}$$

Für die Z-Y-X-Euler-Winkel A, B, C gilt die Beziehung

$$\boldsymbol{R} = {}^{\mathrm{W}}_{R}\boldsymbol{A} = (\boldsymbol{x}_{\mathrm{W}}^{(R)} \quad \boldsymbol{y}_{\mathrm{W}}^{(R)} \quad \boldsymbol{z}_{\mathrm{W}}^{(R)}) = \begin{pmatrix} C_A & -S_A & 0 \\ S_A & C_A & 0 \\ 0 & 0 & 1 \end{pmatrix} \cdot \begin{pmatrix} C_B & 0 & S_B \\ 0 & 1 & 0 \\ -S_B & 0 & C_B \end{pmatrix} \cdot \begin{pmatrix} 1 & 0 & 0 \\ 0 & C_C & -S_C \\ 0 & S_C & C_C \end{pmatrix} =$$
$$\begin{pmatrix} C_A \cdot C_B & -S_A \cdot C_C + C_A \cdot S_B \cdot S_C & S_A \cdot S_C + C_A \cdot S_B \cdot C_C \\ S_A \cdot C_B & C_A \cdot C_C + S_A \cdot S_B \cdot S_C & -C_A \cdot S_C + S_A \cdot S_B \cdot C_C \\ -S_B & C_B \cdot S_C & C_B \cdot C_C \end{pmatrix} \tag{2.21}$$

Nun können wieder aus einer gegebenen Rotationsmatrix die Z-Y-X-Euler-Winkel A, B, C durch die Vorschrift

$$B = \arcsin(-R_{31}), \quad A = \arctan 2(R_{21}, R_{11}), \quad C = \arctan 2(R_{32}, R_{33}) \tag{2.22}$$

berechnet werden. In diesem Fall ist die Lösung für $B = \pm 90°$ degeneriert, A und C sind Drehungen um die z_R-Achse. Nur die Summe bzw. die Differenz von A und C sind berechenbar. Mit $B = \pm 90°$ wird aus Gl. (2.21)

$$\boldsymbol{R}=\begin{pmatrix} 0 & -S_A\cdot C_C+C_A\cdot S_C & S_A\cdot S_C+C_A\cdot C_C \\ 0 & C_A\cdot C_C+S_A\cdot S_C & -C_A\cdot S_C+S_A\cdot C_C \\ -1 & 0 & 0 \end{pmatrix}=\begin{pmatrix} 0 & -\sin(A-C) & \cos(A-C) \\ 0 & \cos(A-C) & \sin(A-C) \\ -1 & 0 & 0 \end{pmatrix} \text{ für } B=+90°$$

$$\boldsymbol{R}=\begin{pmatrix} 0 & -S_A\cdot C_C-C_A\cdot S_C & S_A\cdot S_C-C_A\cdot C_C \\ 0 & C_A\cdot C_C-S_A\cdot S_C & -C_A\cdot S_C-S_A\cdot C_C \\ 1 & 0 & 0 \end{pmatrix}=\begin{pmatrix} 0 & -\sin(A+C) & -\cos(A+C) \\ 0 & \cos(A+C) & -\sin(A+C) \\ -1 & 0 & 0 \end{pmatrix} \text{ für } B=-90°$$

und damit

$$A-C=\arctan 2(R_{23},R_{22}) \text{ für } B=+90°,\ A+C=\arctan 2(R_{23},R_{13}) \text{ für } B=-90° \quad (2.23)$$

In Gl. (2.20), Gl. (2.22) und Gl. (2.23) wird statt der inversen trigonometrischen Funktion arctan die Funktion **arctan2** verwendet. Arctan liefert nur Werte zwischen $-\pi/2$ und $+\pi/2$, während arctan2 abhängig vom Vorzeichen der Gegenkathete und Ankathete Werte zwischen $-\pi$ und π als Funktionswerte haben kann. Allgemein gilt für die arctan2-Funktion:

$$\varphi=\arctan 2(y,x)=\begin{cases} \varphi=\arctan(\frac{y}{x}), & 0\le\varphi\le\pi/2, \quad \textit{für}+x,+y \\ \varphi=\pi+\arctan(\frac{y}{x}), & \pi/2\le\varphi\le\pi, \quad \textit{für}-x,+y \\ \varphi=-\pi+\arctan(\frac{y}{x}), & -\pi\le\varphi\le-\pi/2, \quad \textit{für}-x,-y \\ \varphi=\arctan(\frac{y}{x}), & -\pi/2\le\varphi\le 0, \quad \textit{für}+x,-y \end{cases} \quad (2.24)$$

2.1.9 Roll-Pitch-Yaw-Winkel

Eine weitere Möglichkeit die Orientierung zu beschreiben sind die sogenannten **Roll-Pitch-Yaw-Winkel**, auch Roll-Nick-Gier-Winkel genannt. Sie haben ihren Ursprung in der See- und Luftfahrt. Hier erfolgen die Drehungen immer um Achsen des Referenzkoordinatensystems K_R. Durch Drehungen um die x-Achse, y-Achse und schließlich die z-Achse des Referenzkoordinatensystems wird das Zielkoordinatensystem erhalten. Die drei Drehwinkel beschreiben damit, wie bei den in Abschnitt 2.1.8 diskutierten Euler-Winkeln, die Orientierung des Zielkoordinatensystems bezogen auf das Referenzkoordinatensystem. Bei den Drehungen ist folgende Reihenfolge einzuhalten (s. auch Bild 2.15):

- Drehung des Hilfskoordinatensystems um die x_R-Achse mit dem Winkel ψ (yaw): Es entsteht das Koordinatensystem $K^{'}$
- Drehung des Koordinatensystems $K^{'}$ um die y_R-Achse mit dem Winkel θ (pitch): Es entsteht das Koordinatensystem $K^{'}$
- Drehung des Koordinatensystems $K^{'}$ um die z_R-Achse mit dem Winkel ϕ (roll), um das Zielkoordinatensystem K_W zu erhalten

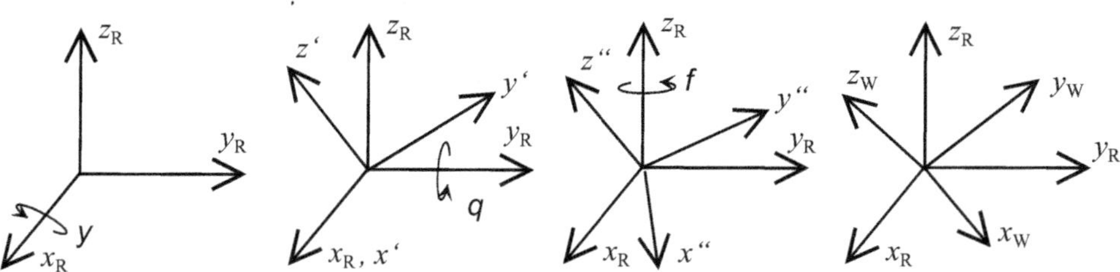

Bild 2.15 Beschreibung der Orientierung durch Roll-Pitch-Yaw Winkel

Entsprechend Gl. (2.18) und Gl. (2.21) können die Drehungen in eine Rotationsmatrix überführt werden:

$$\boldsymbol{R} = {}^{\mathrm{W}}_{R}\boldsymbol{A} = (\boldsymbol{x}_{\mathrm{W}}^{(R)} \quad \boldsymbol{y}_{\mathrm{W}}^{(R)} \quad \boldsymbol{z}_{\mathrm{W}}^{(R)}) = \begin{pmatrix} C_\phi \cdot C_\theta & -S_\phi \cdot C_\psi + C_\phi \cdot S_\theta \cdot S_\psi & S_\phi \cdot S_\psi + C_\phi \cdot S_\theta \cdot C_\psi \\ S_\phi \cdot C_\theta & C_\phi \cdot C_\psi + S_\phi \cdot S_\theta \cdot S_\psi & -C_\phi \cdot S_\psi + S_\phi \cdot S_\theta \cdot C_\psi \\ -S_\theta & C_\theta \cdot S_\psi & C_\theta \cdot C_\psi \end{pmatrix} \quad (2.25)$$

Aus einer gegebenen Rotationsmatrix $\boldsymbol{R}$ werden die Roll-Pitch-Yaw-Winkel zu

$$\theta = \arcsin(-R_{31}),\ \psi = \operatorname{arctan2}(R_{32}, R_{33}),\ \phi = \operatorname{arctan2}(R_{21}, R_{11}) \quad (2.26)$$

berechnet. Auch hier wird durch $\theta = \pm 90°$ eine degenerative Lösung verursacht und statt ψ und ϕ nach Gl. (2.26) zu berechnen, ist die Summe bzw. die Differenz von ψ und ϕ mit

$$\psi - \phi = \operatorname{arctan2}(R_{23}, R_{22}) \text{ für } \theta = +90°,\ \psi + \phi = \operatorname{arctan2}(R_{23}, R_{13}) \text{ für } \theta = -90° \quad (2.27)$$

gegeben.

2.1.10 Beschreibung der Orientierung durch Drehvektor und Drehwinkel

Eine weitere Möglichkeit zur Beschreibung der Orientierung eines Koordinatensystems zu einem Referenzkoordinatensystem besteht in der Angabe eines Richtungsvektors $\boldsymbol{e}_R$ (Drehvektor) und eines Drehwinkels φ_R. Das Referenzkoordinatensystem wird (fiktiv) um $\boldsymbol{e}_R$ mit dem Winkel φ_R gedreht, um die Orientierung des aktuellen Koordinatensystems zu erhalten. Bild 2.16a zeigt das Prinzip. Der Drehvektor wird im Referenzsystem K_i als $\boldsymbol{e}_R^{(i)}$ dargestellt. Ein sehr einfaches Beispiel ist in Bild 2.16b skizziert. Es ist offensichtlich, dass um die z-Achse des Referenzsystems K_0 um den Winkel α gedreht werden muss. In diesem Fall ist $\boldsymbol{e}_R^{(i)} = \begin{pmatrix} 0 & 0 & 1 \end{pmatrix}^{\mathrm{T}}$ und $\varphi_R = \alpha$.

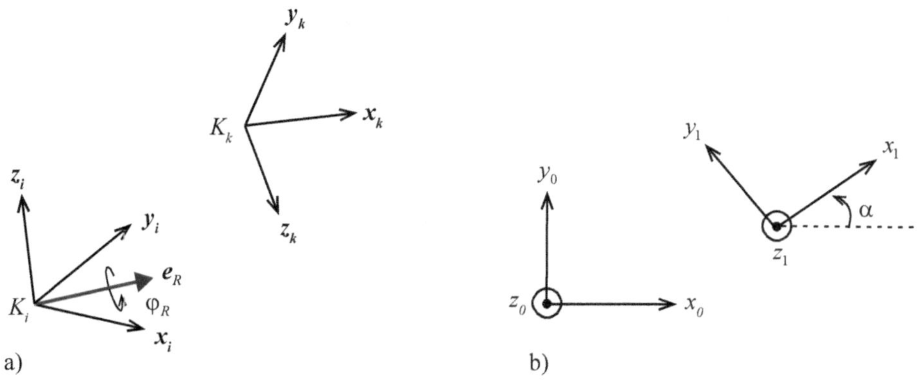

Bild 2.16 Beschreibung der Orientierung durch Drehvektor und Drehwinkel: a) Prinzip, b) einfaches Beispiel

Im Gegensatz zu der Angabe in Euler-Winkeln ist es bei nicht so einfachen Beispielen wie in Bild 2.16b schwierig, Drehvektor und Drehwinkel direkt zu ermitteln. Bei den meisten Programmiersprachen für Industrieroboter werden deshalb hauptsächlich die Euler-Winkel zur Definition der Orientierung verwendet. Ein Vorteil der Beschreibung mit Drehvektor und Winkel liegt dann vor, wenn die Orientierung, z. B. des Effektors, kontinuierlich verändert werden soll. Dies ist bei einer Bahnsteuerung der Fall (s. auch Abschnitt 4.3). Zur kompakten Darstellung werden sogenannte Quaternionen verwendet. Eine **Quaternion** kann als eine komplexe Zahl mit vier Komponenten oder als Darstellung eines Skalars und eines Vektors aufgefasst werden:

$$\boldsymbol{qt} = \begin{pmatrix} qt_1 \\ qt_2 \\ qt_3 \\ qt_4 \end{pmatrix} \tag{2.28}$$

Die Komponente qt_1 wird als Skalarkomponente bezeichnet, die Komponenten qt_2, qt_3 und qt_4 als Vektorkomponenten. Für kinematische Zusammenhänge werden hauptsächlich Einheitsquaternionen verwendet, d. h. es gilt $\sqrt{qt_1^2 + qt_2^2 + qt_3^2 + qt_4^2} = 1$. Zur Definition und zu den Rechenregeln für Quaternionen siehe z. B. /2.12/ und /6.13/. Hier soll erläutert werden, wie eine Einheitsquaternion auf der Basis der Rotationsmatrix aufgestellt wird und schließlich in den entsprechenden Drehwinkel φ_R und Drehvektor $\boldsymbol{e}_R$ überführt wird.

Ist

$${}_i^k\boldsymbol{A} = \begin{pmatrix} A_{11} & A_{12} & A_{13} \\ A_{21} & A_{22} & A_{23} \\ A_{31} & A_{32} & A_{33} \end{pmatrix}$$

die Rotationsmatrix, die die Orientierung des Koordinatensystems K_k relativ zum Koordinatensystem K_i beschreibt, dann gilt:

$$\begin{pmatrix} qt_1 \\ qt_2 \\ qt_3 \\ qt_4 \end{pmatrix} = \begin{pmatrix} 0.5 \cdot \sqrt{A_{11} + A_{22} + A_{33} + 1} \\ 0.5 \cdot \operatorname{sgn}(A_{32} - A_{23}) \cdot \sqrt{A_{11} - A_{22} - A_{33} + 1} \\ 0.5 \cdot \operatorname{sgn}(A_{13} - A_{31}) \cdot \sqrt{A_{22} - A_{33} - A_{11} + 1} \\ 0.5 \cdot \operatorname{sgn}(A_{21} - A_{12}) \cdot \sqrt{A_{33} - A_{11} - A_{22} + 1} \end{pmatrix} \tag{2.29}$$

Dabei wurde die **Signum-Funktion** $y = \operatorname{sgn}(x) = \{-1 \text{ für } x < 0,\ 0 \text{ für } x = 0,\ 1 \text{ für } x > 0\}$ verwendet. Aus den Quaternionen können dann entsprechend berechnet werden:

$$\varphi_R = 2 \cdot \arccos(q_{t1}), \quad \boldsymbol{e}_R = \begin{pmatrix} q_{t2} \\ q_{t3} \\ q_{t4} \end{pmatrix} / \sin(0.5 \cdot \varphi_R). \tag{2.30}$$

Für das einfache Beispiel in Bild 2.16b ist die Rotationsmatrix ${}_0^1\boldsymbol{A} = \begin{pmatrix} \cos\alpha & -\sin\alpha & 0 \\ \sin\alpha & \cos\alpha & 0 \\ 0 & 0 & 1 \end{pmatrix}$ und man erhält mit Gl. (2.29)

$$\begin{pmatrix} qt_1 \\ qt_2 \\ qt_3 \\ qt_4 \end{pmatrix} = \begin{pmatrix} 0.5 \cdot \sqrt{2 \cdot (1 + \cos\alpha)} \\ 0 \\ 0 \\ 0.5 \cdot \operatorname{sgn}(2 \cdot \sin\alpha) \cdot \sqrt{2 \cdot (1 - \cos\alpha)} \end{pmatrix} = \begin{pmatrix} \sqrt{0.5 \cdot (1 + \cos\alpha)} \\ 0 \\ 0 \\ \operatorname{sgn}(\sin\alpha) \cdot \sqrt{0.5 \cdot (1 - \cos\alpha)} \end{pmatrix}.$$

Wird Gl. (2.30) ausgeführt und werden die Halbwinkelformeln $\sqrt{0.5 \cdot (1 + \cos\alpha)} = \cos\frac{\alpha}{2}$ und $\sqrt{0.5 \cdot (1 - \cos\alpha)} = \sin\frac{\alpha}{2}$ beachtet, gilt wie erwartet:

$$\varphi_R = 2 \cdot \arccos\left(\cos\frac{\alpha}{2}\right) = |\alpha| \text{ und } \boldsymbol{e}_R = \begin{pmatrix} 0 \\ 0 \\ \operatorname{sgn}(\sin\alpha) \cdot \sin\frac{\alpha}{2} \end{pmatrix} / \sin\frac{\alpha}{2} = \begin{pmatrix} 0 \\ 0 \\ \operatorname{sgn}(\sin\alpha) \end{pmatrix}.$$

Das Referenzkoordinatensystem K_i muss also um die z_i-Achse mit dem Winkel α gedreht werden, um die beiden Koordinatensysteme ineinander zu überführen. Nun soll als zweites Beispiel die Orientierung des Koordinatensystems K_W in Bild 2.12 durch den Drehvektor und den Drehwinkel ausgedrückt werden. Die Rotationsmatrix ${}_0^W\boldsymbol{A}$ kann mit den angegebenen Euler-Winkeln nach Gl. (2.18) bzw. Gl. (2.21) oder direkt aus Bild 2.12 zu

${}_0^W\boldsymbol{A} = \begin{pmatrix} 0 & \sin(30°) & \cos(30°) \\ 0 & -\cos(30°) & \sin(30°) \\ 1 & 0 & 0 \end{pmatrix} = \begin{pmatrix} 0 & 0.5 & \sqrt{3}/2 \\ 0 & -\sqrt{3}/2 & 0.5 \\ 1 & 0 & 0 \end{pmatrix}$ angegeben werden.

Mit Gl. (2.29) erhält man für das Quaternion $\begin{pmatrix} qt_1 \\ qt_2 \\ qt_3 \\ qt_4 \end{pmatrix} = \begin{pmatrix} 0.5\cdot\sqrt{1-\sqrt{3}/2} \\ -0.5\cdot\sqrt{\sqrt{3}/2+1} \\ -0.5\cdot\sqrt{1-\sqrt{3}/2} \\ -0.5\cdot\sqrt{\sqrt{3}/2+1} \end{pmatrix} = \begin{pmatrix} 0.183 \\ -0.683 \\ -0.183 \\ -0.683 \end{pmatrix}$

und mit Gl. (2.30) schließlich den Winkel $\varphi_R = 2.7735 \triangleq 158.909°$ sowie den Drehvektor $\boldsymbol{e}_R = \begin{pmatrix} -0.694 & -0.186 & -0.694 \end{pmatrix}$.

2.1.11 Freiheitsgrad des Robotereffektors

Der **Freiheitsgrad** f eines Körpers ist die Anzahl der möglichen unabhängigen Bewegungen eines starren Körpers gegenüber einem Bezugskoordinatensystem (/2.12/). f ist gleichbedeutend mit der Mindestanzahl der Angaben (Koordinaten), die benötigt werden, um seine (veränderliche) Lage im Raum eindeutig zu beschreiben. Ein Quader, der nur auf einer Ebene bewegt werden kann (Bild 2.17), hat den Freiheitsgrad drei. Ein Punkt des Körpers auf der Seitenfläche zur Ebene ist durch einen Ortsvektor mit zwei Koordinaten beschrieben. Der Quader kann aber noch um eine Achse gedreht werden, die senkrecht zur Ebene steht und durch den Punkt P geht. Mit diesem Drehwinkel und den zwei Positionsangaben ist die Lage des Quaders vollständig beschrieben. Ein starrer Körper, der sich im Raum frei bewegen kann, hat den Freiheitsgrad sechs (Bild 2.17b). Die Position eines ausgezeichneten Punktes P, z.B. des Schwerpunktes, ist durch die drei Komponenten des Ortsvektors definiert, dies sind die drei Freiheitsgrade der Translation. Nun kann der Körper noch um drei Achsen gedreht werden, ohne dass sich die Position des Punktes P ändert, dies sind die drei Freiheitsgrade der Rotation. Sie beschreiben die Orientierung des Körpers bez. eines Bezugskoordinatensystems.

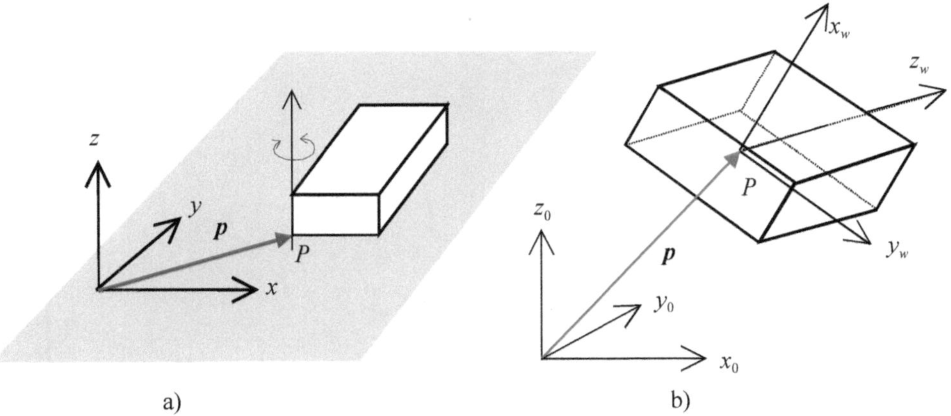

Bild 2.17 Freiheitsgrade von Körpern: a) Bewegung eines Quaders auf einer Ebene, b) allgemeine Bewegung eines Körpers im Raum

Deshalb wird der Effektor als starrer Körper im Raum mit dem Freiheitsgrad sechs betrachtet. Der TCP entspricht dem Punkt P in Bild 2.17. Seine Lage ist durch den Vektor $\boldsymbol{p}$ definiert (s. auch Bild 2.10). Der Punkt, auf den $\boldsymbol{p}$ zeigt, muss nicht unbedingt zum Körper gehören, aber starr mit dem Körper verbunden sein. Die Orientierung wird z. B. durch drei Euler-Winkel angegeben. Gibt der Anwender die Position und Orientierung des Effektors vollständig vor, so kann der Roboter diese gewünschte Stellung in seinem Arbeitsraum i. Allg. nur einnehmen, wenn er mindestens sechs geeignet angeordnete Gelenke besitzt.

2.1.12 Differenzieren von Vektoren in bewegten Koordinatensystemen

Zur Aufstellung des dynamischen Modells werden Ableitungen von Vektoren nach der Zeit vorgenommen, um absolute Geschwindigkeiten und Beschleunigungen der Armteile des Roboters zu ermitteln und wirkende Kräfte/Momente zu berechnen. Dabei sind Vektoren, die nach der Zeit differenziert werden müssen, oft auf ein Koordinatensystem bezogen, das mit einem Armteil fest verbunden ist. In diesem Abschnitt wird zuerst die Ableitung eines Vektors nach der Zeit eingeführt. Dabei wird die Änderung des Vektors bezogen auf ein bewegtes Koordinatensystem und die absolute Änderung gegenüber dem ruhenden Bezugskoordinatensystem betrachtet. Anschließend wird als einfaches Beispiel die Absolutgeschwindigkeit des Schwerpunktes an einem bewegten Armteil berechnet.

In Bild 2.18a sind das ruhende Koordinatensystem K_0 (**Inertialsystem**) und ein Koordinatensystem K_i skizziert. K_i ist bez. K_0 in Bewegung. Diese Bewegung kann durch den Vektor der **Translationsgeschwindigkeit** $\boldsymbol{v}_i = \frac{\mathrm{d}}{\mathrm{d}t}\boldsymbol{r}_i$ und den **Winkelgeschwindigkeitsvektor** $\boldsymbol{\omega}_i$ beschrieben werden, setzt sich also aus einer Translationsbewegung des Ursprungs von K_i und einer Rotation um den Ursprung von K_i zusammen. Die Richtung von $\boldsymbol{\omega}_i$ ist dabei die Richtung der momentanen Drehachse, mit der sich das Koordinatensystem K_i gegenüber K_0 dreht, der Betrag $|\boldsymbol{\omega}_i|$ ist die Winkelgeschwindigkeit. Nun soll die absolute Änderung (Änderung bezogen auf das Inertialsystem K_0) eines beliebigen (freien) Vektors $\boldsymbol{a}$ angegeben werden. Wird mit $\boldsymbol{v}_a = \frac{\mathrm{d}^{(i)}\boldsymbol{a}}{\mathrm{d}t}$ die relative Änderung bezogen auf K_i bezeichnet, gilt:

$$\frac{\mathrm{d}\boldsymbol{a}}{\mathrm{d}t} = \frac{\mathrm{d}^{(i)}\boldsymbol{a}}{\mathrm{d}t} + \boldsymbol{\omega}_i \times \boldsymbol{a} \tag{2.31}$$

Da $\boldsymbol{a}$ ein beliebiger Vektor ist, kann man Gl. (2.31) auch auf $\boldsymbol{\omega}_i$ anwenden:

$$\frac{\mathrm{d}\boldsymbol{\omega}_i}{\mathrm{d}t} = \frac{\mathrm{d}^{(i)}\boldsymbol{\omega}_i}{\mathrm{d}t} + \boldsymbol{\omega}_i \times \boldsymbol{\omega}_i = \frac{\mathrm{d}^{(i)}\boldsymbol{\omega}_i}{\mathrm{d}t} \tag{2.32}$$

Als Beispiel für die Ableitung eines Vektors soll die absolute Geschwindigkeit $\boldsymbol{v}_{S2}$ des Schwerpunktes S_{P2} des zweiten Armteils eines Zweigelenk„roboters" berechnet werden (Bild 2.18b). Die zeitlichen Änderungen von $\boldsymbol{s}_2$ und $\boldsymbol{p}_2$ werden auf K_2 bezogen. Um $\boldsymbol{v}_{S2}$ zu erhalten, wird der Vektor $\boldsymbol{r}_{S2} = \boldsymbol{p}_2 + \boldsymbol{s}_2$ mithilfe von Gl. (2.31) differenziert:

$$\boldsymbol{v}_{S2} = \frac{\mathrm{d}\boldsymbol{r}_{S2}}{\mathrm{d}t} = \frac{\mathrm{d}(\boldsymbol{p}_2 + \boldsymbol{s}_2)}{\mathrm{d}t} = \frac{\mathrm{d}^{(2)}\boldsymbol{p}_2}{\mathrm{d}t} + \frac{\mathrm{d}^{(2)}\boldsymbol{s}_2}{\mathrm{d}t} + \boldsymbol{\omega}_2 \times \boldsymbol{r}_{S2} = \frac{\mathrm{d}^{(2)}\boldsymbol{p}_2}{\mathrm{d}t} + \boldsymbol{\omega}_2 \times \boldsymbol{r}_{S2}$$

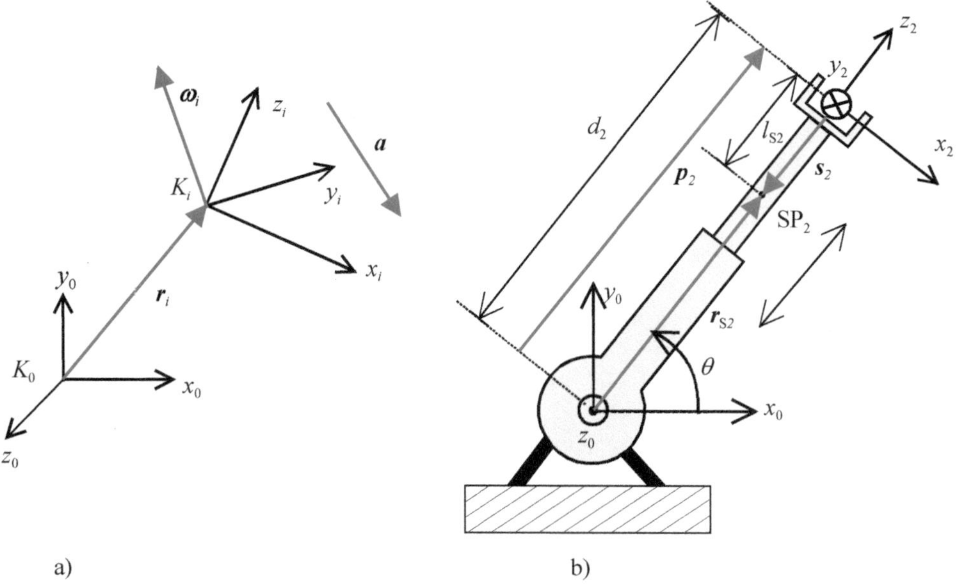

Bild 2.18 Freiheitsgrade von Körpern: a) Differenziation eines Vektors in bewegten Koordinatensystemen, b) Beispiel: Geschwindigkeit eines Schwerpunktes

Die Ableitung von s_2 bez. K_2 verschwindet, da sich s_2 relativ zu K_2 nicht ändert. Werden mathematische Operationen mit Vektoren in Komponentenschreibweise vorgenommen, müssen die beteiligten Vektoren im selben Koordinatensystem dargestellt werden. Sind $\boldsymbol{p}_2$, $\boldsymbol{s}_2$, $\boldsymbol{r}_{S2}$ und $\boldsymbol{\omega}_2$ in K_2 dargestellt, kann die obige Gleichung direkt ausgewertet werden. Soll jedoch $\boldsymbol{v}_{S2}$ in Komponenten von K_0 angegeben werden, wird $\boldsymbol{v}_{S2}$ zu

$$\boldsymbol{v}_{S2}^{(0)} = {}_0^2\boldsymbol{A}\cdot\left(\frac{\mathrm{d}^{(2)}\boldsymbol{p}_2}{\mathrm{d}t}+\boldsymbol{\omega}_2\times\boldsymbol{r}_{S2}\right)$$

berechnet. ${}_0^2\boldsymbol{A}$ ist die Rotationsmatrix, mit der in K_2 dargestellte Vektoren in die Darstellung von K_0 überführt werden (s. Abschnitt 2.1.6). Da sich das Koordinatensystem K_2 relativ zu K_0 nur senkrecht zur Zeichenebene mit der Winkelgeschwindigkeit $\dot{\theta}$ bewegen kann, hat $\boldsymbol{\omega}_2$ nur eine z-Komponente. Wenn l_{S2} die Länge des Vektors $\boldsymbol{s}_2$ ist, können für die benötigten Vektoren und ${}_0^2\boldsymbol{A}$ folgende Angaben eingesetzt werden:

$$\boldsymbol{r}_{S2}^{(2)} = \boldsymbol{p}_2^{(2)} + \boldsymbol{s}_2^{(2)} = \begin{pmatrix} 0 \\ 0 \\ d_2 - l_{S2} \end{pmatrix}, \frac{\mathrm{d}^{(2)}\boldsymbol{r}_{S2}^{(2)}}{\mathrm{d}t} = \begin{pmatrix} 0 \\ 0 \\ \dot{d}_2 \end{pmatrix}, \boldsymbol{\omega}_2^{(2)} = \begin{pmatrix} 0 \\ -\dot{\theta} \\ 0 \end{pmatrix}, {}_0^2\boldsymbol{A} = \begin{pmatrix} \sin\theta & 0 & \cos\theta \\ -\cos\theta & 0 & \sin\theta \\ 0 & -1 & 0 \end{pmatrix}$$

Werden nun $\boldsymbol{v}_{S2}^{(2)}$ und $\boldsymbol{v}_{S2}^{(0)}$ berechnet, erhält man

$$\boldsymbol{v}_{S2}^{(2)} = \begin{pmatrix} -(d_2 - l_{S2})\cdot\dot{\theta} \\ 0 \\ \dot{d}_2 \end{pmatrix}, \boldsymbol{v}_{S2}^{(0)} = \begin{pmatrix} -\sin\theta\cdot(d_2 - l_{S2})\cdot\dot{\theta} + \cos\theta\cdot\dot{d}_2 \\ \cos\theta\cdot(d_2 - l_{S2})\cdot\dot{\theta} + \sin\theta\cdot\dot{d}_2 \\ 0 \end{pmatrix}$$

Die berechnete Geschwindigkeit ist eine absolute Geschwindigkeit, bezogen auf das Inertialsystem, unabhängig davon, in welchem Koordinatensystem der Geschwindigkeitsvektor dargestellt ist. Betrag und Richtung beider Vektoren sind gleich, nur die Richtung wird in verschiedenen Koordinatensystemen dargestellt. Ist z. B. $\dot{\theta} = 0$ und $\dot{d}_2 \neq 0$, hat $\boldsymbol{v}_{S2}^{(2)}$ nur die Komponente $\dot{d}_2$ in z_2-Richtung. Bei jeder Momentaufnahme, unabhängig vom aktuellen Winkel θ, bewegt sich der Schwerpunkt in z_2-Richtung. Bei der Angabe der Geschwindigkeit in K_0 hat in diesem Fall die Geschwindigkeit die Komponente $\cos\theta \cdot \dot{d}_2$ in x_0-Richtung und $\sin\theta \cdot \dot{d}_2$ in y_0-Richtung. Hier geht der aktuelle Winkel θ ein.

2.2 Die Denavit-Hartenberg-Konvention für Industrieroboter

2.2.1 Der Industrieroboter mit offener kinematischer Kette

Die meisten Industrieroboter sind als **offene kinematische Kette** aufgebaut. Bei einer offenen kinematischen Kette ist jedes **Armteil** des Roboters über ein Gelenk mit dem folgenden Armteil verbunden. Jedes Gelenk hat dabei nur eine Gelenkachse. In Bild 2.19 sind zwei Industrieroboter mit ihren Armteilen und Gelenken skizziert. Die Nummerierung der Armteile beginnt mit der ruhenden Basis als Armteil 0. Hat der Roboter n Gelenke, ist das letzte Armteil n der **Effektor**, die Gelenke sind von eins bis n nummeriert. Die Gelenkbewegung n beeinflusst ausschließlich den Armteil n, den Effektor, die Bewegung des Gelenks 1 alle Armteile. Zur Vereinfachung verwendet man schematische Zeichnungen mit Symbolen für die Gelenke und einer Andeutung der Armteile durch Striche. Bild 2.20 zeigt die in Bild 2.19 skizzierten Roboter in ihrer schematischen Zeichnung und die Symbole für die Gelenke nach VDI-Richtlinie 2861. Sind jedoch Gelenke mit mehr als einer Gelenkachse vorhanden, z. B. ein Kugelgelenk, so liegt zwischen den Gelenkachsen kein Armteil, wie oben gefordert wurde. Um diese Konvention einzuhalten, werden **fiktive Armteile** mit der Masse 0 und der Ausdehnung 0 zwischen den Gelenken angenommen (Bild 2.21).

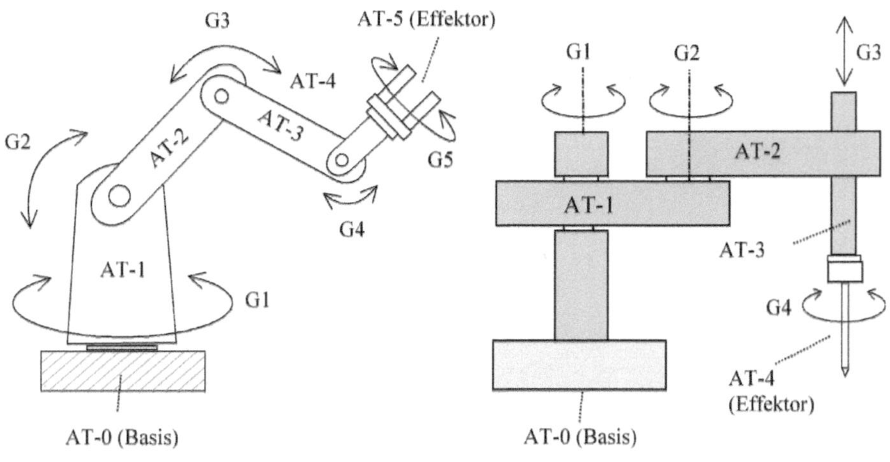

a) Knickarmroboter mit 5 Gelenken

b) SCARA-Roboter (4 Gelenke)

Bild 2.19 Industrieroboter als offene kinematische Ketten (AT: Armteil, G: Gelenk)

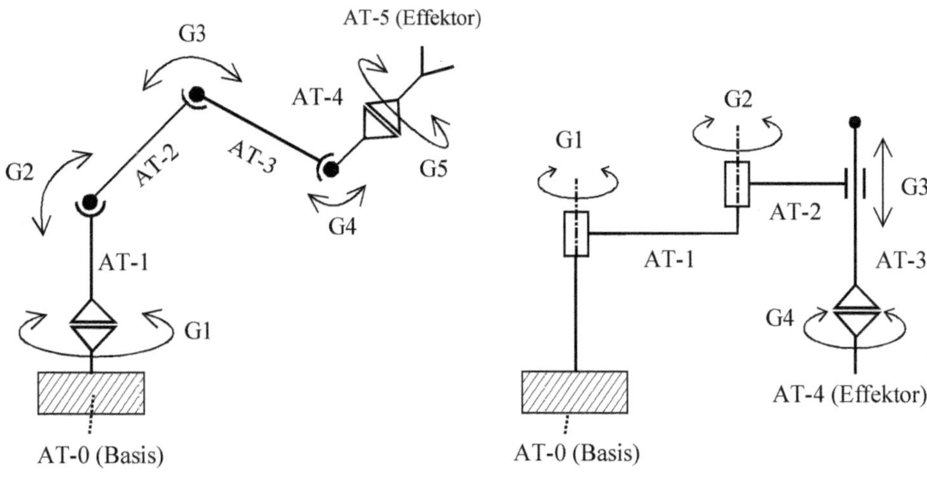

a) Knickarmroboter mit 5 Gelenken

b) SCARA-Roboter (4 Gelenke)

Bild 2.20 Schematische Zeichnung der Roboter von Bild 2.19 nach VDI-Richtlinie 2861

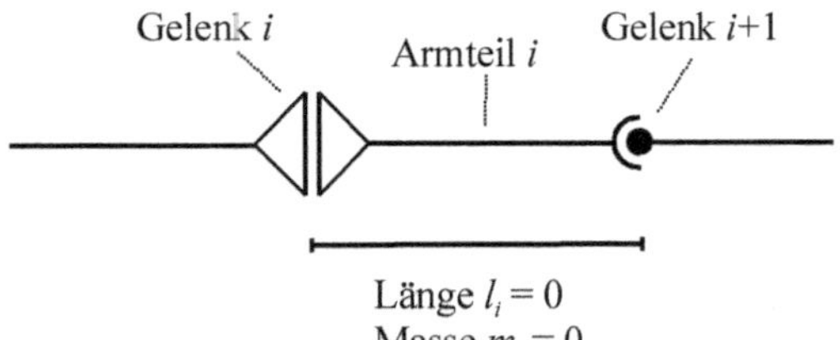

Bild 2.21 Gelenk mit zwei Gelenkachsen als Einzelgelenke mit einem fiktiven Armteil

2.2.2 Koordinatensysteme und kinematische Parameter nach der Denavit-Hartenberg-Konvention

Die Position und Orientierung des Effektors ist durch die **Gelenkkoordinaten**, das sind Winkel oder Schublängen der Gelenkachsen, festgelegt. Gibt der Programmierer eines Roboters die Lage des Effektors in kartesischen Koordinaten (Lage des TCP und Orientierung des Effektorkoordinatensystems) vor, so ist die Stellung des gesamten Roboters im Raum mit allen Armteilen i. Allg. nicht eindeutig bestimmt. Bei der Abbildung von Position und Orientierung des Effektors in entsprechende Gelenkkoordinaten treten Mehrdeutigkeiten und Singularitäten auf (s. Kapitel 3). Sind aber die Gelenkkoordinaten als absolute Größen gegeben, so ist die Stellung des Roboterarms im Raum eindeutig. Allerdings muss jeder Gelenkstellung ein numerischer Wert für die Gelenkkoordinate eindeutig zugeordnet sein. Also positive Drehrichtung und die Stellung des jeweiligen Gelenks bei der der Wert der Gelenkkoordinate 0 ist, müssen eindeutig festgelegt sein.

Weiterhin ist es unter Umständen notwendig, bei der Bewegungsplanung zu berücksichtigen, wo sich außer dem Effektor andere Armteile des Roboters befinden, um Kollisionen mit Hindernissen zu vermeiden. Zur vollständigen Beschreibung der Lage des gesamten

Roboters und damit zur Lösung oben formulierter Aufgaben hat sich die **Denavit-Hartenberg-Konvention** durchgesetzt, die letztlich auf /2.16/ zurückgeht. Jedes Armteil des Roboterarms einschließlich der ruhenden Basis wird mit einem Koordinatensystem versehen, das nach bestimmten Vorschriften festgelegt wird. Im allgemeinen Fall müssen sechs Parameter angegeben werden, um die Lage (Position und Orientierung!) eines Koordinatensystems zu einem Referenzsystem zu beschreiben: drei translatorische Angaben (wo liegt der Ursprung des Zielkoordinatensystems bez. dem Referenzsystem), drei Angaben zur Rotation (wie ist das Zielkoordinatensystem gegenüber dem Referenzkoordinatensystem verdreht). Mit der Denavit-Hartenberg-Konvention lässt sich die relative Stellung zweier benachbarter Koordinatensysteme zueinander durch nur vier Parameter beschreiben, wobei bei Roboterarmen mit offenen kinematischen Ketten drei Parameter konstant sind und ein Parameter die zeitveränderliche Gelenkkoordinate darstellt. Jeder Stellung des gesamten Roboterarms kann dann eindeutig ein Satz von Gelenkkoordinaten zugeordnet werden. Im Folgenden sind die an Roboterarme angepassten Definitionen neu formuliert.

Festlegung der Koordinatensysteme

a) Allgemeines

Jedes Armteil i ($i = 0,1, \dots, n$) eines Roboters mit n Gelenken wird mit einem Koordinatensystem K_i versehen. K_i ist mit dem Armteil i fest verbunden. Das Koordinatensystem K_i bewegt sich daher relativ zu Armteil i nicht. Grundsätzlich gilt für die Koordinatensysteme: Die Koordinatensysteme K_i sind so zu legen, dass mit den vier Denavit-Hartenberg-Parametern (s. Abschnitt 2.2.3) das Koordinatensystem K_i in K_{i-1} überführt werden kann. Hier wird vorgeschlagen, wie vorgegangen werden kann.

b) Festlegung des Basiskoordinatensystems K_0

- K_0 heißt **Basiskoordinatensystem** oder **Weltsystem**. Es ist fest mit der ruhenden Basis (Armteil 0) verbunden.
- Der Ursprung von K_0 wird irgendwo auf die 1. Gelenkachse gelegt. Sinnvoll ist zumeist, den Ursprung von K_0 in unmittelbarer Nähe des Armteils 1 zu legen (s. Beispiele in Bild 2.21 bis Bild 2.25).
- Die z_0-Achse mit dem Einheitsvektor $\boldsymbol{z}_0$ zeigt entlang der ersten Gelenkachse. Die x_0- und y_0-Achse sind dann unter der Bedingung, dass die Vektoren $\boldsymbol{x}_0$, $\boldsymbol{y}_0$, $\boldsymbol{z}_0$ ein Rechtssystem bilden, frei wählbar.

c) Festlegung der Koordinatensysteme K_i ($i = 1, 2, \dots, n-1$)

- Allgemein gilt: Der Ursprung von K_i liegt auf der Gelenkachse $i+1$.
- Schneiden sich die Gelenkachsen i und $i+1$, so liegt der Ursprung von K_i im Schnittpunkt dieser beiden Achsen.
- Verlaufen die Gelenkachsen i und $i+1$ parallel, kann der Ursprung von K_i irgendwo auf die Gelenkachse $i+1$ gelegt werden. Manchmal ist es sinnvoll, folgendes Vorgehen zu wählen: Es wird zunächst unter Anwendung dieser Regeln der Ursprung von K_{i+1} festgelegt. Ist der Ursprung von K_{i+1} festgelegt, wird der Ursprung von K_i so auf denjenigen Punkt der Gelenkachse $i+1$ gelegt, dass der Abstand zwischen dem Ursprung von K_i und dem Ursprung von K_{i+1} minimal wird.

- Schneiden sich die Gelenkachsen i und $i+1$ nicht, und sind sie auch nicht parallel, so gilt: Es wird die gemeinsame Normale der Gelenkachse i und der Gelenkachse $i+1$ gesucht. Dann wird der Ursprung vom Koordinatensystem K_i auf den Schnittpunkt der gemeinsamen Normalen mit der Gelenkachse $i+1$ gelegt.
- Die z_i-Achse mit dem Einheitsvektor $\boldsymbol{z}_i$ wird entlang der Gelenkachse $i+1$ gelegt. (Es gibt zwei Möglichkeiten für die Richtung von $\boldsymbol{z}_i$, eine Möglichkeit ist auszuwählen!)
- Festlegung der x_i-Achse
  - Schneiden sich die z_{i-1}-Achse und die z_i-Achse, so verläuft die x_i-Achse parallel zur Richtung des Kreuzproduktes $\boldsymbol{z}_{i-1} \times \boldsymbol{z}_i$ (von zwei Möglichkeiten für die Richtung ist eine Möglichkeit auszuwählen!).
  - Schneiden sich die z_{i-1}-Achse und die z_i-Achse nicht, wird die x_i-Achse mit dem Einheitsvektor $\boldsymbol{x}_i$ entlang der gemeinsamen Normalen der Achsen i und $i+1$ gelegt. Die Richtung ist dann die Richtung der Normalen von Gelenkachse i zu Gelenkachse $i+1$. Liegen z_{i-1}-Achse und z_i-Achse auf einer Linie, so kann x_i wie x_{i-1} gewählt werden.

d) Festlegung des Koordinatensystems K_n

Eine Möglichkeit vorzugehen ist die folgende: Die z_n-Achse wird in Richtung der z_{n-1}-Achse durch den TCP gelegt. x_n steht senkrecht auf z_{n-1} und zeigt von der z_{n-1}-Achse auf die z_n-Achse. Liegen z_{n-1}-Achse und z_n-Achse auf einer Linie, so ist x_n wie x_{n-1} zu wählen. Nach Möglichkeit ist der TCP als Ursprung festzulegen.

Die Denavit-Hartenberg-Parameter

Zwei benachbarte nach den Konventionen von Denavit-Hartenberg festgelegte Koordinatensysteme können durch zwei Translationen und zwei Rotationen ineinander überführt werden. Es werden folgende Parameter bestimmt:

- der absolute Drehwinkel θ_i um Gelenk i, d. h. um $\boldsymbol{z}_{i-1}$, der $\boldsymbol{x}_{i-1}$ in $\boldsymbol{x}_i$ dreht
- die Translation d_i vom Ursprung von K_{i-1} entlang $\boldsymbol{z}_{i-1}$, die den Abstand der Ursprünge von K_{i-1} und K_i minimal macht (gemessen wird in Richtung $\boldsymbol{z}_{i-1}$)
- die Translation a_i in Richtung $\boldsymbol{x}_i$, sodass der Ursprung von K_{i-1} möglichst nahe an den Ursprung von kommt bzw. mit dem Ursprung von K_i zusammenfällt. (a_i ist immer positiv)
- der Drehwinkel α_i um $\boldsymbol{x}_i$, der $\boldsymbol{z}_{i-1}$ in $\boldsymbol{z}_i$ überführt

Da oft die Bestimmung von α_i Schwierigkeiten macht, soll hier zusätzlich eine ausführlichere Vorschrift angeführt werden:

- Die x_i-Achse denkt man sich durch eine Parallelverschiebung in den Ursprung von K_{i-1} kopiert und starr mit dem Koordinatensystem K_{i-1} verbunden.
- α_i ist jetzt die Drehung um die kopierte x_i-Achse, damit z_{i-1} in z_i überführt wird (nur Richtung!).
- Die kopierte Achse wird wieder gelöscht.

Durch die vier Denavit-Hartenberg-Parameter ist die relative Lage zweier benachbarter Koordinatensysteme, die nach obigen Regeln definiert sind, zueinander bestimmt. Es sind dies die Translationen a_i und d_i und die Winkel α_i und θ_i. Ist das Gelenk i ein rotatorisches Gelenk, so ist θ_i die veränderliche **Gelenkvariable (Gelenkkoordinate)** und α_i, d_i, a_i sind konstant. Bei einem translatorischen Gelenk ist die Schublänge d_i die veränderliche Gelenkkoordinate und θ_i, α_i, a_i sind konstant. Durch die Denavit-Hartenberg-Konvention sind wie zu Beginn des Abschnittes gefordert, die positiven Drehrichtungen bei den Rotationsgelenken und die positiven Richtungen bei den Schubgelenken sowie die Stellungen, in denen die Gelenkvariablen 0 sind, eindeutig festgelegt. So liegt für θ_i eine positive Drehrichtung vor, falls die Drehung in Richtung von $\boldsymbol{z}_{i-1}$ erfolgt, andernfalls eine negative Drehrichtung. Bei einem Schubgelenk wird d_i größer, wenn das Gelenk sich in Richtung von $\boldsymbol{z}_{i-1}$ bewegt, andernfalls wird d_i kleiner.

Zur Übung sollen die Koordinatensysteme und die Parameter nach Denavit-Hartenberg an einem einfachen Roboterarm mit zwei rotatorischen Gelenkachsen behandelt werden (Bild 2.22). Dieser Roboterarm besteht aus den beiden ersten Gelenken eines Knickarmroboters mit sechs Drehgelenken (R6-Roboter) und wird deshalb R6-12 genannt. Zuerst wird der Ursprung von K_0 auf die erste Gelenkachse gelegt; in welchen Punkt der Gelenkachse, ist nicht vorgeschrieben. Es wird hier der Punkt auf der Gelenkachse ausgewählt, der am nächsten zur Gelenkachse 2 liegt. Die x_0-Achse und y_0-Achse werden so gelegt, dass das Koordinatensystem K_0 ein Rechtssystem bildet. Nun muss der Ursprung von K_1 gewählt werden, der irgendwo auf der zweiten Gelenkachse liegen muss. Die Gelenkachsen eins und zwei schneiden sich nicht und sind nicht parallel. Es gibt eine gemeinsame Normale der beiden Gelenkachsen. Der Schnittpunkt dieser Normalen mit der Gelenkachse 2 muss als Ursprung von K_1 gewählt werden. Die x_1-Achse zeigt jetzt von der ersten Gelenkachse auf die zweite Gelenkachse. Die y_1-Achse ist so zu wählen, dass das Koordinatensystem K_1 ein Rechtssystem bildet. Da der Arm zwei Gelenke hat, ist das letzte Koordinatensystem K_2. Die z_2-Achse wird nach dem oben formulierten Vorschlag in Richtung der z_1-Achse gelegt und x_2 zeigt von der z_1-Achse in Richtung der z_2-Achse. Der Ursprung kann in den TCP gelegt werden, wie die Ermittlung der Denavit-Hartenberg-Parameter zeigt (s. Tabelle in Bild 2.22).

In der gezeichneten Lage von Bild 2.22 ist $\theta_i = 0$, da keine Drehung um die z_0-Achse stattfinden muss, um x_0 in Richtung x_1 zu bringen. Eine Translation in z_0-Richtung ist ebenfalls nicht nötig, um den Abstand von K_0 und K_1 zu minimieren, daher gilt $d_1 = 0$. Da die Ursprünge von K_0 und K_1 nicht zusammenfallen, kann die zweite Translation a_1 nicht 0 sein. a_1 wird in Richtung x_1 vorgenommen und hat deshalb den Wert l_{11}. Nun muss noch das Koordinatensystem K_0 um x_1 gedreht werden, sodass $z_0 = z_1$ gilt. Diese Drehung beträgt $\alpha_1 = -90°$, da sich eine von $\boldsymbol{z}_0$ nach $\boldsymbol{z}_1$ drehende Rechtsschraube gegen die Richtung der x_1-Achse bewegen würde. Auf diese Weise können ebenfalls θ_2, d_2, a_2 und α_2 bestimmt werden. Die Winkel θ_1, θ_2 sind die Gelenkkoordinaten. Soll auch θ_2 zu 0 werden, so muss man das zweite Gelenk, dessen Drehrichtung bez. der mit Armteil 1 fest verbundenen z_1-Achse gemessen wird, um $+90°$ bewegen und erhält dann die in Bild 2.23 gezeichnete Stellung. Bei einer Drehung um Gelenk 1 wird die Lage von K_1 und K_2 verändert. Wird nur um Gelenk 2 gedreht, verändert sich nur die Lage von K_2. I. Allg. verändert eine Bewegung der Gelenkachse i um $\boldsymbol{z}_{i-1}$ die Lage der Armteile i bis n und der mit diesen Armteilen fest verbundenen Koordinatensysteme K_i bis K_n.

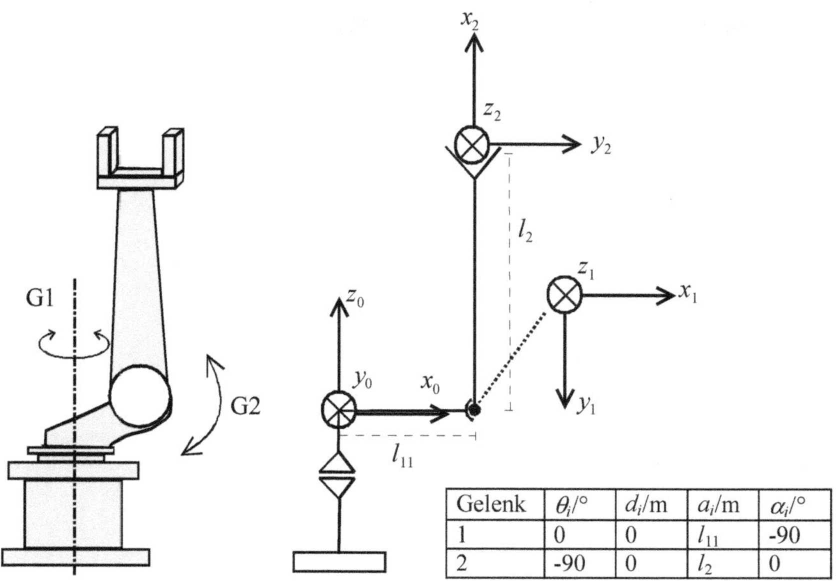

Gelenk	θ_i/°	d_i/m	a_i/m	α_i/°
1	0	0	l_{11}	-90
2	-90	0	l_2	0

Bild 2.22 Zweigelenkroboter R6-12 mit Koordinatensystemen

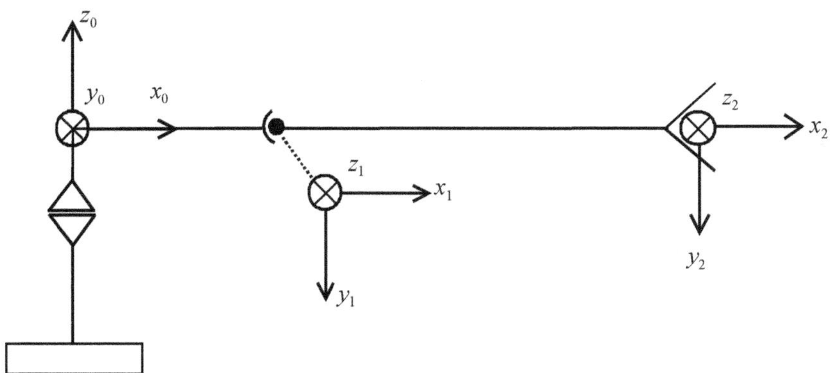

Bild 2.23 Zweigelenkroboter R6-12 in der Stellung $\theta_1 = \theta_2 = 0°$ (schematische Zeichnung)

In Bild 2.24 und Bild 2.26 sind weitere Beispiele für Koordinatensysteme und Denavit-Hartenberg-Parameter angegeben. Die Koordinatensysteme für einen Roboter mit zwei rotatorischen Gelenken und einem Schubgelenk zeigt Bild 2.24. Die Translationsachse wird als dritte Achse betrachtet, daher wird der Roboterarm auch als **RRT-Roboter** bezeichnet. Da sich die Gelenkachsen 2 und 3 schneiden, fällt der Ursprung von K_2 mit dem Ursprung von K_1 zusammen, was durch die punktierte Linie angedeutet ist. Das Armteil 2 ist ein fiktives Armteil. Die Gelenkvariablen für diesen Roboter sind θ_1, θ_2, d_3. Hier ist also θ_3 konstant und die Schublänge d_3 variabel. Auch hier ist zu beachten, dass sich durch eine Drehung um Gelenk 2 die Lage von K_2 und K_3 ändert, bei einer Translation in Richtung von z_2 jedoch nur die Lage von K_3.

Ebenfalls nach den angegebenen Regeln wurde der R6-Knickarmroboter mit Koordinatensystemen versehen (Bild 2.25 und Bild 2.26). Da sich die Gelenkachsen 3 und 4 schneiden, liegt der Ursprung von K_3 in diesem Schnittpunkt und die Ursprünge von K_2 und K_3 fallen zusammen.

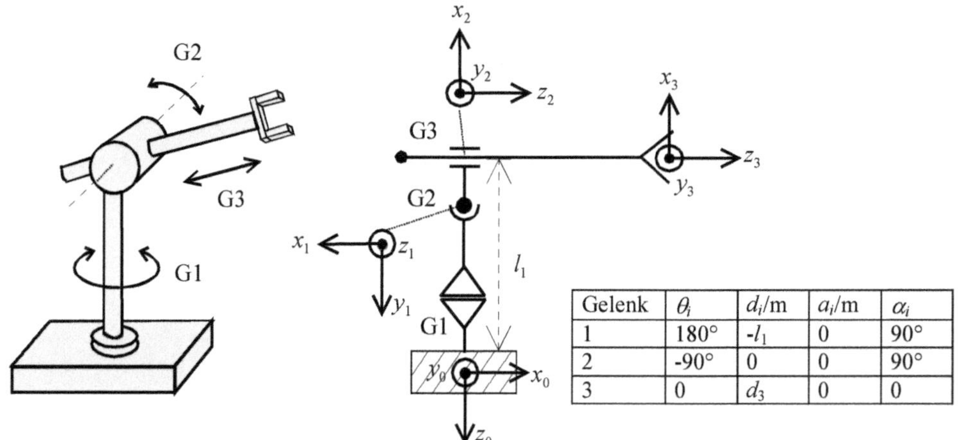

Gelenk	θ_i	d_i/m	a_i/m	α_i
1	180°	$-l_1$	0	90°
2	-90°	0	0	90°
3	0	d_3	0	0

Bild 2.24 RRT-Roboter mit Koordinatensystemen

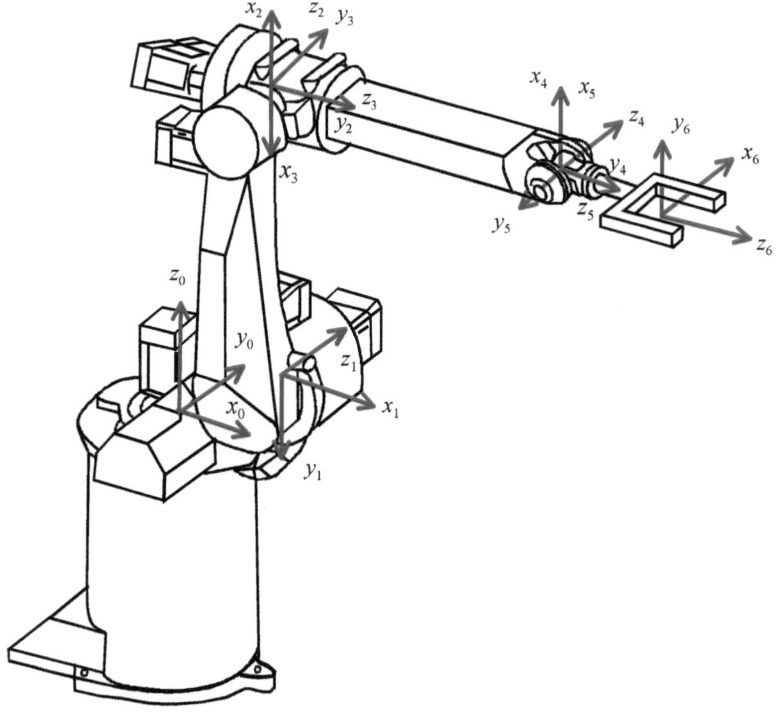

Bild 2.25 R6-Knickarmroboter mit Koordinatensystemen

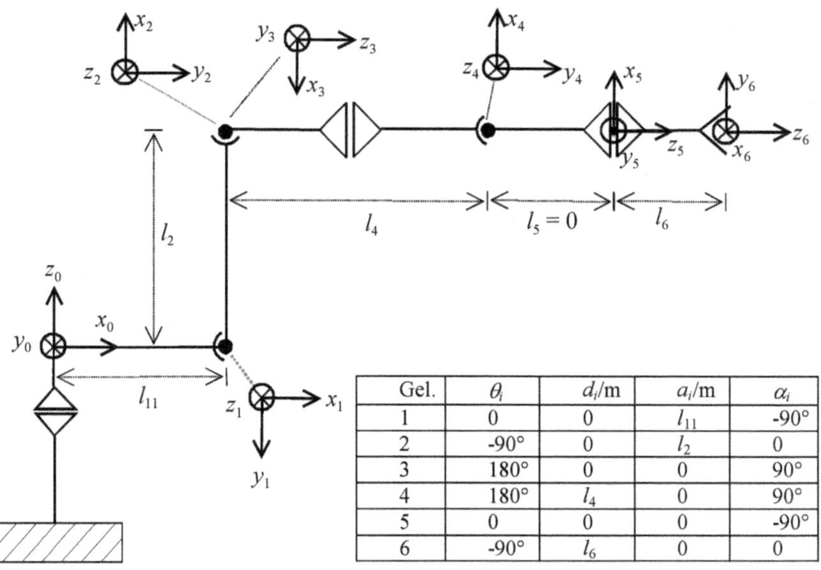

Gel.	θ_i	d_i/m	a_i/m	α_i
1	0	0	l_{11}	-90°
2	-90°	0	l_2	0
3	180°	0	0	90°
4	180°	l_4	0	90°
5	0	0	0	-90°
6	-90°	l_6	0	0

Bild 2.26 R6-Knickarmroboter schematisch mit Koordinatensystemen und Denavit-Hartenberg-Parametern

2.2.3 Rotationsmatrizen und homogene Matrizen auf Basis der Denavit-Hartenberg-Parameter

In Abschnitt 2.1 wurde schon die Rotationsmatrix eingeführt, die die Basisvektoren eines Koordinatensystems in Bezug zu einem anderen Koordinatensystem ausdrückt. Zwei nach der Denavit-Hartenberg-Konvention festgelegte Koordinatensysteme können durch zwei Drehwinkel θ und α gleich ausgerichtet werden. D. h. aber, dass die Rotationsmatrix zweier benachbarter Koordinatensysteme nur von diesen beiden Parametern abhängt. Werden die benachbarten Koordinatensysteme allgemein mit i und $i-1$ bezeichnet, erhält man für die Rotationsmatrix

$$ {}^{i}_{i-1}\boldsymbol{A} = \left(\boldsymbol{x}_i^{(i-1)} \quad \boldsymbol{y}_i^{(i-1)} \quad \boldsymbol{z}_i^{(i-1)} \right) = \begin{pmatrix} \cos\theta_i & -\sin\theta_i \cos\alpha_i & \sin\theta_i \sin\alpha_i \\ \sin\theta_i & \cos\theta_i \cos\alpha_i & -\cos\theta_i \sin\alpha_i \\ 0 & \sin\alpha_i & \cos\alpha_i \end{pmatrix} \tag{2.33} $$

Gl. (2.9) und Gl. (2.10) gelten natürlich auch hier. Im Beispiel des R6-12 (Bild 2.22) sind θ_1, θ_2 die variablen Gelenkwinkel. Man erhält die Rotationsmatrizen zu

$$ {}^{1}_{0}\boldsymbol{A} = (\boldsymbol{x}_1^{(0)} \quad \boldsymbol{y}_1^{(0)} \quad \boldsymbol{z}_1^{(0)}) = \begin{pmatrix} \cos\theta_1 & 0 & -\sin\theta_1 \\ \sin\theta_1 & 0 & \cos\theta_1 \\ 0 & -1 & 0 \end{pmatrix}, \; {}^{2}_{1}\boldsymbol{A} = (\boldsymbol{x}_2^{(1)} \quad \boldsymbol{y}_2^{(1)} \quad \boldsymbol{z}_2^{(1)}) = \begin{pmatrix} \cos\theta_2 & -\sin\theta_2 & 0 \\ \sin\theta_2 & \cos\theta_2 & 0 \\ 0 & 0 & 1 \end{pmatrix} $$

Sollen nun für die gezeichnete Stellung die Einheitsvektoren von K_2 in K_0 ausgedrückt werden, so sind die zwei Rotationsmatrizen zu multiplizieren:

$$ {}^{2}_{0}\boldsymbol{A} = (\boldsymbol{x}_2^{(0)} \quad \boldsymbol{y}_2^{(0)} \quad \boldsymbol{z}_2^{(0)}) = {}^{1}_{0}\boldsymbol{A}\cdot{}^{2}_{1}\boldsymbol{A} = \begin{pmatrix} 1 & 0 & 0 \\ 0 & 0 & 1 \\ 0 & -1 & 0 \end{pmatrix} \cdot \begin{pmatrix} 0 & 1 & 0 \\ -1 & 0 & 0 \\ 0 & 0 & 1 \end{pmatrix} = \begin{pmatrix} 0 & 1 & 0 \\ 0 & 0 & 1 \\ 1 & 0 & 0 \end{pmatrix} $$

Für diese explizite Stellung lässt sich das Ergebnis leicht direkt überprüfen. x_2 zeigt in Richtung der z_0-Achse, also muss gelten $\boldsymbol{x}_2^{(0)} = (0,0,1)^{\mathrm{T}}$. Dieser Vektor $\boldsymbol{x}_2^{(0)}$ steht aber in der ersten Spalte von ${}^{2}_{0}\boldsymbol{A}$, was bei obiger Matrix der Fall ist. Entsprechend können $\boldsymbol{y}_2^{(0)}$ und $\boldsymbol{z}_2^{(0)}$ überprüft werden.

Wenn zusätzlich die relative Position der beiden Ursprünge benachbarter Koordinatensysteme zueinander beschrieben werden soll, sind die Translationsparameter d und a zu verwenden. Eine vollständige Beschreibung gelingt mit der **homogenen Matrix**, wie sie in Abschnitt 2.1.7 eingeführt wurde. Die Lage zweier benachbarter Koordinatensysteme kann jetzt durch vier Parameter beschrieben werden. Das Frame ${}^{i}_{i-1}\boldsymbol{T}$ muss sich also durch a_i, d_i, α_i und θ_i ausdrücken lassen. Es gilt:

$$ {}^{i}_{i-1}\boldsymbol{T} = \begin{pmatrix} \boldsymbol{x}_i^{(i-1)} & \boldsymbol{y}_i^{(i-1)} & \boldsymbol{z}_i^{(i-1)} & \boldsymbol{p}_{i-1,i}^{(i-1)} \\ 0 & 0 & 0 & 1 \end{pmatrix} = \begin{pmatrix} \cos\theta_i & -\sin\theta_i\cos\alpha_i & \sin\theta_i\sin\alpha_i & a_i\cos\theta_i \\ \sin\theta_i & \cos\theta_i\cos\alpha_i & -\cos\theta_i\sin\alpha_i & a_i\sin\theta_i \\ 0 & \sin\alpha_i & \cos\alpha_i & d_i \\ 0 & 0 & 0 & 1 \end{pmatrix} \tag{2.34} $$

Die Matrizen ${}^{i}_{i-1}\boldsymbol{T}, i = 1,\cdots,n$ werden auch als **Denavit-Hartenberg-Matrizen** bezeichnet. Sie ändern sich bei einem Drehgelenk i mit dem Gelenkwinkel θ_i, bei einem Schubgelenk i mit der Schublänge d_i. Natürlich gelten weiterhin die Gl. (2.13) bis Gl. (2.17). In Gl. (2.17) ist ausgeführt, wie bei mehreren Koordinatensystemen zu verfahren ist. Häufig gebraucht wird die spezielle homogene Matrix $\boldsymbol{T}_{\mathrm{W}} = {}^{n}_{0}\boldsymbol{T}$. Diese Matrix beschreibt die Position des TCP und die Ausrichtung des Koordinatensystems K_n bei einem Roboter mit n Gelenken bez. des Basiskoordinatensystems K_0:

$$ \boldsymbol{T}_{\mathrm{W}} = {}^{n}_{0}\boldsymbol{T} = {}^{1}_{0}\boldsymbol{T}\cdot{}^{2}_{1}\boldsymbol{T}\cdots{}^{n-1}_{n-2}\boldsymbol{T}\cdot{}^{n}_{n-1}\boldsymbol{T} = \begin{pmatrix} \boldsymbol{x}_n^{(0)} & \boldsymbol{y}_n^{(0)} & \boldsymbol{z}_n^{(0)} & \boldsymbol{p}_0^{(0)} \\ 0 & 0 & 0 & 1 \end{pmatrix} \tag{2.35} $$

Nach Möglichkeit wird K_n als Werkzeugkoordinatensystem K_{W} gewählt. Allerdings ist dies bei speziellen Werkzeugen (Effektoren) nicht möglich, da eine Beschreibung des Werkzeugkoordinatensystems mit Denavit-Hartenberg-Parametern nicht funktioniert, wenn der TCP aus praktischen Gründen auf einen bestimmten Punkt gelegt werden soll. In diesem Fall muss noch eine konstante homogene Matrix zur Beschreibung des Werkzeugkoordinatensystems im Koordinatensystem K_n verwendet werden.

Für den Fall des R6-12 erhält man die Denavit-Hartenberg-Matrizen

$$ {}^{1}_{0}\boldsymbol{T} = \begin{pmatrix} \cos\theta_1 & 0 & -\sin\theta_1 & l_{11}\cos\theta_1 \\ \sin\theta_1 & 0 & \cos\theta_1 & l_{11}\sin\theta_1 \\ 0 & -1 & 0 & 0 \\ 0 & 0 & 0 & 1 \end{pmatrix}, \quad {}^{2}_{1}\boldsymbol{T} = \begin{pmatrix} \cos\theta_2 & -\sin\theta_2 & 0 & l_2\cos\theta_2 \\ \sin\theta_2 & \cos\theta_2 & 0 & l_2\sin\theta_2 \\ 0 & 0 & 1 & 0 \\ 0 & 0 & 0 & 1 \end{pmatrix} $$

und für die in Bild 2.22 gezeichnete Stellung $\theta_1 = 0°$, $\theta_2 = -90°$ errechnet sich die homogene Matrix $\boldsymbol{T}_\mathrm{W} = {}^2_0\boldsymbol{T}$ zu

$$\boldsymbol{T}_\mathrm{W} = {}^2_0\boldsymbol{T} = {}^1_0\boldsymbol{T} \cdot {}^2_1\boldsymbol{T} = \begin{pmatrix} \boldsymbol{x}_n^{(0)} & \boldsymbol{y}_n^{(0)} & \boldsymbol{z}_n^{(0)} & \boldsymbol{p}_0^{(0)} \\ 0 & 0 & 0 & 1 \end{pmatrix} = \begin{pmatrix} 0 & 1 & 0 & l_{11} \\ 0 & 0 & 1 & 0 \\ 1 & 0 & 0 & l_2 \\ 0 & 0 & 0 & 1 \end{pmatrix}$$

Man kann die Richtigkeit bei diesem einfachen Beispiel wieder an Bild 2.22 überprüfen. Die nordwestliche (3,3)-Untermatrix ist ${}^2_0\boldsymbol{A}$ und wurde oben schon angegeben, der Ortsvektor $\boldsymbol{p}_0 = (h_{11} \quad 0 \quad h_2)^\mathrm{T}$ kann ebenfalls leicht verifiziert werden.

2.3 Übungsaufgaben

2.3.1 Geben Sie die drei Euler-Winkel in Z-Y-X-Schreibweise an, wenn in Bild 2.8 die Orientierung von K_k bez. K_0 beschrieben werden soll. Zeichnen Sie die Koordinatensysteme K' und K'', geben Sie die Rotationsmatrizen ${}^k_{''}\boldsymbol{A}$, ${}^{''}_{'}\boldsymbol{A}$, ${}^{'}_0\boldsymbol{A}$ an und berechnen Sie auf diese Art ${}^k_0\boldsymbol{A}$.

2.3.2 Zeichnen Sie das Bezugs- und Zielkoordinatensystem, wenn die Rotationsmatrix, die die Einheitsvektoren des Zielkoordinatensystems im Bezugskoordinatensystem ausdrückt, folgende Gestalt hat: $\begin{pmatrix} 0 & 1 & 0 \\ 1 & 0 & 0 \\ 0 & 0 & -1 \end{pmatrix}$. Ermitteln Sie die Z-Y-Z-, Z-Y-X-Euler- und Roll-Pitch-Yaw-Winkel ausgehend von der Rotationsmatrix.

2.3.3 Berechnen Sie ausgehend vom Beispiel in Abschnitt 2.1.12 (s. Bild 2.18) die Beschleunigung $\dfrac{\mathrm{d}\boldsymbol{v}_{s2}}{\mathrm{d}t}$ und geben Sie den Beschleunigungsvektor in K_0 und K_2 an.

2.3.4 Zeichnen Sie den Zweigelenkroboter R6-12 (s. Bild 2.22) in der Stellung $\theta_1 = -180°$, $\theta_2 = -135°$ mit den zugehörigen Koordinatensystemen.

2.3.5 Geben Sie die homogene Matrix $\boldsymbol{T}_\mathrm{W} = {}^3_0\boldsymbol{T}$ für den Roboter von Bild 2.24 in der rechts gezeichneten Stellung an, wenn $l_1 = 1$ m und $d_3 = 0{,}5$ m. Geben Sie die Matrix ${}^0_3\boldsymbol{A}$ an, die die Einheitsvektoren von K_0 im Koordinatensystem von K_3 beschreibt. Der Ortsvektor $\boldsymbol{p}_H^{(3)} = (-0.5, 0.25, -0.4)^\mathrm{T}\,\mathrm{m}$ zeigt vom TCP (Ursprung von K_3) zu einem Punkt P eines Hindernisses. Berechnen Sie für die Stellung $\theta_1 = 90°$, $\theta_2 = 0°$, $d_3 = 0{,}5\,\mathrm{m}$ den Ortsvektor von K_0 zum Punkt P.

2.3.6 In Bild 3.5 ist ein planarer Zweigelenkroboter mit Koordinatensystemen nach der D.-H.-Konvention zu sehen. Geben Sie die D.-H.-Parameter an und skizzieren Sie den Roboter in den Stellungen $\theta_1 = 0°, \theta_2 = 0°$ und $\theta_1 = -45°, \theta_2 = 135°$.

2.3.7 Legen Sie die Koordinatensysteme nach D.-H. an den SCARA-Roboter (Bild 2.19b, 2.20b) und geben Sie die D.-H.-Parameter an. Testen Sie Ihr Ergebnis durch eine Vorwärtstransformation.

2.3.8 Berechnen Sie die Lage des TCP und die Orientierung des Effektors in Z-Y-X-Euler-Winkeln für den SCARA-Roboter aus Aufgabe 2.3.7, wenn $\theta_1 = 0°, \theta_2 = 90°$ gilt. Geben Sie zusätzlich den Drehvektor und den Drehwinkel nach Abschnitt 2.1.10 an.

3 Transformationen zwischen Roboter- und Weltkoordinaten

Zur Ausführung von Arbeiten tritt der Effektor des Industrieroboters mit der Umgebung in Kontakt, beispielsweise zum Greifen von Objekten, Bearbeiten von Werkstücken etc. Bei vielen Bearbeitungs- und Handhabungsvorgängen, z. B. beim Bahnschweißen, ist es wichtig, dass der TCP eine definierte Bahn im Raum beschreibt und der Effektor zu jedem Zeitpunkt eine der Aufgabenstellung angepasste Orientierung einhält. Diese Bahn wird wie in Kapitel 2 ausgeführt in einem raumfesten Bezugskoordinatensystems angegeben, i. Allg. ist dies das Basiskoordinatensystem K_0. Man spricht dabei in der Robotertechnik von Angaben in kartesischen Koordinaten, in **Weltkoordinaten** oder Angaben im **„Weltsystem"**. Die Robotergelenke müssen jedoch von den Antrieben geeignet bewegt werden, um die geforderte Bewegung hinreichend genau zu erzielen. Ist die Lage des Effektors zu einem Zeitpunkt durch Angabe der Position des TCP und der Orientierung beschrieben, müssen aus diesen Angaben die Gelenkkoordinaten (**Roboterkoordinaten**) berechnet werden. Diese Aufgabe wird **Rückwärtstransformation** oder **inverse Kinematik** genannt. Muss aber die augenblickliche Lage des Effektors ermittelt werden, so ist es am einfachsten, die Gelenkkoordinaten zu messen und mit Gl. (2.35) Position und Orientierung des Effektors zu errechnen. Diese Aufgabe wird **Vorwärtstransformation** oder **direktes kinematisches Problem** genannt. Bild 3.1 zeigt eine schematische Darstellung dieser **kinematischen Transformationen**, wobei der Ortsvektor $\boldsymbol{p}$ vom Ursprung des raumfesten Bezugskoordinatensystems zum TCP zeigt und die Orientierung durch die Angabe der Basisvektoren $\boldsymbol{x}_W, \boldsymbol{y}_W, \boldsymbol{z}_W$ des Effektors in Koordinaten des Bezugskoordinatensystems beschrieben wird. Die Koordinate eines Gelenks ist bei einem rotatorischen Gelenk der Gelenkwinkel θ_i, bei einem Schubgelenk die Schublänge d_i. Um eine einheitliche Schreibweise zu erhalten, wird die **verallgemeinerte** oder **generalisierte Koordinate** q_i des i-ten Gelenks eingeführt. Die verallgemeinerten Koordinaten aller Gelenke können auch als Tupel angeordnet und in einem Spaltenvektor zusammengefasst werden. Es gilt also

$q_i = \theta_i$, falls Gelenk i ein Drehgelenk ist, $q_i = d_i$, falls Gelenk i ein Schubgelenk ist,

$$\boldsymbol{q} = (q_1, q_2, \ldots, q_n)^{\mathrm{T}}$$

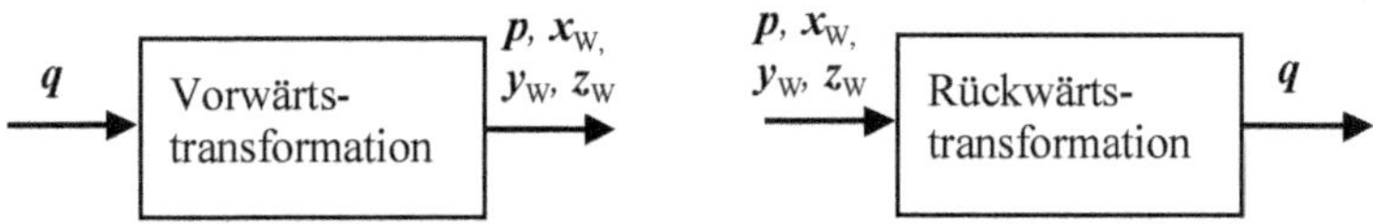

Bild 3.1 Kinematische Transformationen in schematischer Darstellung

Wird die Orientierung nicht durch die Vektoren $\boldsymbol{x}_{\mathrm{W}}^{(0)}, \boldsymbol{y}_{\mathrm{W}}^{(0)}, \boldsymbol{z}_{\mathrm{W}}^{(0)}$ angegeben, sondern durch Euler-Winkel, kann Gl. (2.18) bzw. Gl. (2.21) zur Umrechnung benutzt werden. Liegt die Orientierung als Quaternion vor (s. Abschnitt 2.1.10), erfolgt die Umrechnung des Quaternions $\boldsymbol{qt} = \begin{pmatrix} qt_1 & qt_2 & qt_3 & qt_4 \end{pmatrix}^{\mathrm{T}}$ zur Rotationsmatrix ${}_0^W\boldsymbol{A} = \begin{pmatrix} \boldsymbol{x}_{\mathrm{W}}^{(0)} & \boldsymbol{y}_{\mathrm{W}}^{(0)} & \boldsymbol{z}_{\mathrm{W}}^{(0)} \end{pmatrix}$ durch

$$
{}_0^W\boldsymbol{A} = \begin{pmatrix} 2\cdot\left(qt_1^2 + qt_2^2\right) - 1 & 2\cdot\left(qt_2\cdot qt_3 - qt_1\cdot qt_4\right) & 2\cdot\left(qt_2\cdot qt_4 + qt_1\cdot qt_3\right) \\ 2\cdot\left(qt_2\cdot qt_3 + qt_1\cdot qt_4\right) & 2\cdot\left(qt_1^2 + qt_3^2\right) - 1 & 2\cdot\left(qt_3\cdot qt_4 - qt_1\cdot qt_2\right) \\ 2\cdot\left(qt_2\cdot qt_4 - qt_1\cdot qt_3\right) & 2\cdot\left(qt_3\cdot qt_4 + qt_1\cdot qt_2\right) & 2\cdot\left(qt_1^2 + qt_4^2\right) - 1 \end{pmatrix} \qquad (3.1)
$$

Beide Aufgaben, die in Bild 3.1 skizziert sind, können als nichtlineare Abbildungen aufgefasst werden.

3.1 Die Vorwärtstransformation

Die Vorwärtstransformation ist eine eindeutige Abbildung von Gelenkkoordinaten auf kartesische Koordinaten (Weltkoordinaten). Sind zu einem bestimmten Zeitpunkt die Gelenkkoordinaten bekannt, so ist die Lage des Roboterarms im Raum vollständig beschrieben, insbesondere ist dann die Lage des Tool Center Point (TCP) und die Orientierung des Effektors eindeutig festgelegt. Die Berechnung der Lage des Effektors reduziert sich auf die Multiplikation der Denavit-Hartenberg-Matrizen nach Gl. (2.35). Diese Beziehung kann ausführlich als

$$
\boldsymbol{T}_{\mathrm{W}}(\boldsymbol{q}) = {}_0^n\boldsymbol{T}(\boldsymbol{q}) = {}_0^1\boldsymbol{T}(q_1)\cdot {}_1^2\boldsymbol{T}(q_2)\cdots {}_{n-2}^{n-1}\boldsymbol{T}(q_{n-1})\cdot {}_{n-1}^{\;n}\boldsymbol{T}(q_n) = \begin{pmatrix} \boldsymbol{x}_n^{(0)} & \boldsymbol{y}_n^{(0)} & \boldsymbol{z}_n^{(0)} & \boldsymbol{p}_0^{(0)} \\ 0 & 0 & 0 & 1 \end{pmatrix} \qquad (3.2)
$$

angeschrieben werden. Jede Matrix ${}_{i-1}^{\;i}\boldsymbol{T}$ ist eine Funktion der Gelenkkoordinaten q_i. Mit den Gelenkkoordinaten eines Roboterarms ist auch die Lage aller Armteile im kartesischen Raum bekannt. Ist z. B. der Ortsvektor $\boldsymbol{u}^{(i)}$ gegeben, der vom Koordinatensystem K_i, das fest mit dem Armteil i verbunden ist, zu einem ausgezeichneten Punkt P des Armteils i zeigt, kann mit Gl. (2.13) die Lage dieses Punktes im Raum berechnet werden. Als Ortsvektor wird $\boldsymbol{u}$ mit einer 1 als vierter Komponente erweitert. Der Ortsvektor vom Ursprung des ruhenden kartesischen Koordinatensystems K_0 zu diesem Punkt kann dann durch

$$
\boldsymbol{u}_{0P}^{(0)} = {}_0^i\boldsymbol{T}(q_1, q_2, \ldots, q_i)\cdot \boldsymbol{u}_{iP}^{(i)} = {}_0^1\boldsymbol{T}(q_1)\cdot {}_1^2\boldsymbol{T}(q_2)\cdot\ldots\cdot {}_{i-1}^{\;i}\boldsymbol{T}(q_i)\cdot \boldsymbol{u}_{iP}^{(i)}
$$

ausgedrückt werden.

3.2 Die Rückwärtstransformation

3.2.1 Mehrdeutigkeiten und Singularitäten

Im Vergleich zur Vorwärtstransformation bereitet die **Rückwärtstransformation** beträchtlich größere Schwierigkeiten. Ist die Position des TCP und die Orientierung des Effektors gegeben, so kann es verschiedene Lösungen für die entsprechenden Gelenkkoordinaten geben. Zu unterscheiden ist dabei das Problem der Mehrdeutigkeit und der Singularität. Bild 3.2 zeigt ein einfaches Beispiel für eine **Mehrdeutigkeit**. Der Lage des Effektors in Weltkoordinaten entsprechen zwei Lösungen für die Gelenkwinkel. In diesem Fall muss die Steuerung sich auf der Basis definierter Kriterien für eine Lösung entscheiden. In Bild 3.3 hingegen ist eine **Singularität** schematisch dargestellt, bei der die letzten drei Gelenke eines Knickarmroboters (s. Bild 2.25 und Bild 2.26) beteiligt sind. Bei dem vorliegenden Winkel q_5 von Gelenk 5 gibt es für die Winkel q_4 und q_6 im Prinzip unendlich viele Lösungen, die alle zur gezeichneten Stellung des Effektors führen. Oder auf andere Weise ausgedrückt: Gleiche Änderungen von q_4 und q_6 entsprechen bei diesem Winkel von q_5 gleichen Änderungen des Effektors (hier: Drehung des Effektors um $\boldsymbol{z}_6$). Der Roboterarm hat in dieser Stellung einen Freiheitsgrad weniger. Zur Lösung solcher singulären Stellungen wird ein **Gütekriterium** als Nebenbedingung formuliert, um eine definierte Lösung zu erhalten. Ein solches Gütekriterium könnte z. B. lauten:

$$f(q_4, q_6) = c_1 (q_{4,A} - q_4)^2 + c_2 (q_{6,A} - q_6)^2 \overset{!}{=} MIN \tag{3.3}$$

$q_{4,A}$ und $q_{6,A}$ sind in (3.3) die Gelenkwinkel, die beim Fahren einer Roboterbahn von der vorangehenden Rückwärtstransformation errechnet wurden. Durch Gl. (3.3) wird eine Lösung für q_4 und q_6 genommen, die am nächsten zur vorhergehenden Lösung liegt.

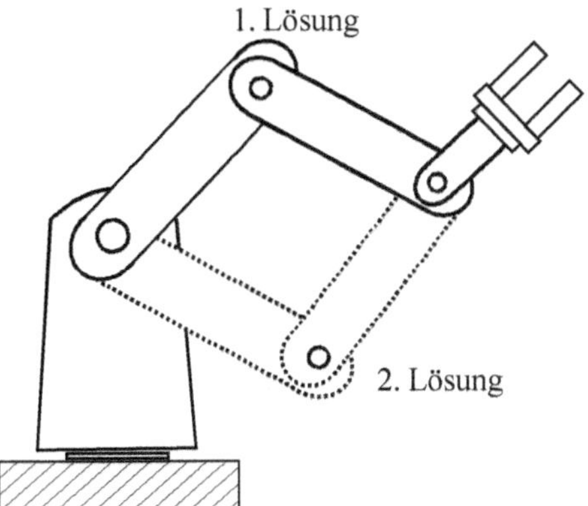

Bild 3.2 Einfaches Beispiel für eine Mehrdeutigkeit

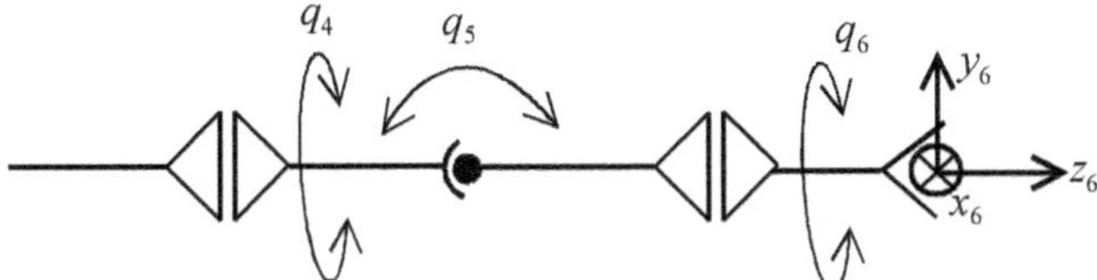

Bild 3.3 Beispiel für eine Singularität

3.2.2 Lösungsvoraussetzungen und Lösungsansätze

Der maximale **Arbeitsraum** eines Roboterarms einschließlich seines Effektors ist der Raumbereich, den der TCP aufgrund der Abmessungen der Armteile und der Bewegungsbereiche der einzelnen Gelenke erreichen kann (s. Kapitel 1). Auf der Randlinie dieses Arbeitsbereiches ist jedoch i. Allg. nur noch eine stark eingeschränkte Wahl der Orientierung möglich. Für die Rückwärtstransformation wird ein Unterraum des Arbeitsraums betrachtet, der auch eine freie Wahl der Orientierung zulässt. Soll die Position des TCP und die Orientierung des Effektors in einem solchen Unterraum frei wählbar sein, muss, wie schon im vorigen Abschnitt erwähnt, der Roboterarm mindestens sechs geeignet angeordnete Gelenke besitzen. Bei Roboterkinematiken mit weniger als sechs Gelenken ist der Freiheitsgrad kleiner als 6 und die Wahl der Position und/oder der Orientierung ist eingeschränkt. Schneiden sich bei Roboterarmen mit sechs Gelenken die letzten drei Gelenke der kinematischen Kette in einem Punkt, spricht man auch von einer **Zentralhand** (Bild 3.4). Die meisten handelsüblichen **Knickarmroboter** haben eine Zentralhand. In diesem Fall ist eine analytische Lösung der nichtlinearen Rückwärtstransformation möglich (/3.12/). Für Roboterarme ohne Zentralhand und Roboterarme mit mehr als sechs Gelenken kann nur mit verschiedenen Such- und Optimierungsverfahren eine **numerische Näherungslösung** gefunden werden (s. z. B. /3.14/).

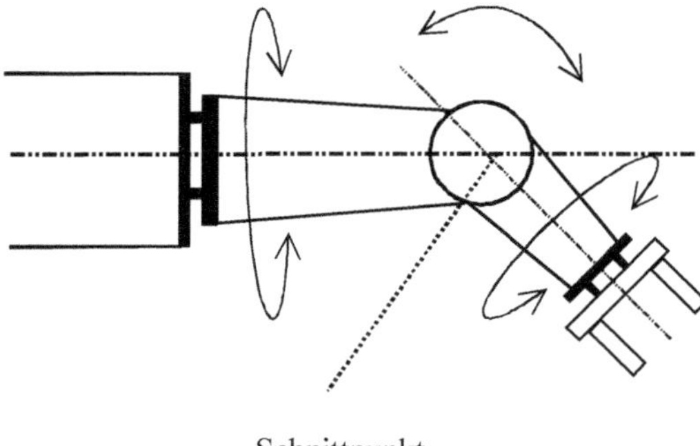

Bild 3.4 Zentralhand

3.2.3 Rückwärtstransformation an einem Zweigelenkroboter

Die Prinzipien der Rückwärtstransformation sollen wieder zuerst an einem einfachen Zweigelenkroboter (Bild 3.5) betrachtet werden, an dem das Vorgehen leicht nachvollzogen werden kann. Der TCP kann sich nur in der x_0-y_0-Ebene bewegen. Es ist zu berücksichtigen, dass die Gelenkwinkel nach der Denavit-Hartenberg Konvention (s. Abschnitt 2.2) anzugeben sind. In der Stellung nach Bild 3.5 ist z. B. $q_1 = 0°$ und $q_2 = -90°$.

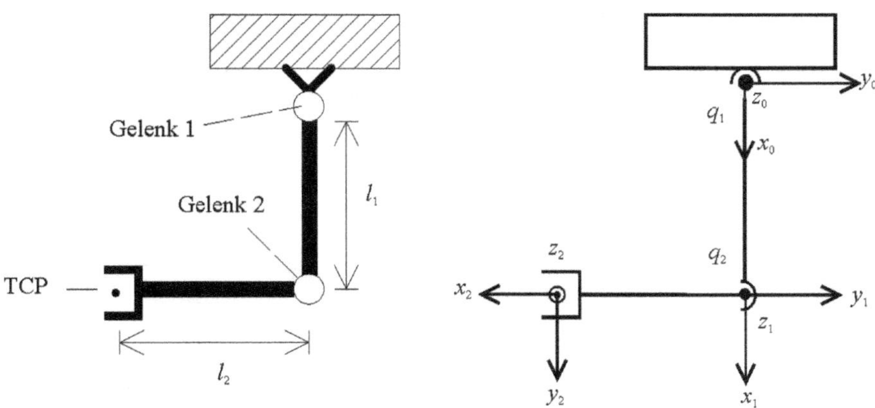

Bild 3.5 Planarer Zweigelenkroboter

Es ist bei diesem Zweigelenksystem nur möglich, eine Position des TCP auf dieser Ebene als kartesische Koordinaten vorzugeben und die Gelenkwinkel $q_1 = \theta_1$ und $q_2 = \theta_2$ zu errechnen, die dieser Position entsprechen. Während es innerhalb des vom TCP erreichbaren Teils dieser Ebene i. Allg. zwei Lösungen für q_1 und q_2 gibt, ist auf dem Rand des erreichbaren Bereiches nur eine Lösung möglich. Für die Auswahl einer Lösung kann z. B. der Winkel A bei Z-Y-X-Euler-Winkeln verwendet werden. In Bild 3.5 ist $A = -90°$. Allerdings kann der Wert von A nicht unabhängig von der Position des TCP gewählt werden, da nur zwei Gelenke vorhanden sind. Jedoch ist es möglich, über die Größenverhältnisse beider Lösungen bez. A die Lösung für q_1, q_2 auszuwählen. Zuerst soll versucht werden, aus der speziellen Kinematik des Arms durch trigonometrische Beziehungen die Lösung zu berechnen. Diese Vorgehensweise wird bei industriellen Robotersteuerungen verwendet und soll hier als **geometrische Lösung** bezeichnet werden. Bei diesem Lösungsansatz wird vielfach der **Kosinussatz** gebraucht, der in Bild 3.6 erläutert ist.

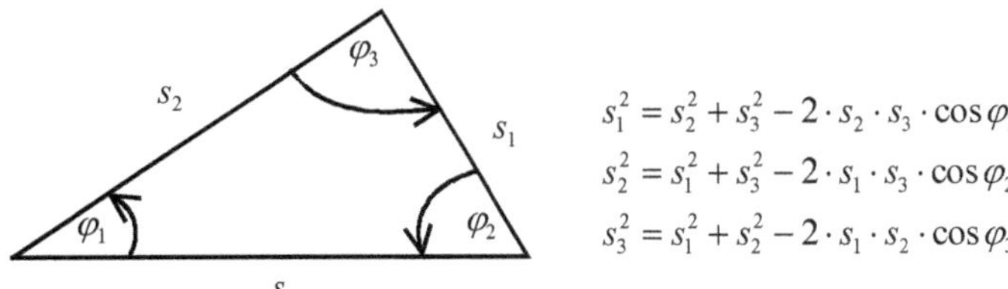

$$s_1^2 = s_2^2 + s_3^2 - 2 \cdot s_2 \cdot s_3 \cdot \cos\varphi_1$$
$$s_2^2 = s_1^2 + s_3^2 - 2 \cdot s_1 \cdot s_3 \cdot \cos\varphi_2$$
$$s_3^2 = s_1^2 + s_2^2 - 2 \cdot s_1 \cdot s_2 \cdot \cos\varphi_3$$

Bild 3.6 Kosinussatz

Aus dem gegebenen Positionsvektor $\boldsymbol{p} = \boldsymbol{p}^{(0)} = \left(p_x^{(0)} \quad p_y^{(0)}\right)^{\mathrm{T}}$, der vom Ursprung des Basissystems K_0 zum TCP zeigt, sollen q_1, q_2 berechnet werden. Zu diesem Zweck wird Bild 3.7 herangezogen. Es werden die Winkel α, β, χ eingeführt. α kann mit dem arctan2 (s. Gl. (2.24)) berechnet werden:

$$\alpha = \arctan 2\,(p_y^{(0)}, p_x^{(0)}) \tag{3.4}$$

Zur Berechnung von β und χ wird der Kosinussatz verwendet:

$$l_2^2 = l_1^2 + |\boldsymbol{p}|^2 - 2 \cdot l_1 \cdot |\boldsymbol{p}| \cdot \cos\beta \quad , \quad \beta = \arccos\left(\frac{l_1^2 + |\boldsymbol{p}|^2 - l_2^2}{2 \cdot l_1 \cdot |\boldsymbol{p}|}\right), \tag{3.5}$$

$$|\boldsymbol{p}|^2 = l_2^2 + l_1^2 - 2 \cdot l_1 \cdot l_2 \cdot \cos\chi \quad , \quad \chi = \arccos\left(\frac{l_1^2 + l_2^2 - |\boldsymbol{p}|^2}{2 \cdot l_1 \cdot l_2}\right) \tag{3.6}$$

Mit diesen Hilfswinkeln erhält man die Lösung für q_1 und q_2:

$$q_1 = \alpha - \beta, \quad q_2 = \pi - \chi \tag{3.7}$$

Der Kosinus ist eine gerade Funktion, es ist $\cos(\varphi) = \cos(-\varphi)$. Daher gibt es jeweils zwei Lösungen für β und χ und damit auch zwei Lösungen für q_1 und q_2. Für die Auswahl einer Lösung kann z. B. die Vorgabe verwendet werden, ob der Winkel A bei Z-Y-X-Euler-Winkeln den größeren oder kleineren Wert haben soll. Dabei gilt $-\pi \leq A \leq \pi$. Wählt man den größeren Wert für den Euler-Winkel A, so ist das positive Vorzeichen bei der Berechnung von β und χ zu verwenden, für den kleineren Wert von A sind die negativen Werte von β und χ zu nehmen. Im Beispiel von Bild 3.7 ergeben sich für den größeren Wert von A die Lösung mit den durchgezogenen Armteilen und die gestrichelte Lösung für den kleineren Wert von A.

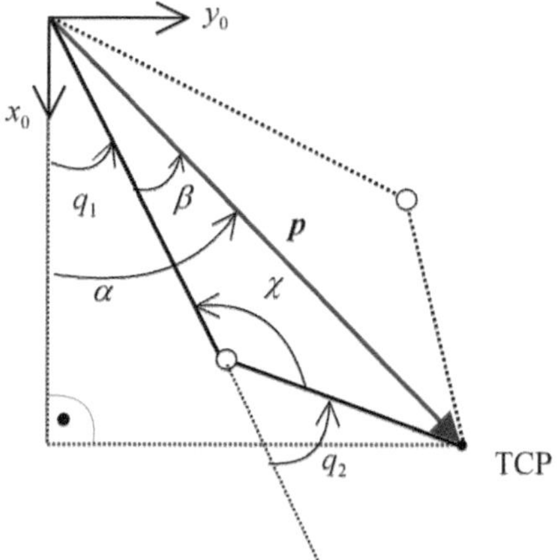

Bild 3.7 Geometrische Lösung bei planarem Zweigelenkroboter von Bild 3.5

3.2.4 Rückwärtstransformation an einem SCARA-Roboter

Bild 3.8 zeigt einen SCARA-Roboter. Die Koordinatensysteme sind entsprechend der Denavit-Hartenberg-Konvention platziert. Auch die DH-Tabelle ist in Bild 3.8 dargestellt. An diesem Beispiel soll die geometrische inverse Kinematik berechnet werden.

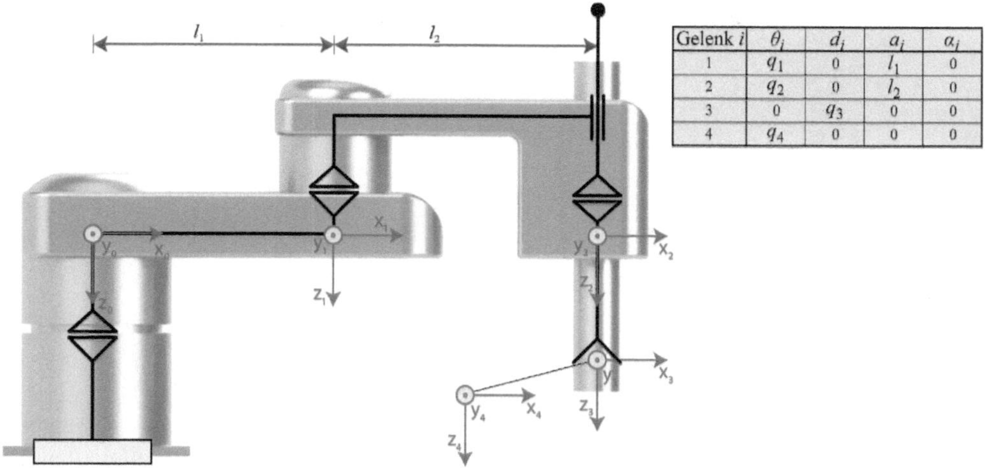

Gelenk i	θ_i	d_i	a_i	α_i
1	q_1	0	l_1	0
2	q_2	0	l_2	0
3	0	q_3	0	0
4	q_4	0	0	0

Bild 3.8 SCARA-Roboter

Aus der DH-Tabelle ergeben sich die Denavit-Hartenberg-Matrizen (vgl. Gl. (2.34)) zu

$$ {}^{1}_{0}\boldsymbol{T} = \begin{pmatrix} \cos(q_1) & -\sin(q_1) & 0 & l_1\cdot\cos(q_1) \\ \sin(q_1) & \cos(q_1) & 0 & l_1\cdot\sin(q_1) \\ 0 & 0 & 1 & 0 \\ 0 & 0 & 0 & 1 \end{pmatrix}, {}^{2}_{1}\boldsymbol{T} = \begin{pmatrix} \cos(q_2) & -\sin(q_2) & 0 & l_2\cdot\cos(q_2) \\ \sin(q_2) & \cos(q_2) & 0 & l_2\cdot\sin(q_2) \\ 0 & 0 & 1 & 0 \\ 0 & 0 & 0 & 1 \end{pmatrix} $$

$$ {}^{3}_{2}\boldsymbol{T} = \begin{pmatrix} 1 & 0 & 0 & 0 \\ 0 & 1 & 0 & 0 \\ 0 & 0 & 1 & q_3 \\ 0 & 0 & 0 & 1 \end{pmatrix}, {}^{4}_{3}\boldsymbol{T} = \begin{pmatrix} \cos(q_4) & -\sin(q_4) & 0 & 0 \\ \sin(q_4) & \cos(q_4) & 0 & 0 \\ 0 & 0 & 1 & 0 \\ 0 & 0 & 0 & 1 \end{pmatrix} $$

Daraus erhält man die Matrix der Vorwärtstransformation:

$$ \begin{aligned} \boldsymbol{T}_W &= {}^{1}_{0}\boldsymbol{T}\cdot{}^{2}_{1}\boldsymbol{T}\cdot{}^{3}_{2}\boldsymbol{T}\cdot{}^{4}_{3}\boldsymbol{T} \\ &= \begin{pmatrix} \cos(q_1+q_2+q_4) & -\sin(q_1+q_2+q_4) & 0 & l_2\cdot\cos(q_1+q_2)+l_1\cdot\cos(q_1) \\ \sin(q_1+q_2+q_4) & \cos(q_1+q_2+q_4) & 0 & l_2\cdot\sin(q_1+q_2)+l_1\cdot\sin(q_1) \\ 0 & 0 & 1 & q3 \\ 0 & 0 & 0 & 1 \end{pmatrix} \end{aligned} \tag{3.8} $$

Betrachtet man in Gl. (3.8) den Ortsvektor $\boldsymbol{p} = (p_x, p_y, p_z)^T$ aus der homogenen Matrix $\boldsymbol{T}_W$, ist zu erkennen, dass die Position des Endeffektors unabhängig von Gelenk 4 ist. Zudem ist die x- und die y-Position des TCP ausschließlich durch die Gelenke 1 und 2 beeinflusst. Die z-Position hängt ausschließlich von Gelenk 3 ab:

$$\begin{aligned} p_x &= l_2 \cdot \cos(q_1 + q_2) + l_1 \cdot \cos(q_1) \\ p_y &= l_2 \cdot \sin(q_1 + q_2) + l_1 \cdot \sin(q_1) \\ p_z &= q_3 \end{aligned} \tag{3.9}$$

In Abschnitt 2.1.8 wird die Beschreibung der Orientierung durch Euler Winkel eingeführt. Vergleicht man die Rotationsmatrix in Gl. (3.8) (nordwestliche $(3 \cdot 3)$-Matrix von $\boldsymbol{T}_W$) mit der Rotation A um die z-Achse (siehe Gl. (2.20)) kann der Euler Winkel A direkt bestimmt werden:

$$A = q_1 + q_2 + q_4 \tag{3.10}$$

Gl. (3.9) zeigt, dass die Kinematik des SCARA-Roboters in der x-y-Ebene mit dem planaren Zweigelenkroboter identisch ist. Gl. (3.7) beschreibt die inverse Kinematik für Gelenk 1 und 2. Die Position p_z sowie der Euler-Winkel A zeigen einen mathematisch sehr einfachen Zusammenhang zwischen Gelenkkoordinaten und Weltkoordinaten. Die Inversion der Vorwärtstransformation für p_z und A führt zusammen mit Gl. (3.7) zur inversen Kinematik des SCARA-Roboters:

$$\begin{aligned} q_1 &= \alpha - \beta \\ q_2 &= \pi - \chi \\ q_3 &= p_z \\ q_4 &= A - q_1 - q_2 \end{aligned} \tag{3.11}$$

3.2.5 Geometrische Rückwärtstransformation für den R6-Knickarmroboter

In der Praxis werden **geometrische Lösungen** für die Rückwärtstransformation bevorzugt. Als Beispiel wird die Rückwärtstransformation für den R6-Knickarmroboter behandelt (s. Bild 2.26). Aus den geometrischen Gegebenheiten werden sukzessive die Gelenkwinkel berechnet, wenn die Position des TCP und die Orientierung vorgegeben sind. Die Euler-Winkel können mit Gl. (2.18) bzw. Gl. (2.21) in eine Rotationsmatrix umgerechnet werden. Ebenso kann mit Gl. (3.1) eine Quaternion in die entsprechende Rotationsmatrix abgebildet werden. Die Vorgaben in Weltkoordinaten lassen sich demnach in der Denavit-Hartenberg-Matrix

$$\boldsymbol{T} = \begin{pmatrix} \boldsymbol{x}_{\mathrm{W}}^{(0)} & \boldsymbol{y}_{\mathrm{W}}^{(0)} & \boldsymbol{z}_{\mathrm{W}}^{(0)} & \boldsymbol{p}_0^{(0)} \\ 0 & 0 & 0 & 1 \end{pmatrix} = \begin{pmatrix} \boldsymbol{l} & \boldsymbol{m} & \boldsymbol{n} & \boldsymbol{p} \\ 0 & 0 & 0 & 1 \end{pmatrix} = \begin{pmatrix} l_x & m_x & n_x & p_x \\ l_y & m_y & n_y & p_y \\ l_z & m_z & n_z & p_z \\ 0 & 0 & 0 & 1 \end{pmatrix} \tag{3.12}$$

angeben, wobei die Vektoren $\boldsymbol{l} = \boldsymbol{x}_{\mathrm{W}}$, $\boldsymbol{m} = \boldsymbol{y}_{\mathrm{W}}$, $\boldsymbol{n} = \boldsymbol{z}_{\mathrm{W}}$, $\boldsymbol{p}$ für die Position und Orientierung des Werkzeugkoordinatensystems benutzt werden, um die Schreibarbeit zu vereinfachen. Alle Elemente von Gl. (3.12) liegen zu einem Zeitpunkt mit numerischen Werten vor. Die Angaben in Gl. (3.12) sind Komponenten von Vektoren, die im Weltsystem K_0 ausgedrückt sind. Weiter wird die zeitlich vorhergehende Lösung $\boldsymbol{q}_{\mathrm{alt}}$ zur Festlegung einer Lösung bei

Mehrdeutigkeiten und zur Behandlung von singulären Stellungen herangezogen. Die nun folgende Rückwärtstransformation beruht auf der Methode, die in /3.12/ bei Vorliegen einer Zentralhand vorgeschlagen wurde und hier etwas modifiziert angewandt wird. Es wird die prinzipielle Lösung vorgestellt, auf Einzelheiten wie die Modifikation der Lösung in der Nähe singulärer Stellungen, die zielgerichtete Behandlung von Mehrdeutigkeiten etc. wird aus Platzgründen verzichtet.

Zur Berechnung von q_1, q_2 und q_3 spielt der Ortsvektor $\boldsymbol{p}_{04}$ vom Ursprung von K_0 zum Ursprung des Koordinatensystems K_4 eine wesentliche Rolle (Bild 3.9). Der Ursprung von K_4 ist gleichzeitig der Schnittpunkt der letzten drei Gelenkachsen vier, fünf und sechs. $\boldsymbol{p}_{04}$ hängt nur von den Gelenkwinkeln q_1, q_2 und q_3 ab. Ohne diese Gelenkkoordinaten zu kennen ist $\boldsymbol{p}_{04}$ durch $\boldsymbol{p}$ und den Vektor $\boldsymbol{p}_{46}$, der vom Schnittpunkt der letzten drei Achsen auf den TCP zeigt, vorgegeben. Der Vektor $\boldsymbol{p}_{46}$ hat die Richtung des gegebenen Einheitsvektors $\boldsymbol{n}$ und die Länge (Betrag) $d_6 = l_6$. Es gilt deshalb

$$\boldsymbol{p}_{04} = \boldsymbol{p} - \boldsymbol{p}_{46} = \boldsymbol{p} - d_6 \cdot \boldsymbol{n} \tag{3.13}$$

Zuerst wird der Gelenkwinkel q_1 berechnet (Bild 3.9). Dazu wird der Ortsvektor $\boldsymbol{p}_{04}$ auf die x_0-y_0-Ebene projiziert und q_1 kann zu

$$q_1 = \arctan 2(p_{04,y}, p_{04,x}) \tag{3.14}$$

bestimmt werden. Mit q_1 wird jetzt der Vektor $\boldsymbol{p}_{14}$ berechnet, der vom Ursprung von K_1 zum Ursprung von K_4 zeigt. Es gilt $\boldsymbol{p}_{01} + \boldsymbol{p}_{14} = \boldsymbol{p}_{04}$. Die Länge des Vektors $\boldsymbol{p}_{01}$ ist l_{11}. q_1 ist jedoch der Winkel zwischen der x_0-Achse und dem Vektor $\boldsymbol{p}_{01}$. Deshalb kann $\boldsymbol{p}_{14}$ zu

$$\boldsymbol{p}_{14} = \boldsymbol{p}_{04} - \boldsymbol{p}_{01} = \boldsymbol{p}_{04} - l_{11} \cdot \begin{pmatrix} \cos q_1 \\ \sin q_1 \\ 0 \end{pmatrix} \tag{3.15}$$

berechnet werden. Mit dem Betrag von $\boldsymbol{p}_{14}$ wird unter Zuhilfenahme des Kosinussatzes der Hilfswinkel φ ermittelt und daraus der Gelenkwinkel q_3 (s. auch Bild 3.10):

$$\varphi = \arccos \frac{l_2^2 + l_4^2 - |\boldsymbol{p}_{14}|^2}{2 \cdot l_2 \cdot l_4}, \quad q_3 = \frac{3}{2}\pi - \varphi \tag{3.16}$$

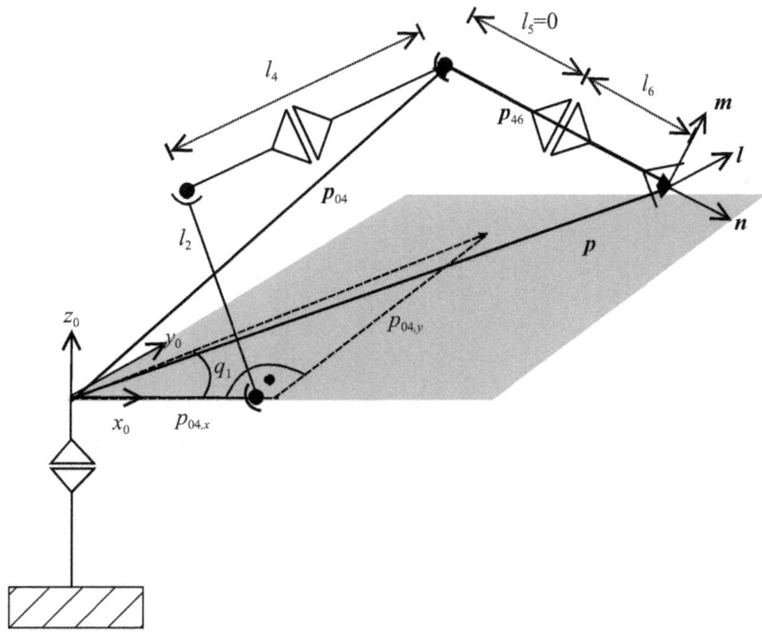

Bild 3.9 Berechnung des Winkels q_1

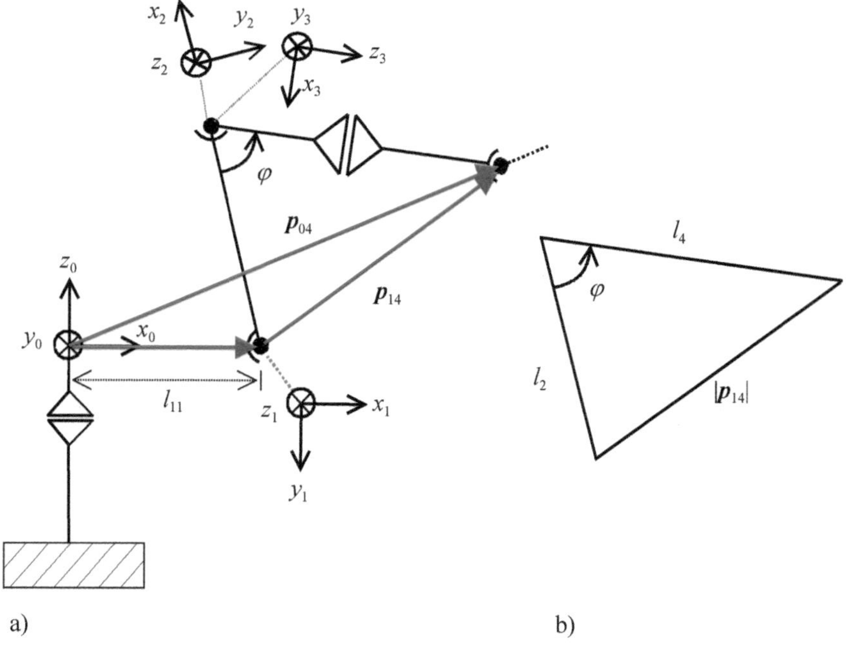

Bild 3.10 Berechnung des Winkels q_3: a) geometrische Verhältnisse, b) Dreieck zur Berechnung des Hilfswinkels φ

Bei der Berechnung ist die Festlegung des Winkels q_3 nach der Denavit-Hartenberg-Konvention berücksichtigt (Bild 2.26). Die Berechnung von q_2 ist in Bild 3.11 skizziert. Zuerst wird der berechnete Winkel q_1 verwendet, um den Vektor $\boldsymbol{p}_{14}$ in das Koordinatensystem K_1 mit der Rotationsmatrix ${}_1^0\boldsymbol{A}(q_1) = \left[{}_0^1\boldsymbol{A}(q_1)\right]^{\mathrm{T}}$ zu transformieren:

$$\boldsymbol{p}_{14}^{(1)} = {}_1^0\boldsymbol{A} \cdot \boldsymbol{p}_{14}^{(0)} = \begin{pmatrix} \cos q_1 & \sin q_1 & 0 \\ 0 & 0 & -1 \\ -\sin q_1 & \cos q_1 & 0 \end{pmatrix} \cdot \boldsymbol{p}_{14}^{(0)} \tag{3.17}$$

Mit der Funktion arctan2 und dem Kosinussatz werden die Hilfswinkel β_1 und β_2 berechnet:

$$\beta_1 = \arctan 2(-p_{14,y}^{(1)}, p_{14,x}^{(1)}), \quad \beta_2 = \arccos \frac{l_2^2 + |\boldsymbol{p}_{14}|^2 - l_4^2}{2 \cdot l_2 \cdot |\boldsymbol{p}_{14}|}, \quad q_2 = -(\beta_1 + \beta_2) \tag{3.18}$$

Um q_5 zu berechnen, bietet sich an, das **Skalarprodukt** zwischen dem Vektor $\boldsymbol{z}_3$ und dem Vektor $\boldsymbol{z}_6 = \boldsymbol{z}_W = \boldsymbol{n}$ zu verwenden (Bild 3.12). Das Skalarprodukt (s. auch Gl. (2.7)) zwischen diesen beiden Einheitsvektoren liefert den Kosinus des Winkels q_5, da die Lage des Koordinatensystems K_3 nach Berechnung von q_1, q_2, q_3 bekannt und der Vektor $\boldsymbol{n}$ vorgegeben ist. Das Ergebnis dieses Skalarproduktes wird auch nicht von dem noch unbekannten Gelenkwinkel q_4 beeinflusst. Man erhält

$$\boldsymbol{z}_3 \cdot \boldsymbol{n} = |\boldsymbol{z}_3| \cdot |\boldsymbol{n}| \cdot \cos q_5 = \cos q_5, \quad q_5 = \arccos(\boldsymbol{z}_3 \cdot \boldsymbol{n}) \tag{3.19}$$

Der Vektor $\boldsymbol{z}_3$ muss im Koordinatensystem K_0 beschrieben sein, da $\boldsymbol{n}$ in K_0 angegeben ist. $\boldsymbol{z}_3$ ist jedoch der dritte Spaltenvektor in der Rotationsmatrix ${}_0^3\boldsymbol{A}$:

$${}_0^3\boldsymbol{A} = \left(\boldsymbol{x}_3^{(0)}, \boldsymbol{y}_3^{(0)}, \boldsymbol{z}_3^{(0)}\right) = {}_0^1\boldsymbol{A}(q_1) \cdot {}_1^2\boldsymbol{A}(q_2) \cdot {}_2^3\boldsymbol{A}(q_3) \tag{3.20}$$

Da die Gelenkwinkel q_1 bis q_3 schon berechnet sind, ist ${}_0^3\boldsymbol{A}$ und damit $\boldsymbol{z}_3^{(0)}$ bekannt. Bei der Realisierung der Rückwärtstransformation muss natürlich berücksichtigt werden, dass die Berechnung von q_5 nach Gl. (3.19) mehrdeutig ist.

Nun sind noch die Gelenkkoordinaten q_4 und q_6 zu berechnen. Zuerst soll der Fall behandelt werden, dass keine singuläre Stellung vorliegt, wie sie in Bild 3.3 skizziert wurde, d. h. $q_5 \neq 0$. q_6 hat keinen Einfluss auf den Vektor $\boldsymbol{z}_6 = \boldsymbol{n}$. Aus Bild 3.12 ist zu erkennen, dass für $q_4 = k \cdot \pi, k = 0, 1, 2$ das Kreuzprodukt zwischen $\boldsymbol{n}$ und $\boldsymbol{z}_3$ kollinear zum Vektor $\boldsymbol{y}_3$ ist (s. auch Bild 2.25 und 2.26). Da in Bild 2.25 und Bild 2.26 vom Winkel $q_4 = +\pi$ ausgegangen wird, wird nun der Winkel Δq_4 berechnet, der die Änderung gegenüber der in Bild 2.25 und Bild 2.26 skizzierten Winkelstellung ausdrückt. Der Betrag des Winkels Δq_4 wird über das Skalarprodukt zwischen dem Einheitsvektor $\boldsymbol{c}$, der senkrecht auf $\boldsymbol{z}_3$ und $\boldsymbol{n}$ steht, und dem Vektor $\boldsymbol{y}_3$ berechnet (Bild 3.13):

$$\boldsymbol{c}^{(0)} = \frac{\boldsymbol{n}^{(0)} \times \boldsymbol{z}_3^{(0)}}{\left|\boldsymbol{n}^{(0)} \times \boldsymbol{z}_3^{(0)}\right|}, \quad |\Delta q_4| = \arccos(\boldsymbol{y}_3^{(0)} \cdot \boldsymbol{c}^{(0)}) \tag{3.21}$$

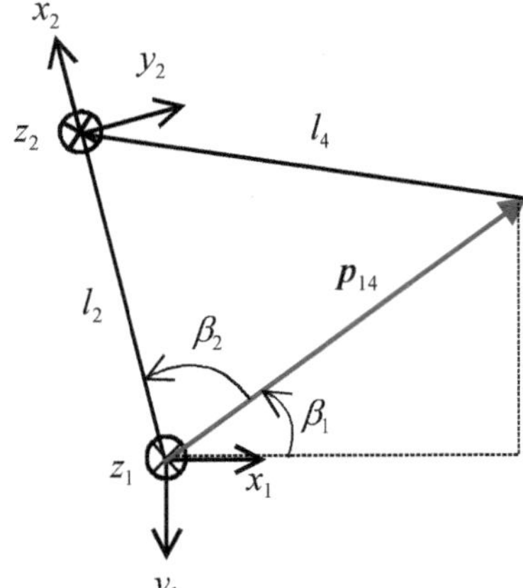

Bild 3.11 Zur Berechnung des Winkels q_2

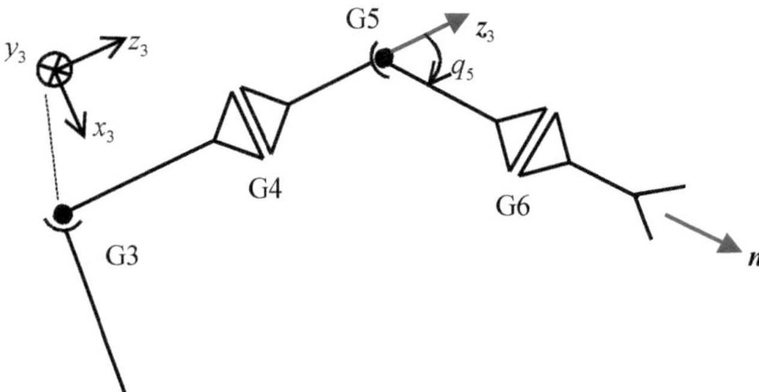

Bild 3.12 Zur Berechnung der Winkel q_5 und q_4

Für $\Delta q_4 = 0$ sind $\boldsymbol{y}_3$ und $\boldsymbol{c}$ parallel oder antiparallel und der Arcuskosinus wird zu 0, ansonsten ist der Winkel zwischen $\boldsymbol{y}_3$ und $\boldsymbol{c}$ der Betrag der Gelenkkoordinate Δq_4. Im Gegensatz zu Gl. (3.19) ist hier das Vorzeichen des Arcuskosinus und damit Δq_4 eindeutig:

$$\chi = \arccos(\boldsymbol{x}_3^{(0)} \cdot \boldsymbol{c}^{(0)}),\ \chi < \frac{\pi}{2} \Rightarrow \Delta q_4 = -\left|\Delta q_4\right|,\ \chi \geq \frac{\pi}{2} \Rightarrow \Delta q_4 = \left|\Delta q_4\right| \tag{3.22}$$

Es gilt jetzt:

$$q_4 = \pi + \Delta q_4 \tag{3.23}$$

Für die Weitergabe des Winkels als Sollwert an die Steuerung sind jedoch auch die Bewegungsbeschränkungen zu berücksichtigen. Ist z. B. der Bewegungsbereich auf $-\pi \leq q_4 \leq \pi$ beschränkt, gilt:

$$q_4 = -\operatorname{sign}(\Delta q_4) \cdot \pi + \Delta q_4 \tag{3.24}$$

$\boldsymbol{x}_3^{(0)}$ und $\boldsymbol{y}_3^{(0)}$ wurden schon in Gl. (3.20) ermittelt. Bild 3.13b erläutert die Berechnung der jetzt noch ausstehenden Gelenkkoordinate q_6. Der Gelenkwinkel q_6 wird relativ zu $\boldsymbol{z}_5$ gemessen, eine Rotation um $\boldsymbol{z}_5$ verändert den Vektor $\boldsymbol{n}$ nicht, jedoch die Vektoren $\boldsymbol{l}$ und $\boldsymbol{m}$. Um q_6 zu bestimmen, muss also ermittelt werden, wie die Vektoren $\boldsymbol{l}$ und $\boldsymbol{m}$ gegenüber $\boldsymbol{x}_5$

und y_5 verdreht sind. Die Vektoren x_5 und y_5 sind aber nach Berechnung von q_4 und q_5 bekannt:

$$ {}_0^5\boldsymbol{A} = \left(\boldsymbol{x}_5^{(0)}, \boldsymbol{y}_5^{(0)}, \boldsymbol{z}_5^{(0)}\right) = {}_0^3\boldsymbol{A}(q_1, q_2, q_3) \cdot {}_3^4\boldsymbol{A}(q_4) \cdot {}_4^5\boldsymbol{A}(q_5) \tag{3.25} $$

Hat der Winkel q_6 den Wert 0, dann sind die Basisvektoren $\boldsymbol{x}_5$ und $\boldsymbol{x}_6 = \boldsymbol{l}$ gleich. Daher kann der Betrag von q_6 ähnlich wie in Gl. (3.21) zu

$$ |q_6| = \arccos(\boldsymbol{x}_5^{(0)} \cdot \boldsymbol{l}^{(0)}) \tag{3.26} $$

berechnet werden. Das Vorzeichen erhält man über den Winkel δ:

$$ \delta = \arccos(\boldsymbol{y}_5^{(0)} \cdot \boldsymbol{l}^{(0)}), \quad \delta \le \frac{\pi}{2} \Rightarrow q_6 = |q_6|, \ \delta > \frac{\pi}{2} \Rightarrow q_6 = -|q_6| \tag{3.27} $$

Bei vielen Knickarmrobotern kann q_6 um mehr als 360° in eine Richtung bewegt werden. D.h. es gibt unter Umständen zur Lösung nach den Gln. (3.26) und (3.27) zusätzliche Lösungen, die sich um einen positiven oder negativen Offset eines ganzzahligen Vielfachen von 2π unterscheiden. Bei der Festlegung auf eine Lösung ist derjenige Wert zu nehmen, der am nächsten zur alten Lösung liegt.

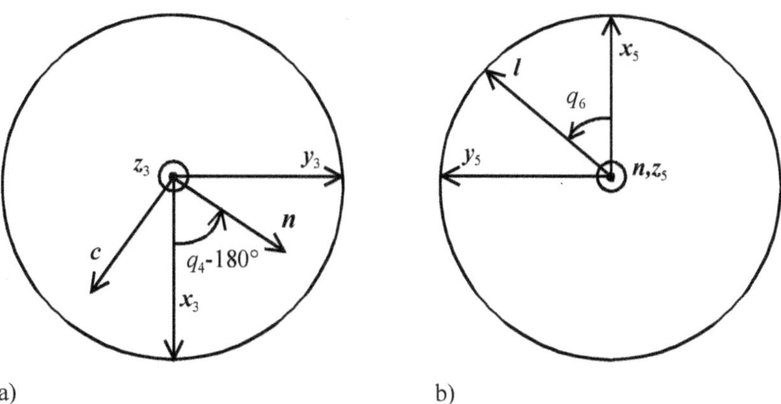

Bild 3.13 a) Zur Berechnung des Winkels q_4, b) zur Berechnung des Winkels q_6

Wurde nach Gl. (3.19) der Betrag von q_5 zu $q_5 = 0$ oder mit einem sehr kleinen Betrag errechnet, liegt eine singuläre Stellung vor und q_4 und q_6 müssen mit einer Zusatzbedingung gelöst werden, wie sie z.B. in Gl. (3.3) formuliert wurde. Bei der praktischen Realisierung der Rückwärtstransformation müssen die Mehrdeutigkeiten (**Konfigurationen**) berücksichtigt werden. Dabei sind natürlich nur solche Lösungen zu betrachten, die in den Bewegungsbereich des jeweiligen Gelenks fallen.

3.3 Kinematische Transformationen mit der Jacobi-Matrix

Für spezielle Anwendungen werden heute geeignete Roboterkinematiken auch neu entworfen. Zum Test durch Simulationssysteme ist eine automatische Generierung der Rückwärtstransformation wichtig, da bei einer neu entworfenen oder modifizierten Kinematik noch keine analytische Lösung vorliegt, wie sie in Abschnitt 3.2 für einen R6-Knickarmroboter beschrieben wurde. Da die Jacobi-Matrix automatisiert aufgestellt werden kann, wie in Anhang B beschrieben wird, ist für diesen Zweck auf der Basis der Jacobi-Matrix eine automatisierte Rückwärtstransformation möglich.

3.3.1 Die Jacobi-Matrix in der Robotik

Ist $\boldsymbol{F}(\boldsymbol{x})=\left(F_1(\boldsymbol{x}),\ \ldots,\ F_m(\boldsymbol{x})\right)^{\mathrm{T}}$ eine Vektorfunktion mit dem Variablenvektor $\boldsymbol{x}=\left(x_1\ \ldots\ x_n\right)^{\mathrm{T}}$, dann wird

$$\boldsymbol{J}(\boldsymbol{x})=\begin{pmatrix} \dfrac{\partial F_1(\boldsymbol{x})}{\partial x_1} & \cdots & \dfrac{\partial F_1(\boldsymbol{x})}{\partial x_n} \\ \vdots & \vdots & \vdots \\ \dfrac{\partial F_m(\boldsymbol{x})}{\partial x_1} & \cdots & \dfrac{\partial F_m(\boldsymbol{x})}{\partial x_n} \end{pmatrix} \tag{3.28}$$

als Jacobi-Matrix oder Funktionalmatrix bezeichnet (s. z. B. /3.1/). In der Roboterkinematik werden als Variablenvektor die in $\boldsymbol{q}$ zusammengefassten Gelenkvariablen betrachtet. Mit der Jacobi-Matrix $\boldsymbol{J}(\boldsymbol{q})$ eines Roboterarms lassen sich die Gelenkgeschwindigkeiten, zusammengefasst im Vektor $\dot{\boldsymbol{q}}$, auf den Vektor $\dot{\boldsymbol{x}}$ abbilden. $\dot{\boldsymbol{x}}$ enthält den Vektor der Lineargeschwindigkeit des TCP und einen Vektor, der die zeitlichen Änderungen der Orientierung des Effektors (Geschwindigkeit der Orientierungsänderung) beschreibt. Wird die Lineargeschwindigkeit und die Geschwindigkeit der Orientierungsänderung des Effektors in Koordinaten von K_0 ausgedrückt, lautet die Abbildungsgleichung:

$$\dot{\boldsymbol{x}}^{(0)}=\boldsymbol{J}_0(\boldsymbol{q})\cdot\dot{\boldsymbol{q}} \tag{3.29}$$

Der Index „0" weist darauf hin, dass die Geschwindigkeiten des Effektors in Koordinaten von K_0 ausgedrückt sind. Die Geschwindigkeit des TCP wird durch die zeitliche Ableitung des Vektors $\boldsymbol{p}$ angegeben. $\boldsymbol{p}$ zeigt von der Basis des Koordinatensystems K_0 zum TCP (s. auch Bild 3.14). Wird die Orientierung durch Euler-Winkel angegeben, so wird der Vektor $\dot{\boldsymbol{x}}$ zu $\dot{\boldsymbol{x}}^{(0)}=\left(\dot{p}_x^{(0)}\ \ \dot{p}_y^{(0)}\ \ \dot{p}_z^{(0)}\ \ \dot{\alpha}\ \ \dot{\beta}\ \ \dot{\chi}\right)^{\mathrm{T}}$ bzw. $\dot{\boldsymbol{x}}^{(0)}=\left(\dot{p}_x^{(0)}\ \ \dot{p}_y^{(0)}\ \ \dot{p}_z^{(0)}\ \ \dot{A}\ \ \dot{B}\ \ \dot{C}\right)^{\mathrm{T}}$ dargestellt. Eine andere Möglichkeit zur Definition der Orientierungsänderungen zeigt Bild 3.14. Die Orientierungsänderung des Effektors wird durch den Winkelgeschwindigkeitsvektor $\boldsymbol{\omega}_{\mathrm{W}}$ beschrieben. Der Einheitsvektor $\boldsymbol{e}_\omega=\boldsymbol{\omega}_W/\left|\boldsymbol{\omega}_W\right|$ ist die momentane Drehachse und der Betrag $\left|\boldsymbol{\omega}_W\right|$ ist die momentane Winkelgeschwindigkeit.

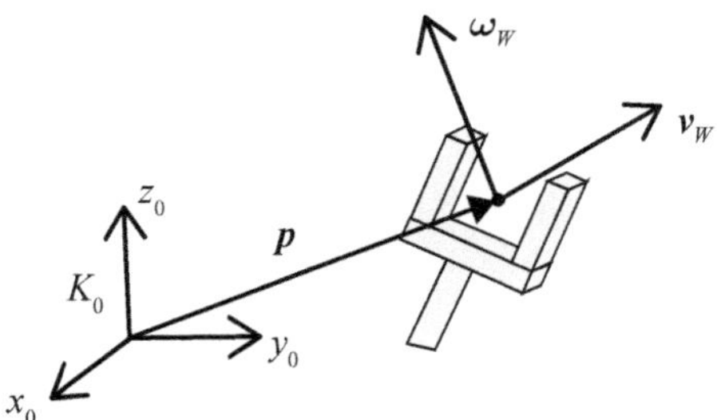

Bild 3.14 Translationsgeschwindigkeit und Winkelgeschwindigkeit des Effektors

In Bild 3.14 wird die Lineargeschwindigkeit als $\boldsymbol{v}_W = \frac{\mathrm{d}\boldsymbol{p}}{\mathrm{d}t} = \begin{pmatrix}\dot{p}_x & \dot{p}_y & \dot{p}_z\end{pmatrix}^{\mathrm{T}}$ bezeichnet. Mit $\dot{\boldsymbol{x}} = \begin{pmatrix}\boldsymbol{v}_W^{\mathrm{T}} & \boldsymbol{\omega}_W^{\mathrm{T}}\end{pmatrix}^{\mathrm{T}}$ wird Gl. (3.29) zu

$$\dot{\boldsymbol{x}}^{(0)} = \begin{pmatrix}\boldsymbol{v}_W^{(0)} \\ \boldsymbol{\omega}_W^{(0)}\end{pmatrix} = \boldsymbol{J}_0(\boldsymbol{q}) \cdot \dot{\boldsymbol{q}} = \begin{pmatrix}\boldsymbol{J}_{0v}(\boldsymbol{q}) \\ \boldsymbol{J}_{0\omega}(\boldsymbol{q})\end{pmatrix} \cdot \dot{\boldsymbol{q}} \tag{3.30}$$

Da der Vektor $\boldsymbol{q}$ der Gelenkkoordinaten n Komponenten hat (n ist die Zahl der Gelenke des Roboters), besitzt die Jakobi-Matrix $\boldsymbol{J}_0$ die Dimension $6 \cdot n$, während die Teilmatrizen $\boldsymbol{J}_{0v}$ und $\boldsymbol{J}_{0\omega}$ die Dimension $3 \cdot n$ haben. Die Geschwindigkeitsangaben in den Vektoren $\boldsymbol{v}_W$ und ω_W sind absolut, sie beziehen sich auf das Inertialsystem können jedoch in verschiedenen Koordinatensystemen ausgedrückt werden, z. B. im Effektorkoordinatensystem $K_W \equiv K_n$. Zur Darstellung der momentanen Geschwindigkeiten in verschiedenen Koordinatensystemen wurden in Kapitel 2 die Rotationsmatrizen eingeführt. Es gilt:

$$\begin{gathered}\boldsymbol{v}_W^{(0)} = {}_0^W\boldsymbol{A} \cdot \boldsymbol{v}_W^{(W)}, \quad \boldsymbol{v}_W^{(W)} = {}_W^0\boldsymbol{A} \cdot \boldsymbol{v}_W^{(0)}, \quad \boldsymbol{\omega}_W^{(0)} = {}_0^W\boldsymbol{A} \cdot \boldsymbol{\omega}_W^{(W)}, \quad \boldsymbol{\omega}_W^{(W)} = {}_W^0\boldsymbol{A} \cdot \boldsymbol{\omega}_W^{(0)} \\ {}_W^0\boldsymbol{A} = {}_0^W\boldsymbol{A}^{\mathrm{T}}\end{gathered} \tag{3.31}$$

Mit Gl. (3.30) und Gl. (3.31) gilt:

$$\begin{aligned}\dot{\boldsymbol{x}}^{(W)} &= \begin{pmatrix}\boldsymbol{v}_W^{(W)} \\ \boldsymbol{\omega}_W^{(W)}\end{pmatrix} = \begin{pmatrix}{}_W^0\boldsymbol{A} & \boldsymbol{0} \\ \boldsymbol{0} & {}_W^0\boldsymbol{A}\end{pmatrix} \cdot \begin{pmatrix}\boldsymbol{v}_W^{(0)} \\ \boldsymbol{\omega}_W^{(0)}\end{pmatrix} = \begin{pmatrix}{}_W^0\boldsymbol{A} & \boldsymbol{0} \\ \boldsymbol{0} & {}_W^0\boldsymbol{A}\end{pmatrix} \cdot \begin{pmatrix}\boldsymbol{J}_{0v}(\boldsymbol{q}) \\ \boldsymbol{J}_{0\omega}(\boldsymbol{q})\end{pmatrix} \cdot \dot{\boldsymbol{q}} = \\ &= \begin{pmatrix}\boldsymbol{J}_{Wv}(\boldsymbol{q}) \\ \boldsymbol{J}_{W\omega}(\boldsymbol{q})\end{pmatrix} \cdot \dot{\boldsymbol{q}} = \boldsymbol{J}_W(\boldsymbol{q}) \cdot \dot{\boldsymbol{q}}\end{aligned} \tag{3.32}$$

Die Nullmatrix in Gl. (3.32) hat die Dimension $3 \cdot 3$. Die Rotationsmatrix ${}_W^0\boldsymbol{A} = {}_0^W\boldsymbol{A}^{\mathrm{T}}$ ist natürlich abhängig von der aktuellen Stellung des Roboters. Ist die Beziehung $\dot{\boldsymbol{x}}^{(W)} = \boldsymbol{J}_W(\boldsymbol{q}) \cdot \dot{\boldsymbol{q}}$ gegeben und wird die Darstellung von Gl. (3.30) gesucht, so gilt entsprechend:

$$\begin{aligned}\dot{\boldsymbol{x}}^{(0)} &= \begin{pmatrix}\boldsymbol{v}_W^{(0)} \\ \boldsymbol{\omega}_W^{(0)}\end{pmatrix} = \begin{pmatrix}{}_0^W\boldsymbol{A} & \boldsymbol{0} \\ \boldsymbol{0} & {}_0^W\boldsymbol{A}\end{pmatrix} \cdot \begin{pmatrix}\boldsymbol{v}_W^{(W)} \\ \boldsymbol{\omega}_W^{(W)}\end{pmatrix} = \begin{pmatrix}{}_0^W\boldsymbol{A} & \boldsymbol{0} \\ \boldsymbol{0} & {}_0^W\boldsymbol{A}\end{pmatrix} \cdot \begin{pmatrix}\boldsymbol{J}_{Wv}(\boldsymbol{q}) \\ \boldsymbol{J}_{W\omega}(\boldsymbol{q})\end{pmatrix} \cdot \dot{\boldsymbol{q}} = \\ &= \begin{pmatrix}\boldsymbol{J}_{0v}(\boldsymbol{q}) \\ \boldsymbol{J}_{0\omega}(\boldsymbol{q})\end{pmatrix} \cdot \dot{\boldsymbol{q}} = \boldsymbol{J}_0(\boldsymbol{q}) \cdot \dot{\boldsymbol{q}}\end{aligned} \tag{3.33}$$

Bei Roboterarmen, die einen Freiheitsgrad kleiner als 6 haben, können nicht alle im Vektor $\dot{\boldsymbol{x}}$ zusammengefassten Geschwindigkeiten verändert oder unabhängig voneinander verändert werden. Es ist daher sinnvoll, nur die Komponenten von $\dot{\boldsymbol{x}}$, die unabhängig voneinander sind, in einem reduzierten Vektor $\dot{\boldsymbol{x}}_{red}$ zusammenzufassen. Die Anzahl der Komponenten von $\dot{\boldsymbol{x}}_{red}$ ist gleich dem Freiheitsgrad. Dies führt zu einer reduzierten Beschreibung von Gl. (3.32) und Gl. (3.33) mit reduzierten Jacobi-Matrizen:

$$\dot{\boldsymbol{x}}_{red}^{(0)} = \boldsymbol{J}_{0,red}(\boldsymbol{q})\cdot\dot{\boldsymbol{q}}, \quad \dot{\boldsymbol{x}}_{red}^{(W)} = \boldsymbol{J}_{W,red}(\boldsymbol{q})\cdot\dot{\boldsymbol{q}}. \tag{3.34}$$

Kann der Roboter dem Effektor den Freiheitsgrad *f* verleihen, hat $\dot{\boldsymbol{x}}_{red}$ *f* Komponenten und die reduzierten Jacobi-Matrizen haben die Dimension $f \cdot n$.

Es gibt verschiedene Möglichkeiten, die Jacobi-Matrix eines Roboterarmes zu generieren (s. z. B. /3.2/ bis /3.4/). Eine Möglichkeit, die im folgenden Beispiel verwendet wird, ist die Aufstellung der Jacobi-Matrix auf Basis der Vorwärtstransformation. Für die automatisierte Berechnung der Jacobi-Matrix werden zwei Verfahren in Anhang B ausgeführt.

Als Beispiel wird hier wieder der planare Zweigelenkroboter (Bild 3.5) herangezogen. Es wird die Vorwärtstransformation betrachtet, die vollständig durch die homogene Matrix ${}^{W}_{0}\boldsymbol{T}(\boldsymbol{q}) = \boldsymbol{T}_{w}(\boldsymbol{q})$ nach Gl. (2.25) beschrieben wird.

$${}^{1}_{0}\boldsymbol{T} = \begin{pmatrix} \cos q_1 & -\sin q_1 & 0 & l_1\cdot\cos q_1 \\ \sin q_1 & \cos q_1 & 0 & l_1\cdot\sin q_1 \\ 0 & 0 & 1 & 0 \\ 0 & 0 & 0 & 1 \end{pmatrix}, \quad {}^{2}_{1}\boldsymbol{T} = \begin{pmatrix} \cos q_2 & -\sin q_2 & 0 & l_2\cdot\cos q_2 \\ \sin q_2 & \cos q_2 & 0 & l_2\cdot\sin q_2 \\ 0 & 0 & 1 & 0 \\ 0 & 0 & 0 & 1 \end{pmatrix}$$

$$\boldsymbol{T}_{\mathrm{W}}(\boldsymbol{q}) = {}^{2}_{0}\boldsymbol{T}(\boldsymbol{q}) = {}^{1}_{0}\boldsymbol{T}\cdot{}^{2}_{1}\boldsymbol{T} = \begin{pmatrix} C_1C_2 - S_1S_2 & -(C_1S_2 + S_1C_2) & 0 & l_2\cdot(C_1C_2 - S_1S_2) + l_1\cdot C_1 \\ C_1S_2 + S_1C_2 & C_1C_2 - S_1S_2 & 0 & l_2\cdot(C_1S_2 + S_1C_2) + l_1\cdot S_1 \\ 0 & 0 & 1 & 0 \\ 0 & 0 & 0 & 1 \end{pmatrix}$$

$$C_i = \cos q_i\,,\ S_i = \sin q_i$$

Sollen die Änderungen der Z-Y-X-Euler-Winkel als Orientierungsänderungen herangezogen werden, gilt mit Gl. (2.22): $A = q_1 + q_2, B = 0, C = 0$. Dies ist auch direkt aus Bild 3.5 ersichtlich, da mit einer Drehung um q_1 und anschließend um q_2 das Koordinatensystem K_0 die Orientierung von $K_W = K_2$ hat. Die Vorwärtstransformation ist damit

$$\begin{aligned} p_x^{(0)} &= l_2\cdot\cos(q_1 + q_2) + l_1\cdot\cos q_1 \\ p_y^{(0)} &= l_2\cdot\cos(q_1 + q_2) + l_1\cdot\cos q_1 \\ p_z^{(0)} &= 0 \\ A &= q_1 + q_2, \quad B = 0, \quad C = 0 \end{aligned} \tag{3.35}$$

Hier ist der Geschwindigkeitsvektor $\dot{\boldsymbol{x}}^{(0)} = \begin{pmatrix} \dot{p}_x^{(0)} & \dot{p}_y^{(0)} & \dot{p}_z^{(0)} & \dot{A} & \dot{B} & \dot{C} \end{pmatrix}^{\mathrm{T}}$. Durch Ableitung von Gl. (3.35) nach der Zeit erhält man:

$$\begin{pmatrix} \dot{p}_x^{(0)} \\ \dot{p}_y^{(0)} \\ \dot{p}_z^{(0)} \\ \dot{A} \\ \dot{B} \\ \dot{C} \end{pmatrix} = \begin{pmatrix} -l_2 \cdot \sin(q_1+q_2) - l_1 \cdot \sin q_1 & -l_2 \cdot \sin(q_1+q_2) \\ l_2 \cdot \cos(q_1+q_2) + l_1 \cdot \cos q_1 & l_2 \cdot \cos(q_1+q_2) \\ 0 & 0 \\ 1 & 1 \\ 0 & 0 \\ 0 & 0 \end{pmatrix} \cdot \begin{pmatrix} \dot{q}_1 \\ \dot{q}_2 \end{pmatrix} = \boldsymbol{J}_0(\boldsymbol{q}) \cdot \dot{\boldsymbol{q}} \tag{3.36}$$

Die Darstellung der Orientierungsänderungen mit dem Winkelgeschwindigkeitsvektor $\boldsymbol{\omega}^{(0)}$ kann hier direkt angegeben werden. Der Effektor kann sich nur um die z_0-Achse drehen. Zu dieser Drehung trägt aber q_1 und q_2 bei und es gilt $\boldsymbol{\omega}_W^{(0)} = \begin{pmatrix} 0 & 0 & \omega_{W,z} \end{pmatrix}^T = \begin{pmatrix} 0 & 0 & \dot{q}_1 + \dot{q}_2 \end{pmatrix}^T$. Damit hat Gl. (3.30) für dieses Beispiel die Form

$$\begin{pmatrix} \boldsymbol{v}_W^{(0)} \\ \boldsymbol{\omega}_W^{(0)} \end{pmatrix} = \begin{pmatrix} -l_2 \cdot \sin(q_1+q_2) - l_1 \cdot \sin q_1 & -l_2 \cdot \sin(q_1+q_2) \\ l_2 \cdot \cos(q_1+q_2) + l_1 \cdot \cos q_1 & l_2 \cdot \cos(q_1+q_2) \\ 0 & 0 \\ 0 & 0 \\ 0 & 0 \\ 1 & 1 \end{pmatrix} \cdot \begin{pmatrix} \dot{q}_1 \\ \dot{q}_2 \end{pmatrix} = \boldsymbol{J}_0(\boldsymbol{q}) \cdot \dot{\boldsymbol{q}} \tag{3.37}$$

Für die Darstellung in Koordinaten von K_W nach Gl. (3.32) wird nach Gl. (3.7) die Rotationsmatrix ${}_W^0\boldsymbol{A}$ als transponierte der nordwestlichen $3 \cdot 3$-Untermatrix von $\boldsymbol{T}_W(\boldsymbol{q})$ zu

$${}_W^0\boldsymbol{A} = \begin{pmatrix} \cos(q_1+q_2) & \sin(q_1+q_2) & 0 \\ -\sin(q_1+q_2) & \cos(q_1+q_2) & 0 \\ 0 & 0 & 1 \end{pmatrix}$$

bestimmt. Damit erhält man aus Gl. (3.32) unter Berücksichtigung der Additionstheoreme für trigonometrische Funktionen:

$$\dot{\boldsymbol{x}}^{(W)} = \begin{pmatrix} \boldsymbol{v}_W^{(W)} \\ \boldsymbol{\omega}_W^{(W)} \end{pmatrix} = \begin{pmatrix} l_1 \cdot \sin(q_2) & 0 \\ l_2 + l_1 \cdot \cos(q_2) & l_2 \\ 0 & 0 \\ 0 & 0 \\ 0 & 0 \\ 1 & 1 \end{pmatrix} \cdot \dot{\boldsymbol{q}} = \boldsymbol{J}_W(q_2) \cdot \dot{\boldsymbol{q}} \tag{3.38}$$

Vergleicht man Gl. (3.38) mit Gl. (3.37), so ist zu erkennen, dass $\boldsymbol{J}_W$ eine einfachere Form als $\boldsymbol{J}_0$ hat. Dies ist bei den meisten Roboterarmen der Fall.

Der hier betrachtete planare Zweigelenkroboter nach Bild 3.5 hat den Freiheitsgrad $f = 2$. Der Vektor $\dot{\boldsymbol{x}}_{red}$ nach Gl. (3.34) hat daher zwei Komponenten. Welche sind zu wählen? Da $\dot{p}_z, \dot{B}, \dot{C}$ bzw. $\dot{p}_z, \omega_x, \omega_y$ stets 0 sind, scheiden diese Komponenten aus.

Es könnten zur reduzierten Darstellung die Paarungen $\dot{\boldsymbol{x}}_{red} = \begin{pmatrix}\dot{p}_x & \dot{p}_y\end{pmatrix}^{\mathrm{T}}$, $\dot{\boldsymbol{x}}_{red} = \begin{pmatrix}\dot{p}_x & \dot{A}\end{pmatrix}^{\mathrm{T}}$ bzw. $\dot{\boldsymbol{x}}_{red} = \begin{pmatrix}\dot{p}_x & \omega_z\end{pmatrix}^{\mathrm{T}}$ oder $\dot{\boldsymbol{x}}_{red} = \begin{pmatrix}\dot{p}_y & \dot{A}\end{pmatrix}^{\mathrm{T}}$ bzw. $\dot{\boldsymbol{x}}_{red} = \begin{pmatrix}\dot{p}_y & \omega_z\end{pmatrix}^{\mathrm{T}}$ gewählt werden. Aus Sicht einer Anwendung gibt nur die erste Paarung Sinn. Die reduzierte Form ergibt sich nach Gl. (3.34) auf der Basis von Gl. (3.36) und Gl. (3.37) zu

$$\begin{aligned}
\begin{pmatrix}\dot{p}_x^{(0)} \\ \dot{p}_y^{(0)}\end{pmatrix} &= \begin{pmatrix}-l_2 \cdot \sin(q_1+q_2) - l_1 \cdot \sin q_1 & -l_2 \cdot \sin(q_1+q_2) \\ l_2 \cdot \cos(q_1+q_2) + l_1 \cdot \cos q_1 & l_2 \cdot \cos(q_1+q_2)\end{pmatrix} \cdot \begin{pmatrix}\dot{q}_1 \\ \dot{q}_2\end{pmatrix} = \boldsymbol{J}_{0,red}(\boldsymbol{q}) \cdot \dot{\boldsymbol{q}} \text{ bzw.} \\
\begin{pmatrix}\dot{p}_x^{(W)} \\ \dot{p}_y^{(W)}\end{pmatrix} &= \begin{pmatrix}l_1 \cdot \sin q_2 & 0 \\ l_2 + l_1 \cdot \cos q_2 & l_2\end{pmatrix} \cdot \begin{pmatrix}\dot{q}_1 \\ \dot{q}_2\end{pmatrix} = \boldsymbol{J}_{W,red}(\boldsymbol{q}) \cdot \dot{\boldsymbol{q}}
\end{aligned} \tag{3.39}$$

3.3.2 Rückwärtstransformation auf Basis der inversen Jacobi-Matrix

Wird in Gl. (3.29) der Differenzialquotient durch den Differenzenquotienten ersetzt, also $\dot{\boldsymbol{x}}^{(0)} = \frac{\mathrm{d}\boldsymbol{x}^{(0)}}{\mathrm{d}t} \approx \frac{\Delta \boldsymbol{x}^{(0)}}{\Delta t}$, $\dot{\boldsymbol{q}} = \frac{\mathrm{d}\boldsymbol{q}}{\mathrm{d}t} \approx \frac{\Delta \boldsymbol{q}}{\Delta t}$, erhält man:

$$\Delta \boldsymbol{x}^{(0)} = \boldsymbol{J}_0(\boldsymbol{q}) \cdot \Delta \boldsymbol{q} \tag{3.40}$$

Gl. (3.40) wird nach den Änderungen in den Gelenkkoordinaten aufgelöst:

$$\Delta \boldsymbol{q} = \boldsymbol{J}_0^{-1}(\boldsymbol{q}) \cdot \Delta \boldsymbol{x}^{(0)} \tag{3.41}$$

Bei der Ausführung einer Bahn des Effektors, die in Weltkoordinaten definiert ist, gibt die Bahnplanung in definierten Zeitabständen neue Werte für $\boldsymbol{x}$ vor (s. auch Kapitel 4 und Kapitel 5). Die Änderungen $\Delta\boldsymbol{x}$ sind dann definiert und die entsprechenden Änderungen $\Delta\boldsymbol{q}$ können nach Gl. (3.41) berechnet werden. Die Methode ist eine Näherungslösung, weil bei der Berechnung von $\Delta\boldsymbol{q}$ nach Gl. (3.41) bei einer Änderung um $\Delta\boldsymbol{x}$ die Jacobi-Matrix als konstant angenommen wird. Die Differenzposen $\Delta\boldsymbol{x}$ müssen deswegen klein sein, was bei einer Bahnsteuerung (s. Kapitel 4) garantiert ist. Nach jedem Schritt wird die Differenz $\Delta\boldsymbol{q}$ zum vorhergehenden Wert von $\boldsymbol{q}$ addiert. Erst nach Berechnung von $\Delta\boldsymbol{q}$ wird $\boldsymbol{q}$ durch Addition von $\Delta\boldsymbol{q}$ zum vorhergehenden Wert erhalten und die Jacobi-Matrix aktualisiert. Gl. (3.41) kann nur angewandt werden, wenn die inverse Matrix der Jacobi-Matrix existiert. Dies ist der Fall, wenn $\boldsymbol{J}_0(\boldsymbol{q})$ quadratisch und regulär ist. Bei bestimmten Stellungen des Roboterarms wird $\boldsymbol{J}_0(\boldsymbol{q})$ jedoch singulär, die Determinante wird zu 0. Es liegt eine Singularität vor, wie sie zu Beginn dieses Kapitels diskutiert wurde. Auch bei nichtsingulären Stellungen können Probleme auftreten, z. B. wenn bei PTP-Befehlen (s. Kapitel 4) die Zielpose in kartesischen Koordinaten $\boldsymbol{x}_z$ vorgegeben wird und bei der schrittweisen Annäherung an $\boldsymbol{x}_z$ eine Zwischenpose nicht im Arbeitsraum liegt. In /3.15/ wird diskutiert, wie dieses Problem gelöst werden kann.

Bei der Anwendung dieser Methode auf den planaren Zweigelenkroboter aus Bild 3.5 wird die reduzierte Form der Jacobi-Matrix von Gl. (3.39) herangezogen und man erhält:

$$\begin{pmatrix}\Delta q_1\\ \Delta q_2\end{pmatrix}=\frac{1}{l_1\cdot l_2\cdot\sin(q_2)}\cdot\begin{pmatrix} l_2\cdot\cos(q_1+q_2) & l_2\cdot\sin(q_1+q_2)\\ -l_2\cdot\cos(q_1+q_2)-l_1\cdot\cos q_1 & -l_2\cdot\sin(q_1+q_2)-l_1\cdot\sin q_1\end{pmatrix}\cdot\begin{pmatrix}\Delta p_x^{(0)}\\ \Delta p_y^{(0)}\end{pmatrix}= \\ J_0^{-1}(\boldsymbol{q})\cdot\begin{pmatrix}\Delta p_x^{(0)}\\ \Delta p_y^{(0)}\end{pmatrix} \tag{3.42}$$

Für die Winkel $q_2=0,\pm180°$ liegen singuläre Stellungen vor. Alle singulären Stellungen dieses Roboters liegen auf dem Rand des Arbeitsbereiches.

3.3.3 Rückwärtstransformation mit der transponierten Jacobi-Matrix

Ein großer Nachteil ist der hohe Rechenaufwand bei der Berechnung der inversen Jacobi-Matrix, der bei Robotern mit vier Gelenken und mehr anfällt. Darüber hinaus kommt es zu numerischen Problemen in der Nähe von singulären Stellungen. In /3.7/ wird vorgeschlagen, statt der inversen Jacobi-Matrix die transponierte Jacobi-Matrix zu verwenden. Bild 3.15 zeigt das Prinzip des Verfahrens als Regelkreis. Es werden Gelenkkoordinaten, zusammengefasst im Vektor $\boldsymbol{q}_z$, gesucht, die einer vorgegebenen Position und Orientierung, zusammengefasst im Vektor $\boldsymbol{x}_z^{(0)}$, entsprechen. Ausgehend von einem Startvektor $\boldsymbol{q}_a=\boldsymbol{q}_{Start}$ wird über die Vorwärtstransformation die aktuelle Position und Orientierung $\boldsymbol{x}_a^{(0)}$ berechnet und mit dem Sollvektor $\boldsymbol{x}_z^{(0)}$ verglichen. Die Abweichung $\boldsymbol{e}_x^{(0)}$ wird mit einer positiv definiten Matrix $\boldsymbol{K}$ gewichtet und mit der transponierten Jacobi-Matrix auf eine Veränderungsgeschwindigkeit $\dot{\boldsymbol{q}}_a=\boldsymbol{J}_0^{\mathrm{T}}(\boldsymbol{q}_a)\cdot\boldsymbol{K}\cdot\boldsymbol{e}_a^{(0)}$ abgebildet. Die Lösungssuche kann beendet werden, wenn die Abweichung zwischen $\boldsymbol{x}_z$ und $\boldsymbol{x}_a$ unter einer gesetzten Schwelle ε bleibt, wobei z. B. eine euklidische Norm des Fehlervektors $\boldsymbol{e}=\boldsymbol{e}_x^{(0)}$ verwendet werden kann:

$$\|\boldsymbol{e}\|=\sqrt{\boldsymbol{e}^{\mathrm{T}}\cdot\boldsymbol{Q}\cdot\boldsymbol{e}}<\varepsilon \tag{3.43}$$

$\boldsymbol{Q}$ ist dabei eine positiv definite Gewichtungsmatrix.

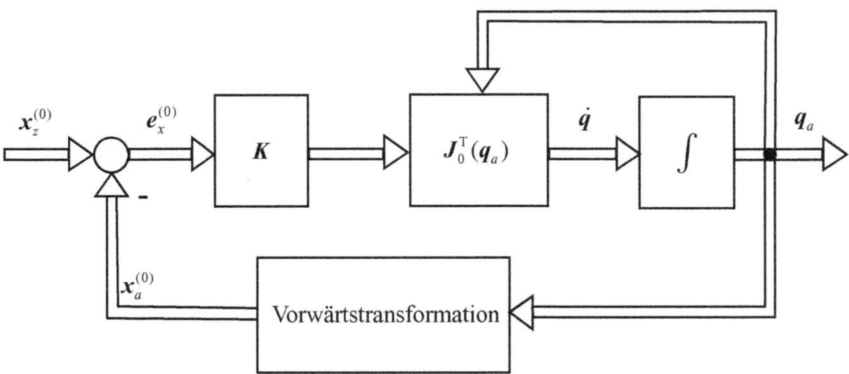

Bild 3.15 Rückwärtstransformation mit der transponierten Jacobi-Matrix

Das Verfahren nach Bild 3.15 kann auch als Suchverfahren aufgefasst werden, wobei der Verlauf der Suche neben der kinematischen Struktur des Roboters von der Startpose $\boldsymbol{q}_{Start}$ und der Wahl der Matrix $\boldsymbol{K}$ abhängt.

3.4 Übungsaufgaben

3.4.1 Lösen Sie die Vorwärtstransformation für den RRT-Roboter (Bild 2.24) mithilfe der Denavit-Hartenberg-Matrizen in allgemeiner Form. Geben Sie für $l_1 = 1\,\text{m}$, $q_1 = \theta_1 = 90°$, $q_2 = \theta_2 = -45°$ und $q_3 = d_3 = 0.5\,\text{m}$ den Vektor $p_0^{(0)}$ und die Euler-Winkel A, B, C an.

3.4.2 Berechnen Sie die zwei Lösungen für die Winkel q_1, q_2, wenn beim planaren Zweigelenkroboter nach Bild 3.5 $l_1 = 0.4\,\text{m}, l_2 = 0.3\,\text{m}$ beträgt und der TCP die kartesischen Koordinaten $x_0 = 0.2 \cdot \sqrt{2}, y_0 = 0.3 + 0.2 \cdot \sqrt{2}$ einnehmen soll. Skizzieren Sie beide Lösungen. Bei welcher Lösung ist der Euler-Winkel A kleiner?

3.4.3 In Bild 6.10 ist der RT-Zweigelenkroboter mit Denavit-Hartenberg-Parametern skizziert. Lösen Sie für diesen Roboter die geometrische Rückwärtstransformation (Berechnung des Winkels $q_1 = \theta_1$ und der Schublänge $q_2 = d_2$ bei Vorgabe der Koordinaten x_0 und y_0 des TCP).

3.4.4 Stellen Sie für den Roboter in Bild 6.10 die transponierte reduzierte Jacobi-Matrix auf.

4 Bewegungsart und Interpolation

In den beiden vorangegangenen Kapiteln wurde dargestellt, wie Stellungen des Industrieroboters im Raum beschrieben werden können und wie die Abbildung von Roboterkoordinaten in kartesische Koordinaten und umgekehrt erfolgen kann. In diesem Kapitel wird behandelt, wie sich der Roboter zwischen zwei Zielstellungen bewegen soll und wie Zwischenstellungen auf der Grundlage von Geschwindigkeits- und Beschleunigungsangaben des Programmierers von der Steuerung berechnet werden. Diese Berechnung von Bahnzwischenpunkten nach einer festen Rechenregel nennt man **Interpolation.**

4.1 Übersicht zu den Steuerungsarten

Zum Bewegen von Werkzeugen oder anderen Gegenständen auf einer Ebene oder im Raum werden Bewegungseinrichtungen mit mehreren Achsen wie Kreuztische, Werkzeugmaschinen oder Industrieroboter verwendet. Die einfachste Art des Verfahrens zwischen zwei Stellungen ist die **Punktsteuerung** oder auch **PTP-Bahn** genannt. PTP ist die Abkürzung für *Point to Point*. Zeitliche Zwischenwerte werden in Achskoordinaten berechnet, sodass sich der TCP auf einer für den Anwender nicht vorhersehbaren Raumkurve mit nicht definierter Orientierung auf die vom Programmierer vorgegebene Zielstellung bewegt. Bei der **asynchronen PTP** verfährt jede Achse der Bewegungseinrichtung vollständig unabhängig von anderen Achsen zu ihrer Zielstellung, deshalb kommen i. Allg. die Achsen nicht zum gleichen Zeitpunkt zum Stillstand. In Bild 4.1 wird als einfaches Beispiel eine Maschine mit jeweils einer Linearachse in x- und y-Richtung betrachtet. Die x-Achse hat bei der asynchronen PTP früher die Zielstellung erreicht, die Form der Kurve hängt von den gewählten Achsgeschwindigkeiten und Beschleunigungen ab. Bei der **synchronen PTP** wird durch die Steuerung diejenige Achse mit der größten Bahndauer (**Leitachse**) bei einem Bewegungssegment bestimmt. Die Geschwindigkeiten der anderen Achsen werden so vermindert, dass alle Achsen zum gleichen Zeitpunkt ihr Ziel erreichen (s. Bild 4.1), dadurch entsteht eine gewisse Abhängigkeit zwischen den Achsen. Da durch die Leitachse vorgegeben ist, wie lange eine Bewegung dauert, wird die Bahndauer nicht erhöht, jedoch insgesamt durch kleinere Geschwindigkeiten und damit kürzere Beschleunigungs- und Bremszeiten die mechanische Belastung des Industrieroboters reduziert. Bei der vollsynchronen PTP ist nicht nur die Dauer aller Gelenkbewegungen gleich, sondern auch die Zeitspannen in denen beschleunigt und gebremst wird.

Während für viele Anwendungen wie Punktschweißen und Handhabungsaufgaben die PTP-Steuerung geeignet ist, sind beim Bahnschweißen, Laserschneiden, Montieren, Lackieren etc. definierte Bewegungen des Effektors im Raum notwendig. Deshalb sind viele Werkzeugmaschinensteuerungen und Industrierobotersteuerungen mit einer **Bahnsteuerung** ausgerüstet. Statt Bahnsteuerung wird oft der Begriff **CP-Steuerung** verwendet

(CP: Abkürzung für Continuous Path). Die am häufigsten eingesetzte CP-Bahnsteuerungsart ist die **Linearbahn**, bei der die Zielstellung auf einer Geraden angefahren wird (s. auch Bild 4.1). Die **Zirkularbahn** dient dazu, den TCP auf einem Kreisbogen zu bewegen. Der Kreisbogen einschließlich der Bewegungsrichtung wird durch die Angabe des Startpunktes *St*, des Hilfspunktes *H* und des Zielpunktes *Z* definiert. Bei der Bahnsteuerung müssen alle Achsen koordiniert verfahren werden, um die gewünschte Raumkurve zu erreichen.

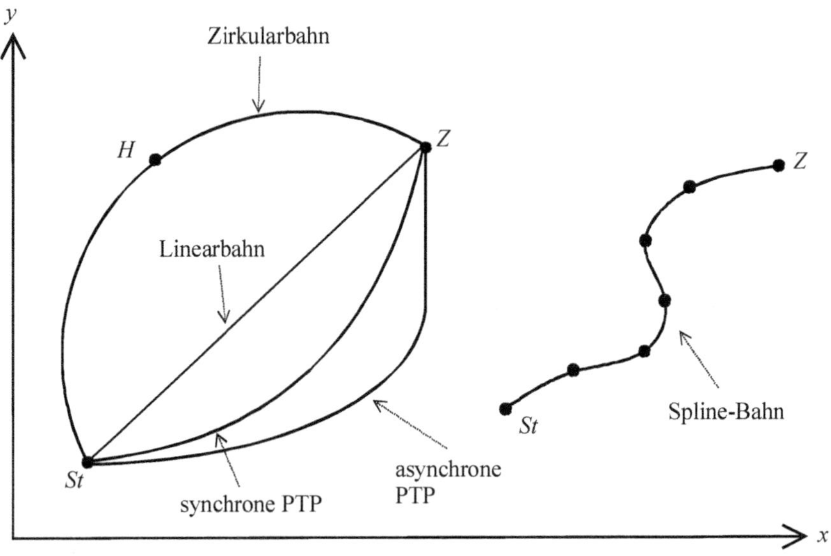

Bild 4.1 Unterschiedliche Bewegungsarten zwischen Start- und Zielpunkt am Beispiel zweier Translationsachsen

Im Gegensatz zur Bahnsteuerung ist bei der PTP-Bahn die Summe der absoluten Änderungen in den Achskoordinaten zwischen Startstellung und Zielstellung des Bahnsegmentes minimal, da bei einer PTP-Bahn jede Gelenkkoordinate zwischen der Startstellung und der Zielstellung stetig wächst oder fällt. Bei einer CP-Interpolation müssen sich die Gelenke jedoch so bewegen, dass im kartesischen Raum der Effektor eine Gerade oder Kreisbogen abfährt, sodass die Gelenkkoordinate einen nahezu beliebigen Verlauf hat. In Bild 4.2 ist ein Beispiel skizziert. Bei der PTP-Bahn treten auch während der Bewegung keine schnellen und großen Achsbewegungen auf, die vom Programmierer nicht unmittelbar vorausgesehen werden können. Liegen Startwerte und Zielwerte aller Achsen im Bewegungsbereich der Gelenke, kann die Bewegung vom Roboter auf jeden Fall durchgeführt werden. Bei CP-Bahnen können bei zulässigen Start- und Zielstellungen Zwischenwerte der Bahn außerhalb des Arbeitsbereiches des Roboters liegen und die Bahn ist deshalb nicht ausführbar. Daher werden in der Praxis, soweit es die Anwendung zulässt, PTP-Bahnen eingesetzt.

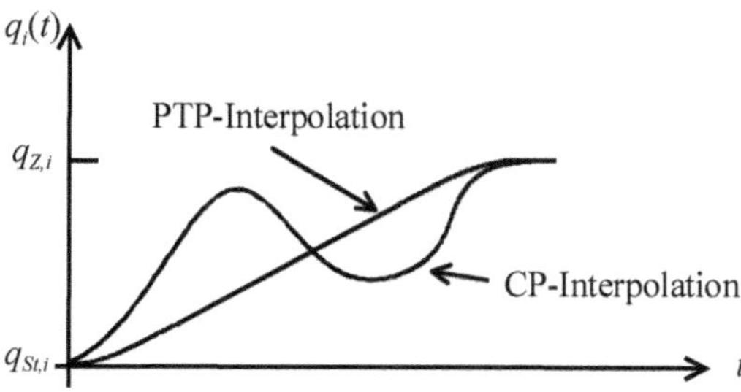

Bild 4.2 Verlauf eines Gelenks bei PTP-Bahn und CP-Bahn

Die **Spline-Bahn** (s. Bild 4.1) wird eingesetzt, wenn Zwischenpunkte ohne Stillstand der Achsen durchfahren werden sollen. Eine Spline-Bahn kann sowohl auf Gelenkebene als PTP-Bahn als auch in kartesischen Koordinaten definiert werden. Wird eine CP-Bahn als Spline-Bahn definiert, können bei geeigneter Angabe von Zwischenpunkten beliebige Konturen abgefahren werden.

4.2 PTP-Bahn und Interpolationsarten

4.2.1 Prinzipieller Ablauf der PTP-Steuerung

Startlage und Ziellage der Gelenke eines PTP-Bahnsegmentes sind durch Teach-in-Programmierung oder Offline-Programmierung vorgegeben worden (s. Kapitel 5). Steuerung und Gelenkregelung müssen dafür sorgen, dass die Gelenkkoordinaten die Werte der Ziellage einnehmen. Dabei sind entsprechend der zweidimensionalen Bahn von Bild 4.1 die Raumkurve des TCP im Raum und Zwischenwerte der Orientierung für den Anwender nicht unmittelbar voraussehbar. Die Zielwerte für die Gelenke sollten jedoch nicht sprungförmig geändert werden, da dann die Regelung die Antriebe veranlassen würde, große Drehmomentänderungen sehr schnell durchzuführen. Dies führt zu starken mechanischen Belastungen der Anlagenteile und regt zu Schwingungen an. Aus diesem Grund werden zeitabhängige Zwischenwerte für jedes Gelenk festgelegt (Interpolation). Es wird angenommen, dass die Achse in der Startlage in Ruhe ist und dann eine definierte Gelenkbeschleunigung einsetzt, bis die vom Anwender gewünschte Geschwindigkeit erreicht ist. In der zweiten Phase des Bahnsegmentes findet die Bewegung mit gleichbleibender Geschwindigkeit statt bis schließlich die Bremsphase einsetzt, nach der die Achse im Ziel zur Ruhe kommt. Die Berechnung für jedes Gelenk erfolgt in der gleichen Weise, sodass im Folgenden der Index zur Bezeichnung des Gelenks nur dann angegeben wird, wenn er zur Abgrenzung von anderen Gelenken benötigt wird. Es wird der **Bahnparameter** $s(t)$ eingeführt. $s(t)$ ist die zurückgelegte Wegstrecke bei einem Schubgelenk bzw. der zurückgelegte Winkel bei einem Drehgelenk zum Zeitpunkt t, gemessen vom Beginn des Bahnsegmentes an (Bild 4.3).

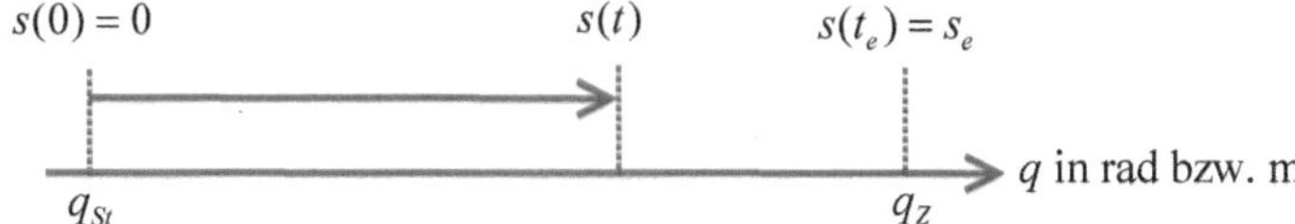

Bild 4.3 Bahnparameter s bei Interpolation auf Gelenkebene

Bild 4.4 zeigt den prinzipiellen Ablauf der Interpolation für ein Gelenk. Eingabeparameter für die Interpolation eines Gelenks sind der Startwert q_{St} und Zielwert q_Z in Gelenkkoordinaten sowie die gewünschte Beschleunigung und Geschwindigkeit bei der Bewegung vom Startwert zum Zielwert. Sind wie in den meisten Steuerungen die zu erreichende Geschwindigkeit und die Beschleunigung in Prozent von einem für das jeweilige Gelenk maximalen Wert angegeben, so werden diese Angaben von der Steuerung in absolute Werte umgerechnet. Im ersten Teil von Bild 4.4 wird die Winkelstrecke bzw. Schublänge, die ein Gelenk zu durchfahren hat, durch

$$s(t_e) = s_e = |q_Z - q_{St}| \tag{4.1}$$

berechnet. Im zweiten Teil erfolgt die Berechnung der **Fahrzeit (Bahndauer)** t_e, der **Beschleunigungszeit** t_b und der Zeit t_v, bei der die Bremsphase beginnt. Unter Umständen ist es notwendig, die Anwendereingaben bez. der Geschwindigkeit und Beschleunigung zu korrigieren, wenn eine zu große Geschwindigkeit gewählt wurde, die bei gegebener Strecke und Beschleunigung nicht erreicht werden kann. In einigen Steuerungen werden auch relativ kleine Korrekturen an der vorgegebenen Geschwindigkeit und Beschleunigung vorgenommen, um numerische Fehler bei der Berechnung zu vermeiden (s. Abschnitt 4.2.4). Wie schon erwähnt, wird davon ausgegangen, dass ein Bahnsegment mit der Geschwindigkeit 0 beginnt und endet:

$$s(0) = \dot{s}(0) = v(0) = 0,\ \dot{s}(t_e) = v(t_e) = 0 \tag{4.2}$$

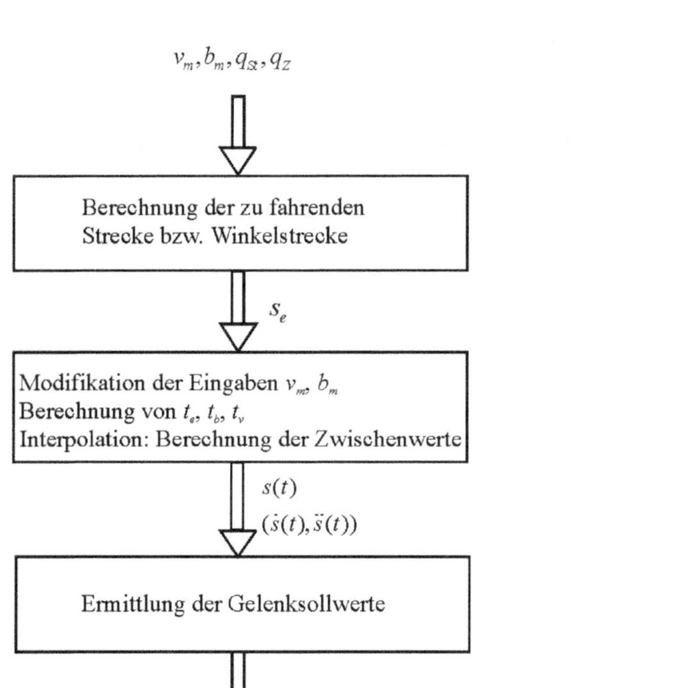

Bild 4.4 Ablaufschema der Interpolation bei einer PTP-Bahn

Wie $s(t)$ berechnet werden kann, wird in Abschnitt 4.2.2 bis Abschnitt 4.2.6 diskutiert. Einige Regelungsverfahren verwenden neben dem zeitlichen Verlauf der Sollkoordinate auch den Sollverlauf der Geschwindigkeit und sogar der Beschleunigung. Deshalb kann es sinnvoll sein, neben dem Winkel- oder Wegverlauf auch die entsprechenden Geschwindigkeiten und Beschleunigungen zu ermitteln und abzuspeichern. Mit der Signum-Funktion $y = \text{sgn}(x) = \{-1 \text{ für } x < 0, 0 \text{ für } x = 0, 1 \text{ für } x > 0\}$ lassen sich die Gelenkkoordinaten aus dem Bahnparameter $s(t)$ und seinen Ableitungen berechnen (s. auch Bild 4.3):

$$\begin{aligned} \ddot{q}_S(t) &= \text{sgn}(q_Z - q_{St}) \cdot \ddot{s}(t) \\ \dot{q}_S(t) &= \text{sgn}(q_Z - q_{St}) \cdot \dot{s}(t) \\ q_S(t) &= q_{St} + \text{sgn}(q_Z - q_{St}) \cdot s(t) \end{aligned} \tag{4.3}$$

Die Sollwerte für die Gelenkkoordinaten werden im zeitlichen Abstand von *T_Ipo* (**Interpolationsabstand**) ermittelt und im Sollwertspeicher der Steuerung abgelegt.

4.2.2 Rampenprofil zur Interpolation

Eine einfache Art, Zwischenwerte des Bahnparameters s zu berechnen, ist die Anwendung des nach dem Geschwindigkeitsverlauf genannten **Rampenprofils,** auch **Rampenbahn** genannt. Bild 4.5 zeigt den zeitlichen Verlauf des Bahnparameters $s(t)$ mit Beschleunigung und Geschwindigkeit. Da v_m und b_m sowie q_{St} und q_Z vorgegeben sind, ermittelt die Bahnsteuerung aus diesen Angaben die Bahndauer t_e, die Beschleunigungszeit t_b, Zeitpunkt t_v des Einsatzes der Bremsbeschleunigung und nimmt eventuell nötige Korrekturen an der vom Programmierer vorgegebenen Geschwindigkeit vor.

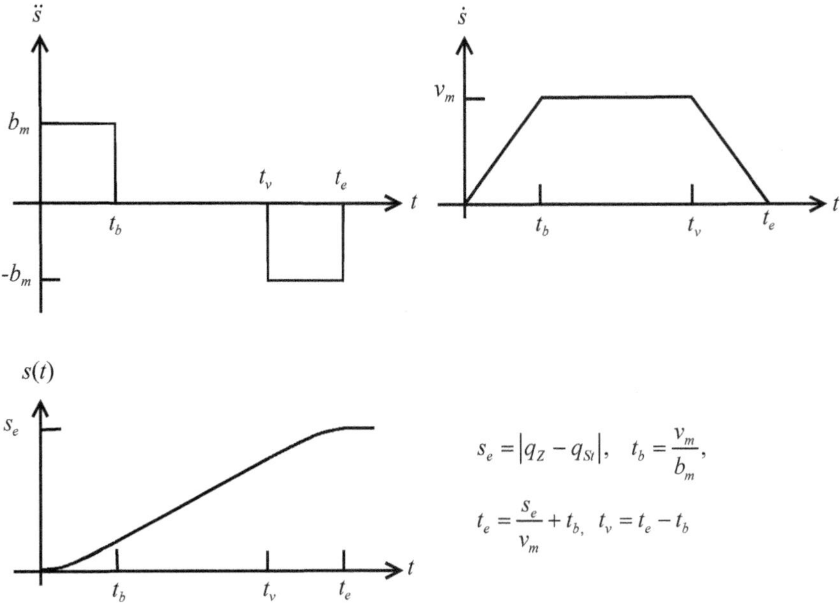

Bild 4.5 Rampenprofil für die Interpolation

Das Integral über der Beschleunigung ergibt die Geschwindigkeit. Am Ende des Bahnsegmentes (Zeitpunkt t_e) soll die Geschwindigkeit 0 sein. Die Addition des ersten „Beschleunigungsrechteckes" und des negativ bewerteten zweiten Rechteckes muss deshalb 0 ergeben. Deshalb ist die Bremszeit genauso lang wie die Beschleunigungszeit $(t_v = t_e - t_b)$. In der Beschleunigungsphase ist $v(t) = b_m \cdot t$ und daher gilt:

$$t_b = \frac{v_m}{b_m} \tag{4.4}$$

Die Integration der Geschwindigkeit von $t = 0$ bis $t = t_e$ muss die Strecke s_e ergeben:

$$s_e = s(t_e) = v_m \cdot t_b + v_m \cdot (t_v - t_b) = v_m \cdot t_v = v_m \cdot (t_e - t_b)$$

Da alle Größen außer t_e bekannt sind, kann die Bahndauer berechnet werden:

$$t_e = \frac{s_e}{v_m} + t_b = \frac{s_e}{v_m} + \frac{v_m}{b_m} \tag{4.5}$$

Nun sind alle Parameter bekannt, um Beschleunigung, Geschwindigkeit und gefahrene Strecke der Achse zu jedem Zeitpunkt zwischen t und t_e zu berechnen:

$$\begin{aligned}
&0 \le t \le t_b : \ddot{s}(t) = b_m, \quad \dot{s}(t) = b_m \cdot t, \quad s(t) = \frac{1}{2} \cdot b_m \cdot t^2 \\
&t_b \le t \le t_v : \ddot{s}(t) = 0, \quad \dot{s}(t) = v_m, \quad s(t) = v_m \cdot t - \frac{1}{2} \cdot \frac{v_m^2}{b_m} \\
&t_v \le t \le t_e : \ddot{s}(t) = -b_m, \quad \dot{s}(t) = v_m - b_m \cdot (t - t_v) = b_m \cdot (t_e - t), \quad s(t) = v_m \cdot t_v - \frac{b_m}{2} \cdot (t_e - t)^2
\end{aligned} \tag{4.6}$$

Obige Berechnungen zur Interpolation sind nur sinnvoll, wenn die Geschwindigkeit v_m im Verhältnis zur Bahnlänge und der Beschleunigung nicht zu groß vorgegeben ist. Bei gegebener kleiner Bahnlänge und vorgegebener Beschleunigung kann unter Umständen die geforderte Geschwindigkeit nicht erreicht werden. Aus praktischen Gründen wird in diesem Fall von der Steuerung unter Beibehaltung der Beschleunigung die geforderte Geschwindigkeit v_m reduziert. In diesem Fall wird die geforderte reduzierte Geschwindigkeit nur zu einem Zeitpunkt erreicht (Bild 4.6). Dies ist bei gegebenem s_e und b_m die maximal mögliche Geschwindigkeit $v_{m,\max}$, es liegt eine sogenannte **zeitoptimale Bahn** vor. Das Geschwindigkeitstrapez wird zum Dreieck, der Beschleunigungsphase schließt sich unmittelbar die Bremsphase an. Da die Strecke s_e vorgegeben und b_m beibehalten wird, kann durch Integration über das Geschwindigkeitsdreieck und unter Berücksichtigung von Gl. (4.4) der Betrag der maximalen Geschwindigkeit ermittelt werden:

$$s_e = t_b \cdot v_{m,\max} = \frac{v_{m,\max}^2}{b_m} \Rightarrow v_{m,\max} = \sqrt{b_m \cdot s_e} \tag{4.7}$$

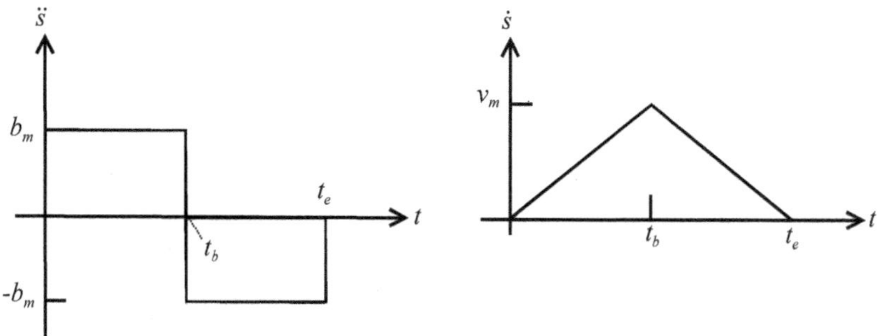

Bild 4.6 Geschwindigkeitsoptimale Bahn bei Rampenprofil

Wird vom Anwender v_m größer als $v_{m,\max}$ gewählt, reduziert die Steuerung die gewünschte Geschwindigkeit auf $v_{m,\max}$. Die Korrektur bei zu groß gewählten Geschwindigkeiten wird für Rampenbahnen in Bild 4.7a nochmals schematisch dargestellt.

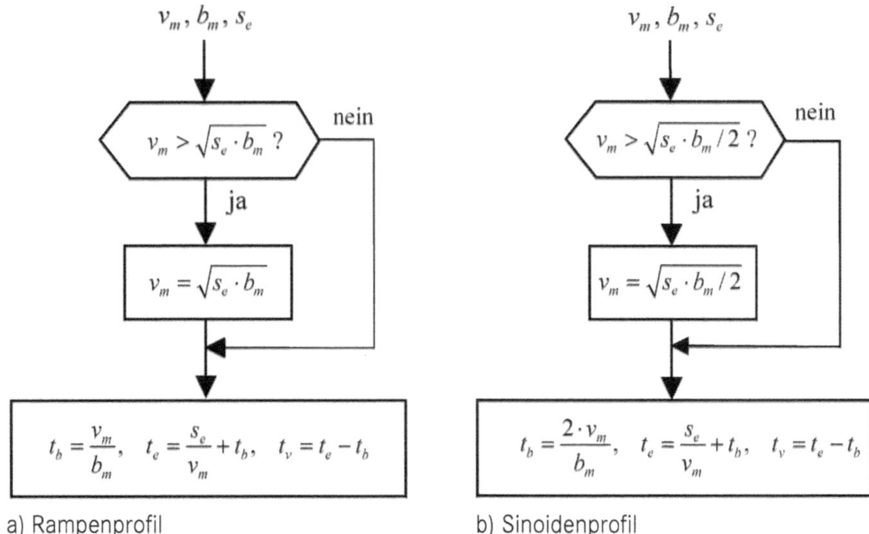

a) Rampenprofil b) Sinoidenprofil

Bild 4.7 Ablauf bei der Berechnung der Bahnzeiten

4.2.3 Sinoidenprofil zur Interpolation

Beim Rampenprofil wird die Beschleunigung sprungförmig aufgeschaltet. Die zeitliche Ableitung der Beschleunigung (der **Ruck**) ist zum Zeitpunkt der Aufschaltung nicht beschränkt. Dies kann zu Anregungen von Eigenschwingungen der Robotermechanik und damit zu Vibrationen und Verminderung der Lebensdauer mechanischer Bauteile wie dem Getriebe führen. Bei der Verwendung des **Sinoidenprofiles** wird eine „weichere“ Sollbewegung berechnet (s. Bild 4.8). Die Beschleunigung zwischen dem Beginn eines Bahnsegmentes und dem Ende der Beschleunigungszeit gehorcht der Zeitfunktion

$$\ddot{s}(t) = b_m \cdot \sin^2\left(\frac{\pi}{t_b} \cdot t\right) \tag{4.8}$$

Durch Integration von Gl. (4.8) nach der Zeit erhält man die Geschwindigkeit

$$\dot{s}(t) = b_m \cdot \left(\frac{1}{2} \cdot t - \frac{t_b}{4\pi} \cdot \sin\left(\frac{2\pi}{t_b} \cdot t\right)\right) \tag{4.9}$$

Für $t = t_b$ muss sich v_m ergeben und man erhält t_b aus Gl. (4.9):

$$t_b = \frac{2 \cdot v_m}{b_m} \tag{4.10}$$

Der zurückgelegte Weg bzw. Winkel während der Beschleunigungsphase wird durch Integration von Gl. (4.9) berechnet:

$$s(t) = b_m \cdot \left(\frac{1}{4} \cdot t^2 + \frac{t_b^2}{8\pi^2} \cdot \left(\cos\left(\frac{2\pi}{t_b} \cdot t\right) - 1\right)\right) \tag{4.11}$$

Über die insgesamt zurückzulegende Weg- bzw. Winkelstrecke

$$s_e = 2 \cdot s(t_b) + v_m \cdot (t_e - 2 \cdot t_b), \quad s(t_b) = \frac{1}{4} \cdot b_m \cdot t_b^2 = \frac{v_m^2}{b_m}$$

wird die Bahndauer t_e zu

$$t_e = \frac{s_e}{v_m} + \frac{2 \cdot v_m}{b_m} = \frac{s_e}{v_m} + t_b \tag{4.12}$$

berechnet. In der Phase der gleichförmigen Geschwindigkeit erhält man

$$\dot{s}(t) = v_m, \quad s(t) = s(t_b) + v_m \cdot (t - t_b) = v_m \cdot \left(t - \frac{1}{2} \cdot t_b\right) \tag{4.13}$$

während sich Beschleunigung, Geschwindigkeit und Strecke in der Bremsphase zu

$$\begin{aligned}
\ddot{s}(t) &= b(t) = -b_m \cdot \sin^2\left(\frac{\pi}{t_b} \cdot (t - t_v)\right) \\
\dot{s}(t) &= v_m - \int_{t-t_v}^{t} b(\tau - t_v) \cdot \mathrm{d}\tau = v_m - b_m \cdot \left(\frac{1}{2} \cdot (t - t_v) - \frac{t_b}{4\pi} \cdot \sin\left(\frac{2\pi}{t_b} \cdot (t - t_v)\right)\right) \\
s(t) &= s(t_v) + \int_{t-t_v}^{t} \dot{s}(\tau - t_v) \cdot \mathrm{d}\tau = \\
&\frac{b_m}{2} \cdot \left[t_e \cdot (t + t_b) - \frac{(t^2 + t_e^2 + 2 \cdot t_b^2)}{2} + \frac{t_b^2}{4\pi^2} \cdot \left(1 - \cos\left(\frac{2\pi}{t_b} \cdot (t - t_v)\right)\right)\right]
\end{aligned} \tag{4.14}$$

berechnen lassen. Bei gegebener Bahnlänge s_e und gewählter Geschwindigkeit v_m sowie Beschleunigung b_m dauert die Beschleunigungszeit und auch die Fahrzeit bei der Sinoidenbahn länger im Vergleich zur Rampenbahn. Entsprechend Gl. (4.7) gibt es auch bei der Sinoidenbahn eine maximale Geschwindigkeit bei gegebener Bahnlänge s_e und gewählter Beschleunigung b_m. Beim Sinoidenprofil liegt wie beim Rampenprofil eine geschwindigkeitsoptimale Bahn für $t_e = 2 \cdot t_b$ vor und damit muss $2 \cdot s(t_b) \leq s_e$ gelten. Mit dieser Beziehung erhält man entsprechend Gl. (4.7) $v_m \leq \sqrt{s_e \cdot b_m / 2}$. In Bild 4.7b ist der Ablauf bei der Berechnung der Bahnzeiten für das Sinoidenprofil skizziert.

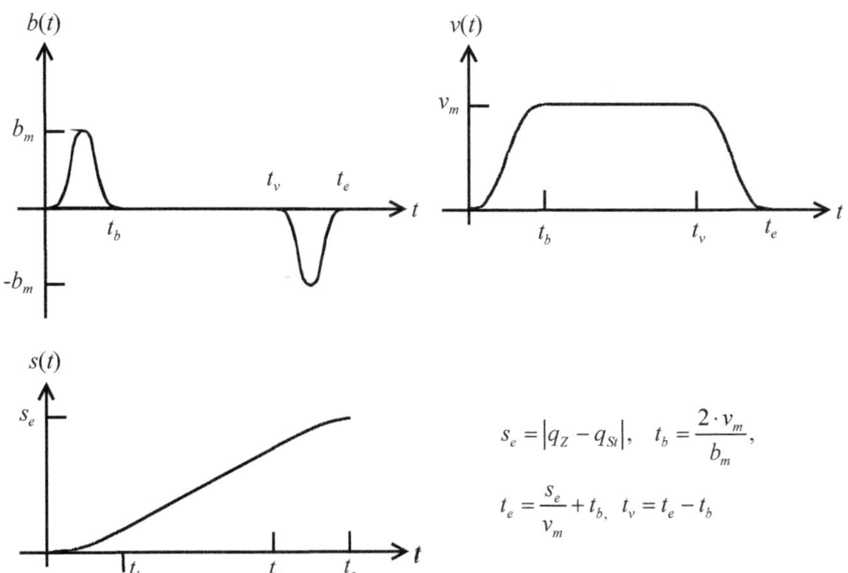

$$s_e = |q_Z - q_{St}|, \quad t_b = \frac{2 \cdot v_m}{b_m},$$

$$t_e = \frac{s_e}{v_m} + t_b, \quad t_v = t_e - t_b$$

Bild 4.8 Sinoidenprofil für die Interpolation

4.2.4 Anpassung an die Interpolationsschrittweite

Die Zwischenwerte $s(t)$ und damit auch die Zwischenwerte für $q(t)$ werden in Zeitabständen von einigen Millisekunden berechnet, dem **Interpolationsabstand** *T_Ipo*. I. Allg. liegen die berechneten Zeiten t_b, t_v und t_e nicht auf einem diskreten Zeitpunkt $k \cdot T\_Ipo$, bei dem $s(t)$ berechnet wird. Dadurch ergeben sich gerade bei zeitlich kurzen Bahnen Abweichungen vom idealen Verlauf des Rampenprofils oder Sinoidenprofils. Ebenso wird der letzte berechnete Wert $s(t_e)$ von s_e abweichen. Um diese numerischen Ungenauigkeiten zu vermeiden, werden in einigen Steuerungen die Geschwindigkeit v_m und die Beschleunigung b_m so angepasst, dass die Beschleunigungszeit t_b und die Bahndauer t_e im ganzzahligen Verhältnis zum Interpolationsabstand *T_Ipo* stehen. Bei größeren Bahnsegmenten ist die Korrektur von v_m und b_m klein, bei kleineren Bahnsegmenten kann die Veränderung wesentlich werden. Im Folgenden wird die vom Programmierer gewählte Geschwindigkeit mit $\hat{v}_m$ und die gewählte Beschleunigung mit $\hat{b}_m$ bezeichnet, die auf die Werte v_m und b_m korrigiert werden. Die Korrekturen werden hier für ein Rampenprofil aufgezeigt. t_b und t_v werden durch

$$t_b = \mathrm{Ceil}\left(\frac{\hat{v}_m}{\hat{b}_m \cdot T\_lpo}\right) \cdot T\_lpo$$
$$t_v = \mathrm{Ceil}\left(\frac{s_e}{\hat{v}_m \cdot T\_lpo}\right) \cdot T\_lpo, \quad t_e = t_v + t_b \tag{4.15}$$

ermittelt. Die Rundungsfunktion Ceil(x) liefert den nächstgrößeren ganzzahligen Wert von x. Nun können mithilfe von Gl. (4.4) und Gl. (4.5) die korrigierte Geschwindigkeit v_m und die korrigierte Beschleunigung b_m berechnet werden:

$$v_m = \frac{s_e}{t_v}, \quad b_m = \frac{v_m}{t_b} = \frac{s_e}{t_v \cdot t_b} \tag{4.16}$$

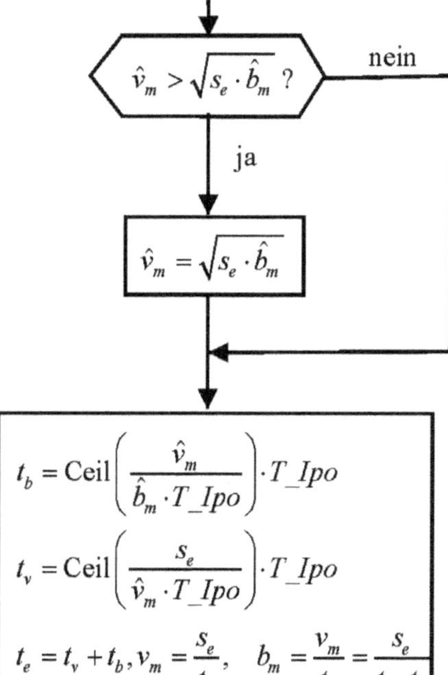

Bild 4.9 Anpassung der Bahnzeiten an die Interpolationsschrittweite

Durch Ceil wird auf jeden Fall vermieden, dass die korrigierte Geschwindigkeit v_m den maximalen möglichen Wert $v_{m,\max}$ nach Gl. (4.7) überschreitet. Bild 4.7a wird durch Bild 4.9 ersetzt. Die Vorgehensweise kann problemlos auf das Sinoidenprofil übertragen werden.

4.2.5 Synchrone PTP

In Abschnitt 4.1 und Bild 4.1 wurde schon das Prinzip der asynchronen und **synchronen PTP** erläutert. Bei der asynchronen PTP ist die Interpolation für jedes Gelenk unabhängig von den anderen Gelenken vorzunehmen und Gl. (4.1) bis Gl. (4.7) für die Rampenbahn bzw. Gl. (4.8) bis Gl. (4.14) für die Sinoidenbahn sind anzuwenden. Bei Anpassung an die Interpolationsschrittweite sind noch Gl. (4.15) und Gl. (4.16) zu berücksichtigen. Bei der synchronen Bahn wird nun eine **Leitachse** (**Leitgelenk**) ermittelt. Das Leitgelenk weist die größte Fahrzeit t_e auf, um an den Zielwinkel bzw. Zielpunkt zu kommen, wenn die vom Programmierer definierten Geschwindigkeiten und Beschleunigungen zugrunde gelegt werden. Zuerst soll das Vorgehen skizziert werden, wenn keine Anpassung an die Interpolationsschrittweite erfolgt:

- Für jedes Gelenk i wird wie bei der asynchronen PTP nach Gl. (4.1) $s_{e,i}$ sowie die Geschwindigkeit $\hat{v}_{m,i}$ und Beschleunigung $b_{m,i} = \hat{b}_{m,i}$ bestimmt und daraus die Fahrzeit $t_{e,i}$ berechnet.
- Es wird die maximale Fahrzeit ermittelt: $t_e = t_{e,\max} = \max(t_{e,i})$. Die Achse mit der maximalen Fahrzeit ist die Leitachse.
- Für alle Gelenke gilt nun $t_{e,i} = t_e$.
- Die Geschwindigkeiten der Gelenke, die nicht Leitgelenk sind, werden angepasst.

Zur Anpassung kann bei Rampenprofil die Formel (4.5) verwendet werden. Für ein beliebiges Gelenk i, das nicht Leitgelenk ist, gilt:

$$t_e = \frac{s_{e,i}}{v_{m,i}} + \frac{v_{m,i}}{b_{m,i}} \Rightarrow v_{m,i}^2 - v_{m,i} \cdot b_{m,i} \cdot t_e + s_{e,i} \cdot b_{m,i} = 0$$

Da t_e gegeben ist, kann nach $v_{m,i}$ aufgelöst werden. Man erhält eine quadratische Gleichung, aus der die angepasste Geschwindigkeit bestimmt werden kann. Von den zwei Lösungen ist nur der kleinere Wert sinnvoll, da sonst die Bedingung $2 \cdot t_{b,i} \le t_e$ verletzt würde.

$$v_{m,i} = \frac{b_{m,i} \cdot t_e}{2} - \sqrt{\frac{b_{m,i}^2 \cdot t_e^2}{4} - s_{e,i} \cdot b_{m,i}} \tag{4.17}$$

Bild 4.10 zeigt als Beispiel die Geschwindigkeitsprofile zweier Gelenke bei asynchroner PTP und synchroner PTP.

Für die Sinoidenbahn ist von Gl. (4.12) auszugehen und man erhält entsprechend:

$$v_{m,i} = \frac{b_{m,i} \cdot t_e}{4} - \sqrt{\frac{b_{m,i}^2 \cdot t_e^2 - 8 \cdot s_{e,i} \cdot b_{m,i}}{16}} \tag{4.18}$$

Wird die Anpassung an die Interpolationsschrittweite vorgenommen, ist folgendes Vorgehen bei der synchronen PTP-Bahn möglich:

- Für jedes Gelenk *i* wird wie bei der asynchronen PTP aus der Strecke $s_{e,i}$, Geschwindigkeit $\hat{v}_{m,i}$ und Beschleunigung $b_{m,i} = \hat{b}_{m,i}$ die Fahrzeit $t_{e,i}$ berechnet.
- Es wird die maximale Fahrzeit ermittelt: $t_e = t_{e,\max} = \max(t_{e,i})$. Die Achse mit der maximalen Fahrzeit ist die Leitachse.
- Es wird wie in Abschnitt 4.2.4 ausgeführt, zuerst die Anpassung an die Interpolationsschrittweite für die Leitachse vorgenommen, dabei wird natürlich auch die Fahrzeit t_e korrigiert.

$$\begin{aligned}
t_b &= \text{Ceil}\left(\frac{\hat{v}_m}{\hat{b}_m \cdot T_Ipo}\right) \cdot T_Ipo \\
t_v &= \text{Ceil}\left(\frac{s_e}{\hat{v}_m \cdot T_Ipo}\right) \cdot T_Ipo\,, \quad t_e = t_v + t_b \\
v_m &= \frac{s_e}{t_v}, \quad b_m = \frac{v_m}{t_b} = \frac{s_e}{t_v \cdot t_b}
\end{aligned} \tag{4.19}$$

- Für alle Gelenke gilt nun $t_{e,i} = t_e$.
- Die Anpassung aller Gelenke, die nicht Leitgelenk sind, wird jetzt sowohl bez. der gleichen Fahrzeit als auch der Interpolationsschrittweite vorgenommen:

$$\begin{aligned}
\hat{v}_{m,i} &= \frac{\hat{b}_{m,i} \cdot t_e}{2} - \sqrt{\frac{\hat{b}_{m,i}^2 \cdot t_e^2}{4} - s_{e,i} \cdot \hat{b}_{m,i}} \\
t_{v,i} &= \text{Ceil}\left(\frac{s_{e,i}}{\hat{v}_{m,i} \cdot T_Ipo}\right) \cdot T_Ipo,\, v_{m,i} = \frac{s_{e,i}}{t_{v,i}},\, t_{b,i} = t_e - t_{v,i},\, b_{m,i} = \frac{v_{m,i}}{t_{b,i}}
\end{aligned} \tag{4.20}$$

4.2.6 Vollsynchrone PTP

Bei der **vollsynchronen PTP** sind nicht nur die Bahnzeiten für jedes Gelenk gleich, sondern auch die Beschleunigungs- und Bremszeiten. Man erwartet durch die vollsynchrone Bahn eine „bessere" Fahrkurve in dem Sinne, dass sich der TCP bei der vollsynchronen Bahn nicht so weit von Ziel- und Startpunkt im kartesischen Raum entfernt. Wie im vorhergehenden Abschnitt wird die Leitachse bestimmt, die jetzt nicht nur t_e, sondern auch t_b und $t_v = t_e - t_b$ für alle anderen Gelenke vorgibt. Die Anpassung der Geschwindigkeit und hier auch der Beschleunigung der Gelenke, die nicht Leitgelenk sind, ist relativ einfach:

$$v_{m,i} = \frac{s_{e,i}}{t_v}, \quad b_{m,i} = \frac{v_{m,i}}{t_b} \tag{4.21}$$

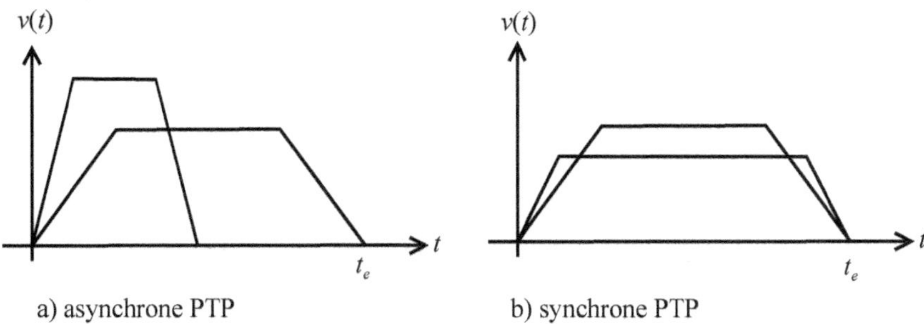

Bild 4.10 Profile zweier Achsen bei a) asynchroner und b) synchroner PTP

Für das Sinoidenprofil muss in Gl. (4.21) die Beschleunigung mit $b_{m,i} = \frac{2v_{m,i}}{t_b}$ berechnet werden. Die Anpassung an die Interpolationsschrittweite ist nur für die Leitachse durchzuführen.

Als Nachteil der vollsynchronen PTP ist zu vermerken, dass der Programmierer nur Beschleunigung und Geschwindigkeit der Leitachse vorgeben kann, während bei der synchronen PTP die gewählten Beschleunigungen aller Achsen beibehalten werden.

4.2.7 Beispiel für eine PTP-Bahn

Der planare Zweigelenkroboter (Bild 3.5) hat in der gezeichneten Stellung die Gelenkkoordinaten $\boldsymbol{q}_{St} = (0°, -90°)^T$. Er soll sich in die Position $\boldsymbol{q}_Z = (-45°, 45°)^T$ bewegen. Für Gelenk 1 wird eine Geschwindigkeit von 1 rad/s und eine Beschleunigung von 5 rad/s^2 gewählt, Gelenk 2 soll sich mit 2 rad/s bewegen und mit 8 rad/s^2 beschleunigt werden.

Zuerst wird mit einer asynchronen PTP-Bahn und Rampenprofil gefahren. Korrekturen nach Abschnitt 4.2.4 werden nicht vorgenommen. Nach Gl. (4.1) sowie Gl. (4.3) bis Gl. (4.5) sind die Parameter für Gelenk 1 und Gelenk 2:

$$s_{e1} = \pi / 4, t_{b1} = 0.2\,\text{s}, t_{e1} = 0.9854\,\text{s}, t_{v1} = 0.7854\,\text{s}$$
$$s_{e2} = 3 \cdot \pi / 4, t_{b2} = 0.25\,\text{s}, t_{e2} = 1.4281\,\text{s}, t_{v2} = 1.1781\,\text{s}$$

Die Prüfung nach Bild 4.7a ergibt, dass für beide Gelenke die gewählten Geschwindigkeiten kleiner als die maximal möglichen Geschwindigkeiten nach Gl. (4.7) sind. Ein Programmteil der Bewegungssteuerung enthält einen Algorithmus, der in Zeitinkrementen von *T_Ipo*, dem Interpolationsabstand, die Sollwerte der Gelenkwinkel, der Winkelgeschwindigkeiten und der Winkelbeschleunigungen berechnet. Als Beispiel soll der Zeitpunkt $t = 0.85$ s betrachtet werden. Gelenk 1 ist zu diesem Zeitpunkt in der Bremsphase, da $t > t_{v1} = 0.7854$ s gilt (s. Bild 4.5). Zuerst werden der Bahnparameter $s_1(t)$ und die beiden ersten Ableitungen nach Gl. (4.6) berechnet und dann die Gelenkgrößen nach Gl. (4.3):

$$\ddot{s}_1(0.85\,\text{s}) = -5\,\text{rad/s}^2, \dot{s}_1(0.85\,\text{s}) = 0.677\,\text{rad/s}, s_1(0.85\,\text{s}) = 0.7395,$$
$$\ddot{q}_1(0.85\,\text{s}) = 5\,\text{rad/s}^2, \dot{q}_1(0.85\,\text{s}) = -0.677\,\text{rad/s}, q_1(0.85\,\text{s}) = -0.7395$$

Gelenk 2 befindet sich zum betrachteten Zeitpunkt in der Phase der gleichförmigen Bewegung, da $t_{b2} < t < t_{v2}$ gilt. Die Berechnung ergibt folgende Werte:

$$\ddot{s}_2(0.85\,\mathrm{s}) = 0,\ \dot{s}_2(0.85\,\mathrm{s}) = 2\,\mathrm{rad/s},\ s_2(0.85\,\mathrm{s}) = 1.45$$
$$\ddot{q}_2(0.85\,\mathrm{s}) = 0,\ \dot{q}_2(0.85\,\mathrm{s}) = 2\,\mathrm{rad/s},\ q_2(0.85\,\mathrm{s}) = -0.1208$$

In Bild 4.11 ist der Bahnverlauf vollständig dargestellt. Man erkennt, dass Gelenk 1 den Zielwinkel viel früher erreicht hat und dadurch wesentlich eher als Gelenk 2 die Bewegung beendet. Nimmt man an, dass Armteil 1 die Länge $l_1 = 1\,\mathrm{m}$ und die Länge $l_2 = 0.5\,\mathrm{m}$ hat, kann die geometrische Bahn in der x_0-y_0-Ebene mit der Vorwärtstransformation berechnet und ausgegeben werden (Bild 4.11 unten, rechts). Zur Startstellung gehören die Koordinaten $x_0 = 1\,\mathrm{m}$, $y_0 = -0.5\,\mathrm{m}$ und zur Zielstellung $x_0 = 1.2071\,\mathrm{m}$, $y_0 = -0.7071\,\mathrm{m}$. Die geometrische Bahn nimmt eine „beliebige" Form an.

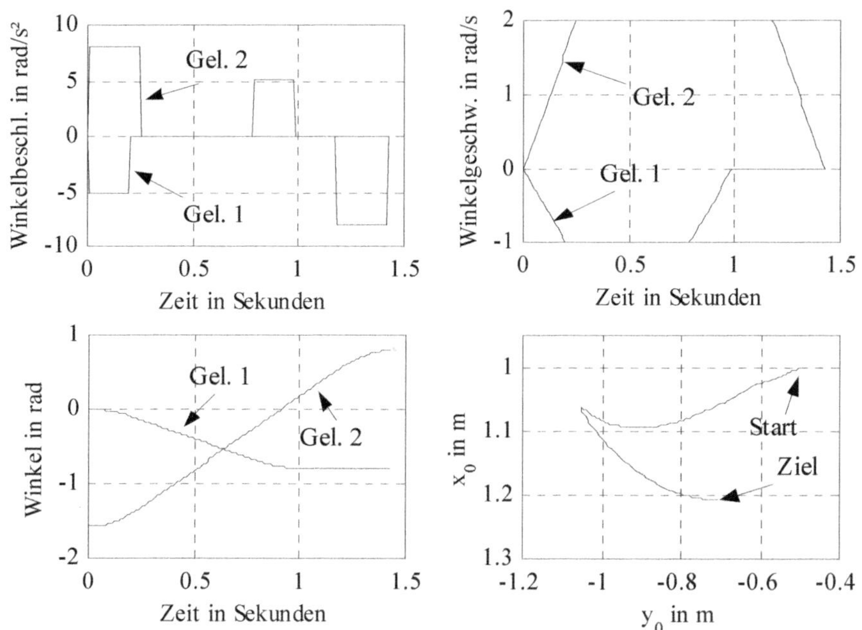

Bild 4.11 Bahnverläufe des planaren Zweigelenkroboters bei asynchroner PTP

Soll die Zielstellung mit einer synchronen PTP angefahren werden, ist $t_e = t_{e,\max} = 1.4281\,\mathrm{s}$ und Gelenk 2 ist das Leitgelenk. Die Geschwindigkeit des ersten Gelenks muss nach Gl. (4.17) angepasst werden und wird von $1\,\mathrm{rad/s}$ auf $0.60045\,\mathrm{rad/s}$ reduziert. Damit werden die Bahnzeiten für Gelenk 1:

$$s_{e1} = \pi / 4,\ t_{b1} = 0.120\,\mathrm{s},\ t_{e1} = 1.4281\,\mathrm{s},\ t_{v1} = 1.308\,\mathrm{s}$$

Hier sind die Fahrzeiten beider Gelenke gleich, die Beschleunigungszeiten jedoch unterschiedlich. Sollen auch gleiche Beschleunigungszeiten vorliegen (vollsynchrone PTP), ist wieder Gelenk 2 das Leitgelenk und es gilt $t_e = t_{e2}, t_b = t_{b2}, t_v = t_{v2}$. Geschwindigkeit und Beschleunigung von Gelenk 1 wird nach Gl. (4.21) angepasst:

$$v_{m,1} = 0.6666\,\mathrm{rad/s},\ b_{m,1} = 2.6666\,\mathrm{rad/s^2}$$

Beim Vergleich der Bahnverläufe der asynchronen PTP-Bahn (Bild 4.11) und der vollsynchronen PTP-Bahn (Bild 4.12) fällt neben gleichen Fahr- und Beschleunigungszeiten der Gelenke bei der vollsynchronen PTP-Bahn auf, dass die geometrische Bahn des TCP bei der vollsynchronen PTP-Bahn wie vermutet näher an der Geraden zwischen Start- und Zielpunkt liegt.

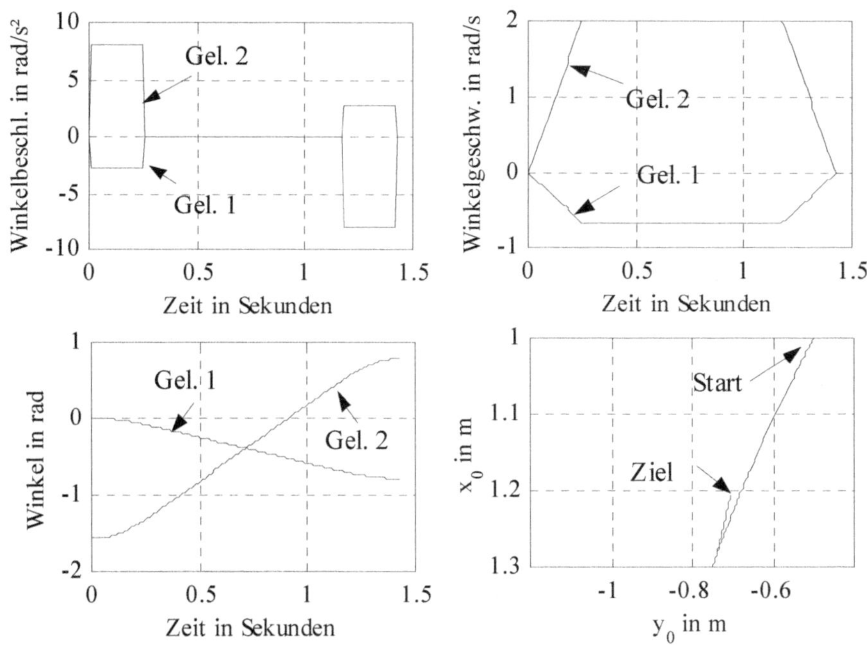

Bild 4.12 Bahnverläufe des planaren Zweigelenkroboters bei vollsynchroner PTP

4.3 Bahnsteuerung (CP-Steuerung)

4.3.1 Prinzipieller Ablauf der Bahnsteuerung

Zeitabhängige Zwischenstellungen zwischen Ausgangsstellung und Zielstellung des Effektors eines Bahnsegmentes werden in Abhängigkeit von gewählter Geschwindigkeit und Beschleunigung in Weltkoordinaten berechnet. Die Angaben der Stellungen durch den Programmierer erfolgen in kartesischen Koordinaten des TCP (Tool Center Point), zusammengefasst im Vektor $\boldsymbol{p}$, und die Angaben der Orientierung des Effektors meist in Euler-Winkeln (Vektor $\boldsymbol{w} = (A \quad B \quad C)^{\mathrm{T}}$ oder $\boldsymbol{w} = (\alpha \quad \beta \quad \chi)^{\mathrm{T}}$, s. auch Abschnitt 2.1.8). Die Ausgangsstellung des Effektors in Roboterkoordinaten ist die Zielstellung des letzten

Bahnsegmentes, sodass zumeist bei der Programmierung einer Linearbahn nur noch die Zielstellung $\boldsymbol{p}_z$, $\boldsymbol{w}_z$ vorgegeben werden muss. Bei der Zirkularbahn ist noch der Ortsvektor $\boldsymbol{p}_H$ zum Hilfspunkt vorzugeben. Werden die Zwischenwerte der Orientierung in Euler-Winkeln berechnet, kann dies dazu führen, dass zwischen benachbarten Zwischenstellungen große Orientierungsänderungen und damit auch große Änderungen in den Gelenkkoordinaten gefordert werden. Wie schon in Abschnitt 2.1.10 erwähnt wurde, ist es von Vorteil, die Interpolation auf der Basis von Einheitsquaternionen durchzuführen. Die Angaben in Euler-Winkeln können von der Steuerung mit Gl. (2.18) bzw. Gl. (2.21) in die entsprechende Rotationsmatrix umgerechnet werden und mit Gl. (2.29) als Quaternion angegeben werden.

Mit den Angaben der zu erreichenden Bahngeschwindigkeit v und der Beschleunigung b hat die Steuerung alle Informationen zur Durchführung der Interpolation. Bild 4.13 zeigt die wesentlichen Schritte. Die Zwischenstellungen werden wie bei der PTP-Bahn in einem zeitlichen Abstand (Interpolationsschrittweite *T_Ipo*) berechnet. Die Interpolationsschrittweite liegt zwischen 2.5 und 15 Millisekunden. Da die Regelung Sollwerte in Gelenkkoordinaten benötigt, wird jede Zwischenstellung mit der Rückwärtstransformation auf Gelenksollwerte abgebildet, die in den Sollwertspeicher abgelegt und in der Arbeitsphase des Roboters als Sollwerte für die Gelenkregelung ausgelesen werden. Auch hier wird oft, wie bei der PTP-Bahn, der zeitliche Verlauf der Geschwindigkeit auf Gelenkebene und eventuell sogar die Gelenkbeschleunigung berechnet und abgespeichert.

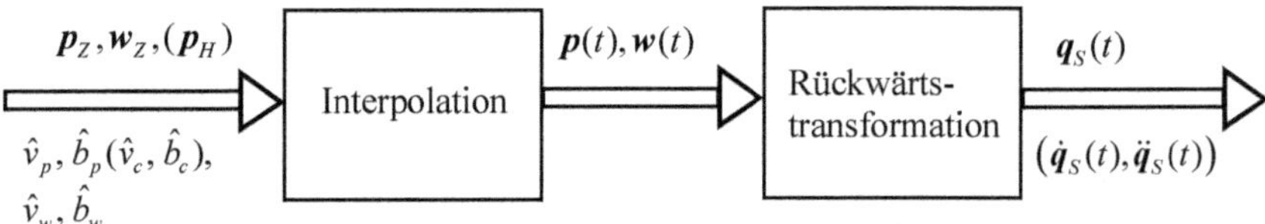

Bild 4.13 Prinzipieller Ablauf der Berechnung der Gelenksollwerte bei der CP-Bahn

4.3.2 Linearinterpolation

Bei der Linearinterpolation bewegt sich der TCP auf einer Geraden zur Zielposition. Anhand von Bild 4.14a wird zuerst hergeleitet, wie ein Zwischenpunkt mit dem Ortsvektor $\boldsymbol{p}(t)$ berechnet wird. Zuerst wird der Bahnparameter $s_p(t)$ eingeführt, der die zurückgelegte Wegstrecke des Bahnsegments zum (relativen) Zeitpunkt t definiert. Die Bewegung wird aus der Ruhe heraus zum Zeitpunkt $t = 0$ gestartet und endet am Zielpunkt mit $t = t_{ep}$, wobei die Wegstrecke s_{ep} zurückgelegt wird. Es gilt immer $s_p(t) \geq 0$.

Der Bahnparameter $s_p(t)$ ist ein Skalar. Aus den kartesischen Koordinaten des Startpunktes und des Zielpunktes kann die Wegstrecke berechnet werden:

$$s_{ep} = |\boldsymbol{p}_Z - \boldsymbol{p}_{St}| = \sqrt{(p_{Z,x} - p_{St,x})^2 + (p_{Z,y} - p_{St,y})^2 + (p_{Z,z} - p_{St,z})^2} \tag{4.22}$$

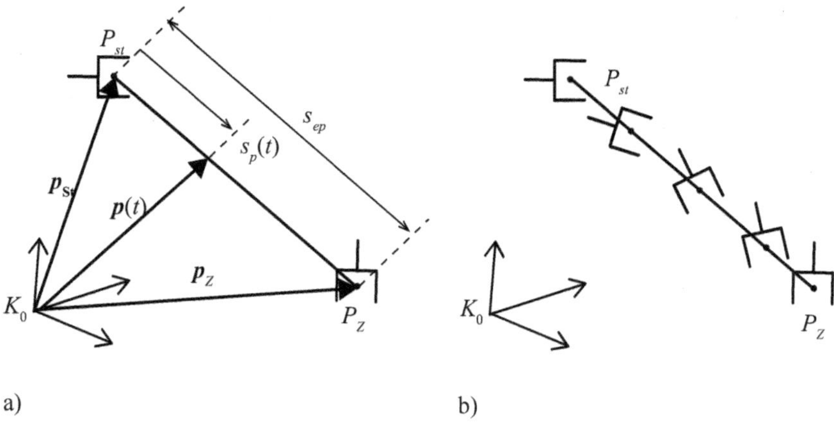

Bild 4.14 Linearinterpolation: a) Zwischenwerte des TCP, b) Änderung der Orientierung

Den Vektor, der vom Startpunkt zum aktuellen Punkt des TCP zeigt, erhält man durch Multiplikation des Richtungsvektors $(\boldsymbol{p}_Z - \boldsymbol{p}_{St}) / s_{ep}$ mit der aktuellen Weglänge $s_p(t)$. Der Ortsvektor $\boldsymbol{p}(t)$ kann dann durch Addition von $\boldsymbol{p}_{St}$ und diesem Vektor berechnet werden:

$$\boldsymbol{p}(t) = \boldsymbol{p}_{St} + s_p(t) \cdot \frac{(\boldsymbol{p}_Z - \boldsymbol{p}_{St})}{s_{ep}} \tag{4.23}$$

Es genügt also, zeitliche Zwischenwerte für $s_p(t)$ zu berechnen, d. h. die Interpolation wird für $s_p(t)$ durchgeführt. Wie bei der PTP-Bahn beginnt die Bewegung aus der Ruhe und endet mit der Geschwindigkeit 0. Entsprechend Gl. (4.2) gilt:

$$s_p(0) = \dot{s}_p(0) = v_p(0) = 0, \dot{s}_p(t_e) = v_p(t_e) = 0 \tag{4.24}$$

Zur Berechnung von $s_p(t)$ kann wieder ein Rampenprofil oder Sinoidenprofil verwendet werden. Gl. (4.6) und Gl. (4.7) gelten auch für die Linearbahn, wenn

$$v_m = v_p, b_m = b_p, t_e = t_{ep}, t_b = t_{bp}, t_v = t_{vp}, s_e = s_{ep}, s = s_p \tag{4.25}$$

gesetzt wird. Auch die Anpassung an die Interpolationsschrittweite kann nach Gl. (4.15) und (4.16) erfolgen. Eine Unterscheidung in eine synchrone und asynchrone Bahn ist natürlich hier nicht notwendig, da i. Allg. alle Gelenke an der Bewegung beteiligt sind. Bei der CP-Steuerung muss zusätzlich die Interpolation für die Orientierung vorgenommen werden, die - wie in Abschnitt 4.3.1 erwähnt wird - auf Basis von Quaternionen durchgeführt wird. Als Startorientierung wird nun $\boldsymbol{w}_{St} = (qt_{St,1} \quad qt_{St,2} \quad qt_{St,3} \quad qt_{St,4})^T$ und als Zielorientierung $\boldsymbol{w}_z = (qt_{Z,1} \quad qt_{Z,2} \quad qt_{Z,3} \quad qt_{Z,4})^T$ verwendet. Die gesamte Änderung der Orientierung wird als Betrag zu

$$s_{ew} = |w_Z - \boldsymbol{w}_{St}| = \sqrt{\begin{matrix}(qt_{Z,1} - qt_{St,1})^2 + (qt_{Z,2} - qt_{St,2})^2 + \\ (qt_{Z,3} - qt_{St,3})^2 + (qt_{Z,4} - qt_{St,4})^2\end{matrix}} \tag{4.26}$$

ausgedrückt, wobei der Index Z wieder für die Zielorientierung des Bahnsegmentes und der Index St für die Orientierung am Anfang des Bahnsegmentes verwendet wird. Der Vektor $\boldsymbol{w}$ wird nun wie der Vektor $\boldsymbol{p}$ behandelt und $(\boldsymbol{w}_Z - \boldsymbol{w}_{St})/s_{ew}$ als Richtungsvektor aufgefasst, der von der Startorientierung auf die Zielorientierung zeigt. Entsprechend zu $s_p(t)$ kann ein Skalar $s_w(t)$ definiert werden, der beim Start der Orientierungsänderungen den Wert 0 und am Ende den Wert s_{ew} hat. Damit lässt sich der aktuelle Vektor $\boldsymbol{w}(t)$ und somit das aktuelle Quaternion $\boldsymbol{qt}(t)$ analog zu Gl. (4.23) durch

$$\boldsymbol{w}(t) = \boldsymbol{w}_{St} + s_w(t) \cdot \frac{(\boldsymbol{w}_Z - \boldsymbol{w}_{St})}{s_{ew}} \tag{4.27}$$

berechnen. Bild 4.14b veranschaulicht, wie sich die Orientierung kontinuierlich von der Orientierung am Start der Bahn zur Orientierung im Ziel ändert. Das Vorgehen bei der Berechnung von Zwischenorientierungen entspricht vollständig der Berechnung von $\boldsymbol{p}(t)$. In Gl. (4.27) ist auf der rechten Seite nur $s_w(t)$ zeitabhängig, wobei $s_w(0) = 0$ und $s_w(t = t_{ew}) = s_{ew}$ gilt. Sind Angaben aus der Programmierumgebung darüber vorhanden, mit welcher Geschwindigkeit v_w und welcher Beschleunigung b_w sich der Skalar $s_w(t)$ ändern soll, kann wieder das Rampenprofil und Sinoidenprofil von 4.2.4 zur Berechnung von $s_w(t)$ verwendet werden, wobei jetzt

$$v_m = v_w,\, b_m = b_w,\, t_e = t_{ew},\, t_b = t_{bw},\, t_v = t_{vw},\, s_e = s_{ew},\, s = s_w \tag{4.28}$$

bei der Berechnung der Zwischenwerte zu setzen ist. Zuletzt ist noch ein Problem zu lösen: Im Allgemeinen sind bei den aus der Programmierumgebung vorgegebenen v_p, b_p, v_w, b_w die Fahrzeiten t_{ep} und t_{ew} nicht identisch. Es ist jedoch sinnvoll, dass Positions- und Orientierungsänderungen zum gleichen Zeitpunkt beendet sind. Es kann folgendermaßen vorgegangen werden:

- Das Maximum der Fahrzeiten wird ermittelt: $t_e = \max(t_{ep}, t_{ew})$
- Ist $t_e = t_{ep}$, wird die Geschwindigkeit der Orientierungsänderung angepasst:

$$v_w = \frac{b_w \cdot t_e}{2} - \sqrt{\frac{b_w^2 \cdot t_e^2}{4} - s_{ew} \cdot b_w} \tag{4.29}$$

- Für $t_e = t_{ew}$ wird die Translationsgeschwindigkeit des TCP angepasst:

$$v_p = \frac{b_p \cdot t_e}{2} - \sqrt{\frac{b_p^2 \cdot t_e^2}{4} - s_{ep} \cdot b_p} \tag{4.30}$$

Die Beziehungen (4.29) und (4.30) zur Anpassung der Geschwindigkeiten entsprechen der Beziehung (4.17) zur Anpassung der Geschwindigkeiten bei der synchronen PTP für die Rampenbahn.

Für die Sinoidenbahn muss Gl. (4.18) verwendet werden.

Bei den eingesetzten Steuerungen wird aber oft so vorgegangen, dass die Orientierungsänderung sich der Bewegung des TCP anpasst, also immer $t_e = t_{ep}$ gesetzt wird.

Es ist natürlich auch möglich, die Orientierung konstant zu halten, während der TCP sich auf einer Geraden zum Zielpunkt bewegt, oder nur eine Orientierungsänderung vorzunehmen, während der Ortsvektor $\boldsymbol{p}$ vom Ursprung des Basissystems K_0 zum TCP konstant bleibt. In Bild 4.15a ist noch einmal der Ablauf bei der Berechnung der Linearbahn skizziert. Die Struktur ist ähnlich der Vorgehensweise für die PTP-Bahn nach Bild 4.4. Der wesentliche Unterschied ist, dass bei der Berechnung der Linearbahn die Rückwärtstransformation durchgeführt werden muss.

4.3.3 Zirkularinterpolation

Da die meisten Konturen von Werkstücken sich aus Geraden und Kreisbögen zusammensetzen, besitzen viele numerische Steuerungen und fast alle Robotersteuerungen eine **Zirkularinterpolation**. Durch Definition dreier Punkte im Raum, des Startpunktes P_{St}, eines Hilfspunktes P_H und des Zielpunktes P_Z, kann der Programmierer auf einfache Art einen Kreisbogen festlegen. Wie bei der Linearbahn kann der Startpunkt durch das vorhergehende Bahnsegment gegeben sein. Werden diese Vorgaben ergänzt durch die Beschleunigung $\hat{b}_c$ und Geschwindigkeit $\hat{v}_c$ des TCP auf der Kreisbahn sowie Angaben darüber, wie sich die Orientierung vom Startpunkt zum Endpunkt ändern soll, sind die Eingaben für die Berechnung der Zirkularbahn vollständig (s. auch Bild 4.15b).

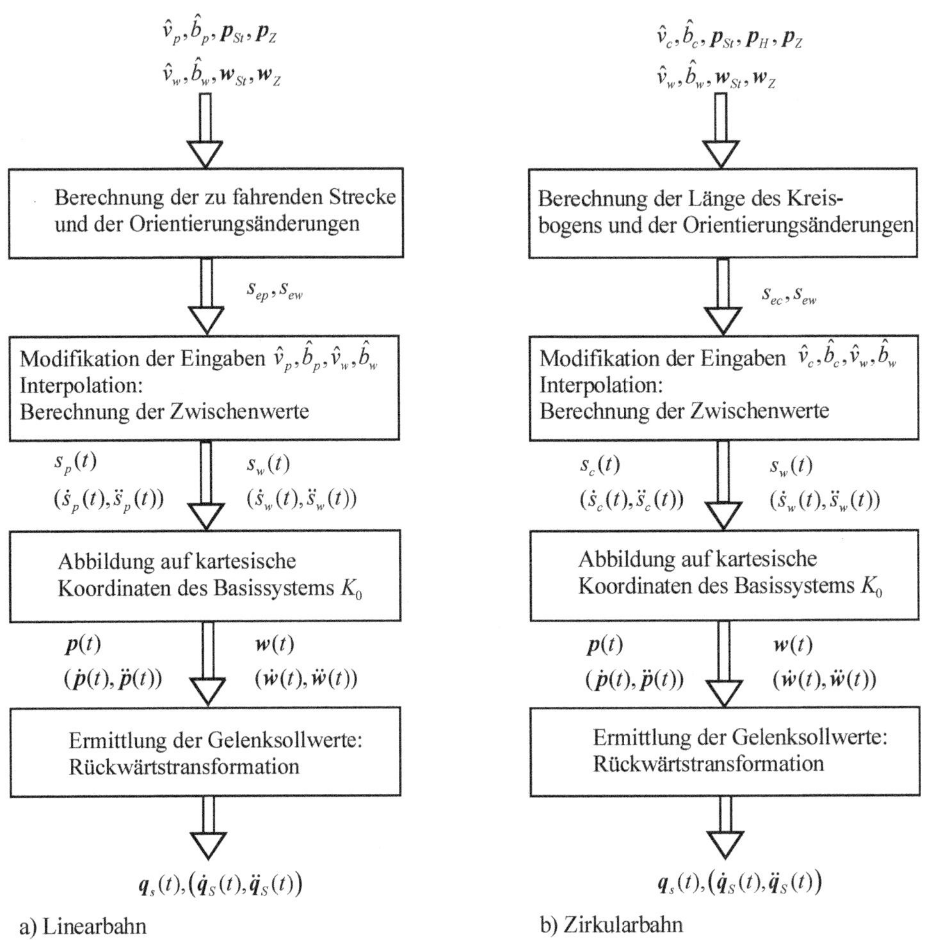

Bild 4.15 Berechnung der Zwischenwerte bei a) Linearbahn und b) Zirkularbahn

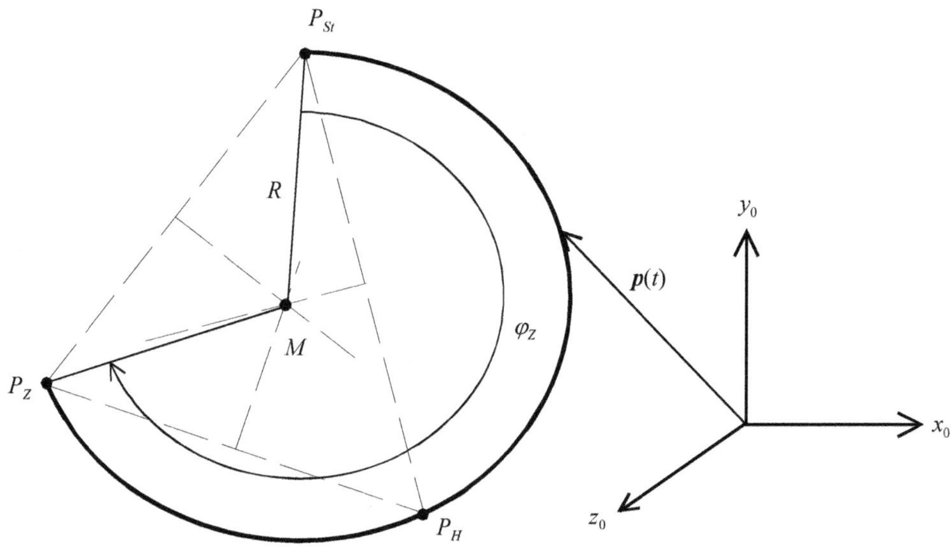

Bild 4.16 Mittelpunkt, Radius und Zentriwinkel des Kreisbogens

Die Steuerung kann aus den Koordinaten der drei Punkte den Mittelpunkt M, den Radius R und den **Zentriwinkel** φ_Z berechnen (s. Bild 4.16). Alle Punkte des Kreisbogens haben vom Mittelpunkt des Kreises den gleichen Abstand, daher ist der Mittelpunkt des Kreises durch den Schnittpunkt der Streckenhalbierenden zwischen den Punkten definiert. Radius und Zentriwinkel werden benötigt, um die Bogenlänge s_{ec} zu berechnen. Zusammenfassend führt die Steuerung zur Berechnung von $\boldsymbol{p}(t)$ folgende Schritte aus (s. auch Bild 4.17):

1. In den Startpunkt P_{St} wird ein Koordinatensystem K_C gelegt (einige Zwischenrechnungen werden auf dieses Koordinatensystem bezogen).
2. Es werden die Abbildungsmatrix (Rotationsmatrix) ${}_0^C\boldsymbol{A}$ und die homogene Matrix ${}_0^C\boldsymbol{T}$ aufgestellt, mit der freie Vektoren und Ortsvektoren, die im Koordinatensystem K_C dargestellt sind, in die Darstellung des Koordinatensystems K_0 überführt werden und umgekehrt.
3. Der Vektor $\boldsymbol{r}_M$ vom Ursprung von K_C zum Mittelpunkt M wird ermittelt, daraus der Radius R, der Zentriwinkel φ_Z und die Bogenlänge s_{ec}.
4. Die Interpolation wird bezogen auf den Bogen durchgeführt. Es werden also Zwischenwerte $s_c(t)$ bzw. $\varphi(t) = s_c(t) / R$ berechnet.
5. Aus dem Bogen $s_c(t)$ bzw. $\varphi(t)$ werden die jeweiligen Vektoren $\boldsymbol{p}_c(t)$ berechnet. $\boldsymbol{p}_c(t)$ zeigt vom Ursprung von K_C auf den aktuellen Punkt auf dem Kreisbogen.
6. Schließlich wird aus $\boldsymbol{p}_c(t)$ der Vektor $\boldsymbol{p}(t)$ berechnet.

Zu 1.: Koordinatensystem K_C

Die x- und y-Achse von K_C liegen in der Ebene, die durch die drei Punkte P_{St}, P_H, P_Z aufgespannt wird. Die x-Achse zeigt immer vom Startpunkt zum Zielpunkt. In Koordinaten von K_0 lässt sich der Basisvektor $\boldsymbol{x}_c$ als Richtungsvektor des Vektors $\boldsymbol{p}_{StZ}$ ausdrücken, $\boldsymbol{z}_c$ wird durch den Richtungsvektor des Kreuzproduktes von $\boldsymbol{x}_c$ mit dem Vektor $\boldsymbol{p}_{StH}$ gewonnen und $\boldsymbol{y}_c$ vervollständigt dann K_C zu einem Rechtssystem (Bild 4.17):

$$\begin{aligned} \boldsymbol{x}_c^{(0)} &= \frac{\boldsymbol{p}_{StZ}^{(0)}}{\left|\boldsymbol{p}_{StZ}^{(0)}\right|} = \frac{(\boldsymbol{r}_Z^{(0)} - \boldsymbol{r}_{St}^{(0)})}{\left|\boldsymbol{r}_Z^{(0)} - \boldsymbol{r}_{St}^{(0)}\right|}, \\ \boldsymbol{z}_c^{(0)} &= \frac{\boldsymbol{x}_c^{(0)} \times \boldsymbol{p}_{StH}^{(0)}}{\left|\boldsymbol{x}_c^{(0)} \times \boldsymbol{p}_{StH}^{(0)}\right|} = \frac{\boldsymbol{x}_c^{(0)} \times (\boldsymbol{r}_H^{(0)} - \boldsymbol{r}_{St}^{(0)})}{\left|\boldsymbol{x}_c^{(0)} \times (\boldsymbol{r}_H^{(0)} - \boldsymbol{r}_{St}^{(0)})\right|}, \\ \boldsymbol{y}_c^{(0)} &= \boldsymbol{z}_c^{(0)} \times \boldsymbol{x}_c^{(0)} \end{aligned} \tag{4.31}$$

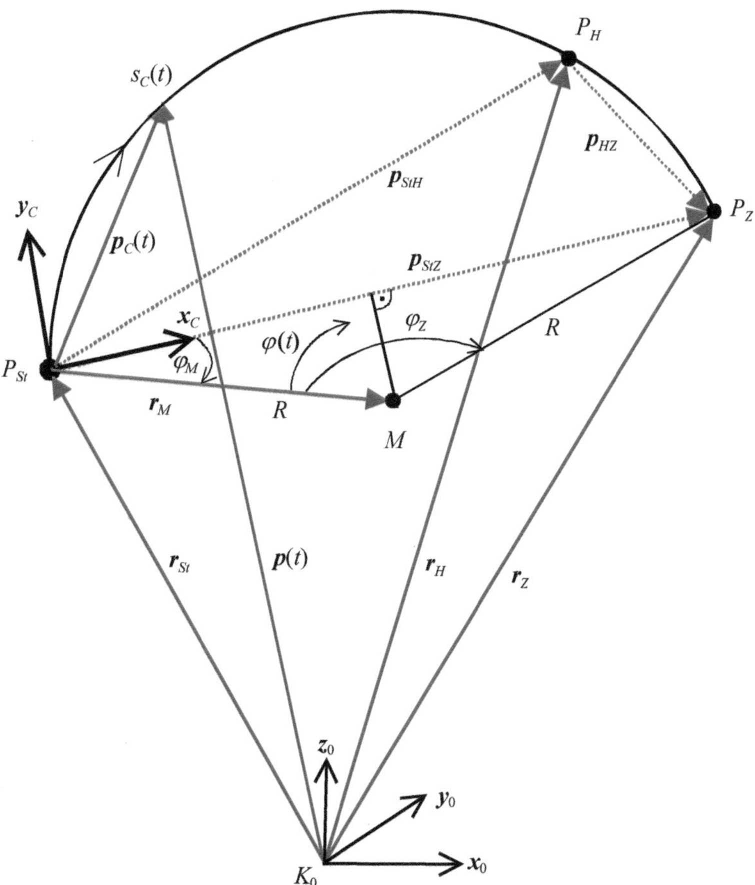

Bild 4.17 Hilfsgrößen bei der Zirkularinterpolation

Zu 2.: Rotationsmatrix ${}^C_0\boldsymbol{A}$ und homogene Matrix ${}^C_0\boldsymbol{T}$

Die Orientierung des Koordinatensystems K_C bezogen auf K_0 kann durch eine Rotationsmatrix und Lage und Orientierung durch eine homogene Matrix (Frame) ausgedrückt werden:

$$ {}_0^C\boldsymbol{A} = \begin{pmatrix} \boldsymbol{x}_c^{(0)} & \boldsymbol{y}_c^{(0)} & \boldsymbol{z}_c^{(0)} \end{pmatrix}, \quad {}_0^C\boldsymbol{T} = \begin{pmatrix} {}_0^C\boldsymbol{A} & \boldsymbol{r}_{St}^{(0)} \\ \boldsymbol{0} & 1 \end{pmatrix} = \begin{pmatrix} \boldsymbol{x}_c^{(0)} & \boldsymbol{y}_c^{(0)} & \boldsymbol{z}_c^{(0)} & \boldsymbol{r}_{St}^{(0)} \\ 0 & 0 & 0 & 1 \end{pmatrix} \tag{4.32} $$

Ortsvektoren und freie Vektoren können mithilfe von Gl. (4.32) in die Darstellung des jeweiligen anderen Koordinatensystems überführt werden (s. auch Abschnitt 2.1.6 und Abschnitt 2.1.7). Bei der Abbildung von Ortsvektoren in das jeweilige andere Koordinatensystem ist ${}_0^C\boldsymbol{T}$ bzw. ${}_C^0\boldsymbol{T}$ zu benutzen und die Vektoren haben eine 1 als vierte Komponente. Zuerst müssen die Ortsvektoren $\boldsymbol{r}_{St}, \boldsymbol{r}_H, \boldsymbol{r}_Z$ in Ortsvektoren von K_C abgebildet werden und Gl. (2.15) sowie Gl. (2.16) sind zu verwenden. Man erhält z. B. für $\boldsymbol{r}_Z$:

$$ \boldsymbol{p}_{StZ}^{(C)} = \boldsymbol{r}_Z^{(C)} = {}_C^0\boldsymbol{T} \cdot \boldsymbol{r}_Z^{(0)} = \left[{}_0^C\boldsymbol{T}\right]^{-1} \cdot \boldsymbol{r}_Z^{(0)} = \begin{bmatrix} {}_0^C\boldsymbol{A}^{\mathrm{T}} & -{}_0^C\boldsymbol{A}^{\mathrm{T}} \cdot \boldsymbol{r}_{St}^{(0)} \\ 0 & 1 \end{bmatrix} \cdot \boldsymbol{r}_Z^{(0)} \tag{4.33} $$

Soll nur mit drei Komponenten bei den Vektoren gerechnet werden, kann obige Beziehung folgendermaßen ausgedrückt werden:

$$ \boldsymbol{p}_{StZ}^{(C)} = \boldsymbol{r}_Z^{(C)} = {}_0^C\boldsymbol{A}^{\mathrm{T}} \cdot (\boldsymbol{r}_Z^{(0)} - \boldsymbol{r}_{St}^{(0)}) \tag{4.34} $$

Auf diese Weise wird auch der Ortsvektor $\boldsymbol{p}_{StH}^{(C)} = \boldsymbol{r}_H^{(C)}$ berechnet, der wie $\boldsymbol{p}_{StZ}^{(C)} = \boldsymbol{r}_Z^{(C)}$ im Ursprung von K_C beginnt und im Hilfspunkt endet. Der Vektor $\boldsymbol{p}_{HZ}$ kann mit $\boldsymbol{p}_{StZ}$ und $\boldsymbol{p}_{StH}$ berechnet werden:

$$ \boldsymbol{p}_{HZ}^{(C)} = \boldsymbol{p}_{StZ}^{(C)} - \boldsymbol{p}_{StH}^{(C)} \tag{4.35} $$

Zu 3.: Radiusvektor, Radius, Zentriwinkel und Bogenlänge

Nun kann man darangehen, den Ortsvektor $\boldsymbol{r}_M$ zum Mittelpunkt und den Radius R zu berechnen (s. Bild 4.17). Die x-Komponente von $\boldsymbol{r}_M$ ergibt sich direkt zu

$$ r_{M,x}^{(C)} = p_{StZ,x}^{(C)} / 2 = \left|\boldsymbol{p}_{Stz}\right| / 2 = \left|\boldsymbol{p}_z - \boldsymbol{p}_{St}\right| / 2 \tag{4.36} $$

Zur Berechnung von $r_{M,y}^{(C)}$ wird noch der Vektor $\boldsymbol{p}_{HM}$ vom Hilfspunkt H zum Mittelpunkt M benötigt. $\boldsymbol{p}_{HM}$ kann durch die Vektoren $\boldsymbol{r}_M$ und $\boldsymbol{p}_{Sth}$ ausgedrückt werden. Berücksichtigt man noch, dass $\boldsymbol{r}_M$ und $\boldsymbol{p}_{HM}$ den gleichen Betrag haben, so kann die Beziehung

$$ \left|\boldsymbol{r}_M\right|^2 = \left|\boldsymbol{p}_{HM}\right|^2 = \left|\boldsymbol{r}_M - \boldsymbol{p}_{StH}\right|^2 \tag{4.37} $$

aufgestellt werden. Die Auswertung von Gl. (4.37) unter Berücksichtigung von Gl. (4.36) führt auf

$$ r_{M,y}^{(C)} = \frac{(p_{StH,x}^{(C)})^2 + (p_{StH,y}^{(C)})^2 - p_{StH,x}^{(C)} \cdot p_{StZ,x}^{(C)}}{2 \cdot p_{StH,y}^{(C)}} \tag{4.38} $$

Damit lässt sich der Radius zu

$$ R = \sqrt{(r_{M,x}^{(C)})^2 + (r_{M,y}^{(C)})^2} \tag{4.39} $$

angeben. Um den Zentriwinkel φ_Z zu berechnen, wird Bild 4.18 herangezogen. Ist die Länge des Kreisbogens kleiner oder gleich dem halben Kreisumfang liegt die Situation von Bild 4.18a vor und es gilt $r_{M,y}^{(C)} \leq 0$. Der Zentriwinkel ist

$$\varphi_Z = -2\arctan\frac{r_{M,x}^{(C)}}{r_{M,y}^{(C)}} \tag{4.40}$$

Für $r_{M,y}^{(C)} > 0$ ist die Länge des Kreisbogens größer als der halbe Kreisumfang und nach Bild 4.18b gilt:

$$\varphi_Z = 2\pi - 2\arctan\left(\frac{r_{M,x}^{(C)}}{r_{M,y}^{(C)}}\right) \tag{4.41}$$

Zusammenfassend kann mit der arctan2-Funktion der Zentriwinkel zu

$$\begin{aligned}\varphi_Z &= 2\pi - 2\cdot\arctan2\left(r_{M,x}^{(C)}, r_{M,y}^{(C)}\right) = \\ &2\cdot\left(\pi - \arctan2\left(r_{M,x}^{(C)}, r_{M,y}^{(C)}\right)\right)\end{aligned} \tag{4.42}$$

berechnet werden.

Die Bogenlänge (Bahnlänge) s_{ec} kann jetzt durch

$$s_{ec} = R\cdot\varphi_Z \tag{4.43}$$

bestimmt werden und die aktuell zurückgelegte Bogenlänge ist

$$s_c(t) = R\cdot\varphi(t), \quad 0 \leq \varphi(t) \leq \varphi_Z \tag{4.44}$$

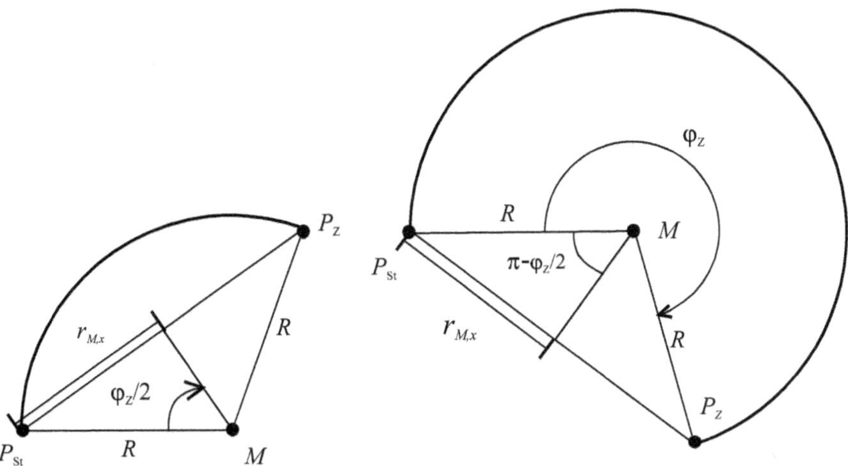

a) Kreisbogen kleiner halber Kreisumfang b) Kreisbogen größer halber Kreisumfang

Bild 4.18 Berechnung des Zentriwinkels

Zu 4.: Interpolation

Vergleicht man den erreichten Stand nach Bild 4.15b, ist Teil 1 beendet, wenn noch nach Gl. (4.26) die Summe der Orientierungsänderungen berechnet wurde. Die Interpolation (Teil 2) kann nun bez. $s_c(t)$ oder $\varphi(t)$ erfolgen, wobei wieder das Rampen- oder Sinoidenprofil verwendet werden kann. Das Vorgehen erfolgt entsprechend zur Linearinterpolation.

Zu 5.: Ermittlung des Vektors $\boldsymbol{p}_C^{(C)}(t)$

Über das gleichschenklige Dreieck mit den zwei Seiten der Länge R kann $|\boldsymbol{p}_C(t)|$ über die Beziehung $\sin(\varphi(t)/2) = \dfrac{|\boldsymbol{p}_C(t)|/2}{R}$ berechnet werden (s. Bild 4.19a):

$$|\boldsymbol{p}_C(t)| = 2 \cdot R \cdot \sin(\varphi(t)/2) \tag{4.45}$$

Nun wird der konstante Winkel φ_M zwischen den Vektoren $\boldsymbol{p}_{StZ}$ und $\boldsymbol{r}_M$ zu

$$\varphi_M = \arctan\left(\frac{r_{My}^{(C)}}{r_{Mx}^{(C)}}\right) \tag{4.46}$$

berechnet. Man erhält ein rechtwinkliges Dreieck mit den Seiten $|\boldsymbol{p}_C|$, p_{cx} und p_{Cy} sowie dem Winkel $\alpha(t) + \varphi_M$. Damit sind die Komponenten von $\boldsymbol{p}_C$ mit Gl. (4.45) sowie Gl. (4.46) und $\alpha(t) = (\pi - \varphi(t))/2$ gegeben:

$$\alpha(t) = \frac{\pi - \varphi(t)}{2} = \frac{\pi}{2} - \frac{\varphi(t)}{2} \tag{4.47}$$

Damit kann man $\boldsymbol{p}_C$ ausdrücken:

$$\begin{aligned} p_{Cx}^{(C)}(t) &= |\boldsymbol{p}_C(t)| \cdot \cos(\alpha(t) + \varphi_M) = 2 \cdot R \cdot \sin\frac{\varphi(t)}{2} \cdot \sin(\frac{\varphi(t)}{2} - \varphi_M), \\ p_{Cy}^{(C)}(t) &= |\boldsymbol{p}_C(t)| \cdot \sin(\alpha(t) + \varphi_M) = 2 \cdot R \cdot \sin\frac{\varphi(t)}{2} \cdot \cos(\frac{\varphi(t)}{2} - \varphi_M) \end{aligned} \tag{4.48}$$

Zu 6.: Berechnung von $\boldsymbol{p}^{(0)}(t)$

Wird der Ortsvektor $\boldsymbol{p}_C^{(C)}$ mit einer 1 als vierter Komponente ergänzt, kann mit der schon bereitgestellten homogenen Matrix nach Gl. (4.32) der Ortsvektor $\boldsymbol{p}^{(0)}$ bez. des Weltsystems K_0 zu den entsprechenden Zeitpunkten erzeugt werden:

$$\boldsymbol{p}^{(0)}(t) = {}_0^C\boldsymbol{T} \cdot \boldsymbol{p}_C^{(C)}(t) \tag{4.49}$$

Sollen die Vektoren nur drei Komponenten haben, kann die Berechnung auch mit dem Vektor $\boldsymbol{r}_{St}$ und der Rotationsmatrix durchgeführt werden:

$$\boldsymbol{p}^{(0)}(t) = \boldsymbol{r}_{St}^{(0)} + {}_0^C\boldsymbol{A} \cdot \boldsymbol{p}_C^{(C)}(t) \tag{4.50}$$

Wird die Orientierung wie bei der Linearinterpolation behandelt, ist Punkt 3 von Bild 4.15b bearbeitet und die Rückwärtstransformation auf die benötigten Sollkoordinaten der Gelenke kann vorgenommen werden.

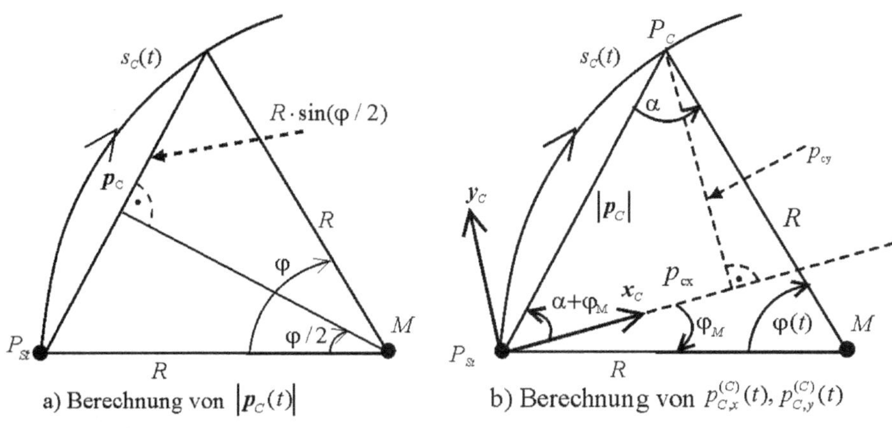

Bild 4.19 Berechnung von $|\boldsymbol{p}_C|$ und $\boldsymbol{p}_C^{(C)}$

4.3.4 Beispiel für eine CP-Bahn

Der TCP des planaren Zweigelenkroboters (Bild 3.5) soll sich auf einer Linearbahn von der gezeichneten Ausgangsstellung ($p_x = 1\text{m}$, $p_y = -0.5\text{m}$) zur Stellung ($p_x = 1.5\text{m}$, $p_y = 0\text{m}$) bewegen. Das Geschwindigkeitsprofil ist eine Rampe, als Lineargeschwindigkeit wird 1m/s und als Beschleunigung 4m/s^2 vorgegeben. Mit Gl. (4.22) wird die Bahnlänge s_{ep} berechnet und die Interpolation für den Bahnparameter $s_p(t)$ mit Gl. (4.4) bis Gl. (4.7) vorgenommen. Man erhält für die konstanten Bahnparameter:

$$s_{ep} = 0.7071\text{m}, t_{bp} = 0.25\text{s}, t_{ep} = 0.9571\text{s}, t_v = 0.7071\text{s}$$

Die Prüfung nach Gl. (4.7) bzw. Bild 4.7 ergibt, dass die Bahn mit der vorgewählten Geschwindigkeit gefahren werden kann. Nun können Zwischenwerte für $s_p(t)$ entsprechend Gl. (4.6) berechnet werden. Als Beispiel soll der Zeitpunkt $t = 0.5\text{s}$ betrachtet werden. Zu diesem Zeitpunkt liegt eine gleichförmige Bewegung vor. Damit wird $s_p(0.5\text{s}) = 0.375\text{m}$. Dieser Bahnlänge entspricht der Ortsvektor $\boldsymbol{p}(0.5\text{ s})$ vom Ursprung des Basiskoordinatensystems K_0 zum TCP. Die Berechnung erfolgt nach Gl. (4.23).

$$\boldsymbol{p}(0.5\text{s}) = \boldsymbol{p}_{St} + s_p(0.5\text{s}) \cdot \frac{(\boldsymbol{p}_Z - \boldsymbol{p}_{St})}{s_{ep}} = \begin{pmatrix} 1 \\ -0.5 \end{pmatrix} \text{m} + 0.375\text{m} \cdot \frac{\begin{pmatrix} 1.5 \\ 0 \end{pmatrix} - \begin{pmatrix} 1 \\ -0.5 \end{pmatrix}}{0.7071} = \begin{pmatrix} 1.2652 \\ -0.2348 \end{pmatrix} \text{m}$$

Entsprechend werden alle Zwischenwerte $\boldsymbol{p}(t)$ im Interpolationsabstand *T_Ipo* von der Bewegungssteuerung berechnet. In Bild 4.20 ist rechts die Linearbahn grafisch dargestellt und links der Verlauf der Gelenkwinkel q_1 und q_2.

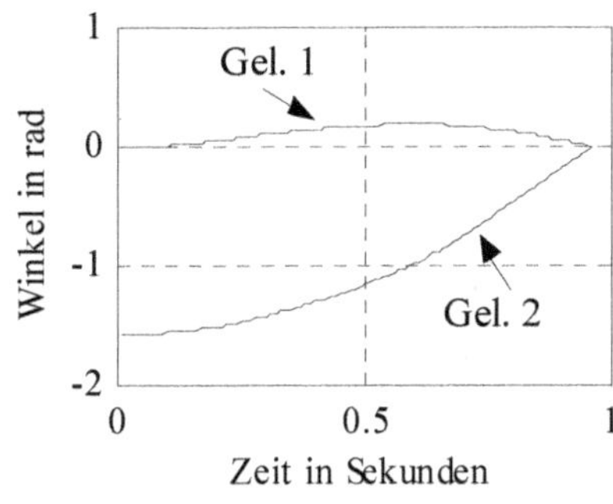

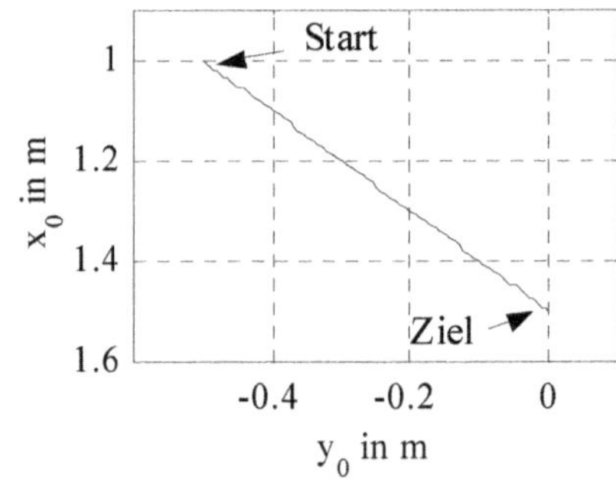

Bild 4.20 Bahnverlauf bei einer Linearbahn

Man erkennt am Verlauf von q_1, dass nicht wie bei der PTP-Bahn das Vorzeichen der Geschwindigkeit $\dot{q}_1$ gleich bleibt, vielmehr ist bis ca. zur Hälfte der Bahndauer die Geschwindigkeit positiv und wird zum Bahnende hin negativ, bis sie wieder zu 0 wird. Im Allgemeinen kann bei einer CP-Bahn das Bahnprofil auf Gelenkebene beliebige Formen annehmen.

4.4 Durchfahren von Zwischenstellungen ohne Stillstand der Achsen

In diesem Kapitel wurde bislang davon ausgegangen, dass nach jedem Bahnsegment die Bewegung des Roboters in der Zielstellung zur Ruhe kommt. Oft wird das vollständige Abbremsen beim Anfahren von Zwischenstellungen nicht gewünscht. Es soll vermieden werden, dass die Bewegung „ruckartig" durchgeführt wird und zu viel Zeit beim Anfahren von Zwischenstellungen anfällt. Die einfachste Art, das Durchfahren von Zwischenpunkten ohne Stillstand der Achsen und damit einen sanfteren Übergang von einem Bewegungssegment zur nächsten Bewegung zu erreichen, ist das **Überschleifen**. Beim Überschleifen wird nicht abgewartet, bis der Roboter in einer programmierten Zwischenstellung zur Ruhe kommt. Das nächste Bahnsegment wird begonnen, wenn ein Mindestbetrag der Geschwindigkeit (**Geschwindigkeitsüberschleifen**) oder eine Mindestentfernung (**Positionsüberschleifen**) von der Zwischenstellung unterschritten wird. Dabei werden allerdings die Zwischenstellungen nicht exakt angefahren. In der Summe laufen die Bewegungsfolgen schneller ab und der insgesamt zu fahrende Weg wird kürzer.

Bei der **Spline-Interpolation** wird ebenfalls nicht in den Zwischenstellungen angehalten. Splines haben den Vorteil, dass die Zwischenstellungen exakt mit definierter Geschwindigkeit durchfahren werden und durch geeignete Definition der Zwischenstellungen beliebige Raumkurven bei den CP-Splines erzeugt werden können.

4.4.1 PTP-Überschleifen

In den Industrierobotersteuerungen ist das Überschleifen auf verschiedene Art gelöst. Das Geschwindigkeitsüberschleifen wird hauptsächlich bei der synchronen und vollsynchronen PTP-Bahn eingesetzt. Unterschreitet die Sollgeschwindigkeit der Leitachse vor einer programmierten Zwischenstellung einen bestimmten Betrag, wird die nächste Bahn begonnen. D. h. die Sollwerte in Gelenkkoordinaten aller Gelenke bis zum Ende des Bahnsegmentes werden nicht mehr verwendet. Vielmehr werden unmittelbar nach Einsetzen des Überschleifens die Sollwerte des nächsten Bahnsegmentes an die Regelung ausgegeben. Dadurch kommen die Achsen im Bereich der Zwischenstellung i. Allg. nicht zum Stillstand, es sei denn bei einer oder mehreren Achsen muss eine Richtungsumkehr erfolgen. Bei diesen Achsen findet eine Wegverkürzung statt, da sie vor Erreichen der Zwischenstellung umkehren. Das Geschwindigkeitsüberschleifen setzt ein, wenn

$$\left|\dot{q}_{S,L}\right| < v_{Ueb,PTP} \tag{4.51}$$

gilt, wobei L als Index für die Leitachse steht und $v_{Ueb,PTP}$ die Geschwindigkeitsschranke ist, die bei der Programmierung in Stufen oder direkt als Prozentwert der programmierten Gelenkgeschwindigkeit angegeben wird. In Bild 4.21a ist ein Bahnverlauf im Raum beim **PTP-Überschleifen** skizziert, wobei die zwei programmierten Zwischenstellungen nicht exakt angefahren werden. Wird das Rampenprofil verwendet, folgen mehrere Geschwindigkeitstrapeze zeitlich aufeinander. In Bild 4.21b ist angedeutet, wie sich das Profil ändert, wenn PTP-Überschleifen zwischen zwei Bahnsegmenten stattfindet.

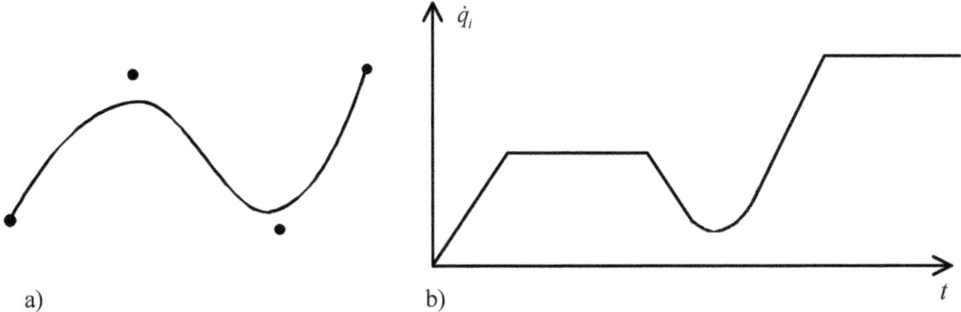

Bild 4.21 Beispiel für a) Bahnverlauf und b) Geschwindigkeitsprofil beim PTP-Überschleifen

Das Positionsüberschleifen erfolgt auf einfache Art, wenn der Abstand der Leitachse zu einem Zwischenpunkt einen Wert unterschreitet. Entsprechend Gl. (4.51) kann diese Bedingung zu

$$\left|q_{ZW,L} - q_{S,L}(t)\right| < \Delta q_{Ueb,PTP} \tag{4.52}$$

formuliert werden. Der Abstand $\Delta q_{Ueb,PTP}$ wird meist abhängig von der beim Bahnsegment anfallenden absoluten Änderung der Gelenkkoordinate der Leitachse vorgegeben.

Fortgeschrittene Bewegungssteuerungen bieten die Möglichkeit, eine **Überschleifkugel** um Zwischenstellungen zu legen (Bild 4.22a), deren Radius vom Programmierer vorgegeben werden kann. Das Überschleifen beginnt, wenn die Soll-Lage des TCP in diese Kugel eindringt. Bei diesem Verfahren muss auch bei der Berechnung einer PTP-Bahn die Vorwärtstransformation (s. Abschnitt 3.1) durchgeführt werden.

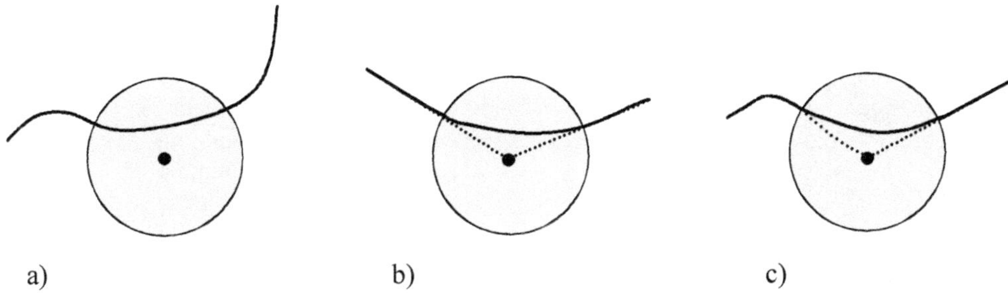

Bild 4.22 Überschleifkugel a) PTP-Überschleifen, b) CP-Überschleifen, c) PTP-CP-Überschleifen

4.4.2 CP-Überschleifen

Beim PTP-Überschleifen steht der Zeitgewinn bei der Abarbeitung von Bahnsegmenten und die Vermeidung von ruckartigen Bewegungen im Vordergrund. Das **CP-Überschleifen** dient auch dazu, ein Hindernis durch Definition von geeigneten Zwischenstellungen ohne Halt zu umfahren. Auch hier kann das Überschleifen als Geschwindigkeitsüberschleifen oder Positionsüberschleifen realisiert werden. Das Geschwindigkeitsüberschleifen setzt ein, sobald die Bahngeschwindigkeit unter einen bestimmten Wert sinkt:

$$\dot{s}_p < v_{Ueb,CP} \text{ bzw. } \dot{s}_C < v_{Ueb,CP} \tag{4.53}$$

Auch das Positionsüberschleifen kann ähnlich dem PTP-Überschleifen definiert werden. Wird der Abstand des TCP zu einer Zwischenstellung kleiner als ein festgelegter Wert ε_{CP}, beginnt das Positionsüberschleifen:

$$\left|\boldsymbol{p}(t) - \boldsymbol{p}_{ZW}\right| < \varepsilon_{CP} \tag{4.54}$$

Für das Bahnsegment, das als Zielstellung eine Zwischenstellung hat, kann die Bedingung (4.54) mit dem Bahnparameter formuliert werden:

$$s_p(t) < \varepsilon_{CP} \text{ bzw. } s_C(t) < \varepsilon_{CP}$$

In Bild 4.23 sind drei aufeinander folgende Linearbahnen skizziert. Die Zwischenpunkte werden überschliffen. Statt die Bedingungen (4.53) oder (4.54) zu verwenden, kann ebenfalls die Überschleifkugel genutzt werden (Bild 4.22b). Beim Eintreten in die Kugel wird überschliffen, beim Austritt aus der Kugel befindet sich der TCP wieder auf der programmierten Linear- oder Zirkularbahn. Auch Übergänge zwischen PTP-Bahnen und CP-Bahnen können verschliffen werden (Bild 4.22c). Dabei können um eine Zwischenstellung zwei Überschleifkugeln mit einem Radius für PTP-Überschleifen und einem Radius für CP-Überschleifen angegeben werden. Im Beispiel wird das PTP-Verschleifen bei Eintritt in die Kugel mit größerem Radius begonnen. Bei Austritt aus der CP-Überschleifkugel wird auf der programmierten Bahn weitergefahren. Auch die Orientierungsänderung kann in das Überschleifen mit einbezogen werden.

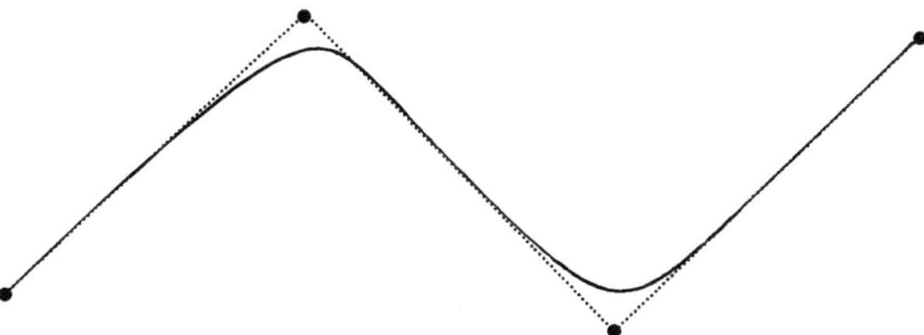

Bild 4.23 CP-Überschleifen

Für spezielle Anwendungsfälle werden auch angepasste Lösungen entwickelt. Kleben, Schweißen oder Schneiden erfordern Bewegungen mit konstanter bzw. beschränkt veränderlicher Geschwindigkeit. In /4.18/ wird eine Lösung vorgestellt, bei der eine maximale Positionsabweichung zum Zwischenpunkt und Toleranzen in der Geschwindigkeit vorgegeben werden können.

4.4.3 Spline-Interpolation für PTP-Bahn

Sollen Zwischenpunkte exakt und mit definierter Geschwindigkeit durchfahren werden, werden Splines verwendet. Im Gegensatz zu Abschnitt 4.2 wird die Geschwindigkeit zu Beginn und am Ende des Bahnsegmentes nicht zu 0 angenommen, sondern kann gewählt werden. Soll eine Zwischenstellung ohne Halt durchfahren werden, ist es sinnvoll, als Endgeschwindigkeit des jeweiligen Bahnsegmentes die Anfangsgeschwindigkeit des nächsten Bahnsegmentes zu wählen. Im einfachsten Fall werden zur Interpolation **kubische Splines**, d. h. Polynome dritter Ordnung, verwendet:

$$\begin{aligned} s(t) &= a_0 + a_1 \cdot t + a_2 \cdot t^2 + a_3 \cdot t^3, \\ \dot{s}(t) &= a_1 + 2 \cdot a_2 \cdot t + 3 \cdot a_3 \cdot t^2, \\ \ddot{s}(t) &= 2 \cdot a_2 + 6 \cdot a_3 \cdot t \end{aligned} \tag{4.55}$$

$s(t)$ wird hier nicht wie in Abschnitt 4.2 als zurückgelegte Strecke, sondern als vorzeichenbehaftete Weg- bzw. Winkeländerung $s(t) = q(t) - q_{St}$ eines Gelenks bezeichnet, die durch das Bahnsegment vorgenommen wird. Mit q_{St} und q_Z werden wieder die Koordinaten des betrachteten Gelenks zu Beginn und zu Ende des Bahnsegmentes bezeichnet. Auch die Anfangs- und Endgeschwindigkeit v_0 und v_e müssen mit Vorzeichen für jedes Bahnsegment vorliegen. Folgende Randbedingungen gelten damit für ein Bahnsegment:

$$s(0) = a_0 = 0, \quad s(t_e) = \Delta q = q_Z - q_{St} = s_e, \quad \dot{s}(t=0) = a_1 = v_0, \quad \dot{s}(t_e) = v_e \tag{4.56}$$

Berücksichtigt man diese Bedingungen in Gl. (4.55), können die Parameter a_2 und a_3 als Funktion von s_e, v_0, v_e, t_e ausgedrückt werden:

$$a_2 = \frac{3 \cdot s_e}{t_e^2} - \frac{(v_e + 2 \cdot v_0)}{t_e}, \quad a_3 = -\frac{2 \cdot s_e}{t_e^3} + \frac{(v_0 + v_e)}{t_e^2} \tag{4.57}$$

Die Zeitdauer t_e des Bahnsegmentes ist so zu wählen, dass die maximal mögliche Beschleunigung eines Gelenks nicht überschritten wird. Da die Beschleunigung nach Gl. (4.55) eine lineare Funktion der Zeit ist, beträgt die maximale Beschleunigung entweder $|2 \cdot a_2|$ oder $|2 \cdot a_2 + 6 \cdot a_3 \cdot t_e|$. Als Beispiel soll ein Translationsgelenk von $q_A = -1\,\text{m}$ über $q_B = 0$ nach $q_C = 1\,\text{m}$ gefahren werden mit der Geschwindigkeit 0 in q_A und q_C und 1m/sec in q_B. Jedes Bahnsegmente soll eine Sekunde dauern:

Bahnsegment 1: $s_{e1} = 1\,\text{m}, v_{01} = 0, v_{e1} = 1\,\text{m/s}, t_{e1} = 1\,\text{s}$

Bahnsegment 2: $s_{e2} = 1\,\text{m}, v_{02} = 1\,\text{m/s}, v_{e2} = 0, t_{e2} = 1\,\text{s}$

Bild 4.24 zeigt die Beschleunigung, Geschwindigkeit und Lage bei der Fahrt mit kubischen Splines. Zum Vergleich ist unten rechts dieselbe Bewegung mit zwei Rampenbahnen, gleicher maximaler Geschwindigkeit und gleicher Gesamtfahrdauer gezeichnet. Bei der Rampenbahn wird in q_B angehalten. Deswegen werden selbst bei geschwindigkeitsoptimalen Rampenbahnen höhere Gelenkgeschwindigkeiten benötigt.

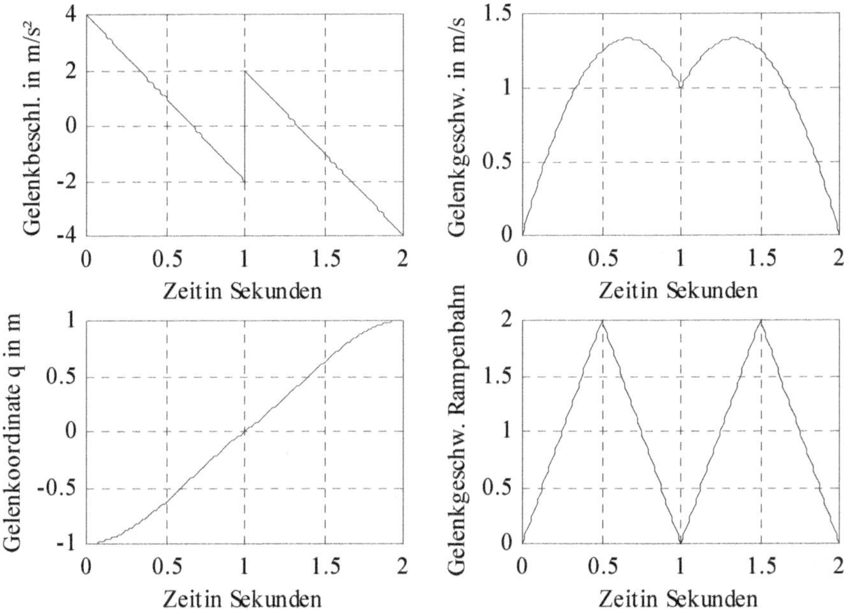

Bild 4.24 Beispiel für kubischen PTP Spline mit einem Zwischenpunkt

Mit dem Matlab-Programm *spline_ord3_PTP*, das sich auf der Internetseite im Verzeichnis *Interpolation* befindet, können Sie die Interpolation für kubische Splines durchführen.

Aus Bild 4.24 ist ersichtlich, dass auch bei einer Bahn mit der Interpolation auf der Basis kubischer Splines der Ruck nicht begrenzt ist, d. h. es treten sprungförmige Änderungen in der Beschleunigung am Startpunkt und in den Zwischenpunkten auf. Um dies zu vermeiden, werden oft Splines 5. Ordnung (**quintische Splines**) eingesetzt. Entsprechend Gl. (4.55) wird ein Polynom 5. Ordnung verwendet:

$$\begin{aligned} s(t) &= a_0 + a_1 \cdot t + a_2 \cdot t^2 + a_3 \cdot t^3 + a_4 \cdot t^4 + a_5 \cdot t^5 \\ \dot{s}(t) &= a_1 + 2 \cdot a_2 \cdot t + 3 \cdot a_3 \cdot t^2 + 4 \cdot a_4 \cdot t^3 + 5 \cdot a_5 \cdot t^4 \\ \ddot{s}(t) &= 2 \cdot a_2 + 6 \cdot a_3 \cdot t + 12 \cdot a_4 \cdot t^2 + 20 \cdot a_5 \cdot t^3 \end{aligned} \tag{4.58}$$

Entsprechend Gl. (4.56) lauten nun die Randbedingungen für ein Bahnsegment wie folgt:

$$\begin{aligned} &s(0) = a_0 = 0,\ s(t_e) = \Delta q = q_z - q_{st} = s_e,\ \dot{s}(0) = a_1 = v_0,\ \dot{s}(t_e) = v_e, \\ &\ddot{s}(0) = 2 \cdot a_2 = b_0,\ \ddot{s}(t_e) = b_e \end{aligned} \tag{4.59}$$

Im Gegensatz zu den kubischen Splines können hier die Beschleunigungen am Anfang und am Ende des Bahnsegments angegeben werden. Aus den Randbedingungen für $t = t_e$ erhält man

$$\begin{aligned} s_e - v_0 \cdot t_e - \frac{b_0}{2} \cdot t_e^2 &= a_3 \cdot t_e^3 + a_4 \cdot t_e^4 + a_5 \cdot t_e^5 \\ v_e - v_0 - b_0 \cdot t_e &= 3 \cdot a_3 \cdot t_e^2 + 4 \cdot a_4 \cdot t_e^3 + 5 \cdot a_5 \cdot t_e^4 \\ b_e - b_0 &= 6 \cdot a_3 \cdot t_e + 12 \cdot a_4 \cdot t_e^2 + 20 \cdot a_5 \cdot t_e^3 \end{aligned} \tag{4.60}$$

Mit Gl. (4.60) liegt ein lösbares lineares Gleichungssystem mit den drei Unbekannten a_3, a_4, a_5 vor. Man erhält als Lösung

$$\begin{aligned} a_3 &= \frac{b_e - 3 \cdot b_0}{2 \cdot t_e} - \frac{(4 \cdot v_e + 6 \cdot v_0)}{t_e^2} + \frac{10 \cdot s_e}{t_e^3} \\ a_4 &= \frac{-2 \cdot b_e + 3 \cdot b_0}{2 \cdot t_e^2} + \frac{(7 \cdot v_e + 8 \cdot v_0)}{t_e^3} - \frac{15 \cdot s_e}{t_e^4} \\ a_5 &= \frac{b_e - b_0}{2 \cdot t_e^3} - \frac{(3 \cdot v_e + 3 \cdot v_0)}{t_e^4} + \frac{6 \cdot s_e}{t_e^5}. \end{aligned} \tag{4.61}$$

Nun soll dasselbe Beispiel mit zwei Bahnsegmenten wie bei den kubischen Splines behandelt werden, wobei jetzt die Beschleunigungen in allen Punkten angegeben werden können. Hier wird in allen drei Punkten als Beschleunigung 0 gewählt:

Bahnsegment 1: $s_{e1} = 1\,\text{m},\ v_{01} = 0,\ b_{01} = 0,\ v_{e1} = 1\,\text{m/s},\ b_{e1} = 0,\ t_{e1} = 1\,\text{s}$

Bahnsegment 2: $s_{e2} = 1\,\text{m},\ v_{02} = 1\,\text{m/s},\ b_{02} = 0,\ v_{e2} = 0,\ b_{e2} = 0,\ t_{e2} = 1\,\text{s}$

Bild 4.25 zeigt das Ergebnis der Bewegungsvorgabe. Die Beschleunigung weist im Gegensatz zu den kubischen Splines keine sprungförmigen Änderungen auf und beim Startpunkt, im Zwischenpunkt und dem Endpunkt ist die Beschleunigung 0. Da die notwendige Beschleunigung zuerst aufgebaut werden muss, ist der Maximalwert der Geschwindigkeit etwas größer als beim kubischen Spline. Allerdings zeigt auch der Vergleich mit der Rampenbahn in Bild 4.25, dass bei der Fahrt mit der Rampenbahn eine noch höhere Geschwindigkeit erforderlich ist. Auf der Website befindet sich das Programm *spline_ord5_PTP*, mit dem quintische Splines für ein Gelenk ausgeführt werden können.

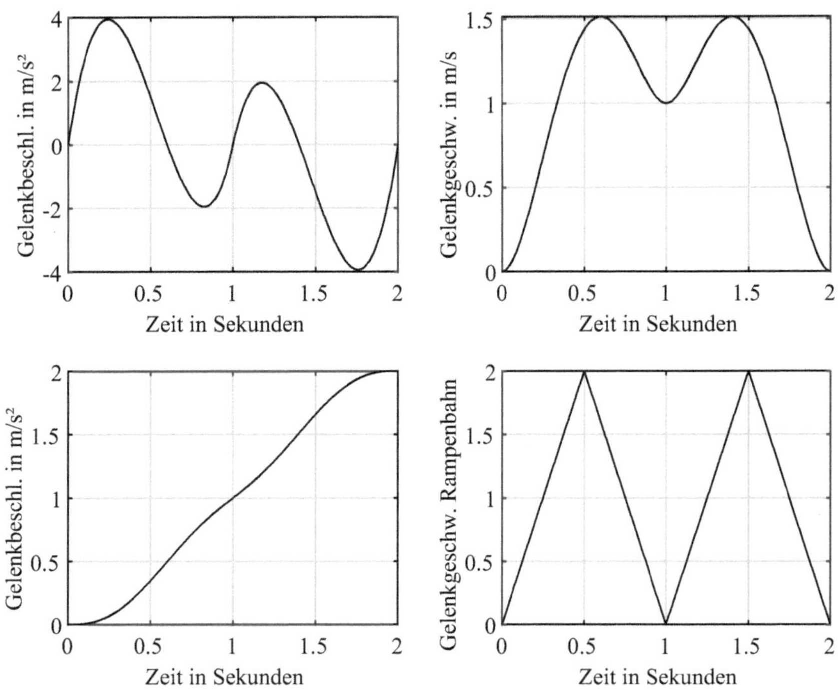

Bild 4.25 Beispiel für quintischen PTP-Spline mit einem Zwischenpunkt

4.4.4 Spline-Interpolation in kartesischen Koordinaten

Mithilfe der Spline-Interpolation können weiche Bahnkonturen erzeugt werden. Durch die Wahl geeigneter Zwischenpunkte lassen sich beliebig gekrümmte Raumkurven erzeugen, die der TCP durchfährt ohne an den Zwischenpunkten anzuhalten. Bild 4.26 zeigt das Prinzip für eine Bahn mit zwei Zwischenpunkten. Man kann der Vorstellung folgen, dass die Bahnkontur durch einen biegsamen Draht erzeugt wird, der vom Startpunkt zum Zielpunkt über die Zwischenstellungen geführt wird, wobei der Draht so wenig wie möglich geknickt wird.

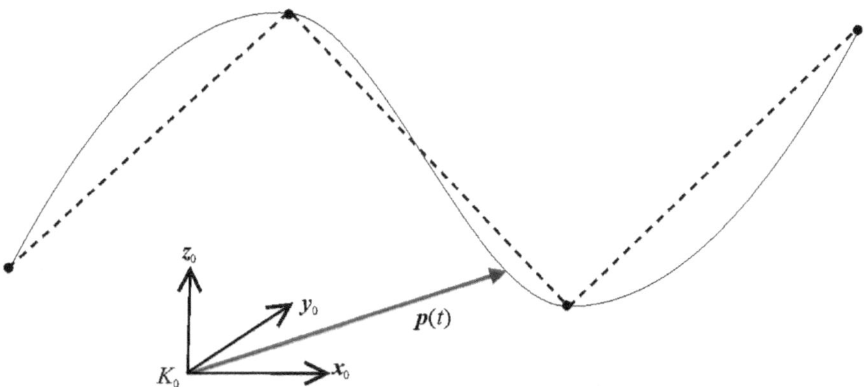

Bild 4.26 Spline-Interpolation

Entsprechend Gl. (4.55) wird für kubische Splines eine Polynomgleichung in Vektorschreibweise mit

$$\begin{aligned} \boldsymbol{p}(t) &= \boldsymbol{a}_0 + \boldsymbol{a}_1 \cdot t + \boldsymbol{a}_2 \cdot t^2 + \boldsymbol{a}_3 \cdot t^3, \\ \dot{\boldsymbol{p}}(t) &= \boldsymbol{a}_1 + 2 \cdot \boldsymbol{a}_2 \cdot t + 3 \cdot \boldsymbol{a}_3 \cdot t^2, \\ \ddot{\boldsymbol{p}}(t) &= 2 \cdot \boldsymbol{a}_2 + 6 \cdot \boldsymbol{a}_3 \cdot t \end{aligned} \tag{4.62}$$

für ein Bahnsegment angesetzt. Durch Gl. (4.62) wird also die Bewegung zwischen zwei beliebigen Punkten mit den Ortsvektoren $\boldsymbol{p}_{St}$ und $\boldsymbol{p}_Z$ beschrieben, die Bewegung soll dabei die Zeitspanne t_e dauern. Als weitere Randbedingungen sind die Geschwindigkeitsvektoren bei Beginn und am Ende des Bahnsegmentes zu berücksichtigen:

$$\boldsymbol{p}(0) = \boldsymbol{p}_{St}, \quad \boldsymbol{p}(t_e) = \boldsymbol{p}_Z, \quad \dot{\boldsymbol{p}}(0) = \boldsymbol{v}_0, \quad \dot{\boldsymbol{p}}(t_e) = \boldsymbol{v}_e \tag{4.63}$$

Durch Einsetzen von Gl. (4.63) in Gl. (4.62) zum Zeitpunkt $t = 0$ erhält man

$$\boldsymbol{a}_0 = \boldsymbol{p}_{St}, \quad \boldsymbol{a}_1 = \boldsymbol{v}_0 \tag{4.64}$$

und abhängig von der gewählten Zeitspanne t_e sind die Koeffizientenvektoren zu

$$\begin{aligned} \boldsymbol{a}_2 &= \frac{3 \cdot (\boldsymbol{p}_Z - \boldsymbol{p}_{St})}{t_e^2} - \frac{(\boldsymbol{v}_e + 2 \cdot \boldsymbol{v}_0)}{t_e} \\ \boldsymbol{a}_3 &= -\frac{2}{t_e^3} \cdot (\boldsymbol{p}_Z - \boldsymbol{p}_{St}) + \frac{(\boldsymbol{v}_e + \boldsymbol{v}_0)}{t_e^2} \end{aligned} \tag{4.65}$$

bestimmt. Auch hier ist wie beim Spline-Verfahren auf Gelenkebene zu beachten, dass mit kleinerem t_e der Betrag der Beschleunigung zunimmt. Der Geschwindigkeitsvektor $\boldsymbol{v}_e$ am Ende eines Bahnsegmentes ist identisch mit dem Geschwindigkeitsvektor $\boldsymbol{v}_0$ des folgenden Bahnsegmentes. Auch bez. der Orientierungen kann mit Splines gearbeitet werden, aber in vielen Steuerungen wird die Orientierung auf direktem Wege zur Zielorientierung verfahren.

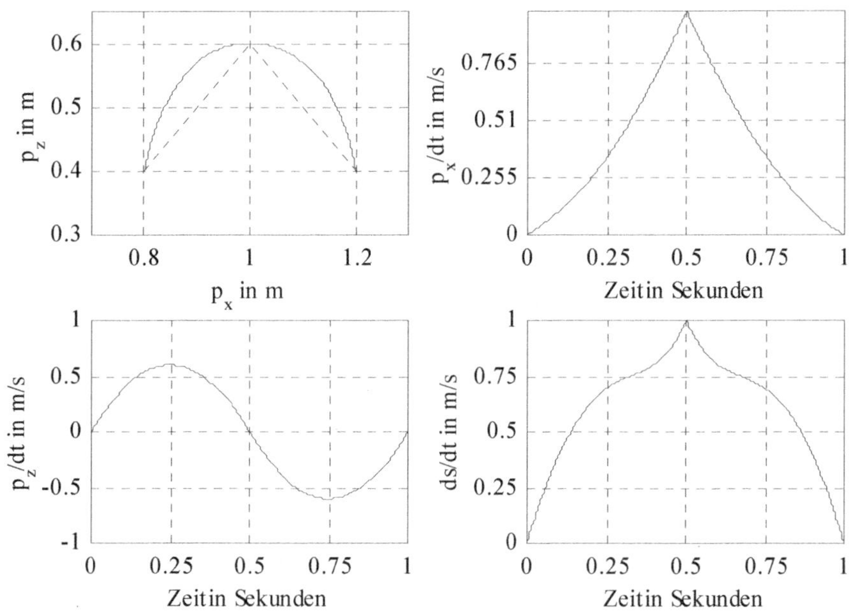

Bild 4.27 Beispiel für kubische CP-Spline-Bahn

Als Beispiel soll eine Bewegung von der Position $\boldsymbol{p}_A = (0.8, 0, 0.4)^{\mathrm{T}}\,\mathrm{m}$ über die Position $\boldsymbol{p}_B = (1.0, 0, 0.6)^{\mathrm{T}}\,\mathrm{m}$ auf die Zielposition $\boldsymbol{p}_C = (1.2, 0, 0.4)^{\mathrm{T}}\,\mathrm{m}$ stattfinden. Mit einer Linearbahn würde in der *x*-*z*-Ebene die in Bild 4.27, oben links, gestrichelt eingezeichnete Bahn gefahren werden. Hier wird eine Spline-Bahn gewählt, bei der in der Zwischenposition $\boldsymbol{p}_B$ die Geschwindigkeit $1\,\mathrm{m/s}$ beträgt. Die Geschwindigkeiten in den Positionen $\boldsymbol{p}_A$ und $\boldsymbol{p}_C$ sollen 0 sein und beide Bahnsegmente sollen 0.5 Sekunden dauern. Das exakte Durchfahren der Zwischenposition wird, verglichen mit dem CP-Überschleifen, durch einen verlängerten Weg erkauft. Bei den kubischen Splines muss der Geschwindigkeitsvektor am Ende des Bahnsegmentes in Betrag und Richtung identisch sein mit dem Geschwindigkeitsvektor zu Beginn des nächsten Bahnsegmentes. Im Beispiel zeigt der Richtungsvektor von $\boldsymbol{p}_A$ nach $\boldsymbol{p}_C$ (s. auch Aufgabe 4.5.8). In den weiteren Teilabbildungen von Bild 4.27 sind die zeitlichen Änderungen der *x*- und der *z*-Koordinate sowie die Bahngeschwindigkeit $\mathrm{d}s/\mathrm{d}t$ dargestellt. Auch hier tritt wie bei der kubischen PTP-Spline-Bahn ein Beschleunigungssprung an der Zwischenposition auf, was am nicht stetigen Übergang der Geschwindigkeit bei $t = 0.5\,\mathrm{s}$ erkannt werden kann. Mit dem Programm *spline_ord3_CP* (s. Website zum Buch: *https://www.weber-industrieroboter.de*) kann die kubische Spline-Interpolation durchgeführt werden.

Auch für CP-Bahnen sollen nun **quintische Splines** eingeführt werden. Entsprechend Gl. (4.62) lauten die Polynomgleichungen nun wie folgt:

$$\begin{aligned}
\boldsymbol{p}(t) &= \boldsymbol{a}_0 + \boldsymbol{a}_1 \cdot t + \boldsymbol{a}_2 \cdot t^2 + \boldsymbol{a}_3 \cdot t^3 + \boldsymbol{a}_4 \cdot t^4 + \boldsymbol{a}_5 \cdot t^5, \\
\dot{\boldsymbol{p}}(t) &= \boldsymbol{a}_1 + 2 \cdot \boldsymbol{a}_2 \cdot t + 3 \cdot \boldsymbol{a}_3 \cdot t^2 + 4 \cdot \boldsymbol{a}_4 \cdot t^3 + 5 \cdot \boldsymbol{a}_5 \cdot t^4, \\
\ddot{\boldsymbol{p}}(t) &= 2 \cdot \boldsymbol{a}_2 + 6 \cdot \boldsymbol{a}_3 \cdot t + 12 \cdot \boldsymbol{a}_4 \cdot t^2 + 20 \cdot \boldsymbol{a}_5 \cdot t^3
\end{aligned} \tag{4.66}$$

Hier werden wieder im Gegensatz zu den kubischen Splines auch die Beschleunigungsvektoren zu Beginn und am Ende eines Bahnsegmentes eingeführt. Man erhält als Randbedingungen

$$\boldsymbol{p}(0)=\boldsymbol{p}_{St},\quad \boldsymbol{p}(t_e)=\boldsymbol{p}_Z,\quad \dot{\boldsymbol{p}}(0)=\boldsymbol{v}_0,\quad \dot{\boldsymbol{p}}(t_e)=\boldsymbol{v}_e,\quad \ddot{\boldsymbol{p}}(0)=\boldsymbol{b}_0,\quad \ddot{\boldsymbol{p}}(t_e)=\boldsymbol{b}_e \tag{4.67}$$

Durch Einsetzen der Randbedingungen bei $t=0$ in Gl. (4.66) erhält man

$$\boldsymbol{a}_0=\boldsymbol{p}_{St},\quad \boldsymbol{a}_1=\boldsymbol{v}_0,\quad \boldsymbol{a}_2=\boldsymbol{b}_0/2 \tag{4.68}$$

und schließlich durch Einsetzen der gewählten Zeitspanne t_e des Bahnsegments folgende Lösungen:

$$\begin{aligned}
\boldsymbol{a}_3&=\frac{\boldsymbol{b}_e-3\cdot\boldsymbol{b}_0}{2\cdot t_e}-\frac{(4\cdot\boldsymbol{v}_e+6\cdot\boldsymbol{v}_0)}{t_e^2}+\frac{10\cdot(\boldsymbol{p}_Z-\boldsymbol{p}_{St})}{t_e^3}\\
\boldsymbol{a}_4&=\frac{-2\cdot\boldsymbol{b}_e+3\cdot\boldsymbol{b}_0}{2\cdot t_e^2}+\frac{(7\cdot\boldsymbol{v}_e+8\cdot\boldsymbol{v}_0)}{t_e^3}-\frac{15}{t_e^4}\cdot(\boldsymbol{p}_Z-\boldsymbol{p}_{St})\\
\boldsymbol{a}_5&=\frac{\boldsymbol{b}_e-\boldsymbol{b}_0}{2\cdot t_e^3}-\frac{(3\cdot\boldsymbol{v}_e+3\cdot\boldsymbol{v}_0)}{t_e^4}+\frac{6}{t_e^5}\cdot(\boldsymbol{p}_Z-\boldsymbol{p}_{St})
\end{aligned} \tag{4.69}$$

Hier soll durch ein weiteres Beispiel gezeigt werden, wie man durch Splines bei der Wahl geeigneter Zwischenpunkte und dazugehöriger Geschwindigkeitsvektoren und Beschleunigungsvektoren einen Bahnverlauf erzeugen kann. In diesem Beispiel lauten die Ortsvektoren der Stützpunkte P_1 bis P_8 wie folgt:

$$\boldsymbol{p}_1=\begin{pmatrix}0.3 & 0 & 0\end{pmatrix}^{\mathrm{T}},\ \boldsymbol{p}_2=\begin{pmatrix}0.5 & 0.25 & 0\end{pmatrix}^{\mathrm{T}},\ \boldsymbol{p}_3=\begin{pmatrix}0.7 & 0.2 & 0\end{pmatrix}^{\mathrm{T}},\ \boldsymbol{p}_4=\begin{pmatrix}0.85 & 0.3 & 0\end{pmatrix}^{\mathrm{T}}$$

$$\boldsymbol{p}_5=\begin{pmatrix}1.05 & 0.45 & 0\end{pmatrix}^{\mathrm{T}},\ \boldsymbol{p}_6=\begin{pmatrix}1.1 & 0.3 & 0\end{pmatrix}^{\mathrm{T}},\ \boldsymbol{p}_7=\begin{pmatrix}1.1 & 0 & 0\end{pmatrix}^{\mathrm{T}},\ \boldsymbol{p}_8=\begin{pmatrix}0.3 & 0 & 0\end{pmatrix}^{\mathrm{T}}$$

Bild 4.28 zeigt den gewünschten Bahnverlauf (gestrichelt). Um diesen Bahnverlauf zu erreichen, wurden die Geschwindigkeitsvektoren in den Punkten P_2, P_3, P_4, P_5, P_6 mit einem absoluten Betrag von 0.4 angegeben. In den Punkten P_1, P_7 und P_8 ist die Geschwindigkeit 0.

$$\boldsymbol{v}_1=0,\ \boldsymbol{v}_2=\begin{pmatrix}0.4 & 0 & 0\end{pmatrix}^{\mathrm{T}},\ \boldsymbol{v}_3=\begin{pmatrix}0.4 & 0 & 0\end{pmatrix}^{\mathrm{T}},\ \boldsymbol{v}_4=\begin{pmatrix}0.32 & 0.24 & 0\end{pmatrix}^{\mathrm{T}}$$

$$\boldsymbol{v}_5=\begin{pmatrix}0.32 & 0.24 & 0\end{pmatrix}^{\mathrm{T}},\ \boldsymbol{v}_6=\begin{pmatrix}0 & -0.4 & 0\end{pmatrix}^{\mathrm{T}},\ \boldsymbol{v}_7=\boldsymbol{v}_8=0$$

Dabei gilt für $\boldsymbol{v}_4=\boldsymbol{v}_5=\begin{pmatrix}0.4\cdot\cos\varphi_5 & 0.4\cdot\sin\varphi_5 & 0\end{pmatrix}^{\mathrm{T}},\quad \varphi_5=\arctan\frac{p_{5y}-p_{4y}}{p_{5x}-p_{4x}}$. In Bild 4.28 sind die Geschwindigkeitsvektoren skizziert. Für alle Beschleunigungsvektoren in den Stützpunkten wurde der Nullvektor gewählt. Die Laufzeiten der Bahnsegmente i (Fahrt von P_i nach P_{i+1}) wurden zu

$$t_{e1}=0.9\,\mathrm{s},\ t_{e2}=0.5\,\mathrm{s},\ t_{e3}=0.5\,\mathrm{s},\ t_{e4}=0.8\,\mathrm{s},\ t_{e5}=0.4\,\mathrm{s},\ t_{e6}=1.1\,\mathrm{s},\ t_{e7}=2\,\mathrm{s}$$

vorgegeben. Die durchgezogene Linie in Bild 4.28 zeigt den durch den quintischen Spline berechneten Bahnverlauf. Man erkennt, dass der gewünschte Verlauf nahezu erreicht wird. Ein erfahrener Programmierer kann nun die Spline-Bahn durch geeignete Veränderung der Geschwindigkeitsvektoren, der Beschleunigungsvektoren und der Laufzeit noch besser an den gewünschten Bahnverlauf angepasst werden. Zum Beispiel könnte $\boldsymbol{v}_3$ etwas mehr in Richtung P_4 gedreht werden. Da in P_7 und P_8 die Geschwindigkeiten zu 0 gewählt wurden, wird eine Linearbahn zwischen P_7 und P_8 gefahren. Mit der Spline-Interpolation können nahezu beliebige Bahnkonturen programmiert werden. Allerdings ist Erfahrung bei der Programmierung notwendig. Durch Aufruf des Programms *spline_ord5_CP* auf der Website können quintische Splines vorgegeben werden.

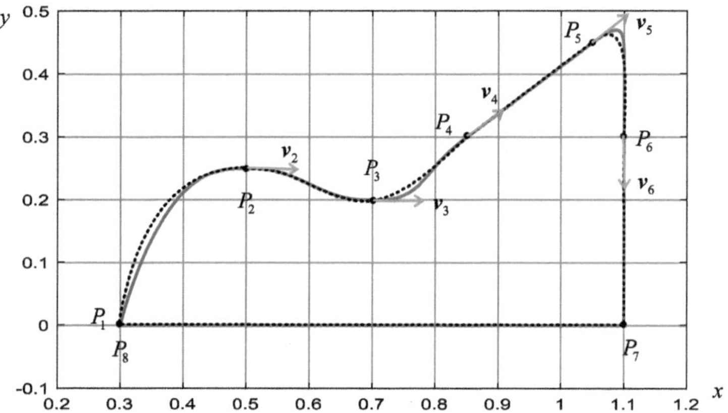

Bild 4.28 Beispiel für quintische Splines (gestrichelt: gewünschte Bahn, durchgezogen: vom quintischen Spline berechnete Bahn)

4.5 Übungsaufgaben

4.5.1 Berechnen Sie die Bahnparameter für das Beispiel in Abschnitt 4.2.7 für den Fall, dass ein Sinoidenprofil verwendet wird. Sie können zur Kontrolle die Bahn mit dem Matlab-M-File *Interpolation_pl2* auf dem Pfad *Interpolation* grafisch darstellen lassen. Welche Änderungen für die Bahnzeiten bei der Sinoidenbahn ergeben sich, wenn eine Korrektur nach Abschnitt 4.2.4 vorgenommen wird (*T_Ipo* = 0.01 s)?

4.5.2 Zeichnen Sie ein Flussdiagramm entsprechend Bild 4.7a für die Rampenfunktion mit allen notwendigen Angaben, wenn der Anwender statt v_m und b_m die Fahrzeit t_e und die Beschleunigung b_m vorgibt.

4.5.3 Es wird eine Bahn mit unten (Bild 4.29) abgebildetem speziellen Beschleunigungsprofil gefahren. Berechnen und skizzieren Sie die Geschwindigkeit $v(t)$ und den Weg $s(t)$ für $v(0) = s(0) = 0$.

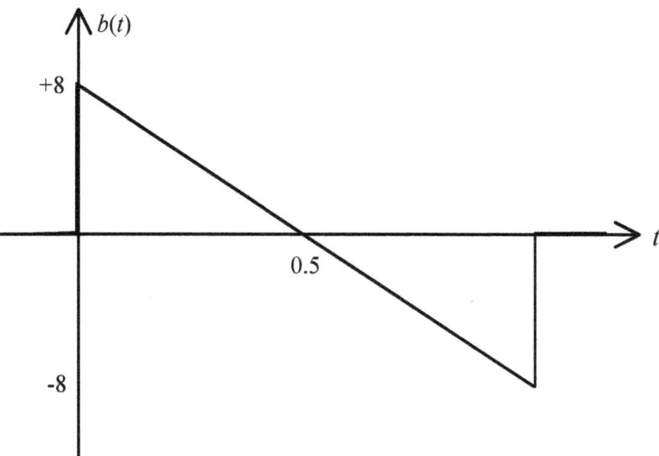

Bild 4.29 Zu Aufgabe 4.5.3

4.5.4 Der Effektor des R6-Knickarmroboters soll aus der gezeichneten Stellung in Bild 2.25 mit den Koordinaten $\boldsymbol{p}_{St}^{(0)} = [1.03, 0, 0.615]^{\mathrm{T}}$ m und den Euler-Winkeln $\boldsymbol{w}_{St} = [\pi/2, 0, \pi/2]^{\mathrm{T}}$ zur Stellung $\boldsymbol{p}_{Z}^{(0)} = [1.03, 0, 0.9]^{\mathrm{T}}$ m, $\boldsymbol{w}_{Z} = [\pi/2, 0, 0]^{\mathrm{T}}$ fahren. Der TCP soll sich dabei auf einer Linearbahn in Rampenprofil mit der Geschwindigkeit 1 m/s und einer Beschleunigung von 2 m/s² bewegen. Die Änderung der Orientierung soll in Quaternionen mit einer Geschwindigkeit von 1.5/sec und einer Beschleunigung von 3/s² ebenfalls im Rampenprofil durchgeführt werden.

a) Die Positions- und Orientierungsänderung sind zum gleichen Zeitpunkt zu beenden. Berechnen Sie die Bahngeschwindigkeiten v_p, v_w und alle Bahnzeiten für die Positions- und Orientierungsänderung.

b) Wie sind die Geschwindigkeiten v_p, v_w, und wenn nötig die Beschleunigungen b_p, b_w, anzupassen, wenn die Fahrzeit genau 1 Sekunde dauern soll?

4.5.5 Der TCP eines Industrieroboters soll einen Vollkreis in der y_0-z_0-Ebene des Basiskoordinatensystems, zusammengesetzt aus zwei Halbkreisen, abfahren (Bild 4.30). Der Radius R soll 0.1 m betragen. Die eingezeichneten Ortsvektoren sind im Basiskoordinatensystem angegeben:

$$\boldsymbol{r}_1 = [-0.5, -0.05, -0.95]^{\mathrm{T}}\,\mathrm{m}\,,\ \boldsymbol{r}_2 = [-0.5, r_{2y}, -0.95]^{\mathrm{T}}\,\mathrm{m}$$

a) Geben Sie r_{2y} und die Ortsvektoren bez. K_0 zu Start-, Hilfs- und Zielpositionen beider Halbkreise an.

b) Legen Sie für jeden Halbkreis ein Hilfskoordinatensystem K_{C1} bez. K_{C2} fest und ermitteln Sie die homogenen Matrizen ${}^{C1}_{0}\boldsymbol{T}$ und ${}^{C2}_{0}\boldsymbol{T}$.

c) Wie lang dauert die Gesamtbahn, wenn in jedem Halbkreis mit einem Sinoidenprofil mit $v_c = 2\,\mathrm{m/s}$ und $b_c = 5\,\mathrm{m/s^2}$ gefahren wird?

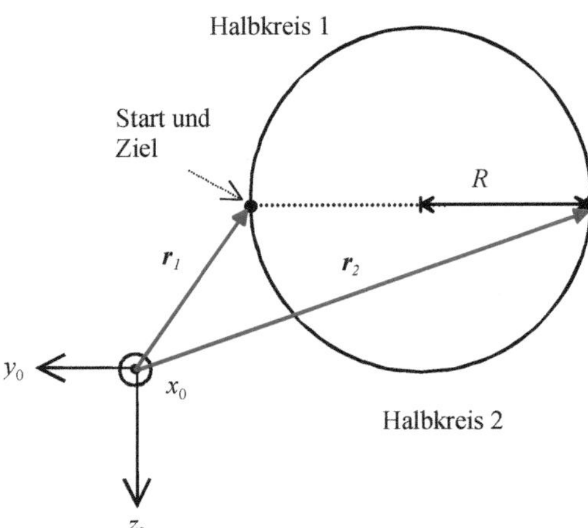

Bild 4.30 Zu Aufgabe 4.5.5

4.5.6 Das Geschwindigkeitsüberschleifen bei einer PTP-Steuerung wird zu dem Zeitpunkt begonnen, an dem der Betrag der Geschwindigkeit der Leitachse 5 % der programmierten Geschwindigkeit unterschreitet. Die Leitachse fährt eine Winkelstrecke von 90° mit einer Beschleunigung von $2.5\,\mathrm{rad/s^2}$ und der programmierten Geschwindigkeit von $1.2\,\mathrm{rad/s}$ mit einer Rampenbahn ab. Zu welchem Zeitpunkt, gemessen vom Start des Bahnsegmentes, beginnt das Überschleifen?

4.5.7 Ein Gelenkwinkel soll sich von $q_A = 0$ auf einen Winkel $q_B = \pi / 4$ in 0.5 Sekunden bewegen und dann weiter auf $q_C = \pi / 2$ ebenfalls in 0.5 Sekunden. Bei q_A und q_C soll das Gelenk in Ruhe sein.

a) Der Zwischenwinkel q_B soll mit einer kubischen PTP-Spline-Bahn in einer Geschwindigkeit von $1\,\mathrm{rad/s}$ durchfahren werden. Geben Sie Parameter a_2 und a_3 für beide Bahnsegmente an.

b) Welche Geschwindigkeit tritt bei der Durchfahrt von q_B auf, wenn im ersten Bahnsegment die Winkelbeschleunigung konstant ist? Berechnen und zeichnen Sie für diesen Fall die Winkelbeschleunigung und die Winkelgeschwindigkeit über der Zeit für die gesamte Bahn.

c) Plotten Sie zum Test den Verlauf der Winkel und der Winkelgeschwindigkeiten für die Interpolationen in a) und b) mithilfe des Matlab- M-Files *spline_ord3_PTP.*

4.5.8 Geben Sie für das Beispiel in Abschnitt 4.4.4 die Vektoren $\boldsymbol{a}_0, \boldsymbol{a}_1, \boldsymbol{a}_2, \boldsymbol{a}_3$ für beide Bahnsegmente an. Es gilt: Der Geschwindigkeitsvektor $\boldsymbol{v}_{e1} = \boldsymbol{v}_{e2}$ zeigt vom Startpunkt zum Zielpunkt. Testen Sie mit dem Matlab-M-File *spline_ord3_CP* im Pfad *Interpolation* für das Beispiel auch die Auswirkung einer Änderung der Richtung des Geschwindigkeitsvektors $\boldsymbol{v}_{e1} = \boldsymbol{v}_{e2}$ auf die Bahn (z. B. der Geschwindigkeitsvektor zeigt vom Startpunkt zum Zielpunkt).

4.5.9 Das erste Beispiel in Abschnitt 4.4.4 soll nun mit einem quintischen Spline gefahren werden. Die Beschleunigung soll jetzt in allen Stützpunkten 0 sein. Berechnen Sie für das erste Bahnsegment die Vektoren $\boldsymbol{a}_0, \boldsymbol{a}_1, \boldsymbol{a}_2, \boldsymbol{a}_3, \boldsymbol{a}_4, \boldsymbol{a}_5$. Führen Sie die Simulation mit dem Programm *spline_ord5_CP* durch. Warum ist der Bahnverlauf im Vergleich zur Bewegung mit dem kubischen Spline etwas weiter weg vom Bahnverlauf mit zwei Linearbahnen?

5 Roboterprogrammierung

In Kapitel 1 wurde die **Roboterprogrammierumgebung** als wesentlicher Teil der HMU (Human Machine Unit) bezeichnet. Diese Schnittstelle ermöglicht es dem Anwender durch Anweisungen den Roboter dazu zu bringen, die nötigen Aktionen (Bewegungen etc.) auszuführen, um eine Aufgabe zu erledigen. Am Ende eines Programmiervorgangs steht ein Roboterprogramm, das Steuerbefehle (Anweisungen) enthält, und vom Industrieroboter beliebig oft ausgeführt werden kann. Zusammenfassend kann definiert werden:

Unter einem Roboterprogramm versteht man eine Folge von Steuerbefehlen, die den Industrieroboter veranlasst, eine Aufgabe auszuführen.

Aber auch sehr viele Bedienfunktionen an der Robotersteuerung können der Roboterprogrammierumgebung zugerechnet werden. Zur Bedienung gehören z. B.

- Einloggen mit Passwort, Verwaltung von Anwenderlisten etc.
- **Programmverwaltung:** Einlesen von Programmen aus Speichermedien oder aus einem PC, Archivieren von Programmen, Änderung der Namen von Programmen etc.
- Editieren von Programmen
- Betriebsart wählen: **Testbetrieb** (schrittweises Abarbeiten von Befehlen) oder **Roboterbetrieb** (automatisches Abarbeiten von Programmen), Programme starten und anhalten, **Synchronisieren** des Roboters (durch Fahren in eine Referenzstellung werden inkrementale Messwerte der Gelenkkoordinaten an die Roboterstellung angeglichen), Aktivierung verschiedener Anzeigen und Informationen
- **Override:** Manuelles Übersteuern programmierter Geschwindigkeiten

Die Bedienung wird über Funktionstasten des **Programmierhandgerätes** oder direkt am Steuerschrank vorgenommen.

Der Kern des **Programmiersystems** ist eine aus Hard- und Software bestehende Komponente des Gesamtsystems Industrieroboter, die dem Anwender Funktionen und Befehle bereitstellt, um Bewegungsprogramme zu generieren, zu korrigieren und zu testen (s. auch Bild 1.7). Das Programmiersystem ist die Voraussetzung dafür, dass die in Kapitel 4 beschriebenen vielfältigen Möglichkeiten für Bewegungsabläufe vom Anwender geeignet genutzt werden können. Ob und welche programmierten Teilbewegungen ausgeführt werden, kann von externen Zuständen in der Arbeitsumgebung des Industrieroboters abhängig gemacht werden. Binäre Signale der Peripherie, z. B.

- Fertigmeldung einer Bearbeitungsmaschine,
- Drehtisch in korrekter Position,

- Spannvorrichtung geschlossen,
- Ablage frei etc.

beeinflussen den Bewegungsablauf. In einigen Steuerungen können abhängig von spezifizierten Bahnzuständen zusätzlich periphere Einrichtungen mit binären Signalen angesteuert werden. Zudem stehen vielfach Sensorschnittstellen zur Verfügung. In Abhängigkeit von den Sensorinformationen wird der Programm- und Bewegungsablauf modifiziert.

Je nach Art der auszuführenden Aufgabe gibt es verschiedene Arten wie der Anwender die notwendigen Steueranweisungen (Befehle) erstellen kann. Bild 5.1 zeigt eine Übersicht über die wichtigsten **Programmierverfahren**, die in den nächsten Abschnitten erläutert werden.

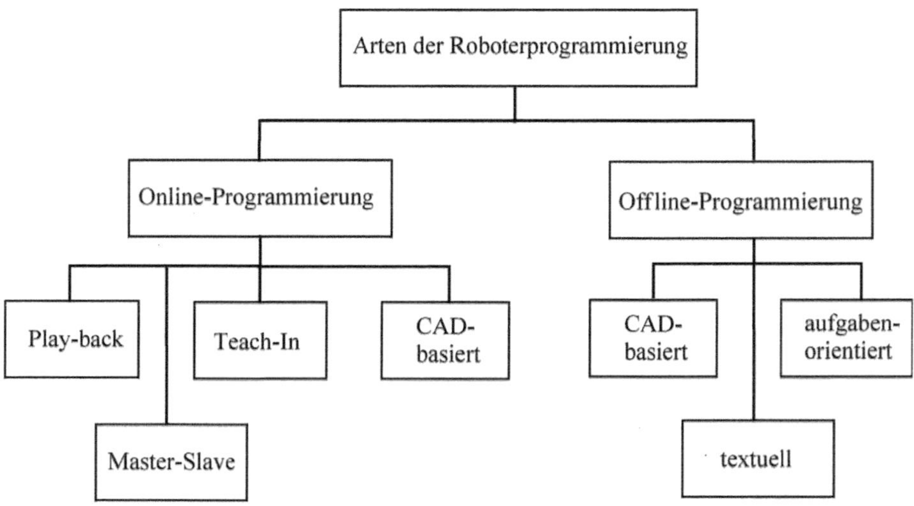

Bild 5.1 Arten der Roboterprogrammierung

5.1 Online-Roboterprogrammierung

Bei der **Online-Programmierung** oder **direkten Programmierung** erfolgt die Programmierung direkt am Einsatzort des Industrieroboters, in der Produktionsumgebung. Mithilfe technischer Einrichtungen wird der Industrieroboter manuell zu Zielstellungen oder entlang der Bewegungsbahn geführt, die er im Roboterbetrieb, d.h. beim Arbeitsvorgang, abfahren soll. Diese Methoden kann man auch vereinfacht als „Programmieren durch Vormachen" bezeichnen.

5.1.1 Teach-In-Programmierung

Erfolgt die Programmierung über **„Teach-In"**, verfährt der Programmierer den Industrieroboter mit einem **Programmierhandgerät (Teach-Panel)** zu Zielstellungen (Posen) mit der gewünschten Position des TCP und Ausrichtung (Orientierung) des Effektors. Bild 5.2a zeigt als Beispiel das Programmierhandgerät zur Robotersteuerung KRC der Fa. KUKA Roboter GmbH. In Bild 5.2b ist ein Werker beim „Teachen“ zu sehen.

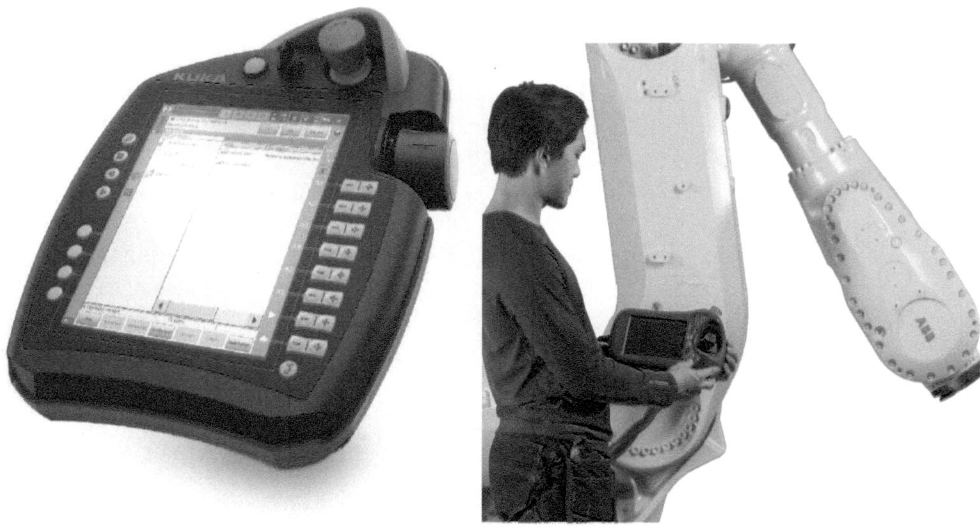

a) Handprogrammiergerät b) Werker bei der Teach-In-Programmierung

Bild 5.2 a) Handprogrammiergerät (Teach Panel) (Werkbild, KUKA Roboter GmbH), b) Werker bei der Teach-In-Programmierung (Werkbild, ABB Automation GmbH)

Durch Betätigen entsprechender Tasten werden einzelne Gelenkachsen verfahren, um so eine Zielstellung zu erreichen (Teach-In in Roboterkoordinaten). Eine weitere Möglichkeit ist das Teach-In in einem kartesischen Bezugssystem. Der Effektor wird bei Betätigen einer Taste auf dem Handprogrammiergerät in Richtung jeweils einer kartesischen Achse des Bezugskoordinatensystems verfahren. Als Bezugssystem kann das ruhende kartesische Koordinatensystem (Weltsystem) oder das Werkzeugkoordinatensystem gewählt werden. Auch die Orientierung des Effektors kann durch eine Tastenkombination auf dem Handprogrammiergerät bez. des jeweiligen Koordinatensystems verändert werden. Meist wird jeweils ein Euler-Winkel durch einen Tastendruck angesteuert. Werden z. B. die Z-Y-X-Euler-Winkel (s. Abschnitt 2.1.8) verwendet und ist als Bezugskoordinatensystem das Werkzeugkoordinatensystem vorgewählt, kann durch Betätigen einer entsprechenden Taste für den Euler-Winkel A eine Drehung um die z_W-Werkzeugachse vorgenommen werden, entsprechend kann mit dem Euler-Winkel B um die y_W-Achse und mit C um die x_W-Achse des Werkzeugkoordinatensystems gedreht werden.

Einige Steuerungshersteller bieten die Programmierung mit **6D-Mouse** an. In Bild 5.2a ist die 6D-Mouse rechts am Programmierhandgerät angebracht. Wird die 6D-Mouse benutzt, wie in Bild 5.2b angedeutet ist, kann der Effektor intuitiv in kartesischen Koordinaten verfahren werden. Eine translatorische Führung der Mouse in eine bestimmte Richtung veranlasst den Effektor, sich in eine entsprechende Richtung zu bewegen. Eine Drehbetätigung um eine Achse der 6D-Mouse verursacht eine zugeordnete Drehbewegung im Werkzeugkoordinatensystem. Es ist sowohl möglich, eine Bewegung in verschiedenen Achsen gleichzeitig durchzuführen, als auch einzelne Achsen zu sperren. Die Geschwindigkeit der Bewegung ist dabei proportional zur Auslenkung der Mouse in die jeweilige Achsrichtung.

Ist durch den Teach-Vorgang eine gewünschte Zielstellung erreicht, veranlasst eine definierte Tastenkombination auf dem Handprogrammiergerät die Messung und Abspeicherung der Gelenkkoordinaten in dieser Stellung. Gegebenenfalls werden zusätzlich mit der Vorwärtstransformation (s. Kapitel 3) die kartesischen Koordinaten des TCP und die Orientierung des Werkzeuges errechnet und abgespeichert. Je nach Steuerungshersteller erhält die Zielstellung eine Ordnungszahl oder eine symbolische Bezeichnung. Sind für eine Arbeitsaufgabe alle nötigen Zielstellungen geteacht, kann definiert werden, mit welcher Bahn- und Interpolationsart (s. Abschnitt 4.1 und Abschnitt 4.4) zwischen zwei Zielstellungen im Roboterbetrieb gefahren werden soll. Diese Definition ist unabhängig davon, ob in Roboterkoordinaten oder in Koordinaten eines Bezugssystems die Zielstellung im Teach-In angefahren wurde. Man kann sich jedoch vorstellen, dass bestimmte Bewegungsanweisungen nur sinnvoll sind, wenn entsprechende Bedingungen in der Arbeitsumgebung vorliegen.

Z. B. soll ein Programmteil zum Aufnehmen eines Werkstückes in den Greifer nur ausgeführt werden, wenn das Werkstück durch eine Zuführeinrichtung in eine spezielle Ablage gebracht worden ist und dies der Steuerung gemeldet worden ist. Deshalb können zusätzlich Programmablaufanweisungen mit Funktionstasten des Handprogrammiergerätes eingefügt werden, die abhängig von binären Signalen der Peripherie den Programmablauf verändern. Am Ende des Programmierens durch Teach-In steht ein Programm, das der Roboter beliebig oft ausführen kann.

5.1.2 Play-Back-Programmierung

Zu den Online-Programmierverfahren gehört auch das **Play-Back** oder die **Folgeprogrammierung**. Beim Play-Back wird der Effektor manuell entlang der zu fahrenden Bahn geführt. In definierten kurzen Zeitabständen, z. B. dem Interpolationsabstand *T_Ipo* (s. Abschnitt 4.2.4), werden die Gelenkkoordinaten gemessen und als Sollwerte abgespeichert. Die manuelle Führung erfolgt durch einen Griff in der Nähe des Effektors (s. Bild 5.3). Eine unmittelbare Krafteinwirkung des Bedieners zur direkten Führung des Industrieroboters bei abgeschalteten Antrieben ist nur bei wenigen Robotern in Leichtbauweise möglich. Ansonsten muss die Steuerung die Antriebe so ansteuern, dass die gegen die gewollte Bewegung wirkenden Gegenkräfte/-momente wenigstens zum Teil kompensiert werden. Diese Gegenkräfte/-momente werden vor allem durch Reibung, Gravitation und Massenträgheit hervorgerufen. Ein wichtiges Einsatzgebiet der Play-Back-Programmierung ist das Lackieren von komplexen Freiformflächen. Die Bewegungen der Lackierpistole lassen sich hier nur schwer und zeitaufwändig durch analytische Bahnen beschreiben. Ein erfahrener Lackierer führt den Lackierroboter, der sich mit geringem Kraftaufwand bewegen lässt, mit der Hand in der gewünschten kontinuierlichen Form und mit der erforderlichen Geschwindigkeit.

Bild 5.3 Werker bei der Play-Back-Programmierung

5.1.3 Master-Slave-Programmierung

Dem Play-Back sehr ähnlich ist die **Master-Slave-Programmierung** mit einem Manipulator- oder **Telemanipulatorsystem**. In Bild 5.4 ist das Prinzip dargestellt. Bei der Programmierung wird zur Bewegungsvorgabe ein **Bedienarm** (**Master-Arm**) bewegt. Diese Bewegungsvorgabe wird durch den **Arbeitsarm** (**Slave-Arm**) ausgeführt. Der Slave-Arm dieses Manipulatorsystems kann auch ein Industrieroboter sein. Hat der Bedienarm eine kinematisch ähnliche Struktur wie der Arbeitsarm, können zur Bewegungssteuerung die Gelenkkoordinaten des Master-Arms verwendet werden. Es ist jedoch auch möglich, aus den Gelenkkoordinaten des Master-Arms Weltkoordinaten zu berechnen und als Vorgabe für den Arbeitsarm zu verwenden. In beiden Fällen können die Bewegungsvorgaben skaliert werden, um sehr genau die Bewegung zu programmieren. Z. B. wird die Wegänderung auf der Bedienseite zur Vorgabe der Bewegung des Arbeitsarms auf ein Fünftel reduziert, um die Bewegung präzise vorgeben zu können.

Vorteil dieses Verfahrens ist die einfache und anschauliche Bewegungsvorgabe, nachteilig sind der höhere Steuerungsaufwand und zusätzliche Kosten. Als Master-Arme werden hinsichtlich des Arbeitsraumes an den Menschen angepasste, aber dem Slave-Arm ähnliche Kinematiken verwendet, die sich mit geringem Kraftaufwand bewegen lassen. Es ist jedoch auch möglich, mit einem Master-Arm Arbeitsarme mit verschiedener kinematischer Struktur anzusteuern und damit auch zu programmieren (/5.7/, /5.10/, /5.16/).

Bekannt wurde das Master-Slave-Verfahren durch die Telemanipulation bzw. Teleoperation. Diese Techniken werden der **Telerobotik** zugeordnet (/5.10/). Die meisten Anwendungen sind in der Medizintechnik und der Weltraumtechnik zu finden (/5.3/, /5.13/). Bei der Telemanipulation erzeugt der Operateur wie bei der Master-Slave-Programmierung mit dem Master-Arm (Bedienarm) eine unmittelbare zeitgleiche Bewegungsvorgabe für einen Slave-Arm (Arbeitsarm), die direkt zur Arbeitsausführung dient. Diese Verfahren werden vor allem dann eingesetzt, wenn der Aufenthalt in der Nähe des Roboters bzw. Arbeitsarms für den Bediener nur schwer zu bewerkstelligen oder gefährlich ist und unerwartete bzw. nicht a priori zu bestimmende Arbeitsvorgänge auszuführen sind oder wie in der Medizintechnik Vorteile für den Patienten zu erwarten sind. So führt beim Einsatz von Manipulatoren in der minimalinvasiven Chirurgie ein Operateur chirurgische Eingriffe mittels Vorgabe der Bewegungen über ein Master-Arm oder Joy-Stick durch. Das Erfahrungswissen und komplexe Entscheidungsfähigkeiten des Operateurs werden dabei genutzt. Diese Verfahren zählen aber nicht zu den Roboterprogrammierverfahren, da i. Allg. keine Gelenkkoordinaten gespeichert und die Bewegungssequenzen nicht wiederholt werden.

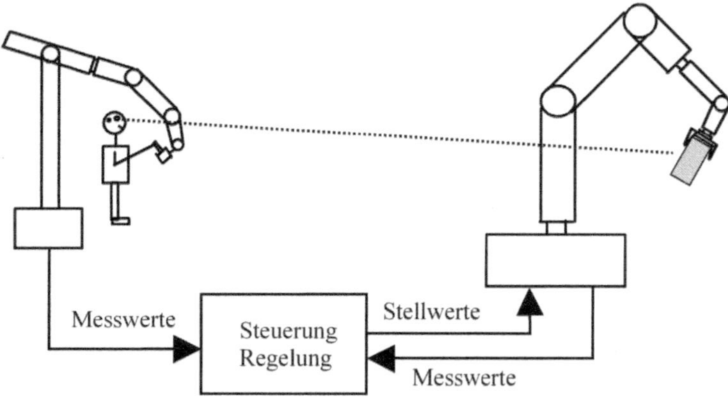

Bild 5.4 Schema der Master-Slave-Programmierung

5.2 Offline-Programmierung

Vorteile der Online-Programmierverfahren sind, dass keine Kenntnisse in einer Programmiersprache benötigt werden und durch die direkte Sicht auf das Arbeitsumfeld die Bewegungsvorgaben genau vorgegeben werden können. Hauptnachteil ist, dass der Industrieroboter während der Programmierung für die Produktion nicht zur Verfügung steht und aktuelle Sensorinformationen zur Modifikation des Arbeitsablaufes nicht genutzt werden können.

Die Offline-Programmierung vermeidet diese Nachteile. Kennzeichen der Offline-Programmierung ist die Programmerstellung an einem PC ohne Verwendung des Industrieroboters. Die Bewegungs- und Arbeitsabläufe werden so weit wie möglich getestet, ohne die Produktionsanlage stillzulegen. Nicht berücksichtigte Vorgänge in der Arbeitszelle des Roboters, Toleranzen von Werkzeugen und Werkstücken und Längentoleranzen am Roboterarm können dazu führen, dass ein offline erstelltes Programm nicht korrekt arbeitet. Um die Vorteile der Online- und der Offline-Programmierung zu nutzen, werden oft **hybride Program-**

mierverfahren eingesetzt. Dabei wird das Roboterprogramm offline erstellt, das Programm wird dann schrittweise am Roboter ausgeführt und Zielstellungen online korrigiert. Oder es wird offline ein Rahmenprogramm mit der Programmstruktur erstellt (Schleifen, Verzweigungen, Bahnart, Geschwindigkeiten etc.) aber die Zielstellungen werden nach wie vor online in der Arbeitszelle durch Teach-In festgelegt und dann in das Roboterprogramm eingefügt.

Bei der Offline-Programmierung unterscheidet man zwischen der rein **textuellen Programmierung**, der **grafisch interaktiven Programmierung** oder **CAD-basierten Programmierung** und der **aufgabenorientierten Programmierung** (s. auch Bild 5.1).

5.2.1 Textuelle Programmierung in einer problemorientierten Programmiersprache

Bei der textuellen Programmierung werden problemorientierte Programmiersprachen eingesetzt, die entsprechende Bewegungsbefehle und Programmiermöglichkeiten enthalten, um die Bewegungsfolge vorzugeben (s. auch Abschnitt 5.3). Die Erstellung eines Programms erfolgt durch textuelle Eingabe von Befehlen mit den entsprechenden Parametern. Im Prinzip ist es möglich, das Programm in einem herkömmlichen Texteditor zu schreiben. Da beim Eingeben eines Programms Schreib- und Syntaxfehler entstehen können und die Programmerstellung verzögert wird, bieten die Roboterhersteller Systeme an, bei denen der Anwender bei der Programmierung unterstützt wird. Die Befehle können in einem Dialog generiert werden, wobei sie mit der Mouse angeklickt werden. Diese textuellen Programmiersysteme beinhalten meist eine automatische Prüfung von Syntax und Semantik, damit Fehler im Programm schon vor der Übertragung auf die Robotersteuerung erkannt werden können (z. B. ProgramMaker von ABB, OfficeLite von KUKA, u. a.).

Von einigen Roboterherstellern werden Applikationen angeboten, in denen das Programmierhandgerät in einer fotorealistischen Darstellung auf dem PC-Bildschirm abgebildet wird (z. B. ABB Flex Pendant, OfficeLite von KUKA). Man kann als Anwender alle Funktionen anwählen, die auch am realen Roboter vorhanden sind. Dadurch erhöht sich die Akzeptanz von Offline-Programmiersystemen, da ein Werker mit den in der Produktionsumgebung gewohnten Hilfsmitteln programmieren kann und keine neue Programmiersprache erlernen muss.

5.2.2 Grafisch interaktive/CAD-basierte Programmierung

Trotz der Vorteile der hybriden Programmierung, bleibt das Ziel, die Offline-Programmierung soweit wie möglich realitätsnah durchzuführen, um das doch zeitaufwändige „Nach-Teachen“ zu reduzieren, da in dieser Zeitspanne das Robotersystem für die Produktion nicht zur Verfügung steht. Zusätzlich zu den Maßtoleranzen treten Fehler bei der Programmierung auf, wenn der Programmierer Umgebungshindernisse und andere geometrische Verhältnisse nicht (vollständig) berücksichtigt hat. Hier können grafische Unterstützungssysteme eine Hilfe sein. In einer CAD-Umgebung wird dazu die komplette Arbeitszelle mit Roboter, Werkstück, Peripheriegeräten usw. nachgebildet und der Programmierer kann die Zielstellungen in dieser virtuellen Umgebung anfahren und abspeichern (Teach-In in einer virtuellen Welt!). Oder ein Roboterprogramm wird in dieser virtuellen Welt ausgeführt und man kann kontrollieren, ob der Roboter die Aufgabe zumindest in dieser Simulationsumgebung bewältigt. Solche mächtigen Hilfsmittel werden oft als **Offline-Programmiersysteme (OLP-Systeme)** bezeichnet. Der Name ist etwas irreführend, denn die Erstellung des Roboterprogramms ist nur ein kleiner Teilbereich des Funktionsumfangs. Auf diese Systeme, die auch als grafische Simulationssysteme bezeichnet werden können, wird etwas näher in Abschnitt 5.4 eingegangen.

Eine Möglichkeit auch offline intuitiv zu programmieren, zeigt Bild 5.5 (/5.12/). Mit einem 6D-Zeiger wird der Bahnverlauf am realen Werkstück vorgegeben und von einem Tracker aufgenommen. Die Bewegung des eingesetzten Roboters wird zeitgleich simuliert und visualisiert. Kommandiert der Anwender eine Pose, die nicht im Arbeitsbereich des Roboters liegt oder ist die Distanz zu einer singulären Stellung (s. auch Kapitel 3) kleiner als ein Schwellwert, wird ein akustisches Signal generiert und dem Werker auf das Headset gegeben, damit er den Bahnverlauf modifizieren kann. Damit kann sich der Werker während der Programmierung auf die Bearbeitung konzentrieren, es werden ausführbare Roboterbahnen generiert, was die Nachbearbeitungszeit und damit die Einrichtzeit wesentlich reduziert.

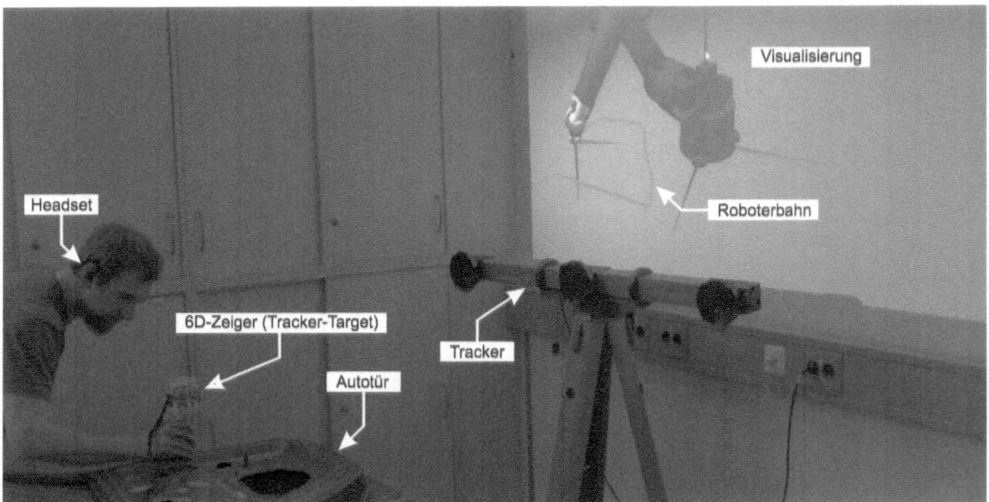

Bild 5.5 Systemaufbau für die Aufnahme von Bahnen mit einem optischen Trackingsystem

5.2.3 Aufgabenorientierte Programmierung

Bei den bisher besprochenen Programmierverfahren wird mit der textuellen Programmierung explizit festgelegt, wie der Roboter eine Bewegung durchzuführen hat. Der Roboter führt dann die vorgegebenen Bewegungen ohne Rücksicht auf die aktuellen Umgebungsbedingungen aus. Ausnahmen sind die Reaktionen auf binäre Signale aus der Peripherie, die aber nur Wartezustände verursachen oder eine Auswahl von schon festgelegten Bahnen treffen. Diese Art der Programmierung wird **explizite Programmierung** oder **roboterorientierte Programmierung** genannt (/5.1/).

Mithilfe von Sensorik (visuell, taktil) kann versucht werden, die Robotersteuerung mit mehr Flexibilität zu versehen. Zum Beispiel soll ein Bolzen in die vorgesehene Hülse eingeführt werden, wobei die Lage der Hülse im Raum nicht vollständig bekannt ist. Mit einem Bildverarbeitungsprogramm wird die Lage der Hülse im Raum vermessen und abhängig von vorgegebenen Parametern (Geschwindigkeiten etc.) eine Bahn generiert. Bei der Einführung des Bolzens werden Informationen eines Kraft-/Momentensensors verwendet, um durch kleine Bahnkorrekturen ein Verkanten und zu große Kräfte zu vermeiden.

Diese Art der Programmierung erfolgt in einer höheren Abstraktionsebene. Das Robotersystem soll sogenannte Bewegungs- und Aktionssprimitive selbsttätig durchführen (/5.11/). Die Aufgaben sind vom Programmierer vorgegeben, der Robotersteuerung wird eine Teilautonomie überlassen. Es wird nicht explizit definiert, WIE sich der Roboter zu bewegen hat, sondern WAS er tun soll. Das Programmieren wird zu einer zielorientierten Aufgabenbeschreibung, man spricht von **impliziter Programmierung** (/5.1/) oder **aufgabenorientierter Programmierung** (/5.2/, /5.4/). Diese Konzepte benötigen Komponenten wie folgende:

- Sensorintegration: Schnittstellen zum (schnellen) Einlesen von Sensorsignalen und programmtechnische Möglichkeiten, diese Signal zu verarbeiten
- **Umweltmodelle** (z. B. müssen die Geometrie, der Standort und andere Eigenschaften einer Maschine, die sich in der Roboterzelle befindet, beschrieben werden)
- **Aktionsplanungssysteme** (Regeln, wie eine Aufgabe in Einzelschritte zu zerlegen ist)
- Koordinierung (**Synchronisation**) der Roboteraktionen mit Zuständen der Umwelt
- **Aufgabentransformator** (automatisches Programmiersystem, das explizite Roboteranweisungen erzeugt)

Ein Schema des Ablaufs der aufgabenorientierten Programmierung zeigt Bild 5.6. Aus der Aufgabenbeschreibung, die auf einer relativ hohen Abstraktionsebene vom Anwender/Programmierer in einer definierten Form erstellt worden ist, generiert der Aufgabentransformator ein explizites Roboterprogramm. Der Aufgabentransformator verwendet Wissen, das durch Umweltmodelle, Aktionsplanungssysteme und Synchronisationsvorschriften gegeben ist. Aktuelle Sensorinformationen werden ebenfalls verarbeitet, um dem aktuellen Zustand der Umgebung angepasste Bewegungsbefehle zu generieren. Der Interpreter führt die Interpolation durch und liefert Steuerungsanweisungen und Sollbahnen, die der Regelung als Sollvorgabe dienen.

In der industriellen Praxis sind in Einzelfällen Lösungen in der aufgabenorientierten Programmierung angegangen worden. Allerdings sind Definitionen, wie die verschiedenen Schnittstellen und Komponenten zu gestalten sind, noch Forschungsgegenstand.

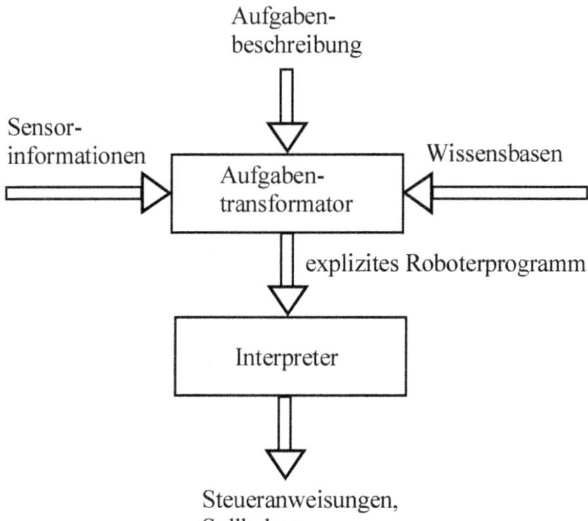

Bild 5.6 Ablauf der aufgabenorientierten Programmierung

5.3 Roboterprogrammiersprachen

Zu Beginn des Einsatzes von Industrierobotern Ende der 1970er-Jahre bestand ein Roboterprogramm entweder aus Sätzen von Gelenkkoordinaten, die mit dem Play-Back- oder Master-Slave-Verfahren in einem zeitlichen Raster aufgenommen und abgespeichert wurden oder aus Zielstellungen, die mit Teach-In festgelegt wurden und im Roboterbetrieb nacheinander angefahren wurden. Über das Programmierhandgerät (PHG) konnten mit Funktionstasten nur wenige Einstellungen vorgenommen werden, z. B. Vorgabe der Geschwindigkeit der Bewegung zwischen zwei Punkten. Mit diesen einfachen Play-Back- bzw. Punkt-zu-Punkt-Steuerungen waren nur relativ einfache Aufgaben, wie Punktschweißen oder Bestücken von Maschinen möglich. Im Laufe der Zeit wurden diese Verfahren weiterentwickelt. Es konnten dann auch CP-Bewegungen (Continous Path) wie Linearbahnen und später auch Zirkularbahnen programmiert und gefahren werden, sodass auch aufwändige Aufgaben wie das Bahnschweißen bearbeitet werden konnten.

In den Anfängen war auch die Kommunikation mit Peripheriegeräten der Roboterzelle bzw. mit übergeordneten Steuerungen und PCs überhaupt nicht oder nur über digitale Ein- und Ausgänge möglich. Mit heutigen Roboterprogrammier- und Steuerungsumgebungen kann die Kommunikation nun über analoge und digitale Ein- und Ausgänge sowie über serielle Schnittstellen, verschiedene Feldbusse (z. B. DeviceNet, SERCOS oder PROFIBUS) oder neuerdings auch über EtherCAT erfolgen. Die Verarbeitung von Sensordaten ist prinzipiell möglich und Peripheriegeräte können angesteuert werden. Weiterhin können Daten beispielsweise an einen Drucker gesendet oder mit einem PC ausgetauscht werden.

Die ersten textorientierten Roboterprogrammiersprachen wurden in Forschungseinrichtungen entwickelt. Die bekannteste ist **AL** (Assembly Language). Aus diesen Arbeiten gingen auch die ersten kommerziellen Roboterprogrammiersprachen hervor. Für die PUMA-Roboter wurde 1979 **VAL** (Victor's Assembly Language) und 1984 die verbesserte Version **VAL II** vorgestellt, die viele Konzepte von AL enthält. Auch IBM entwickelte einige Sprachen wie **AUTOPASS** und **AML** (Automation Manufactoring Language). Diese Programmiersprachen haben sich jedoch nicht durchgesetzt. Jeder Hersteller von Industrierobotern verwendet im Allgemeinen eine eigene, auf die jeweiligen Roboter zugeschnittene Roboterprogrammiersprache. Der Versuch einer Normung durch die Hochsprache **IRL** (**Industrial Robot Language**) nach DIN 66312 (/5.8/) ist gescheitert. Die Norm wurde von der einschlägigen Industrie kaum verwendet und 2007 zurückgezogen. Wichtige Sprachen sind KRL von KUKA, RAPID von ABB, KAREL von Fanuc und VAL3 von Stäubli.

5.3.1 Sprachelemente von Roboterprogrammiersprachen

Wissenschaftliche Programmiersprachen wie C oder Java bestehen aus Sprachelementen bzw. Klassen von Anweisungen (Befehlsgruppen, Befehlsarten). Eine Roboterprogrammiersprache muss zusätzlich zu den allgemeinen Komponenten einer Programmiersprache spezielle Anweisungen enthalten. Als Beispiel für notwendige Sprachelemente soll die Entnahme von Werkstücken mit einem Industrieroboter aus einer Werkzeugmaschine und Ablegen auf ein Förderband betrachtet werden. Folgender Arbeitsablauf muss programmiert werden:

- Warten bis die Werkzeugmaschine die Bearbeitung eines Werkstückes beendet hat
- Entnahme des Werkstückes mit einem Greifer
- Bewegen des Werkstückes in unmittelbare Nähe der Ablageposition
- Ablegen des Werkstückes nach Meldung eines externen Sensors, dass die Ablageposition frei ist
- Meldung über die erfolgte Werkstückablage an eine SPS, die den Gesamtprozess steuert

Schon an diesem einfachen Beispiel können die meisten Sprachelemente, die zusätzlich zu den Befehlen allgemeiner Programmiersprachen notwendig sind, abgeleitet werden:

- Bewegungsanweisungen für die Bewegung eines oder mehrerer Roboter sowie von Zusatzachsen
- Befehle für die Technologiesteuerung (Ansteuerung von Werkzeugen, Greifern, usw.)
- Befehle zur Abfrage externer Sensoren und anderer Peripherieeinrichtungen
- Befehle zur Programmablaufsteuerung (abhängig von (externen) binären Signalen oder Sensorinformationen wird der Programmablauf geändert)
- Kommunikationsbefehle zur Ein- und Ausgabe von Daten und Signalen
- Befehle zur Verarbeitung roboterspezifischer Datentypen wie Vektoren, Rotationsmatrizen und homogenen Matrizen
- Befehle zur Unterbrechungsbehandlung (Interruptsteuerung)
- Befehle zur Kommunikation und Synchronisation mit anderen Prozessen

Insbesondere die Bewegungsanweisungen und die Befehle zur Verarbeitung roboterspezifischer Datentypen sind speziell für Industrieroboter entwickelt worden. Deshalb wird auf diese zwei Sprachelemente etwas näher eingegangen.

Bewegungsanweisungen

Zur Ausführung von Aufgaben muss sich der Roboterarm i. Allg. zu einer Zielstellung bewegen, um dort mit dem Effektor eine Aktion auszuführen, oder er muss eine Bahn im Raum mit definierten Geschwindigkeiten und Orientierungen abfahren. Dazu sind Befehle von den Roboterprogrammiersprachen bereitzustellen, die den in Kapitel 4 behandelten Bewegungsarten entsprechen. In Bild 4.1 sind die wesentlichen Bewegungsarten skizziert. Als Beispiel sollen die wichtigsten Befehle für die einzelnen Bewegungsarten in der Programmiersprache KRL von KUKA angeführt werden (/5.14/):

PTP, LIN, CIRC, SPLINE

Die PTP-Bahn (Befehl PTP) wird als vollsynchrone PTP gefahren (s. Abschnitt 4.2.6). Die Geschwindigkeit und Beschleunigung können in Prozent der maximal möglichen Achsgeschwindigkeit und -beschleunigung mit den Befehlen VEL_AXIS und ACC_AXIS angegeben werden. Diese Angaben werden bei der Definition der Posen vorgenommen.

Die Bahnsteuerung (CP-Steuerung, s. Abschnitt 4.3 und Abschnitt 4.4) kann durch die Befehle LIN, CIRC und SPLINE aktiviert werden. Die Zwischenposen bei der Spline-Bahn werden durch den Befehl SPL angegeben (s. auch Beispiel im folgenden Abschnitt). Unterscheidet sich die Orientierung in der Startstellung von der Orientierung der Zielstellung, wird während der Bewegung zur Zielposition die Orientierung nachgeführt. Geschwindigkeit und Beschleunigung des TCP im Raum können definiert werden, entweder in den Eigenschaftsangaben wie eine Pose mit einer CP angefahren wird oder durch Befehle wie VEL_CP oder ACC_CP. Allerdings kann die voreingestellte Geschwindigkeit durch einen sogenannten Override (Systemvariable $OV_PRO, Angabe in Prozent der definierten Geschwindigkeit) überschrieben werden.

Das Überschleifen (siehe Abschnitt 4.4) kann sowohl für PTP-Bahnen als auch für CP-Bahnen definiert werden. Zum Beispiel kann bei CP-Bahnen durch den Befehl C_DIS eine Überschleifkugel um den nächsten Bahnpunkt gelegt und durch den Befehl C_VEL die Geschwindigkeitsschwelle definiert werden, ab der das Überschleifen beginnt (s. Bild 4.22 und 4.23).

Befehle zur Verarbeitung roboterspezifischer Datentypen

Die Posen können durch Angabe der Gelenkkoordinaten oder in kartesischen Koordinaten definiert werden. Bei der Programmiersprache KRL von KUKA werden mit dem Datentyp AXIS sechs Werte für die Gelenkwinkel oder Schublängen bei Schubgelenken definiert. Mit dem Datentyp E6AXIS können auch Werte von maximal 6 Zusatzachsen definiert werden. Der Datentyp FRAME enthält die x-, y- und z-Koordinate des TCP und die drei Euler-Winkel A, B und C, die sich auf ein Koordinatensystem, üblicherweise das Weltkoordinatensystem oder Werkzeugkoordinatensystem, beziehen. Durch Addition zu schon definierten Posen kann eine relative Verschiebung spezifiziert werden. Es stehen Befehle zur Addition, Subtraktion, Betragsbildung etc. für Vektoren zur Verfügung.

5.3.2 Programmbeispiel

Bild 5.7 zeigt als einfaches Beispiel die Bahn des TCP und die Anzeige des Programmes in der Sprache KRL von KUKA auf dem Handprogrammiergerät. Es soll eine Bahn abgefahren werden, wobei die Zielstellungen P1, P2, P3, P4, P5 und P6 durch Teachen schon vorgegeben oder in einem anderen Programmteil definiert seien. Der erste Bewegungsbefehl muss ein PTP-Befehl sein. Mit diesem Befehl wird auch definiert, welcher Weg gewählt wird, wenn es mehrere Möglichkeiten gibt, eine Zielpose anzufahren. Leider werden bei einigen Programmiersprachen die Posen (Position und Orientierung) als Position bezeichnet. Die Bewegung von der Ausgangsstellung zu Punkt P2 erfolgt mit einer vollsynchronen PTP-Bahn (s. Kapitel 4), die standardmäßig eingestellt ist. Angaben zu Geschwindigkeit und Beschleunigungen sind bei der Definition der Pose PDAT2 erfolgt. Die gewählte Geschwindigkeit ist 100 %, d. h. die vordefinierte Geschwindigkeit soll eingehalten werden. Die Pose P3 wird nun mit einer Linearbahn angefahren, wobei die Eigenschaften der Bewegung in CPDATA2 definiert sind. Das Referenzkoordinatensystem wird angezeigt und es erfolgt eine Anzeige, dass sich der TCP mit maximal 2 m/s auf der Linearbahn bewegt. Der folgende Wartebefehl veranlasst, die Bewegung auszusetzen, bis Bit 8 des binären Eingangs von der Peripherie gesetzt ist. Ist dies der Fall, wird auf einer Zirkularbahn über den Hilfspunkt P4 nach P6 gefahren. In den Eigenschaften der Bewegung, die in CPDAT3 definiert sind, ist z. B. festgelegt, dass sich die Orientierung des Effektors von der Startpose zur Zielpose kontinuierlich ändert (Einstellung: ORI_TYPE #VAR). Das letzte Bahnsegment zeigt die Spline-Interpolation. Über die Stützpunkte P6, P7 und P8 wird die Ausgangsstellung P2 angefahren. Falls kein Überschleifen in den Posen P1, P2, P3 und P5 definiert ist, wird in diesen Stellungen angehalten. Im Gegensatz dazu wird bei der Spline-Bahn in den Posen P6, P7 und P8 die Geschwindigkeit nicht 0 (s. Abschnitt 4.4).

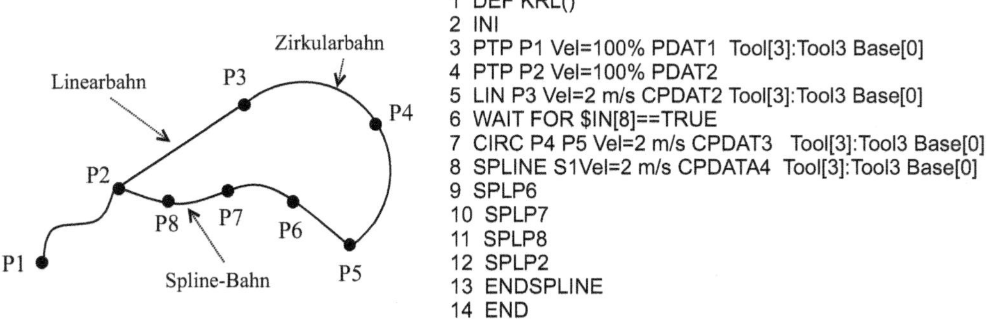

Bild 5.7 Programmierbeispiel in der Sprache KRL von KUKA

Für die integrierte Steuerungs- und Simulationsumgebung ManDy wurde im Zentrum für Robotik der Hochschule Darmstadt eine eigene, sehr einfach gehaltene Programmierschnittstelle geschaffen. Die Programmierung erfolgt menügeführt mit grafischer Unterstützung. Die Bewegungsbefehle können durch Anwählen von Buttons aktiviert werden (genauere Beschreibung in Anhang D und auf der Website). In Bild 5.8 ist ein Beispiel eines in ManDy erstellten Programms abgebildet.

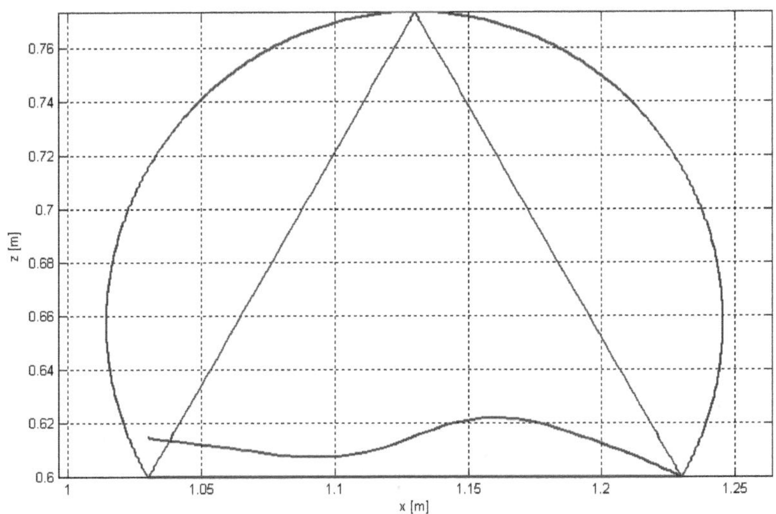


```
!Beispiel für Mandy-Programm
ACCELPTP { 80 80 80 80 80 80 }
SPEEDPTP { 100 100 100 100 100 100 }
PTP { 1.23 0 0.6 90 0 90 } CART RAMP{ 1 1 1 1 1 1}
WAIT { 0.2 }
SPEED { 100 60 }
LIN{ 1.13 0 0.77321 90 0 90 } CART RAMP{ 1 1 1 1 1 1}
LIN{ 1.03 0 0.6 90 0 90 } CART RAMP{ 1 1 1 1 1 1}
LIN{ 1.23 0 0.6 90 0 90 } CART RAMP{ 1 1 1 1 1 1}
WAIT { 0.2 }
SPEEDCP{ 100 100 }
CIRC {1.13 0 0.77321 1.03 0 0.6 90 0 90 } CART SINO{ 1 1 1 1 1 1 }
WAIT { 0.2 }
```

Bild 5.8 Programmierbeispiel in ManDy

Zuerst wird die PTP-Geschwindigkeit auf 80 % und die PTP-Beschleunigung auf 100 % des abgelegten Maximalwerts für alle Gelenke eingestellt. Dann wird mit einer asynchronen PTP-Rampenbahn von der Grundstellung zur Startstellung mit den Koordinaten $x_0 = 1.23$ m, $y_0 = 0$ und $z_0 = 0.6$ m gefahren. Der Zielpunkt wird in Weltkoordinaten angegeben, die Steuerung berechnet durch Anwendung der Rückwärtstransformation die zu dieser Stellung gehörenden Winkel und führt dann die Interpolation für die PTP-Bahn durch. Die Orientierung bleibt vorerst die gleiche wie in der Startstellung. Man sieht, dass die Bewegung des TCP im Raum zum Voraus bekannt ist. Es ist eine Wartezeit von 0.2 Sekunden programmiert, damit z. B. während dieser Zeitspanne die Regelung eine sich einstellende Abweichung von der ersten Zielstellung ausregelt. Danach folgen drei Linearbahnen, die den Effektor veranlassen, mit gleichbleibender Orientierung die Seiten des Dreiecks abzufahren. Schließlich wird die Zirkularbahn mit der oberen Ecke des Dreiecks als Hilfspunkt und der unteren rechten Ecke als Zielpunkt abgefahren. Der Euler-Winkel C ändert sich dabei von 90° auf 0°, d. h. der Greifer zeigt im Ziel nach oben in Richtung der z_0-Achse (s. auch Bild 2.25/Bild 2.26).

Bild 5.9 zeigt ein Programmbeispiel in der Programmiersprache RAPID von ABB. Das Programm startet im Punkt PHome. Die erste Bewegung ist eine PTP-Bewegung (MoveJ) zum Punkt P1. Die Geschwindigkeit ist auf 1000 mm/s begrenzt (Parameter: v1000). Darauf folgen vier Linearbewegungen (MoveL) zu den Punkten P2, P3, P4 und P1. Der Punkt P2 wird exakt angefahren, d. h. der TCP kommt im Punkt P2 zum Stillstand (Parameter: fine). Der Punkt P3 wird mittels CP-Überschleifen angefahren, d. h. der TCP weicht auf der Verbindung von P2 nach P3 von der geplanten Linearbahn in der Nähe des Zielpunktes ab, um auf die nachfolgende Linearbahn zwischen P3 und P4 verschliffen zu werden (s. Abschnitt 4.4.2). Innerhalb der Überschleifkugel mit dem Radius 100 mm (Parameter: z100) wird die Richtung und Orientierung zwischen den beiden Linearbewegungen verschliffen. Bei Verlassen der Überschleifkugel folgt der TCP wieder der vorgegebenen Linearbahn zwischen P3 und P4. Punkt P4 wird mit einem Überschleifradius von 150 mm angefahren. Danach wird der Punkt P1 exakt angefahren. Im letzten Programmabschnitt wird eine Zirkularbahn gefolgt von einer Linearbahn in einer FOR Schleife dreimal wiederholt. Vor der Zirkularbewegung wird jeweils eine Sekunde pausiert (WaitTime) und ein digitaler Ausgang eingeschaltet (SetDO). Auch nach der Zirkularbahn wird eine Sekunde pausiert und der digitale Ausgang wieder ausgeschaltet. Die Wartezeiten beginnen jeweils, sobald alle Achsen nach der vorherigen Bewegung zum Stillstand gekommen sind (Parameter: Inpos). Der Kreisbogen der Zirkularbahn wird durch den Startpunkt der Bewegung P1, den Zielpunkt P2 und einen Zwischenpunkt auf dem Kreis PC definiert. Im Anschluss an die Zirkularbewegung wird linear zum Punkt P1 zurückgefahren.

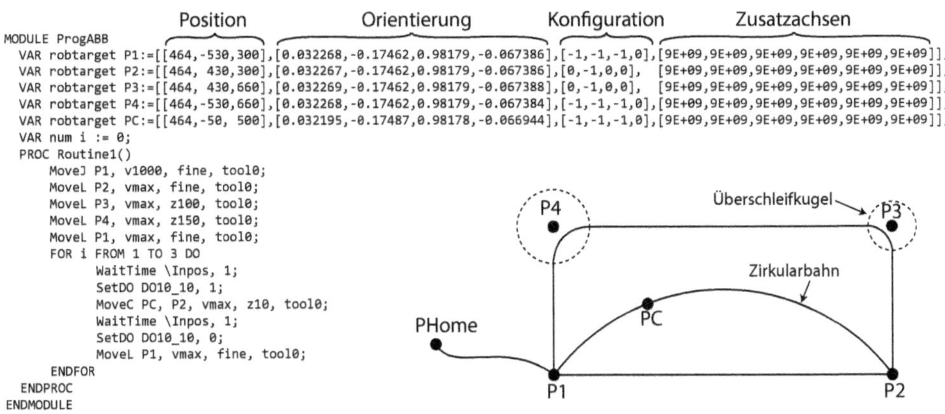

Bild 5.9 RAPID Beispielprogramm (ABB)

Alle Bewegungsbefehle werden für das Koordinatensystem des ausgewählten Werkzeuges (tool0) ausgeführt. Hier ist zu beachten, dass sich die Bewegung im Gelenkraum bei einem Werkzeugwechsel entsprechend verändern wird. Somit bedarf es besonderer Aufmerksamkeit, um eine Kollision zu vermeiden. Die Zielposen sind als Variablen vom Typ robtarget per Teach-In bzw. durch vorherige Berechnung definiert worden. Die Orientierung wird bei dieser Robotersteuerung in Quaternionen angegeben: Im Gegensatz zu den häufig verwendeten Euler-Winkeln bei anderen Robotersteuerungen werden die Orientierungen bei Quaternionen durch einen Drehwinkel und eine Drehachse definiert (vgl. Abschnitt 2.1.10). Zusätzlich wird zu jedem robtarget die Armkonfiguration gespeichert, da es Posen gibt, die durch unterschiedliche Kombinationen von Achswinkeln erreicht werden können (Mehrdeutigkeiten s. Abschnitt 3.2.1). Die Konfiguration legt in Abhängigkeit von der Nullstellung bestimmter Gelenke fest, in welchem Quadranten sich die jeweiligen Gelenkwinkel befinden (s. /5.5/). Somit kann eine eindeutige Vorzugskonfiguration auf Gelenkebene definiert werden. Zuletzt speichert jedes robtarget auch die Stellung der optionalen Zusatzachsen. Der Wert 9+E09 definiert eine nicht verwendete Achse.

5.4 Programmierunterstützung durch grafische Simulation

Der Programmierer muss bei der Offline-Programmierung zum einen die Programmiersprache beherrschen und zum anderen die Arbeitsaufgabe des Roboters in einem höheren Grade abstrahieren, da er nicht direkt Arbeitsumgebung und Aktionen des Roboters beobachtet. Dieser Nachteil kann durch unterstützende grafische Systeme vermindert werden, bei denen die Roboterbewegung einschließlich Umgebungsbedingungen und Vorgänge in der Arbeitszelle visualisiert werden. Diese Technik wird auch als **CAR** (**C**omputer **A**ided **R**obotic) bezeichnet. Man kann die Simulationssysteme in zwei Klassen einteilen: Universelle Simulationssysteme, die eine spezielle Roboterprogrammiersprache verwenden und zur Simulation von Industrierobotern verschiedener Hersteller eingesetzt werden können und Simulationssysteme, die von den Roboterherstellern speziell für ihre Industrieroboter angeboten werden. Universelle Simulationssysteme sind z. B. Process Simulate, Robot-Expert und Robcad, Komponenten der PLM Software Tecnomatix (/5.17/). Ein relativ preisgünstiges Produkt, das auch mehrere Roboter und Peripheriegeräte modellieren und simulieren kann, ist Easy-Rob (/5.9/).

Als Beispiel für ein herstellerspezifisches Simulations- und Programmierwerkzeug soll hier die fortgeschrittene Offline-Programmierung KUKA.Sim Pro (Simulation und Programmierung, /5.18/) der Fa. KUKA kurz dargestellt werden. KUKA.Sim Pro enthält den virtuellen Robotercontroller KUKA OfficeLite. Mit KUKA OfficeLite ist eine Offline-Programmierung möglich. Der Roboter kann zusammen mit importierten CAD-Modellen von Anlagenteilen visualisiert werden. In Bild 5.10 (links) ist die Bedienoberfläche von KUKA OfficeLite abgebildet. In Bild 5.10 (rechts) ist die virtuelle Arbeitsumgebung mit KUKA. Sim Pro visualisiert. Der Anwender kann Posen in der virtuellen Welt teachen und nachbearbeiten. Wie beim Online-Programmieren mit dem PHG wird die Programmeingabe vorgenommen und mit denselben Steuerungsfunktionen das Programm erstellt. Nach der Programmierung kann man den Arbeitsvorgang in KUKA.Sim Pro visualisieren, eine Prüfung auf Kollision vornehmen lassen und ggf. Modifikationen am Programm durchführen. Eine weitere Hilfe bei der Programmierung ist **Augmented Reality** („erweiterte Realität"). Hier werden Objekte der realen Roboterarbeitsumgebung, z. B. ein Werkstück, mit einer Kamera aufgenommen und in der Simulationsumgebung abgebildet. Diesem Bild können dann programmierte Bahnen und andere Informationen grafisch überlagert werden.

Die erstellten Programme können direkt an die reale KRC-Robotersteuerung übertragen und ausgeführt werden. Diese Art der Programmierung fördert die Bereitschaft, die Programmierung offline vorzunehmen, da in der gewohnten Art und Weise gearbeitet werden kann.

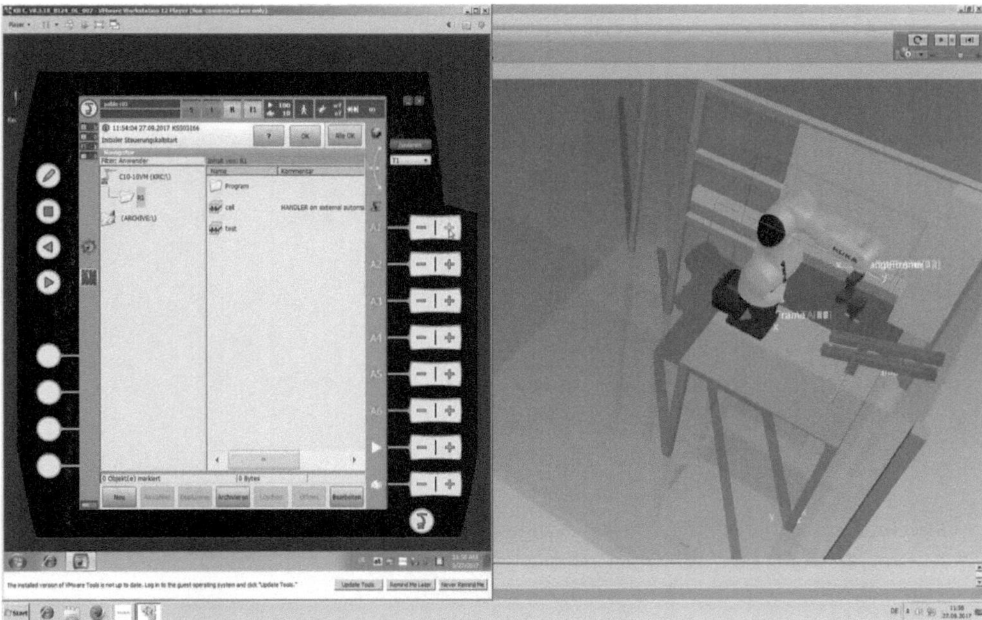

Bild 5.10 Bedienoberfläche von KUKA OfficeLite (links) und virtueller Arbeitsablauf mit KUKA.Sim (Werkbild KUKA Robotics)

Das simulierte Verhalten der Robotersteuerung unterscheidet sich oft in folgenden wichtigen Punkten von der Realität.

Bahnplanung und Postprozessor

Bei Verwendung eines universellen Simulationswerkzeuges wird das Programm vor dem Download auf die Robotersteuerung mit einem Postprozessor in die roboterspezifische Programmiersprache übersetzt. Dadurch kann es bei der Ausführung des Programms auf der realen Steuerung zu Abweichungen gegenüber den simulierten Bahnen kommen. Selbst wenn ein Bewegungsbefehl des Robotersimulationssystems in Aufbau und Angaben identisch mit dem des Roboterherstellers ist, können Abweichungen entstehen, da im Hintergrund verschiedene Algorithmen zur Bahnplanung ablaufen, z. B. unterschiedliche Verfahren der Orientierungsnachstellung, der Bahnplanung und der Rückwärtstransformation.

I/O-Schnittstellen der Robotersteuerung

Die Nachbildung der Ein- und Ausgänge der Robotersteuerung ist von besonderer Bedeutung. Da jeder Roboterhersteller in seiner Steuerung andere Algorithmen verwendet, ist eine vollständige Nachbildung der I/O-Schnittstellen durch die Hersteller der Simulationsprogramme nicht möglich. In der Simulation der **Zykluszeit** (Zeitspanne in der ein definierter Arbeitsvorgang durchgeführt wird) kann dies zu erheblichen Abweichungen führen.

Fehler in den geometrischen Modellen

Durch Fertigungstoleranzen treten Abweichungen auf. Äußere Einflüsse durch Änderung der Temperatur oder Gelenkelastizitäten werden ebenfalls in der Regel nicht nachgebildet.

Fehlende oder ungenaue Nachbildung des Regelungsverhaltens

Eine weitere Ursache für Abweichungen ist die fehlende oder zu ungenaue Nachbildung der Regelungseigenschaften. In den Simulationssystemen ist der Roboter oft ein masseloses Objekt, das alle vorgegebenen Bahnen exakt einhält. Die unvermeidlichen Regelungsfehler werden nicht simuliert.

5.5 Vergleich der verschiedenen Programmierarten

Die Online-Programmierverfahren haben den Vorteil, dass die Bewegungsvorgabe mit dem realen Roboter unmittelbar in der Arbeitsumgebung erfolgt. Durch direkte Sicht kann die Richtigkeit und Genauigkeit der Bewegungsvorgaben getestet werden, eine genaue Vermessung der Arbeitszelle ist nicht nötig, Toleranzen und geometrische Verhältnisse in der Arbeitszelle wie Hindernisse, gesperrte Raumbereiche etc. werden direkt berücksichtigt. Erfahrungswissen der Programmierer über Arbeitsvorgänge werden unmittelbar einbezogen. Die wohl am häufigsten eingesetzte Teach-In-Programmierung erfordert wenig Programmierkenntnisse und einen geringen Zeitaufwand. Bei komplizierten Bewegungen wie sie z. B. bei der Bearbeitung von Freiformflächen auftreten, bietet die Play-Back-Programmierung einen Ausweg. Diese Methode ist auf Spezialfälle beschränkt, da erhöhte Sicherheitsanforderungen notwendig sind. Der Programmierer muss sich im Arbeitsraum des Roboters und in beengten Arbeitszellen aufhalten. Beim Master-Slave-Verfahren kann die Programmierung außerhalb der Arbeitszelle erfolgen, wobei wie bei der Play-Back-Programmierung der Vorteil der natürlichen Bewegungsvorgabe erhalten bleibt. Play-Back- und Master-Slave-Programmierung erfordern im Vergleich zum Teach-In zusätzliche steuerungstechnische Funktionen.

Hauptnachteil aller Online-Programmierverfahren ist, dass während des Programmierens neuer Bewegungssequenzen der Industrieroboter nicht für die Arbeitsaufgabe zur Verfügung steht. Überdies ist das Programmieren und Testen bei komplexen Bewegungsabläufen aufwendig. Fortgeschrittene Verfahren, bei denen Bewegungsabläufe abhängig von Sensorinformationen modifiziert werden können, sind nur beschränkt möglich. Mit der Online-Programmierung können Bewegungsprogramme nur bis zu einem mittleren Schwierigkeitsgrad mit vertretbarem Aufwand erstellt werden.

Die Offline-Programmierverfahren haben den Vorteil, dass umfangreiche Vorarbeiten in der Programmerstellung geleistet werden können, ohne dass eine laufende Produktionsanlage mit Industrierobotern stillgelegt werden muss. Zudem können verschiedene Teilaufgaben der Programmierung zeitlich parallel von verschiedenen Programmierern bearbeitet werden. Die genannten Nachteile der Offline-Programmierung können weitgehend durch Simulationssysteme kompensiert werden.

5.6 Übungsaufgaben

5.6.1 Mit ManDy soll eine Bewegung aus der Grundstellung des R6-Knickarmroboters in Bild 2.25/Bild 2.26 in eine Zielstellung auf verschiedene Arten programmiert und die Bahn durch 2-D-Ansichten und Visualisierung der Bewegung überprüft werden. In ManDy ist der R6-Knickarmroboter modelliert.

a) Es soll mit einer PTP-Rampenbahn zur Stellung $(0°, 0°, 0°, 180°, 90°, -90°)^T$ gefahren werden. Testen Sie, wie sich die Raumbahn des TCP ändert, wenn die PTP-Bahn mit einem Sinoidenprofil gefahren wird.

b) Wählen Sie nun die Möglichkeit, obige Zielstellung des Effektors in Weltkoordinaten anzugeben und mit einer PTP-Bahn anzufahren. Diskutieren Sie die Unterschiede gegenüber der Angabe der Zielstellung in Roboterkoordinaten. Zielstellung: $x_0 = 1.105\,\text{m}, y_0 = 0,\ z_0 = 0.54\,\text{m},\ A = C = 90°,\ B = 0°$

c) Fahren Sie obige Zielstellung mit einer Linearbahn an. Welche Probleme können auftreten?

5.6.2 Überprüfen Sie die Ergebnisse von Aufgabe 4.5.4 soweit wie möglich durch Programmieren und Darstellen der Bahn in ManDy.

5.6.3 Geben Sie das in Abschnitt 5.3.2 (Bild 5.8) gebrachte Beispiel als ManDy-Programm ein. Lassen Sie mit RUN den zeitlichen Verlauf der Gelenksollwerte berechnen, stellen Sie den Sollverlauf der Bahn in den drei Ebenen dar und visualisieren Sie den Bewegungsablauf.

5.6.4 Schreiben Sie mit ManDy ein Programm, sodass der TCP sich auf der in Bild 5.11 gezeichneten Bahn in der x_0-z_0-Ebene bewegt ($y_0 = 0$). Orientierung: $A = 90°, B = 0°, C = 90°$. Unterer Eckpunkt: $x_0 = 1.03\,\text{m},\ z_0 = 0.615\,\text{m}$, oberer Eckpunkt: $x_0 = 1.03\,\text{m},\ z_0 = 0.765\,\text{m}$. Stellen Sie grafisch die Soll-Bahn dar und visualisieren Sie die Roboterbewegung.

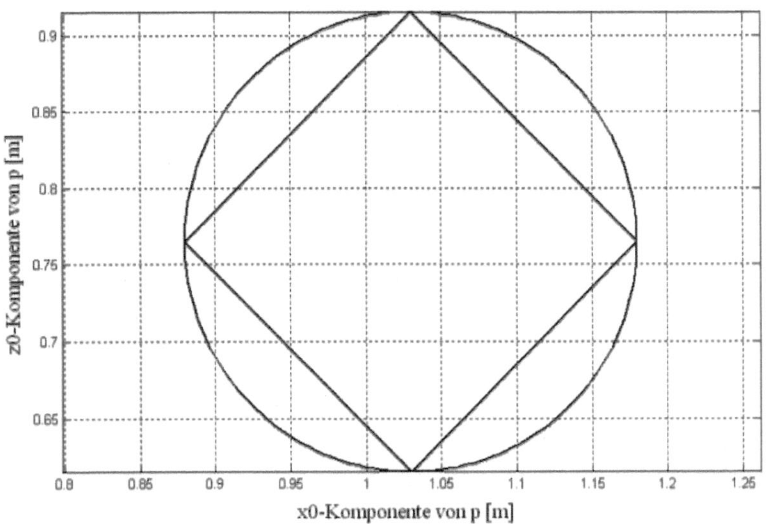

Bild 5.11 Zu Aufgabe 5.6.4

6 Modell der Dynamik

In Kapitel 2 bis Kapitel 4 wurde erläutert, wie die Lage des Industrieroboters im Raum vollständig beschrieben und eine vom Anwender gewünschte Bewegung vorgegeben werden kann. Auf der Basis der kinematischen Beschreibung aus Kapitel 2 wird nun der Zusammenhang zwischen der Bewegung des Roboterarms und den wirkenden Kräften/Momenten behandelt und mathematisch beschrieben. Die Kräfte/Momente werden von den Antrieben bereitgestellt. Die Antriebe mit ihrer antriebsnahen Servoelektronik werden durch Signale, die von der Steuerung/Regelung errechnet wurden, angesteuert. Es liegt deshalb nahe, die dynamischen Eigenschaften der Antriebsmotoren, der antriebsnahen Servoelektronik und der mechanischen Bewegungsübertragung von den Motoren zu den Gelenken im Modell zu berücksichtigen. Man kann in diesem Fall vom Modell der Elektromechanik sprechen. Bei der Entwicklung von Robotersteuerungen erfüllt das Modell der Elektromechanik mehrere Zwecke: Es wird als Beschreibung der Regelstrecke benötigt, um geeignete Regelungsalgorithmen zu entwerfen (Kapitel 7) und es dient als Grundlage zur Simulation des dynamischen Verhaltens des Industrieroboters. Weiter kann das Modell aber auch zur Auslegung mechanischer Komponenten verwendet werden.

6.1 Modell der Dynamik einer Gelenkachse

In diesem Abschnitt wird die Modellbildung eines einzelnen Gelenks mit Einbeziehung des Antriebssystems vorgenommen. Dabei wird eine generalisierte Beschreibung verwendet, damit Drehachsen und Schubgelenke in einer einheitlichen Darstellung beschrieben werden können. Einflüsse der Stellung und Bewegung anderer Gelenke, wie sie in Kapitel 1 angeführt wurden, sollen hier nicht explizit berücksichtigt werden. Der Index i für die Gelenkbezeichnung wird im Folgenden aus Gründen der Vereinfachung weggelassen, da die Ausführungen in diesem Kapitel für alle Gelenke gelten.

6.1.1 Modell der Mechanik eines Gelenks/Armteils

In Bild 6.1 sind links ein Schubgelenk und rechts ein Drehgelenk skizziert. Zuerst soll das Schubgelenk betrachtet werden, wobei die Neigung β als konstant angenommen wird. Das Armteil mit der Masse m führt unter der Wirkung der Kraft $F(t)$ eine Linearbewegung in der d-Richtung aus. Dabei wird angenommen, dass eine der Geschwindigkeit proportionale Reibungskraft auftritt. Mithilfe des Newtonschen Axioms erhält man:

$$m \cdot \ddot{d} = F - m \cdot g \cdot \sin\beta - \hat{F}_D \cdot \dot{d} - z \tag{6.1}$$

Die Störgröße z kann durch Einflüsse anderer Gelenke oder durch externe Kräfte bei Kraftschluss mit der Umgebung hervorgerufen werden. Beim Drehgelenk entspricht dem Newtonschen Axiom der Drallsatz:

$$J_L \cdot \ddot{\theta} = M_{Gel} - m \cdot g \cdot l_S \cdot \cos\theta - F_D \cdot \dot{\theta} - z \tag{6.2}$$

Dabei ist J_L das Trägheitsmoment um die Drehachse, F_D der Reibungskoeffizient des winkelgeschwindigkeitsabhängigen Reibungsmoments, l_s der Abstand von der Drehachse zum Schwerpunkt und g der Betrag der Gravitationsbeschleunigung. Die Störgröße z soll auch hier den Einfluss anderer Gelenke durch Kopplungen zusammenfassen und beinhaltet externe Drehmomente. Die Kraft $m \cdot g \cdot \cos\theta$ ist die Gewichtskraft, die im Schwerpunkt senkrecht zum Hebel zum Gelenk steht und ergibt multipliziert mit dem Abstand l_S das vom Eigengewicht verursachte Drehmoment. Das Drehmoment M_{Gel} ist das vom Motor verursachte Drehmoment auf das Gelenk.

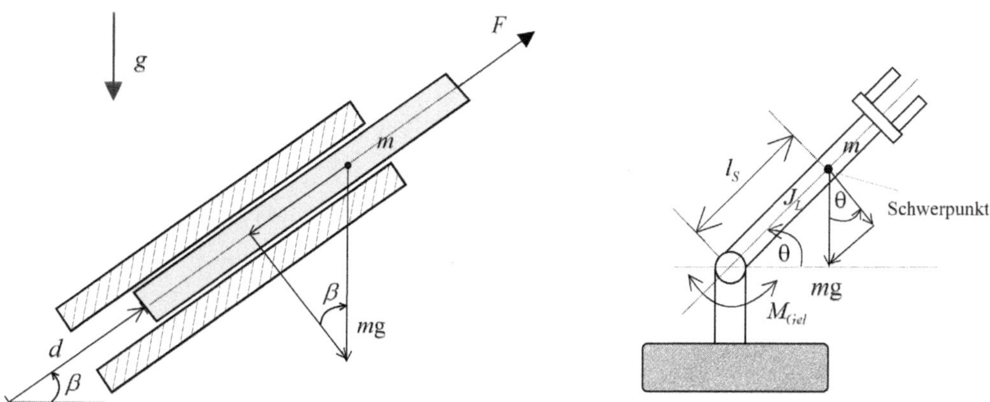

Bild 6.1 Zur Modellbildung von Gelenkachsen/Armteilen

Da Schubgelenk und Drehgelenk einheitlich beschrieben werden sollen, wird die **generalisierte Koordinate** q eingeführt und die Bezeichnung τ für das antreibende Drehmoment bzw. die antreibende Kraft. So gilt $q = \theta$, $\tau = M_{Gel}$ für ein Drehgelenk und $q = d$, $\tau = F$ für ein Schubgelenk. Wenn die Einflüsse der Reibung und Gravitation allgemein in der Größe $b(q,\dot{q})$ zusammengefasst werden und man $M = J_L$ für ein Drehgelenk und $M = m$ für ein Schubgelenk schreibt, erhält man Gl. (6.1) und Gl. (6.2) in der Form:

$$M \cdot \ddot{q} = \tau - b(q,\dot{q}) - z \tag{6.3}$$

τ kann auch generalisierte Kraft genannt werden. In Tabelle 6.1 sind nochmals die Größen der generalisierten Beschreibung aufgelistet. Bei mathematischen Modellen mechanischer Systeme wird zwischen zwei Arten von Modellen unterschieden, die auf verschiedenen Aufgabenstellungen beruhen:

Bewegungsgleichung (Modell, Anfangswertproblem der Mechanik):

Aus gegebenen Kräften/Momenten und Anfangsbedingungen wird die Bewegung berechnet.

Inverses Modell (inverses Problem der Mechanik):

Aus der gegebenen Bewegung werden die wirkenden Kräfte/Momente bestimmt.

Die Bewegungsgleichung erhält man, wenn nach der höchsten Ableitung der allgemeinen Koordinaten aufgelöst wird:

$$\ddot{q} = M^{-1} \cdot \left(\tau - b(q,\dot{q}) - z\right) \tag{6.4}$$

Sind dann noch die Anfangsbedingungen $q_0 = q(t{=}0)$ und $v_0 = \dot{q}(t=0)$ gegeben, kann bei bekanntem Verlauf $\tau(t)$ der Bewegungsverlauf $q(t), \dot{q}(t)$ berechnet werden. Das inverse Modell gewinnt man durch Auflösung nach τ:

$$\tau = M \cdot \ddot{q} + b(q,\dot{q}) + z \tag{6.5}$$

Ist der zeitliche Verlauf der Beschleunigung $\ddot{q}(t)$ und der Geschwindigkeit $\dot{q}(t)$ bekannt, kann der zeitliche Verlauf der wirkenden generalisierten Kraft $\tau(t)$ berechnet werden.

Tabelle 6.1 Größen bei der generalisierten Beschreibung eines Gelenks/Armteils

Physikalische Größe	Bezeichnung bei der generalisierten Beschreibung	Bezeichnung bei einem Schubgelenk	Bezeichnung bei einem Drehgelenk
Generalisierte Koordinate	q	d in m	θ in rad
Masse, Trägheitsmoment	M	m in kg	J_L in kgm^2
Antreibende Kraft bzw. Moment	τ	F in N	M_{Gel} in Nm
Verschiedene Kräfte/ Drehmomente	$b(q,\dot{q})$	$\hat{F}_D \cdot \dot{d} + m \cdot g \cdot \sin\beta$	$F_D \cdot \dot{\theta} + m \cdot g \cdot l_S \cdot \cos\theta$

Aus Gründen der Übersichtlichkeit wurde in Gl. (6.1) bis Gl. (6.5) eine **statische Reibung** nicht berücksichtigt. Wie die statische Reibung im Besonderen in der Simulation des dynamischen Verhaltens berücksichtigt werden kann, ist in Anhang C beschrieben.

6.1.2 Modell des Antriebsmotors und der Servoelektronik

Um die Forderungen bez. der Beschleunigungen und Geschwindigkeiten zu erfüllen, sind hochdynamische Antriebe erforderlich. Als Antriebsmotoren für Industrieroboter werden überwiegend sogenannte **bürstenlose Gleichstromantriebe** eingesetzt, die die klassischen Gleichstrommotoren wegen ihres geringen Wartungsaufwands, günstigen Leistungsgewichts und ihrer besseren thermischen Eigenschaften abgelöst haben. Der bürstenlose Gleichstrommotor, auch Elektronikmotor genannt, ist von der Bauart ein Synchronmotor. Im Vergleich zum Gleichstrommotor trägt der Stator die Wicklung und der Läufer das Magnetsystem. Der Aufwand zur Regelung des Antriebsdrehmomentes ist sehr viel höher.

Näheres über bürstenlose Gleichstromantriebe, einschließlich Stromrichter und antriebsnaher Regelung (s. z. B. /6.3/, /6.10/ und /6.11/). Bild 6.2 zeigt nur die prinzipiellen Verhältnisse. Die Einprägung eines gewünschten Drehmomentes unabhängig von der Drehzahl ist wie bei den Gleichstrommotoren als **Stromregelung** ausgeführt, wobei zusätzlich ein Rotorlagegeber vorhanden sein muss, dessen Messwert von der Elektronik verwendet wird, um die Stromwendung zu steuern.

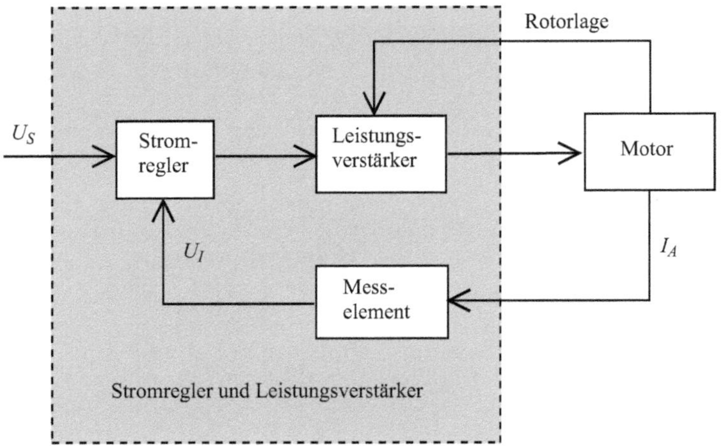

Bild 6.2 Wirkschema der Stromregelung eines bürstenlosen Gleichstrommotors

Durch die Rückkopplung der Lage des Ankers ist wie bei einem Gleichstromantrieb der Strom dem Motordrehmoment proportional. Die antriebsnahe Stromregelung ist so schnell, dass im Vergleich zum dynamischen Verhalten der Mechanik des Roboterarms die Stromregelung als ideal angenommen werden kann. Man kann also aus Sicht der übergeordneten Roboterregelung $U_I \approx U_S$ annehmen und der Strom ist nicht nur dem Messsignal U_I, sondern auch näherungsweise dem Eingangssignal U_S proportional. U_S wird von der Roboterregelung vorgegeben. Mit der Motorkonstanten C als Proportionalitätsfaktor zwischen Strom I_A und Antriebsdrehmoment M_A und der Messkonstanten K_{MI} zwischen Strom und Spannung erhält man:

$$M_A = C \cdot I_A = (C / K_{MI}) \cdot U_S = K_M \cdot U_S \tag{6.6}$$

Das Antriebsdrehmoment M_A steht nicht vollständig als Nutzmoment zur Verfügung, da i. Allg. der Motoranker (Massenträgheitsmoment J_A) beschleunigt werden muss und Reibungsverluste im Motor auftreten. Stellt man für den Motor den Drallsatz (Drehimpulserhaltungssatz) auf (s. Bild 6.3), so wirkt das Nutzmoment als Lastmoment M_L:

$$J_A \cdot \dot{\Omega} = K_M \cdot U_S - F_M \cdot \Omega - M_L \tag{6.7}$$

Ω bezeichnet die Winkelgeschwindigkeit des Motorankers und $M_R(\Omega) = F_M \cdot \Omega$ ist das der Winkelgeschwindigkeit proportionale Verlustmoment.

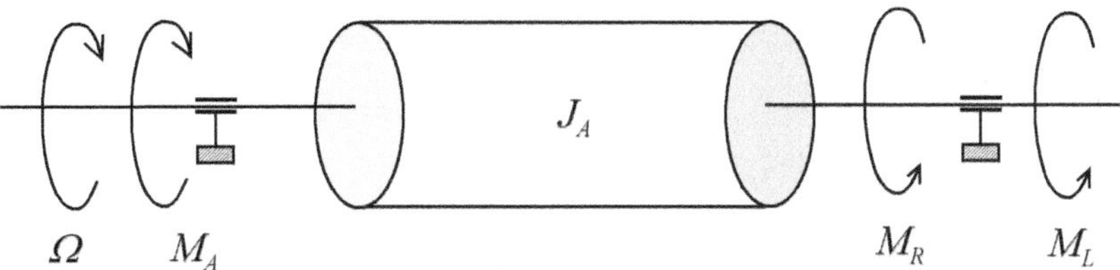

Bild 6.3 Zur Modellbildung des mechanischen Teils des Motors

6.1.3 Modell des ideal angenommenen Antriebsstrangs eines Gelenks

Die Kraft- und die Bewegungsübertragung vom Motor zum Gelenk werden durch **Untersetzungsgetriebe** sowie Zahnriemen, Wellen etc. vorgenommen. Durch den Antriebsstrang, im Besonderen durch das Untersetzungsgetriebe, wird der Bereich von Drehmomenten und Winkelgeschwindigkeiten auf der Antriebsseite auf Drehmomente bzw. Kräfte, Geschwindigkeiten abgebildet wie sie auf der Abtriebsseite, dem Gelenk, benötigt werden. Dabei soll dieser **Antriebsstrang** ein möglichst geringes Bauvolumen aufweisen, eine hohe Untersetzung bereitstellen, mechanisch steif und spielarm sein; Forderungen, die nicht vollständig zu erfüllen sind. In der Robotertechnik werden vielfach **Harmonic Drives** als spezielle Untersetzungsgetriebe eingesetzt. Sie erzielen hohe Untersetzungen bei geringem Bauvolumen (/6.16/). Sogenannte **Direktantriebe** oder **Direct Drives**, bei denen der Rotor direkt mit einem Armteil verbunden ist, sind zwar spielfrei, haben sich aber wegen zu hohem Leistungsgewicht bis heute noch nicht durchgesetzt.

Hier wird zur Vereinfachung angenommen, dass der Antriebsstrang zwischen Motor und Gelenk mechanisch steif ist und verlustfrei arbeitet. Trägheitsmomente des Getriebes können näherungsweise zum Trägheitsmoment des Motorankers gerechnet werden. Bei der Identifikation des Robotermodells können zudem Verluste im Getriebe als Reibungsverluste des Motors angesehen werden. Auf der Basis dieser idealen Annahmen sind die Leistung auf der Motorseite und die Leistung auf der Gelenkseite gleich und es gilt:

$$M_L \cdot \Omega = \tau \cdot \dot{q} \tag{6.8}$$

Gl. (6.8) gilt sowohl für ein Schubgelenk als auch ein Drehgelenk. Ein gefordertes Drehmoment bestimmt im Wesentlichen das Gewicht und das Volumen eines Motors. Da die Motoren in der Regel am bewegten Armteil angebracht sind, werden Motoren mit relativ kleinem Drehmoment, aber relativ hohen Drehzahlen, verwendet. Durch ein Untersetzungsgetriebe wird der Bereich von Drehmomenten und Winkelgeschwindigkeiten auf der Antriebsseite auf Drehmomente und Winkelgeschwindigkeiten abgebildet, wie sie auf der Abtriebsseite, dem Gelenk, benötigt werden. Es gilt:

$$\dot{q} = \frac{1}{u} \cdot \Omega, \quad \tau = u \cdot M_L \tag{6.9}$$

Wir bezeichnen hier u als **Untersetzung** mit $|u| > 1$. Liegt ein Drehgelenk vor, ist u dimensionslos. Bewegt der Motor jedoch ein Schubgelenk ist $[u] = [\Omega]/[\dot{q}] = \text{rad/m} = 1/\text{m}$.

6.1.4 Gesamtmodell einer Einzelachse bei ideal angenommenem Antriebsstrang

Durch eine Regelung soll das Bewegungsverhalten des Gelenks beeinflusst werden. Ausgangsgröße des Reglers und damit die Stellgröße ist das Signal U_s an den Leistungsverstärker mit Stromregelung (s. Bild 6.2). Die Beziehung zwischen U_s und den Gelenkgrößen $q, \dot{q}, \ddot{q}$ ist die Regelstrecke, die in Bild 6.4 schematisch dargestellt ist. In diesem Abschnitt wird deshalb eine Beziehung zwischen U_s und den Gelenkgrößen $q, \dot{q}, \ddot{q}$ hergeleitet, dabei sollen als zeitabhängige Größen nur U_s und $q, \dot{q}, \ddot{q}$ auftreten.

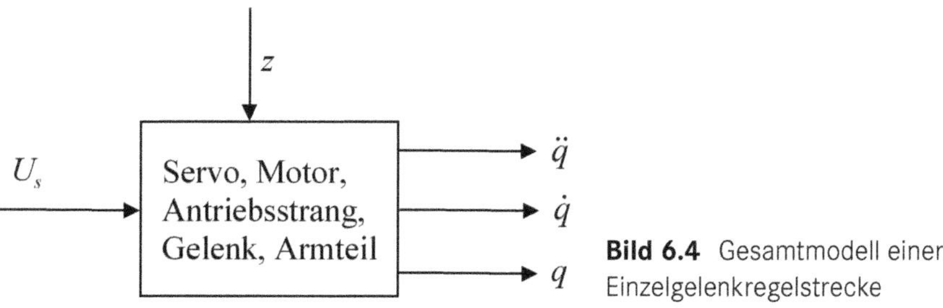

Bild 6.4 Gesamtmodell einer Einzelgelenkregelstrecke

M_L wird mit Gl. (6.7) durch $M_L = K_M \cdot U_S - F_M \cdot \Omega - J_A \cdot \dot{\Omega}$ ausgedrückt und in der rechten Seite von Gl. (6.9) eingesetzt:

$$\tau = K_M \cdot u \cdot U_S - F_M \cdot u \cdot \Omega - J_A \cdot u \cdot \dot{\Omega} \tag{6.10}$$

τ wird in Gl. (6.10) durch die rechte Seite von Gl. (6.5) ersetzt und mit $\Omega = u \cdot \dot{q}$ erhält man:

$$M \cdot \ddot{q} + b(q,\dot{q}) = K_M \cdot u \cdot U_S - F_M \cdot u^2 \cdot \dot{q} - J_A \cdot u^2 \cdot \ddot{q} - z \tag{6.11}$$

Es wird noch nach dem Stellvektor U_S aufgelöst:

$$U_S = \frac{M + J_A \cdot u^2}{K_M \cdot u} \cdot \ddot{q} + \frac{b(q,\dot{q})}{K_M \cdot u} + \frac{F_M \cdot u \cdot \dot{q}}{K_M} + \frac{z}{K_M \cdot u} \tag{6.12}$$

oder

$$U_S = M^* \cdot \ddot{q} + b^*(q,\dot{q}) + z^* \tag{6.13}$$

mit

$$M^* = \frac{M + J_A \cdot u^2}{K_M \cdot u}, \quad b^*(q,\dot{q}) = \frac{b(q,\dot{q})}{K_M \cdot u} + \frac{F_M \cdot u \cdot \dot{q}}{K_M} \tag{6.14}$$

Gl. (6.13) hat die Form des inversen Modells nach Gl. (6.5). Aus dem Bewegungszustand $q, \dot{q}, \ddot{q}$ kann die wirkende Stellgröße U_s berechnet werden. Die Bewegungsgleichung erhält man durch Auflösung von Gl. (6.13) nach $\ddot{q}$:

$$\ddot{q} = \left[M^*\right]^{-1} \cdot \left(U_S - b^*(q,\dot{q}) - z^*\right) \tag{6.15}$$

6.2 Modell der Mechanik eines Roboterarms mit dem rekursiven Newton-Euler-Verfahren

Im vorigen Abschnitt wurde das Modell eines Armteils/Gelenks aufgestellt. Bei einem solchen Eingelenkmodell kommt nur eine Bewegungsgröße q und deren Ableitungen vor. Bei einem Roboterarm mit mehreren Gelenken wie in Bild 6.5 sind die Bewegungen der Gelenke miteinander durch Kräfte und Drehmomente verkoppelt. Exemplarisch sollen drei solcher Kopplungen angegeben werden:

- Das Massenträgheitsmoment bez. der ersten Gelenkachse hängt von der Stellung der Gelenke zwei und drei ab. So ist dieses Massenträgheitsmoment minimal, wenn der Arm nach oben ausgestreckt ist, und maximal, wenn die Armteile zwei und drei senkrecht zur Längsrichtung des ersten Armteils stehen.
- Die Gravitation bewirkt im Gelenk 2 ein Drehmoment, das von der Stellung des zweiten als auch des dritten Gelenks abhängt. Es gilt:

  $$\tau_2 = \cdots + \cos(q_2 + q_3) \cdot k_2 + \cos q_2 \cdot k_3 + \cdots$$

- Bewegt sich das erste Gelenk, so wirken Zentripetalmomente in den Gelenken zwei und drei, die von der Winkelgeschwindigkeit des ersten Gelenks und den Winkeln q_2 und q_3 abhängen. Es gilt: $\tau_2 = \cdots + c_1 \cdot \sin q_2 \cdot \cos(q_2 + q_3) \cdot \dot{q}_1^2 + \cdots$

Im Gegensatz zum Eingelenkarm werden deshalb die Bewegungsgleichung und das inverse Modell durch Matrizengleichungen beschrieben. Die Gelenkwinkel und die in den Gelenken wirkenden Drehmomente werden zu Vektoren zusammengefasst. Statt dem Massenträgheitsmoment M wird eine **Massenträgheitsmatrix** $\boldsymbol{M}$ verwendet. Liegen Schubgelenke vor, sind ein Teil der Komponenten von $\boldsymbol{M}$ Massen, deshalb wird $\boldsymbol{M}$ im allgemeinen Fall als **Massenmatrix** bezeichnet. Beispielsweise ist das Produkt $M_{ik}(\boldsymbol{q}) \cdot \ddot{q}_k$ derjenige Teil des Drehmomentes oder der Kraft im Gelenk i, der durch eine Beschleunigung $\ddot{q}_k$ des k-ten Gelenks verursacht wird.

Eine Komponente b_i des Vektors $\boldsymbol{b}$ beinhaltet Drehmomente bzw. Kräfte, die durch Gravitation, durch Zentripetal- und Corioliskräfte sowie durch Reibungskräfte im Gelenk i hervorgerufen werden. Die Komponenten von $\boldsymbol{b}$ sind i. Allg. lage- und geschwindigkeitsabhängig.

Das Aufstellen der expliziten Gleichungen der Dynamik ist gegenüber Eingrößensystemen nicht mehr so einfach. Allerdings stehen formalisierte Verfahren für die Modellbildung solcher Mehrkörpersysteme zur Verfügung. Ein solches Verfahren ist das in diesem Kapitel behandelte **Newton-Euler-Verfahren**, das auf eine große Klasse von Industrierobotern angewendet werden kann, relativ anschaulich und überdies rechenzeiteffizient ist.

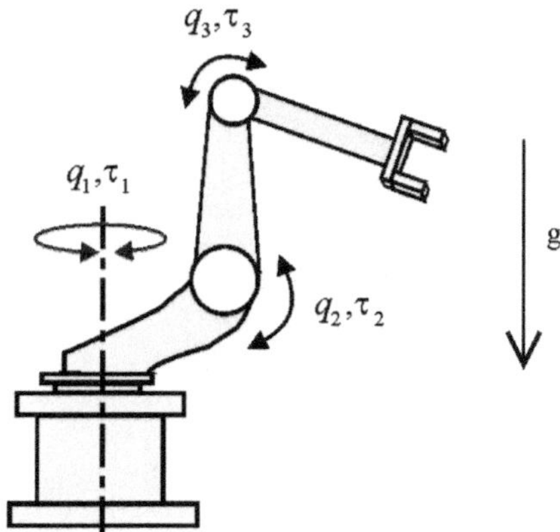

Bild 6.5 Bewegungsgleichungen und inverses Modell eines Roboterarms

Mit dem rekursiven Newton-Euler-Verfahren werden die Antriebsdrehmomente bzw. Antriebskräfte berechnet, die bei gegebenen Gelenkkoordinaten, Gelenkgeschwindigkeiten und Gelenkbeschleunigungen wirken (Bild 6.6). D. h., das Newton-Euler-Verfahren löst das inverse Problem der Mechanik. Zur Ausführung des Verfahrens müssen die Parameter des Roboterarms, das sind die kinematische Struktur und kinematische Parameter, Anfangsbedingungen der Bewegung, Massen, Schwerpunkte, Trägheitsensoren der Armteile und Reibungskoeffizienten der Gelenke, bekannt sein. Zum Start der Berechnungen werden zudem die Anfangsbedingungen der Bewegung und die auf den Effektor einwirkenden externen Kräfte/Momente benötigt. Voraussetzung für die Anwendung des Verfahrens ist eine Beschreibung des Roboterarms als offene kinematische Kette und die Festlegung von Koordinaten nach der Denavit-Hartenberg-Konvention (Abschnitt 2.2).

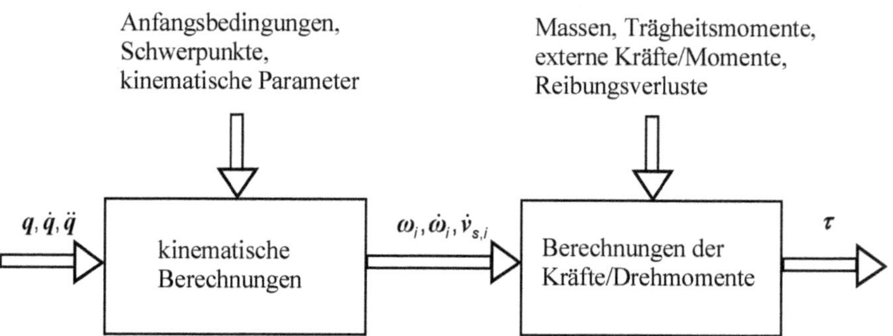

Bild 6.6 Ablaufschema des Newton-Euler-Verfahrens

6.2.1 Kinematische Berechnungen

Im ersten Teil des Rechenverfahrens wird ermittelt, wie sich jedes Armteil des Roboterarms im Raum bewegt. Diese Bewegung ist vollständig bestimmt, wenn die Translationsgeschwindigkeit $\boldsymbol{v}_{s,i}$ und die Translationsbeschleunigung $\dot{\boldsymbol{v}}_{s,i}$ des Schwerpunktes sowie der Winkelgeschwindigkeitsvektor $\boldsymbol{\omega}_i$ und die Winkelbeschleunigung $\dot{\boldsymbol{\omega}}_i$ des i-ten Armteils bekannt sind (s. Bild 6.7).

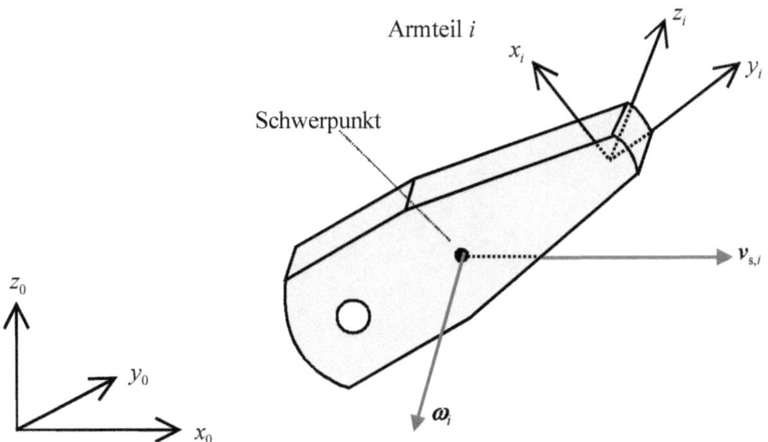

Bild 6.7 Allgemeine Bewegung eines starren Körpers

Alle Geschwindigkeits- und Beschleunigungsangaben sind absolut, sie beziehen sich auf den ruhenden Raum (Inertialsystem). Die Richtung des Winkelgeschwindigkeitsvektors $\boldsymbol{\omega}_i$ gibt die **momentane Drehachse** an, der Betrag $|\boldsymbol{\omega}_i|$ die Drehgeschwindigkeit in rad/s. Jeder Punkt eines starren Körpers hat dieselbe Winkelgeschwindigkeit. Die Vektoren der Winkelgeschwindigkeit und Winkelbeschleunigung können wie alle anderen Vektoren addiert werden. Obwohl Geschwindigkeits- und Beschleunigungsangaben auf den ruhenden Raum bezogen sind, können die Komponenten eines Vektors in einem beliebigen Koordinatensystem angegeben werden. Beim Newton-Euler-Verfahren ist vereinbart, dass alle Vektoren, die sich auf das Armteil i beziehen, im armteileigenen Koordinatensystem K_i ausgedrückt werden. Um eine einheitliche Beschreibung für Translations- und Drehgelenke zu erhalten, wird für jedes Gelenk der Faktor h_i eingeführt. Dabei gilt:

$$h_i = 1 \text{ für Gelenk } i \text{ ist Drehgelenk}, \quad h_i = 0 \text{ für Gelenk } i \text{ ist Schubgelenk} \tag{6.16}$$

Die kinematischen Berechnungen beginnen beim Armteil 0, der ruhenden Basis, und enden am Armteil n, dem Effektor. Abhängig von den Bewegungsgrößen der Gelenke wird sukzessive die absolute Bewegung der Armteile berechnet. Bild 6.8 zeigt zwei benachbarte Armteile, den Armteil i und den Armteil $i+1$. Den kinematischen Berechnungen liegt das Prinzip zugrunde, dass die absolute Bewegung des Armteils $i+1$ durch Überlagerung der bekannten absoluten Bewegung des Armteils i und der relativen Bewegung zwischen den Armteilen i und $i+1$ berechnet werden kann. Die relative Bewegung zwischen Armteil i und Armteil $i+1$ wird aber durch die Gelenkbewegung des Gelenks $i+1$ verursacht, die nach der Denavit-Hartenberg-Konvention bez. der z_i-Achse des Koordinatensystems K_i gemessen wird (s. auch Abschnitt 2.2). Ist das Gelenk $i+1$ ein Drehgelenk, ist die Relativwinkelgeschwindigkeit zwischen den beiden Armteilen durch die Gelenkwinkelgeschwindigkeit gegeben, wobei der Vektor der Winkelgeschwindigkeit in Richtung der Gelenkachse $i+1$, d. h. in Richtung der z_i-Achse, zeigt. Zum Vektor $\boldsymbol{\omega}_i$ des Armteils i muss dieser Vektor addiert werden, um die Winkelgeschwindigkeit des Armteils $i+1$ zu berechnen:

$$\boldsymbol{\omega}_{i+1} = \boldsymbol{\omega}_i + \hbar_{i+1} \cdot \boldsymbol{z}_i \cdot \dot{q}_{i+1} \tag{6.17}$$

Falls das Gelenk $i+1$ ein Translationsgelenk ist, ändert sich die absolute Winkelgeschwindigkeit von Armteil $i+1$ relativ zu Armteil i nicht. Den Winkelbeschleunigungsvektor erhält man durch Differenziation von Gl. (6.17). Die Differenziation nach der Zeit in Gl. (6.17) erfolgt bez. des armteileigenen Koordinatensystems, daher müssen Gl. (2.31) und Gl. (2.32) berücksichtigt werden:

$$\dot{\omega}_{i+1} = \dot{\omega}_i + \hbar_{i+1}(\boldsymbol{z}_i \cdot \ddot{q}_{i+1} + \omega_i \times \boldsymbol{z}_i \cdot \dot{q}_{i+1}) \tag{6.18}$$

Die Lineargeschwindigkeit des Ursprungs des Koordinatensystems K_{i+1}, das nach der Denavit-Hartenberg-Konvention fest mit dem Armteil $i+1$ verbunden ist, erhält man durch Ableitung des Vektors $\boldsymbol{r}_{i+1}$ (s. Bild 6.8). Der Vektor $\boldsymbol{p}_{i+1}$ zeigt vom Ursprung von K_i zum Ursprung von K_{i+1}.

$$\boldsymbol{r}_{i+1} = \boldsymbol{r}_i + \boldsymbol{p}_{i+1}$$

Durch Ableitung nach der Zeit erhält man für die Geschwindigkeiten:

$$\boldsymbol{v}_{i+1} = \frac{\mathrm{d}}{\mathrm{d}t}\boldsymbol{r}_{i+1} = \frac{\mathrm{d}}{\mathrm{d}t}\boldsymbol{r}_i + \frac{\mathrm{d}}{\mathrm{d}t}(\boldsymbol{p}_{i+1}) = \boldsymbol{v}_i + \frac{\mathrm{d}^{(i+1)}}{\mathrm{d}t}(\boldsymbol{p}_{i+1}) + \boldsymbol{\omega}_{i+1} \times \boldsymbol{p}_{i+1}$$

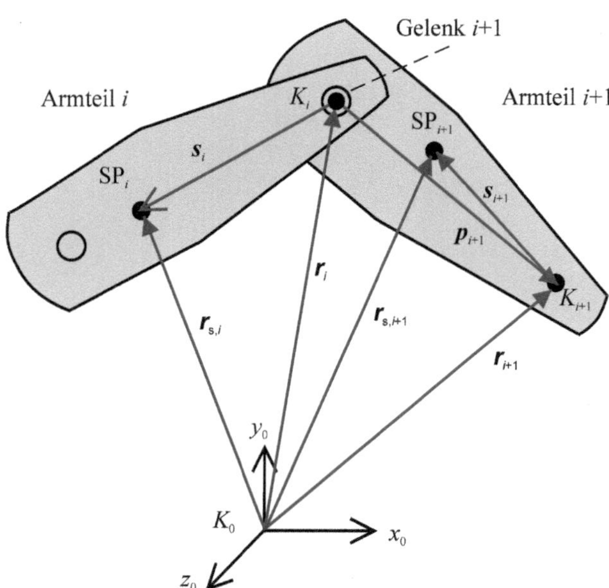

Bild 6.8 Kinematische Beziehungen zwischen zwei Armteilen

Der Vektor $\boldsymbol{p}_{i+1}$ wird wieder bez. des Koordinatensystems K_{i+1} differenziert, sodass auch hier die Regeln von Gl. (2.31) und Gl. (2.32) für die Differenziation in bewegten Koordinatensystemen angewandt werden müssen. Während für rotatorische Gelenke $\boldsymbol{p}_{i+1}$ bez. K_{i+1} konstant ist, hängt bei Schubgelenken $\boldsymbol{p}_{i+1}$ von der Gelenkkoordinate $q_i = d_i$ ab, sodass man für den Vektor der Lineargeschwindigkeit $\boldsymbol{v}_{i+1}$ den Ausdruck

$$\boldsymbol{v}_{i+1} = \boldsymbol{v}_i + (1-h_{i+1})\cdot \frac{\mathrm{d}^{(i+1)}}{\mathrm{d}t}\boldsymbol{p}_{i+1} + \boldsymbol{\omega}_{i+1} \times \boldsymbol{p}_{i+1}$$

erhält. Nun wird die Linearbeschleunigung durch Ableitung der Lineargeschwindigkeit berechnet:

$$\begin{aligned}\dot{\boldsymbol{v}}_{i+1} &= \frac{\mathrm{d}}{\mathrm{d}t}\boldsymbol{v}_{i+1} = \frac{\mathrm{d}}{\mathrm{d}t}\boldsymbol{v}_i + (1-h_{i+1})\cdot\left(\frac{\mathrm{d}^{2,(i+1)}}{\mathrm{d}t^2}\boldsymbol{p}_{i+1} + \boldsymbol{\omega}_{i+1}\times\frac{\mathrm{d}^{(i+1)}}{\mathrm{d}t}\boldsymbol{p}_{i+1} + \boldsymbol{\omega}_{i+1}\times\frac{\mathrm{d}^{(i+1)}}{\mathrm{d}t}\boldsymbol{p}_{i+1}\right)\\ &\quad + \dot{\boldsymbol{\omega}}_{i+1}\times\boldsymbol{p}_{i+1} + \boldsymbol{\omega}_{i+1}\times(\boldsymbol{\omega}_{i+1}\times\boldsymbol{p}_{i+1})\end{aligned}$$

Zusammenfassend erhält man:

$$\dot{\boldsymbol{v}}_{i+1} = \dot{\boldsymbol{v}}_i + \dot{\boldsymbol{\omega}}_{i+1}\times\boldsymbol{p}_{i+1} + \boldsymbol{\omega}_{i+1}\times(\boldsymbol{\omega}_{i+1}\times\boldsymbol{p}_{i+1}) + (1-\boldsymbol{h}_{i+1})\cdot\left(\frac{\mathrm{d}^{2,(i+1)}}{\mathrm{d}t^2}\boldsymbol{p}_{i+1} + 2\cdot\boldsymbol{\omega}_{i+1}\times\frac{\mathrm{d}^{(i+1)}}{\mathrm{d}t}\boldsymbol{p}_{i+1}\right) \quad (6.19)$$

Zu berechnen sind noch die später benötigten Größen Lineargeschwindigkeit und Linearbeschleunigung des Schwerpunktes des Armteils $i+1$. Die Lineargeschwindigkeit kann durch Differenzieren des Vektors $\boldsymbol{r}_{s,i+1}$ (s. Bild 6.8) berechnet werden. Der Vektor $\boldsymbol{s}_{i+1}$ zeigt vom Ursprung des Koordinatensystems K_{i+1} zum Schwerpunkt des Armteils $i+1$, dieser Vektor ist bez. des Koordinatensystems K_{i+1} konstant. Es gilt:

$$\boldsymbol{v}_{s,i+1} = \frac{\mathrm{d}}{\mathrm{d}t}(\boldsymbol{r}_{i+1} + \boldsymbol{s}_{i+1}) = \boldsymbol{v}_{i+1} + \frac{\mathrm{d}^{(i+1)}}{\mathrm{d}t}\boldsymbol{s}_{i+1} + \boldsymbol{\omega}_{i+1}\times\boldsymbol{s}_{i+1} = \boldsymbol{v}_{i+1} + \boldsymbol{\omega}_{i+1}\times\boldsymbol{s}_{i+1} \quad (6.20)$$

Die Linearbeschleunigung des Schwerpunktes wird wieder durch Differenzieren der Lineargeschwindigkeit nach der Zeit berechnet:

$$\begin{aligned}\dot{\boldsymbol{v}}_{s,i+1} &= \dot{\boldsymbol{v}}_{i+1} + \frac{\mathrm{d}}{\mathrm{d}t}(\boldsymbol{\omega}_{i+1}\times\boldsymbol{s}_{i+1}) = \dot{\boldsymbol{v}}_{i+1} + \frac{\mathrm{d}}{\mathrm{d}t}(\boldsymbol{\omega}_{i+1})\times\boldsymbol{s}_{i+1} + \boldsymbol{\omega}_{i+1}\times\frac{\mathrm{d}}{\mathrm{d}t}(\boldsymbol{s}_{i+1}) =\\ &\dot{\boldsymbol{v}}_{i+1} + \dot{\boldsymbol{\omega}}_{i+1}\times\boldsymbol{s}_{i+1} + \boldsymbol{\omega}_{i+1}\times\left(\frac{\mathrm{d}^{(i+1)}}{\mathrm{d}t}\boldsymbol{s}_{i+1} + \boldsymbol{\omega}_{i+1}\times\boldsymbol{s}_{i+1}\right) = \quad (6.21)\\ &\dot{\boldsymbol{v}}_{i+1} + \dot{\boldsymbol{\omega}}_{i+1}\times\boldsymbol{s}_{i+1} + \boldsymbol{\omega}_{i+1}\times(\boldsymbol{\omega}_{i+1}\times\boldsymbol{s}_{i+1})\end{aligned}$$

Gl. (6.17) bis Gl. (6.21) sind rekursive Berechnungen zur Ermittlung der kinematischen Größen der Armteile. Die Rekursion beginnt an der ruhenden Basis und endet am Effektor des Roboterarms.

6.2.2 Rekursive Berechnung der Gelenkkräfte bzw. -drehmomente

Nachdem die allgemeine Bewegung im Raum berechnet ist, kann der zweite Teil von Bild 6.6 behandelt werden: die Berechnung der Kräfte bzw. Drehmomente, die diese Bewegung verursachen. Dazu wird das beliebige Armteil i freigeschnitten (Bild 6.9). **Freischneiden** bedeutet, dass das Armteil von seinen Zwangsbedingungen befreit wird. Die Zwangsbedingungen werden durch Kräfte/Momente ersetzt, die von den zwei benachbarten Armteilen $i-1$ und $i+1$ auf das Armteil i wirken. In Bild 6.9 sind neben den schon bei den kinematischen Berechnungen verwendeten Vektoren $\boldsymbol{s}_i$ und $\boldsymbol{p}_i$ die Ursprünge der Koordinatensysteme K_i und K_{i-1} sowie der Schwerpunkt SP_i eingezeichnet. Zu diesen Punkten zeigen die Ortsvektoren $\boldsymbol{r}_i, \boldsymbol{r}_{i-1}, \boldsymbol{r}_{s,i}$, die im Ursprung von K_0 beginnen. Mit $\boldsymbol{f}_i$ und $\boldsymbol{n}_i$ wird der Kraft- bzw. Momentenvektor bezeichnet, der von Armteil $i-1$ auf den Armteil i ausgeübt wird. Der Ursprung von K_{i-1} liegt auf der Gelenkachse i. Die Verbindung zwischen zwei Armteilen ist die jeweilige Gelenkachse. Deshalb beginnen der Kraftvektor $\boldsymbol{f}_i$ und der Momentenvektor $\boldsymbol{n}_i$ im Ursprung von K_{i-1}. Entsprechend sind $\boldsymbol{f}_{i+1}$ und $\boldsymbol{n}_{i+1}$ der Kraftvektor und Momentenvektor, der jeweils von Armteil i auf den Armteil $i+1$ ausgeübt wird. Nach dem Gesetz „actio=reactio" sind $-\boldsymbol{f}_{i+1}$ und $-\boldsymbol{n}_{i+1}$ der Kraft- bzw. Momentenvektor, der jeweils von Armteil $i+1$ auf Armteil i ausgeübt wird. Entsprechend werden $-\boldsymbol{f}_i$ und $-\boldsymbol{n}_i$ vom Armteil i auf Armteil $i-1$ ausgeübt. Zur Berechnung der Kräfte/Momente des Armteils i werden außer den schon eingeführten und berechneten kinematischen Größen die Masse m_i und der **Trägheitstensor** $\boldsymbol{I}_{SP,i}$ im Schwerpunkt benötigt:

$$\boldsymbol{I}_{SP,i} = \begin{pmatrix} I_{xx,i} & I_{xy,i} & I_{xz,i} \\ I_{yx,i} & I_{yy,i} & I_{yz,i} \\ I_{zx,i} & I_{zy,i} & I_{zz,i} \end{pmatrix} \tag{6.22}$$

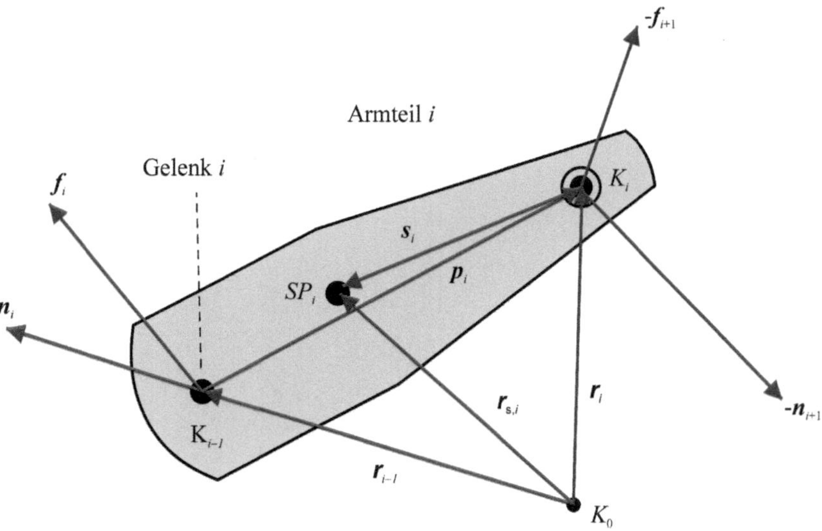

Bild 6.9 Kräfte/Momente an einem freigeschnittenen Armteil

Der Trägheitstensor $\boldsymbol{I}_{\mathrm{SP},i}$ wird auf die Achsen des armteileigenen Koordinatensystems K_i bezogen. Die Hauptdiagonalelemente sind die Trägheitsmomente um die jeweiligen Achsen von K_i, so ist $I_{xx,i}$ das Trägheitsmoment der Bewegung um die x_i-Achse. Die Nebendiagonalelemente werden als **Deviationsmomente** bezeichnet. Die Berechnung der Elemente des Trägheitstensors erfolgt durch

$$\begin{aligned} I_{xx,i} &= \int (y_i^2 + z_i^2)\mathrm{d}m_i, \quad I_{yy,i} = \int (x_i^2 + z_i^2)\mathrm{d}m_i, \quad I_{zz,i} = \int (x_i^2 + y_i^2)\mathrm{d}m_i, \\ I_{xy,i} &= -\int (x_i \cdot y_i)\mathrm{d}m_i, \quad I_{xz,i} = -\int (x_i \cdot z_i)\mathrm{d}m_i, \quad I_{yz,i} = -\int (y_i \cdot z_i)\mathrm{d}m_i \end{aligned} \tag{6.23}$$

$\boldsymbol{I}_{\mathrm{SP},i}$ ist ein symmetrischer Tensor, es gilt $I_{xy,i} = I_{yx,i}$ etc. Für einfache Körper sind die Trägheitsmomente leicht zu berechnen und in Formeln angegeben. Oft werden die Armteile des Roboters in mehrere einfache Körper zerlegt und der Trägheitstensor durch Überlagerung der Trägheitstensoren der einzelnen Körper erhalten. CAD-Programme des Maschinenbaus liefern ebenfalls die Trägheitstensoren der Armteile.

Nun wird der **Impulserhaltungssatz** zur Berechnung des am Armteil i wirkenden Kraftvektors $\boldsymbol{F}_i$ angewandt:

$$\boldsymbol{F}_i = \frac{\mathrm{d}}{\mathrm{d}t}(m_i \cdot \boldsymbol{v}_{s,i}) = m_i \cdot \dot{\boldsymbol{v}}_{s,i}$$

Ist der Armteil i mit dem Armteil $i-1$ durch ein Schubgelenk verbunden, kann noch eine geschwindigkeitsabhängige Reibungskraft mit dem Reibungsbeiwert $\hat{F}_{D,i}$ berücksichtigt werden und man erhält:

$$\boldsymbol{F}_i = m_i \cdot \dot{\boldsymbol{v}}_{s,i} + (1 - h_i) \cdot \hat{F}_{D,i} \cdot \boldsymbol{z}_{i-1} \cdot \dot{q}_i \tag{6.24}$$

Nach dem Impulserhaltungssatz muss $\boldsymbol{F}_i$ durch die am Armteil i wirkenden Kräfte $\boldsymbol{f}_i$ und $-\boldsymbol{f}_{i+1}$ hervorgerufen werden. Es gilt also

$$\boldsymbol{F}_i = \boldsymbol{f}_i - \boldsymbol{f}_{i+1} \tag{6.25}$$

Zur rekursiven Berechnung der Kräfte wird nach $\boldsymbol{f}_i$ aufgelöst:

$$\boldsymbol{f}_i = \boldsymbol{f}_{i+1} + \boldsymbol{F}_i \tag{6.26}$$

Da $\boldsymbol{F}_i$ auf der Basis kinematischer Größen des Armteils i bekannt ist, kann $\boldsymbol{f}_i$ rekursiv berechnet werden. Entsprechend wird mit dem **Drehimpulserhaltungssatz** verfahren. Der Momentenvektor $\boldsymbol{N}_i$ kann durch Differenzieren des Drehimpulses erhalten werden:

$$\boldsymbol{N}_i = \frac{\mathrm{d}}{\mathrm{d}t}(\boldsymbol{I}_{\mathrm{SP},i} \cdot \boldsymbol{\omega}_i) = \boldsymbol{I}_{\mathrm{SP},i} \cdot \dot{\boldsymbol{\omega}}_i + \boldsymbol{\omega}_i \times (\boldsymbol{I}_{\mathrm{SP},i} \cdot \boldsymbol{\omega}_i)$$

Ist Gelenk i ein rotatorisches Gelenk, kann zusätzlich ein der Gelenkgeschwindigkeit proportionales Reibungsmoment berücksichtigt werden:

$$\boldsymbol{N}_i = \boldsymbol{I}_{\mathrm{SP},i} \cdot \dot{\boldsymbol{\omega}}_i + \boldsymbol{\omega}_i \times (\boldsymbol{I}_{\mathrm{SP},i} \cdot \boldsymbol{\omega}_i) + h_i \cdot F_{D,i} \cdot \boldsymbol{z}_{i-1} \cdot \dot{q}_i \tag{6.27}$$

Während in Gl. (6.24) der Reibungsbeiwert $\hat{F}_{D,i}$ die Einheit N·s/m = kg/s hat, ist in Gl. (6.27) die Einheit N·m·s = kg·m²/s anzusetzen. Der Momentenvektor $\boldsymbol{N}_i$ aus Gl. (6.27), der auf der Basis konstanter Parameter des Armteils bzw. Gelenks und aus den kinematischen Größen des Armteils berechnet werden kann, setzt sich andererseits aus den Drehmomenten zusammen, die am Schwerpunkt des Armteils *i* angreifen. Dabei sind die Drehmomentvektoren, die von den Kräften $\boldsymbol{f}_i$ und $-\boldsymbol{f}_{i+1}$ hervorgerufen werden, ebenfalls zu berücksichtigen (s. Bild 6.9):

$$\boldsymbol{N}_i = \boldsymbol{n}_i - \boldsymbol{n}_{i+1} + (\boldsymbol{r}_{i-1} - \boldsymbol{r}_{s,i}) \times \boldsymbol{f}_i + (-\boldsymbol{s}_i) \times (-\boldsymbol{f}_{i+1}) = \boldsymbol{n}_i - \boldsymbol{n}_{i+1} + (\boldsymbol{r}_{i-1} - \boldsymbol{r}_{s,i}) \times \boldsymbol{f}_i + \boldsymbol{s}_i \times \boldsymbol{f}_{i+1}$$

Mit $\boldsymbol{s}_i = \boldsymbol{r}_{s,i} - \boldsymbol{r}_i = \boldsymbol{r}_{s,i} - \boldsymbol{r}_{i-1} - \boldsymbol{p}_i$ wird $\boldsymbol{N}_i$ zu

$$\begin{aligned}\boldsymbol{N}_i = \boldsymbol{n}_i - \boldsymbol{n}_{i+1} + (\boldsymbol{r}_{i-1} - \boldsymbol{r}_{s,i}) \times \boldsymbol{f}_i - (\boldsymbol{r}_{i-1} - \boldsymbol{r}_{s,i} + \boldsymbol{p}_i) \times \boldsymbol{f}_{i+1} = \\ \boldsymbol{n}_i - \boldsymbol{n}_{i+1} + (\boldsymbol{r}_{i-1} - \boldsymbol{r}_{s,i}) \times (\boldsymbol{f}_i - \boldsymbol{f}_{i+1}) - \boldsymbol{p}_i \times \boldsymbol{f}_{i+1}\end{aligned}$$

Aus dem Impulserhaltungssatz aus Gl. (6.26) erhält man $\boldsymbol{f}_i - \boldsymbol{f}_{i+1} = \boldsymbol{F}_i$ und aus Bild 6.9 ist ersichtlich, dass $\boldsymbol{r}_{S,i} - \boldsymbol{r}_{i-1} = \boldsymbol{p}_i + \boldsymbol{s}_i$ gilt. Damit erhält man eine rekursive Vorschrift für $\boldsymbol{n}_i$:

$$\boldsymbol{n}_i = \boldsymbol{n}_{i+1} + (\boldsymbol{p}_i + \boldsymbol{s}_i) \times \boldsymbol{F}_i + \boldsymbol{p}_i \times \boldsymbol{f}_{i+1} + \boldsymbol{N}_i \tag{6.28}$$

Die Vektoren $\boldsymbol{n}_i$ und $\boldsymbol{f}_i$ lassen sich aus Größen des vorhergehenden Armteils $i+1$, aus Parametern des Armteils und aus den in Abschnitt 6.2.1 ermittelten kinematischen Größen berechnen. Diese Rekursion beginnt beim Effektor und endet an der Basis des Roboters. Nach Bild 6.6 soll das Newton-Euler-Verfahren den Vektor $\boldsymbol{\tau}$ liefern, der die in den Gelenken wirkenden Antriebskräfte bzw. Antriebsdrehmomente beinhaltet. Bei einem Schubgelenk ist τ_i aber gerade diejenige Komponente des Kraftvektors $\boldsymbol{f}_i$, die in Richtung der Gelenkachse *i*, also in Richtung $\boldsymbol{z}_{i-1}$ zeigt. Liegt ein Drehgelenk vor, ist τ_i die Komponente des Vektors $\boldsymbol{n}_i$ in Richtung von $\boldsymbol{z}_{i-1}$. Zusammenfassend kann dann mit Gl. (6.16) τ_i zu

$$\tau_i = h_i \cdot \boldsymbol{n}_i^{\mathrm{T}} \cdot \boldsymbol{z}_{i-1} + (1 - h_i) \cdot \boldsymbol{f}_i^{\mathrm{T}} \cdot \boldsymbol{z}_{i-1} \tag{6.29}$$

berechnet werden.

6.2.3 Anfangswerte für die rekursiven Berechnungen

Die kinematischen Berechnungen starten bei Armteil 0 und enden beim Armteil *n*, dem Effektor. Als Startwerte müssen die Winkelgeschwindigkeit $\boldsymbol{\omega}_0$, die Winkelbeschleunigung $\dot{\boldsymbol{\omega}}_0$, die Lineargeschwindigkeit $\boldsymbol{v}_0$ und Linearbeschleunigung $\dot{\boldsymbol{v}}_0$ des Armteils 0, der ruhenden Basis, eingesetzt werden. Die kinematischen Anfangsbedingungen sind

$$\boldsymbol{\omega}_0 = \boldsymbol{0}, \quad \dot{\boldsymbol{\omega}}_0 = \boldsymbol{0}, \quad \boldsymbol{v}_0 = \boldsymbol{0}, \quad \dot{\boldsymbol{v}}_0 = -\boldsymbol{g} \tag{6.30}$$

Während die ersten drei Anfangswerte für die ruhende Basis offensichtlich sind, ist die vierte Anfangsbedingung erklärungsbedürftig. Es wird als Anfangsbedingung eine Beschleunigung der ruhenden Basis in negativer Richtung der Gravitationsbeschleunigung angenommen. Dies ist jedoch nur eine im rekursiven Newton-Euler-Verfahren recheneffiziente Methode zur Berücksichtigung der Gravitationskraft. Beim Impulserhaltungssatz nach Gl. (6.25) ist die Gravitationskraft $m_i \cdot \boldsymbol{g}$ nicht berücksichtigt worden. Wird jedoch für Armteil 1 in Gl. (6.19) und damit auch in Gl. (6.21) die Anfangsbedingung $\dot{\boldsymbol{v}}_0 = -\boldsymbol{g}$ verwendet, wird $\boldsymbol{F}_1$ in Gl. (6.25) zu $\boldsymbol{F}_1 = -m_1 \cdot \boldsymbol{g} + \dots$. Damit wird die Gravitation korrekt berücksichtigt, was auch anhand der Beispiele in Abschnitt 6.2.5 nachvollzogen werden kann.

Die Berechnung der Kräfte/Momente beginnt beim Armteil n, dem Effektor. Die Anfangswerte sind demnach der Kraftvektor $\boldsymbol{f}_{n+1} = -\boldsymbol{f}_{ex}$ und der Momentenvektor $\boldsymbol{n}_{n+1} = -\boldsymbol{n}_{ex}$. Die Vektoren $\boldsymbol{f}_{ex}$ und $\boldsymbol{n}_{ex}$ beschreiben die externen Kraft- und Momenteneinwirkungen auf den Roboterarm, die bei der Arbeitsausführung auftreten. Sie sind in einem geeigneten Koordinatensystem K_{n+1} anzugeben und mit der Rotationsmatrix ${}^{n+1}_{n}\boldsymbol{A}$ auf das letzte Koordinatensystem des Roboters abzubilden. Hier wird auch klar, dass bei den Berechnungsvorschriften in diesem Abschnitt angenommen wird, dass nur der Effektor des Roboterarms mit der Umwelt in Kontakt tritt und keine externen Kräfte oder Drehmomente auf die Armteile 1 bis $n-1$ einwirken.

6.2.4 Geeignete Darstellung der Vektoren und Zusammenfassung

Mit Gl. (6.17) bis Gl. (6.29) ist eine rekursive Bestimmung aller Größen möglich, die zur Berechnung des inversen Modells benötigt werden. Beim Newton-Euler-Verfahren ist vereinbart, dass alle Vektoren eines beliebigen Armteils i im armteileigenen Koordinatensystem K_i ausgedrückt werden, d. h. $\boldsymbol{v}_{i+1} = \boldsymbol{v}_{i+1}^{(i+1)}$ etc. Der hochgestellte Index in Klammern wird beim Newton-Euler-Verfahren weggelassen. Werden Vektoren in Komponenten dargestellt und mathematische Operationen durchgeführt, müssen die beteiligten Vektoren im selben Koordinatensystem dargestellt sein. Die Zuweisung in Gl. (6.17) ist z. B. numerisch nicht durchführbar, da die Vektoren auf der linken und rechten Seite nicht dieselbe Darstellung haben. $\boldsymbol{\omega}_i$ und $\boldsymbol{z}_i$ sind im Koordinatensystem K_i darzustellen, $\boldsymbol{\omega}_{i+1}$ jedoch in K_{i+1}. Es ist bei allen Berechnungen erforderlich, dass ggf. mithilfe der Rotationsmatrizen (s. auch Abschnitt 2.1 und Abschnitt 2.2) die Vektoren in den Komponenten des entsprechenden Koordinatensystems ausgedrückt werden. So müssen $\boldsymbol{\omega}_i$ und $\boldsymbol{z}_i$, die in K_i dargestellt sind, durch die Rotationsmatrix ${}^{i}_{i+1}\boldsymbol{A}$ in die Darstellung des Koordinatensystems K_{i+1} überführt werden (s. auch Gl. (2.9) bis Gl. (2.11) und Gl. (2.33) in Kapitel 2). Liegt ein rotatorisches Gelenk $i+1$ vor, ist die Rotationsmatrix ${}^{i}_{i+1}\boldsymbol{A}$ nach Gl. (2.33) eine Funktion der Gelenkkoordinate $q_{i+1} = \theta_{i+1}$. Bei einem Schubgelenk $i+1$ ist die Matrix ${}^{i}_{i+1}\boldsymbol{A}$ konstant.

Da in jedem Koordinatensystem K_i der Basisvektor in z-Richtung numerisch die gleichen Komponenten hat, wird vereinfacht geschrieben:

$$\boldsymbol{z}_i = \boldsymbol{z}_i^{(i)} = \boldsymbol{z}_k = \boldsymbol{z}_k^{(k)} = \boldsymbol{z} = \begin{pmatrix} 0 \\ 0 \\ 1 \end{pmatrix}, i,k \text{ beliebig} \tag{6.31}$$

Mit diesen Vorbetrachtungen können die kinematischen Berechnungen zusammenfassend angegeben werden:

$$
\begin{aligned}
\omega_{i+1} &= {}_{i+1}^{\;\;i}\boldsymbol{A}(\omega_i + h_{i+1}\cdot \boldsymbol{z}\cdot \dot{q}_{i+1}),\\
\dot{\omega}_{i+1} &= {}_{i+1}^{\;\;i}\boldsymbol{A}[\dot{\omega}_i + h_{i+1}\cdot(\boldsymbol{z}\cdot\ddot{q}_{i+1} + \omega_i \times \boldsymbol{z}\cdot\dot{q}_{i+1})],\\
\boldsymbol{v}_{i+1} &= {}_{i+1}^{\;\;i}\boldsymbol{A}\cdot\boldsymbol{v}_i + (1-h_{i+1})\cdot\frac{\mathrm{d}^{(i+1)}}{\mathrm{d}t}\boldsymbol{p}_{i+1} + \omega_{i+1}\times\boldsymbol{p}_{i+1},\\
\dot{\boldsymbol{v}}_{i+1} &= {}_{i+1}^{\;\;i}\boldsymbol{A}\cdot\dot{\boldsymbol{v}}_i + \dot{\omega}_{i+1}\times\boldsymbol{p}_{i+1} + \omega_{i+1}\times(\omega_{i+1}\times\boldsymbol{p}_{i+1}) +\\
&\quad + (1-h_{i+1})\cdot\left(\frac{\mathrm{d}^{2,(i+1)}}{\mathrm{d}t^2}\boldsymbol{p}_{i+1} + 2\cdot\omega_{i+1}\times\frac{\mathrm{d}^{(i+1)}}{\mathrm{d}t}\boldsymbol{p}_{i+1}\right),\\
\boldsymbol{v}_{s,i+1} &= \boldsymbol{v}_{i+1} + \omega_{i+1}\times\boldsymbol{s}_{i+1},\\
\dot{\boldsymbol{v}}_{s,i+1} &= \dot{\boldsymbol{v}}_{i+1} + \dot{\omega}_{i+1}\times\boldsymbol{s}_{i+1} + \omega_{i+1}\times(\omega_{i+1}\times\boldsymbol{s}_{i+1}),\\
&\text{Anfangsbedingungen: } \omega_0 = 0,\quad \dot{\omega}_0 = 0,\quad \boldsymbol{v}_0 = 0,\quad \dot{\boldsymbol{v}}_0 = -\boldsymbol{g}
\end{aligned}
\tag{6.32}
$$

Für die Berechnung der Kräfte/Drehmomente erhält man:

$$
\begin{aligned}
\boldsymbol{F}_i &= m_i\cdot\dot{\boldsymbol{v}}_{s,i} + (1-h_i)\cdot\hat{F}_{D,i}\;{}^{i-1}_{\;\;i}\boldsymbol{A}\cdot\boldsymbol{z}\cdot\dot{q}_i,\\
\boldsymbol{N}_i &= \boldsymbol{I}_{\mathrm{SP},i}\cdot\dot{\omega}_i + \omega_i\times(\boldsymbol{I}_{\mathrm{SP},i}\cdot\omega_i) + h_i\cdot F_{D,i}\cdot{}^{i-1}_{\;\;i}\boldsymbol{A}\cdot\boldsymbol{z}\cdot\dot{q}_i,\\
\boldsymbol{f}_i &= {}^{i+1}_{\;\;i}\boldsymbol{A}\cdot\boldsymbol{f}_{i+1} + \boldsymbol{F}_i,\\
\boldsymbol{n}_i &= {}^{i+1}_{\;\;i}\boldsymbol{A}\cdot[\boldsymbol{n}_{i+1} + ({}_{i+1}^{\;\;i}\boldsymbol{A}\cdot\boldsymbol{p}_i)\times\boldsymbol{f}_{i+1}] + (\boldsymbol{p}_i + \boldsymbol{s}_i)\times\boldsymbol{F}_i + \boldsymbol{N}_i,\\
\tau_i &= [h_i\cdot\boldsymbol{n}_i^T + (1-h_i)\cdot\boldsymbol{f}_i^T]\cdot{}^{i-1}_{\;\;i}\boldsymbol{A}\cdot\boldsymbol{z},\\
&\text{Anfangsbedingungen: } \boldsymbol{f}_{n+1}, \boldsymbol{n}_{n+1}
\end{aligned}
\tag{6.33}
$$

Die Trägheitstensoren sind durch Gl. (6.22) gegeben, h_i durch Gl. (6.16). Bei Berechnung von $\boldsymbol{f}_n$ und $\boldsymbol{n}_n$ ist bei Berücksichtigung externer Kräfte und/oder externer Drehmomente die Rotationsmatrix ${}^{n+1}_{\;\;n}\boldsymbol{A}$ einzusetzen, die die Vektoren $\boldsymbol{f}_{n+1}$ und $\boldsymbol{n}_{n+1}$ von der Darstellung im Koordinatensystem K_{n+1} in die Darstellung des Koordinatensystems K_n überführt.

Bei der Denavit-Hartenberg-Konvention nach Abschnitt 2.2.2 sind die Parameter a_i und d_i die zwei Parameter, die den Ursprung des Koordinatensystems K_{i-1} fiktiv in den Ursprung des Koordinatensystems K_i verschieben. Dies entspricht gerade dem Vektor $\boldsymbol{p}_i = \boldsymbol{p}_i^{(i)}$ nach Bild 6.9. Da a_i in $\boldsymbol{x}_i$-Richtung und d_i in Richtung $\boldsymbol{z}_{i-1}$ zeigt, gilt:

$$
\begin{aligned}
&\boldsymbol{p}_i = \boldsymbol{p}_i^{(i)} = \begin{pmatrix} a_i\\ 0\\ 0\end{pmatrix} + {}^{i-1}_{\;\;i}\boldsymbol{A}\cdot\begin{pmatrix}0\\0\\d_i\end{pmatrix} =\\
&\begin{pmatrix} a_i\\ 0\\ 0\end{pmatrix} + \begin{pmatrix} \cos\theta_i & \sin\theta_i & 0\\ -\sin\theta_i\cos\alpha_i & \cos\theta_i\cos\alpha_i & \sin\alpha_i\\ \sin\theta_i\sin\alpha_i & -\cos\theta_i\sin\alpha_i & \cos\alpha_i\end{pmatrix}\cdot\begin{pmatrix}0\\0\\d_i\end{pmatrix} = \begin{pmatrix} a_i\\ d_i\cdot\sin\alpha_i\\ d_i\cdot\cos\alpha_i\end{pmatrix}
\end{aligned}
\tag{6.34}
$$

Ein identisches Ergebnis erhält man durch Anwendung von $\boldsymbol{p}_i = \boldsymbol{p}_i^{(i)} = {}^{i-1}_{\;\;i}\boldsymbol{A}\cdot\boldsymbol{p}_{i-1,i}^{(i-1)}$ nach Gl. (2.33). Ist Gelenk i ein Schubgelenk ($h_i = 0$, siehe Gl. (6.16)), gilt $q_i = d_i$. Deshalb kann Gl. (6.34) und die erste und zweite zeitliche Ableitung folgendermaßen angeschrieben werden:

$$\begin{aligned} \boldsymbol{p}_i &= \boldsymbol{p}_i^{(i)} = h_i \cdot \begin{pmatrix} a_i \\ d_i \cdot \sin\alpha_i \\ d_i \cdot \cos\alpha_i \end{pmatrix} + (1-h_i)\cdot \begin{pmatrix} a_i \\ q_i \cdot \sin\alpha_i \\ q_i \cdot \cos\alpha_i \end{pmatrix} \\ \frac{\mathrm{d}^{(i)}}{\mathrm{d}t}\boldsymbol{p}_i &= (1-h_i)\cdot \begin{pmatrix} 0 \\ \dot{q}_i \cdot \sin\alpha_i \\ \dot{q}_i \cdot \cos\alpha_i \end{pmatrix}, \quad \frac{\mathrm{d}^{2,(i)}}{\mathrm{d}t^2}\boldsymbol{p}_i = (1-h_i)\cdot \begin{pmatrix} 0 \\ \ddot{q}_i \cdot \sin\alpha_i \\ \ddot{q}_i \cdot \cos\alpha_i \end{pmatrix} \end{aligned} \tag{6.35}$$

6.2.5 Einfache Beispiele zum Newton-Euler-Verfahren

Das einfachste Beispiel für die Anwendung des Newton-Euler-Verfahrens ist die Berechnung des Drehmoments bei der Bewegung eines „Eingelenkroboters“ (s. Aufgaben). Hier soll das Newton-Euler-Verfahren zuerst auf den Zweigelenkroboter mit einem Rotations- und einem Schubgelenk angewandt werden, der in Abschnitt 2.1.6 schon als Beispiel für die Ableitung in bewegten Koordinatensystemen gedient hat (s. Bild 2.18). In Bild 6.10 ist der Roboter noch einmal mit Koordinatensystemen und Parametern nach der Denavit-Hartenberg-Konvention abgebildet. Um die Berechnungen nach Gl. (6.32) und Gl. (6.33) durchführen zu können, werden die Parameter des Roboters (Längen- und Schwerpunktsvektoren, Trägheitstensoren und Massen, Reibungsbeiwerte), die Angabe der Gelenkart (Schub- oder Drehgelenk), die Rotationsmatrizen, die Anfangsbedingung $\dot{\boldsymbol{v}}_0$, externe Kräfte/Momente $\boldsymbol{f}_{ex}, \boldsymbol{n}_{ex}$ und der aktuelle Bewegungszustand $\boldsymbol{q}, \dot{\boldsymbol{q}}, \ddot{\boldsymbol{q}}$ zum betrachteten Zeitpunkt benötigt. Für die konstanten Parameter werden folgende Werte verwendet:

$$\boldsymbol{m} = \begin{pmatrix} m_1 \\ m_2 \end{pmatrix} = \begin{pmatrix} 40 \\ 20 \end{pmatrix}\mathrm{kg}\ , \ \boldsymbol{p}_1 = \begin{pmatrix} 0 \\ 0 \\ 0 \end{pmatrix}\mathrm{m},$$

$$\boldsymbol{s}_1 = \begin{pmatrix} 0 \\ 0 \\ s_{1z} \end{pmatrix} = \begin{pmatrix} 0 \\ 0 \\ 0.25 \end{pmatrix}\mathrm{m},\ \boldsymbol{I}_{\mathrm{SP},1} = \begin{pmatrix} \mathrm{I}_{xx,1} & 0 & 0 \\ 0 & \mathrm{I}_{yy,1} & 0 \\ 0 & 0 & \mathrm{I}_{zz,1} \end{pmatrix} = \begin{pmatrix} 2.8 & 0 & 0 \\ 0 & 2.8 & 0 \\ 0 & 0 & 1 \end{pmatrix}\mathrm{kg\cdot m^2},$$

$$\boldsymbol{s}_2 = \begin{pmatrix} 0 \\ 0 \\ s_{2z} \end{pmatrix} = \begin{pmatrix} 0 \\ 0 \\ -0.25 \end{pmatrix}\mathrm{m},\ \boldsymbol{I}_{\mathrm{SP},2} = \begin{pmatrix} \mathrm{I}_{xx,2} & 0 & 0 \\ 0 & \mathrm{I}_{yy,2} & 0 \\ 0 & 0 & \mathrm{I}_{zz,2} \end{pmatrix} = \begin{pmatrix} 0.8 & 0 & 0 \\ 0 & 0.8 & 0 \\ 0 & 0 & 0.2 \end{pmatrix}\mathrm{kg\cdot m^2},$$

$$\boldsymbol{F}_D = \begin{pmatrix} F_{D1} \\ F_{D2} \end{pmatrix} = \boldsymbol{0},\ h_1 = 1,\ h_2 = 0$$

Da das erste Gelenk ein Drehgelenk und das zweite Gelenk ein Schubgelenk ist, gilt für die Gelenkkoordinaten $q_1 = \theta_1$ und $q_2 = d_2$. Der Vektor $\boldsymbol{p}_2$ ist eine Funktion der Gelenkkoordinate d_2: $\boldsymbol{p}_2 = \begin{pmatrix} 0 & 0 & d_2 \end{pmatrix}^{\mathrm{T}}$. Sollen keine externen Kräfte und Momente berücksichtigt werden, gelten folgende Anfangsbedingungen:

$$\dot{\boldsymbol{v}}_0 = (0, g, 0)^{\mathrm{T}} \approx (0, 10, 0)^{\mathrm{T}}\,\mathrm{m/s^2},\ \boldsymbol{f}_3 = \boldsymbol{f}_{ex} = \boldsymbol{0},\ \boldsymbol{n}_3 = \boldsymbol{n}_{ex} = \boldsymbol{0}$$

Als aktueller Bewegungszustand wird angenommen:

$$q_1 = 0,\ \ q_2 = 0.75\,\text{m},\ \ \dot{q}_1 = 2\,\text{rad/s},\ \ \dot{q}_2 = 1\,\text{m/s},\ \ \ddot{q}_1 = 4\,\text{rad/s}^2,\ \ \ddot{q}_2 = 2\,\text{m/s}^2$$

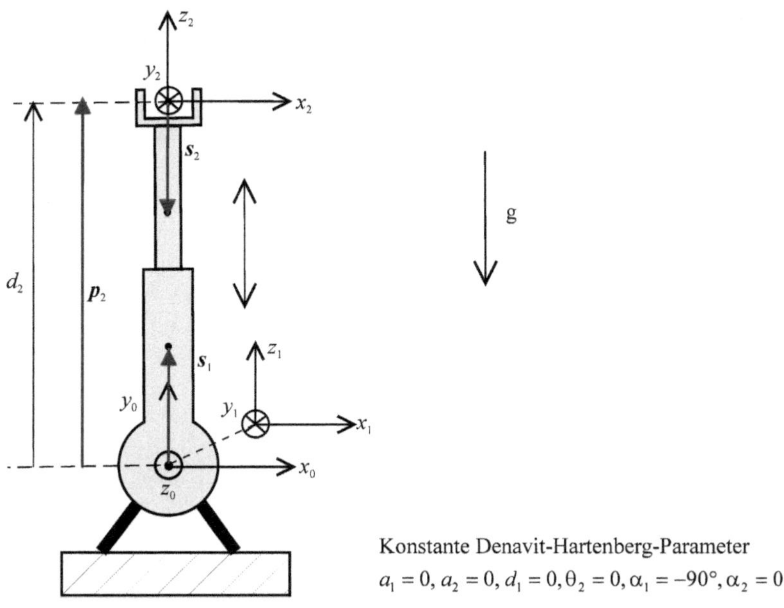

Bild 6.10 RT-Roboter (Rotationsgelenk-Translationsgelenk-Roboter)

In diesem Bewegungszustand befindet sich der Roboter in der in Bild 6.10 gezeichneten aufrechten Stellung, wobei jedes Gelenk eine Geschwindigkeit und Beschleunigung aufweist. Mit Bild 6.10 und Gl. (2.33) erhält man für die Rotationsmatrizen:

$$ {}^1_0\boldsymbol{A} = \begin{pmatrix} \cos\theta_1 & 0 & -\sin\theta_1 \\ \sin\theta_1 & 0 & \cos\theta_1 \\ 0 & -1 & 0 \end{pmatrix} = \begin{pmatrix} 1 & 0 & 0 \\ 0 & 0 & 1 \\ 0 & -1 & 0 \end{pmatrix},\quad {}^2_1\boldsymbol{A} = \begin{pmatrix} \cos\theta_2 & -\sin\theta_2 & 0 \\ \sin\theta_2 & \cos\theta_2 & 0 \\ 0 & 0 & 1 \end{pmatrix} = \begin{pmatrix} 1 & 0 & 0 \\ 0 & 1 & 0 \\ 0 & 0 & 1 \end{pmatrix}, $$

$$ {}^0_1\boldsymbol{A} = \begin{pmatrix} 1 & 0 & 0 \\ 0 & 0 & -1 \\ 0 & 1 & 0 \end{pmatrix},\quad {}^1_2\boldsymbol{A} = \begin{pmatrix} 1 & 0 & 0 \\ 0 & 1 & 0 \\ 0 & 0 & 1 \end{pmatrix} $$

Nun kann mit den Berechnungen nach Gl. (6.32) begonnen werden. Die Translationsgeschwindigkeiten $\boldsymbol{v}_i$ und $\boldsymbol{v}_{s,i}$ werden nicht berechnet, da sie die Kräfte/Momente nicht beeinflussen. Es wird durchgehend in SI-Einheiten gerechnet, sodass auf die Angabe der Einheiten verzichtet werden kann. Zum Teil wird die Rechnung auch symbolisch durchgeführt. Für i=0 werden die kinematischen Größen des Armteils 1 zu

$$\boldsymbol{\omega}_1 = \begin{pmatrix} 0 \\ -\dot{q}_1 \\ 0 \end{pmatrix} = \begin{pmatrix} 0 \\ -2 \\ 0 \end{pmatrix}, \quad \dot{\boldsymbol{\omega}}_1 = \begin{pmatrix} 0 \\ -\ddot{q}_1 \\ 0 \end{pmatrix} = \begin{pmatrix} 0 \\ -4 \\ 0 \end{pmatrix}, \quad \dot{\boldsymbol{v}}_1 = \begin{pmatrix} 0 \\ 0 \\ g \end{pmatrix}, \quad \dot{\boldsymbol{v}}_{s,1} = \begin{pmatrix} -\ddot{q}_1 \cdot s_{1z} \\ 0 \\ g - \dot{q}_1^2 \cdot s_{1z} \end{pmatrix} = \begin{pmatrix} -1 \\ 0 \\ 9 \end{pmatrix}$$

und für $i=1$ die entsprechenden Größen des Armteils 2 zu

$$\boldsymbol{\omega}_2 = \begin{pmatrix} 0 \\ -\dot{q}_1 \\ 0 \end{pmatrix} = \begin{pmatrix} 0 \\ -2 \\ 0 \end{pmatrix}, \dot{\boldsymbol{\omega}}_2 = \begin{pmatrix} 0 \\ -\ddot{q}_1 \\ 0 \end{pmatrix} = \begin{pmatrix} 0 \\ -4 \\ 0 \end{pmatrix}, \dot{\boldsymbol{v}}_2 = \begin{pmatrix} -d_2\ddot{q}_1 - 2\dot{q}_1\dot{d}_2 \\ 0 \\ g - d_2\dot{q}_1^2 + \ddot{d}_2 \end{pmatrix}, \dot{\boldsymbol{v}}_{s,2} = \begin{pmatrix} -(d_2 + s_{2z})\ddot{q}_1 - 2\dot{q}_1\dot{d}_2 \\ 0 \\ g - (d_2 + s_{2z})\dot{q}_1^2 + \ddot{d}_2 \end{pmatrix} = \begin{pmatrix} -6 \\ 0 \\ 10 \end{pmatrix}$$

berechnet. Die Berechnung der Kräfte und Momente an den Armteilen beginnt bei $i=2$ (Armteil 2) und endet bei $i=1$ (Armteil 1), dabei werden die Ergebnisse der kinematischen Berechnungen benutzt:

$$\boldsymbol{F}_2 = m_2 \cdot \dot{\boldsymbol{v}}_{s2} = \begin{pmatrix} -120 \\ 0 \\ 200 \end{pmatrix}, \quad \boldsymbol{N}_2 = \begin{pmatrix} 0 \\ -I_{yy,2}\ddot{q}_1 \\ 0 \end{pmatrix} = \begin{pmatrix} 0 \\ -3.2 \\ 0 \end{pmatrix}, \quad \boldsymbol{f}_2 = \boldsymbol{F}_2,$$

$$\boldsymbol{n}_2 = (\boldsymbol{p}_2 + \boldsymbol{s}_2) \times \boldsymbol{F}_2 + \boldsymbol{N}_2 = \begin{pmatrix} 0 \\ 0 \\ d_2 + s_{2z} \end{pmatrix} \times \begin{pmatrix} -120 \\ 0 \\ 200 \end{pmatrix} + \begin{pmatrix} 0 \\ -3.2 \\ 0 \end{pmatrix} = \begin{pmatrix} 0 \\ -63.2 \\ 0 \end{pmatrix},$$

$$\tau_2 = \boldsymbol{f}_2^{\mathrm{T}} \cdot {}^{1}_{2}\boldsymbol{A} \cdot \boldsymbol{z} = \begin{pmatrix} -120 & 0 & 200 \end{pmatrix} \cdot \begin{pmatrix} 0 \\ 0 \\ 1 \end{pmatrix} = 200,$$

$$\boldsymbol{F}_1 = m_1 \cdot \dot{\boldsymbol{v}}_{s1} = \begin{pmatrix} -40 \\ 0 \\ 360 \end{pmatrix}, \quad \boldsymbol{N}_1 = \begin{pmatrix} 0 \\ -I_{yy,1}\ddot{q}_1 \\ 0 \end{pmatrix} = \begin{pmatrix} 0 \\ -11.2 \\ 0 \end{pmatrix}, \quad \boldsymbol{f}_1 = {}^{2}_{1}\boldsymbol{A} \cdot \boldsymbol{f}_2 + \boldsymbol{F}_1 = \begin{pmatrix} -160 \\ 0 \\ 560 \end{pmatrix},$$

$$\boldsymbol{n}_1 = {}^{2}_{1}\boldsymbol{A} \cdot \boldsymbol{n}_2 + \boldsymbol{s}_1 \times \boldsymbol{F}_1 + \boldsymbol{N}_1 = \begin{pmatrix} 0 \\ -84.4 \\ 0 \end{pmatrix}, \quad \tau_1 = \boldsymbol{n}_1^{\mathrm{T}} \cdot {}^{0}_{1}\boldsymbol{A} \cdot \boldsymbol{z} = -n_{1y} = 84.4$$

Beim gemessenen Bewegungszustand beträgt das extern aufgebrachte Drehmoment im Gelenk 1 also 84.4 N · m und in Gelenk 2 wird eine Schubkraft von 200 N aufgebracht.

Der Effektor des Zweigelenkroboters im obigem Beispiel kann sich nur in der x_0-y_0-Ebene bewegen. Die Berechnungen werden dadurch relativ einfach und können anschaulich nachvollzogen werden.

Hier soll das Newton-Euler-Verfahren noch auf den Zweigelenkroboter R6-12 (Bild 2.22) angewandt werden. Als konstante Parameter und Anfangsbedingungen werden folgende Werte verwendet:

$$\boldsymbol{m}=\begin{pmatrix} m_1 \\ m_2 \end{pmatrix}=\begin{pmatrix} 45 \\ 60 \end{pmatrix}\text{kg},\ \boldsymbol{p}_1=\begin{pmatrix} l_{11} \\ 0 \\ 0 \end{pmatrix}=\begin{pmatrix} 0.28 \\ 0 \\ 0 \end{pmatrix}\text{m},\ \boldsymbol{p}_2=\begin{pmatrix} l_2 \\ 0 \\ 0 \end{pmatrix}=\begin{pmatrix} 1.36 \\ 0 \\ 0 \end{pmatrix}\text{m},$$

$$\boldsymbol{s}_1=\begin{pmatrix} s_{1x} \\ 0 \\ 0 \end{pmatrix}=\begin{pmatrix} -0.1 \\ 0 \\ 0 \end{pmatrix}\text{m},\ \boldsymbol{I}_{\text{SP},1}=\begin{pmatrix} \text{I}_{xx,1} & 0 & 0 \\ 0 & \text{I}_{yy,1} & 0 \\ 0 & 0 & \text{I}_{zz,1} \end{pmatrix}=\begin{pmatrix} 0.9 & 0 & 0 \\ 0 & 1.3 & 0 \\ 0 & 0 & 1.3 \end{pmatrix}\text{kg}\cdot\text{m}^2,$$

$$\boldsymbol{s}_2=\begin{pmatrix} s_{2x} \\ 0 \\ 0 \end{pmatrix}=\begin{pmatrix} -0.7 \\ 0 \\ 0 \end{pmatrix}\text{m},\ \boldsymbol{I}_{\text{SP},2}=\begin{pmatrix} \text{I}_{xx,2} & 0 & 0 \\ 0 & \text{I}_{yy,2} & 0 \\ 0 & 0 & \text{I}_{zz,2} \end{pmatrix}=\begin{pmatrix} 2 & 0 & 0 \\ 0 & 1.8 & 0 \\ 0 & 0 & 1.6 \end{pmatrix}\text{kg}\cdot\text{m}^2,$$

$$\boldsymbol{F}_D=\begin{pmatrix} F_{D1} \\ F_{D2} \end{pmatrix}=0,\ h_1=h_2=1$$

$$\dot{\boldsymbol{v}}_0=(0,0,g)^{\text{T}}\approx(0,0,10)^{\text{T}}\,\text{m/s}^2,\quad \boldsymbol{f}_3=\boldsymbol{f}_{ex}=0,\quad \boldsymbol{n}_3=\boldsymbol{n}_{ex}=0$$

Als aktueller Bewegungszustand soll

$$q_1=0,\quad q_2=-\pi/2,\ \dot{q}_1=1\,\text{rad/s},\quad \dot{q}_2=2\,\text{rad/s},\quad \ddot{q}_1=4\,\text{rad/s}^2,\quad \ddot{q}_2=2\,\text{rad/s}^2$$

betrachtet werden. Mit Bild 2.22 und Gl. (2.10) sowie Gl. (2.33) erhält man für die Rotationsmatrizen:

$$ {}^1_0\boldsymbol{A}=\begin{pmatrix} 1 & 0 & 0 \\ 0 & 0 & 1 \\ 0 & -1 & 0 \end{pmatrix},\quad {}^2_1\boldsymbol{A}=\begin{pmatrix} 0 & 1 & 0 \\ -1 & 0 & 0 \\ 0 & 0 & 1 \end{pmatrix},\quad {}^0_1\boldsymbol{A}=\begin{pmatrix} 1 & 0 & 0 \\ 0 & 0 & -1 \\ 0 & 1 & 0 \end{pmatrix},\quad {}^1_2\boldsymbol{A}=\begin{pmatrix} 0 & -1 & 0 \\ 1 & 0 & 0 \\ 0 & 0 & 1 \end{pmatrix}$$

Nun kann mit den Berechnungen nach Gl. (6.32) begonnen werden. Die Einheiten werden wieder weggelassen, da auch hier durchgehend mit SI-Einheiten gerechnet wird. Für $i=0$ sind die kinematischen Größen des Armteils:

$$\boldsymbol{\omega}_1=\begin{pmatrix} 0 \\ -\dot{q}_1 \\ 0 \end{pmatrix}=\begin{pmatrix} 0 \\ -1 \\ 0 \end{pmatrix},\quad \dot{\boldsymbol{\omega}}_1=\begin{pmatrix} 0 \\ -\ddot{q}_1 \\ 0 \end{pmatrix}=\begin{pmatrix} 0 \\ -4 \\ 0 \end{pmatrix},\quad \dot{\boldsymbol{v}}_1=\begin{pmatrix} -l_{11}\cdot\dot{q}_1^2 \\ -g \\ l_{11}\cdot\ddot{q}_1 \end{pmatrix},\quad \dot{\boldsymbol{v}}_{s,1}=\begin{pmatrix} -\dot{q}_1^2\cdot(l_{11}+s_{1x}) \\ -g \\ (l_{11}+s_{1x})\cdot\ddot{q}_1 \end{pmatrix}$$

Für $i=1$ erhält man die entsprechenden Größen des Armteils 2:

$$\boldsymbol{\omega}_2=\begin{pmatrix} \dot{q}_1=1 \\ 0 \\ \dot{q}_2=2 \end{pmatrix},\ \dot{\boldsymbol{\omega}}_2=\begin{pmatrix} \ddot{q}_1=4 \\ -\dot{q}_1\dot{q}_2=-2 \\ \ddot{q}_2=2 \end{pmatrix},\ \dot{\boldsymbol{v}}_2=\begin{pmatrix} -l_2\dot{q}_2^2+g \\ l_2\ddot{q}_2-l_{11}\dot{q}_1^2 \\ 2l_2\dot{q}_1\dot{q}_2+l_{11}\ddot{q}_1 \end{pmatrix},\ \dot{\boldsymbol{v}}_{s,2}=\begin{pmatrix} -\dot{q}_2^2(l_2+s_{2x})+g \\ (l_2+s_{2x})\ddot{q}_2-l_{11}\dot{q}_1^2 \\ 2(l_2+s_{2x})\dot{q}_1\dot{q}_2+l_{11}\ddot{q}_1 \end{pmatrix}=\begin{pmatrix} 7.36 \\ 1.04 \\ 3.76 \end{pmatrix}$$

Die Berechnung der Kräfte und Momente an den Armteilen ergibt:

$$\boldsymbol{F}_2 = m_2 \cdot \dot{\boldsymbol{v}}_{s2} = \begin{pmatrix} 441.6 \\ 62.4 \\ 225.6 \end{pmatrix}, \boldsymbol{N}_2 = \begin{pmatrix} I_{xx,2}\,\dot{\omega}_{2x} \\ I_{yy,2}\,\dot{\omega}_{2y} \\ I_{zz,2}\,\dot{\omega}_{2z} \end{pmatrix} + \begin{pmatrix} 0 \\ \omega_{2x}\,\omega_{2z}\ (I_{xx,2} - I_{zz,2}) \\ 0 \end{pmatrix} = \begin{pmatrix} 8 \\ -2.8 \\ 3.2 \end{pmatrix}, \boldsymbol{f}_2 = \boldsymbol{F}_2,$$

$$\boldsymbol{n}_2 = \boldsymbol{N}_2 + \begin{pmatrix} 0 \\ -(l_2 + s_{2x})F_{2z} \\ (l_2 + s_{2x})F_{2y} \end{pmatrix} = \begin{pmatrix} 8 \\ -151.696 \\ 44.384 \end{pmatrix}, \tau_2 = \boldsymbol{n}_2^{\mathrm{T}} \cdot {}_2^1\boldsymbol{A} \cdot \boldsymbol{z} = n_{2z} = 44.384,$$

$$\boldsymbol{F}_1 = m_1 \cdot \dot{\boldsymbol{v}}_{s1} = \begin{pmatrix} -8.1 \\ -450 \\ 32.4 \end{pmatrix}, \boldsymbol{N}_1 = \begin{pmatrix} 0 \\ -I_{yy,1}\,\ddot{q}_1 \\ 0 \end{pmatrix} = \begin{pmatrix} 0 \\ -5.2 \\ 0 \end{pmatrix}, \boldsymbol{f}_1 = \begin{pmatrix} F_{2y} \\ -F_{2x} \\ F_{2z} \end{pmatrix} + \boldsymbol{F}_1 = \begin{pmatrix} 54.3 \\ -891.6 \\ 258 \end{pmatrix},$$

$$\boldsymbol{n}_1 = \boldsymbol{N}_1 + \begin{pmatrix} 0 \\ -(l_{11} + s_{1x})F_{1z} \\ (l_{11} + s_{1x})F_{1y} \end{pmatrix} + \begin{pmatrix} n_{2y} \\ -l_{11}\,f_{2z} - n_{2x} \\ -l_{11}\,f_{2x} + n_{2z} \end{pmatrix} = \begin{pmatrix} -151.696 \\ -82.2 \\ -160.264 \end{pmatrix}, \tau_1 = \boldsymbol{n}_1^{\mathrm{T}} \cdot {}_1^0\boldsymbol{A} \cdot \boldsymbol{z} = -n_{1y} = 82.2$$

In den Beispielen werden einige Zwischenergebnisse symbolisch angegeben. Für mehr als drei Gelenke ist die Durchführung der Berechnungen „mit Papier und Bleistift“ jedoch nicht mehr ratsam. Es werden in der Robotertechnik Programme verwendet, die ausschließlich numerische Operationen vornehmen. Von der Internetseite kann das Matlab-M-File *N_E_2G* im Pfad *Robot-2G* heruntergeladen werden mit dem das inverse Modell numerisch berechnet werden kann.

6.2.6 Explizite Berechnung einzelner Komponenten der Bewegungsgleichung

In Bild 6.5 wurde das inverse Modell eines Roboterarms in der Form

$$\boldsymbol{\tau} = \boldsymbol{M}(\boldsymbol{q}) \cdot \ddot{\boldsymbol{q}} + \boldsymbol{b}(\boldsymbol{q}, \dot{\boldsymbol{q}}) \tag{6.36}$$

eingeführt. Werden die Armparameter numerisch eingegeben und liegen die Messwerte der Gelenkgrößen ebenfalls vor, so können mit dem Newton-Euler-Verfahren die einzelnen Komponenten von $\boldsymbol{\tau}$ nacheinander numerisch berechnet werden. Der Rechenaufwand für einen Roboter mit n-Gelenken beträgt $150 \cdot n - 48$ Multiplikationen und $131 \cdot n - 48$ Summationen. Das rekursive Newton-Euler-Verfahren gehört damit zu den rechenzeitgünstigen Verfahren (/6.15/). Es liefert numerische Werte für die linke Seite des inversen Modells von Gl. (6.36). Für einige Anwendungen ist dies ausreichend. Soll jedoch simuliert werden, wie sich der Roboterarm bei Einprägung von Gelenkkräften/-momenten bewegt, so muss die **Bewegungsgleichung**

$$\ddot{\boldsymbol{q}} = \boldsymbol{M}^{-1}(\boldsymbol{q})\left[\boldsymbol{\tau} - \boldsymbol{b}(\boldsymbol{q}, \dot{\boldsymbol{q}})\right] \tag{6.37}$$

aufgestellt und gelöst werden. Die Massenträgheitsmatrix $\boldsymbol{M}(\boldsymbol{q})$ und der Vektor $\boldsymbol{b}(\boldsymbol{q}, \dot{\boldsymbol{q}})$ werden zu diesem Zweck explizit benötigt, was ohne Modifikation mit dem rekursiven

Newton-Euler-Verfahren nicht bewerkstelligt werden kann. Es bieten sich zwei Möglichkeiten an, um auf der Basis des rekursiven Newton-Euler-Verfahrens die explizite Darstellung zu erhalten. Zum besseren Verständnis der Verfahren wird der Vektor $\boldsymbol{b}$ in mehrere Summanden aufgespalten:

$$\boldsymbol{\tau} = \boldsymbol{M}(\boldsymbol{q})\cdot\ddot{\boldsymbol{q}} + \boldsymbol{b}(\boldsymbol{q},\dot{\boldsymbol{q}}) = \boldsymbol{M}(\boldsymbol{q})\cdot\ddot{\boldsymbol{q}} + \boldsymbol{G}(\boldsymbol{q}) + \boldsymbol{C}(\boldsymbol{q})\cdot \boldsymbol{f}_C(\dot{\boldsymbol{q}}) + \boldsymbol{R}\cdot\dot{\boldsymbol{q}} + \hat{\boldsymbol{J}}^{\mathrm{T}}(\boldsymbol{q})\cdot\begin{bmatrix}\boldsymbol{f}_{ex}\\ \boldsymbol{n}_{ex}\end{bmatrix} \tag{6.38}$$

Die lageabhängige Massenmatrix $\boldsymbol{M}(\boldsymbol{q})$ wurde schon in Abschnitt 6.1 diskutiert. $\boldsymbol{G}(\boldsymbol{q})$ ist ein Vektor, der die von der Gravitation verursachten Gelenkdrehmomente bzw. Gelenkkräfte enthält. Das Produkt der $(n\cdot n)$-Matrix $\boldsymbol{R}$ mit dem Geschwindigkeitsvektor $\dot{\boldsymbol{q}}$ beschreibt die geschwindigkeitsabhängigen Reibungsverluste. Durch Multiplikation der Matrix $\boldsymbol{C}(\boldsymbol{q})$ mit dem Vektor $\boldsymbol{f}_C(\dot{\boldsymbol{q}})$ erhält man einen Vektor von Momenten/Kräften, der die Wirkung der Zentripetal- und Corioliskräfte auf das Gelenk beschreibt. Dabei hat $\boldsymbol{C}(\boldsymbol{q})$ die Dimension $n\cdot n_C$, wobei n wieder die Anzahl der Gelenke ist. n_C berechnet sich zu

$$n_C = \frac{n\cdot(n+1)}{2} \tag{6.39}$$

und die Komponenten des Vektors $\boldsymbol{f}_C$ sind Kombinationen zweiter Ordnung der Gelenkgeschwindigkeiten mit Wiederholung ohne Berücksichtigung der Anordnung:

$$f_{C,1} = \dot{q}_1^2,\ \ f_{C,2} = \dot{q}_1\cdot\dot{q}_2,\ \ f_{C,3} = \dot{q}_1\cdot\dot{q}_{3,}\cdots,\ \ f_{C,n_C} = \dot{q}_n^2 \tag{6.40}$$

Zum Beispiel hat $\boldsymbol{f}_C$ bei einem Roboter mit drei Gelenken die Dimension $n_C = 6$ und die Darstellung $\boldsymbol{f}_C = \left(\dot{q}_1^2, \dot{q}_1\cdot\dot{q}_2, \dot{q}_1\cdot\dot{q}_3, \dot{q}_2^2, \dot{q}_2\cdot\dot{q}_3, \dot{q}_3^2\right)^{\mathrm{T}}$. Die Anteile, die mit dem Quadrat $\dot{q}_i^2$ einer Winkelgeschwindigkeit verknüpft sind, beschreiben die Wirkung von Zentripetalkräften, die anderen Anteile sind auf Corioliskräfte zurückzuführen.

Die Bearbeitungskräfte und Bearbeitungsmomente, die über den Effektor auf den Roboter einwirken, werden durch die Vektoren $\boldsymbol{f}_{ex}$ und $\boldsymbol{n}_{ex}$ beschrieben. Nach Gl. (6.33) können diese Vektoren als $\boldsymbol{f}_{n+1}, \boldsymbol{n}_{n+1}$ in das Newton-Euler-Verfahren mit einbezogen werden. Sie sind in einem geeigneten Koordinatensystem K_{n+1} zu beschreiben. Am einfachsten bei der Berechnung ist die Wahl $K_{n+1} = K_n$, da dann die zur Auswertung von Gl. (6.33) benötigte Rotationsmatrix ${}^{n+1}_{\ \ n}\boldsymbol{A}$ die Einheitsmatrix ist. Die externen Kräfte/Drehmomente werden dann über die lageabhängige $(6\cdot n)$-Matrix $\hat{\boldsymbol{J}}^{\mathrm{T}}$ auf dazugehörige Gelenkkräfte bzw. Gelenkdrehmomente abgebildet. Die Matrix $\hat{\boldsymbol{J}}^{\mathrm{T}}$ hängt eng mit der in Abschnitt 3.3 eingeführten kinematischen **Jacobi-Matrix** zusammen. Ausführungen über diesen Zusammenhang sind in (/6.2/) zu finden.

Um die einzelnen Matrizen nach Gl. (6.38) zu erhalten, bietet sich ein mehrmaliges Durchrechnen von Gl. (6.32) und Gl. (6.33) an (Lösungsmöglichkeit 1) oder die Abarbeitung der Algorithmen mit **symbolischer Formelmanipulation** (Lösungsmöglichkeit 2).

Lösungsmöglichkeit 1:

Auf der Basis des Prinzips, dass Kräfte und Drehmomente überlagerbar sind, wird das Newton-Euler-Verfahren mehrmals angewandt, um $\boldsymbol{M}(\boldsymbol{q})$ und $\boldsymbol{b}(\boldsymbol{q},\dot{\boldsymbol{q}})$ zu einem definierten Zeitpunkt t^* explizit zu berechnen. Der Drehmomentvektor $\boldsymbol{\tau}$ in Gl. (6.38) ist die additive

Überlagerung von Momenten/Kräften, die durch beschleunigte Massen hervorgerufen werden, von Kräften/Momenten, die von der Erdbeschleunigung verursacht werden, von Reibungsverlusten, Zentripetal- und Corioliseinflüssen und externen Kräften/Momenten. Alle diese Kräfte/Momente sind unabhängig voneinander. Werden nun bei der Berechnung von $\boldsymbol{\tau}$ nach Gl. (6.32) und Gl. (6.33) zwar die (gemessenen) Koordinaten $\boldsymbol{q}(t^*)$ und die dazugehörenden Beschleunigungen $\ddot{\boldsymbol{q}}(t^*)$ verwendet, jedoch die Fallbeschleunigung g, alle Gelenkgeschwindigkeiten $\dot{q}_i(t^*), i=1,\cdots,n$ und $\boldsymbol{f}_{ex}, \boldsymbol{n}_{ex}$ zu 0 gesetzt, so kann nach Gl. (6.38) der berechnete Vektor $\boldsymbol{\tau}(t^*)$ nur vom Produkt $\boldsymbol{M}(\boldsymbol{q}(t^*))\cdot\ddot{\boldsymbol{q}}(t^*)$ abhängen. Die anderen Kräfte/Momente haben keinen Einfluss, da mit $g=0$ der Vektor $\boldsymbol{G}(\boldsymbol{q})$ verschwindet und jede Komponente der Matrix $\boldsymbol{C}$ und der Matrix $\boldsymbol{R}$ multiplikativ mit einer Winkelgeschwindigkeit verknüpft ist, was aus Gl. (6.38) und Gl. (6.39) ersichtlich ist. Allerdings sind die einzelnen Matrizenelemente von $\boldsymbol{M}$ immer noch nicht bekannt. Deshalb geht man noch einen Schritt weiter. Unabhängig von den wirklichen Werten der Beschleunigung wird zur Berechnung der ersten Spalte der Massenmatrix die Beschleunigung des ersten Gelenks zu 1 und die Beschleunigungen der übrigen Gelenke zu 0 gesetzt:

$$\ddot{q}_1=1, \ddot{q}_2=\ddot{q}_3=\cdots=\ddot{q}_n=0$$

In diesem Fall gilt aber nach Gl. (6.38):

$$\tau_1(t^*)=M_{11}(t^*),\quad \tau_2(t^*)=M_{21}(t^*),\ \cdots,\quad \tau_n(t^*)=M_{n1}(t^*)$$

Da der Vektor $\boldsymbol{\tau}(t^*)$ bekannt ist, sind auch die Matrizenelemente $M_{11}, M_{21},\cdots, M_{n1}$ bekannt und damit ist die erste Spalte der Massenträgheitsmatrix zum Zeitpunkt t^* in Abhängigkeit von der aktuellen Stellung $\boldsymbol{q}(t^*)$ des Roboterarms mit dem rekursiven Newton-Euler-Verfahren berechnet. Um eine beliebige Spalte i der Massenmatrix zu berechnen, geht man entsprechend vor: Man setzt $\ddot{q}_i(t^*)=1$ und die Beschleunigungen der anderen Gelenke zu 0. Den Vektor $\boldsymbol{b}(\boldsymbol{q}(t^*),\dot{\boldsymbol{q}}(t^*))$ erhält man durch eine weitere Anwendung des rekursiven Newton-Euler-Verfahrens. Dazu werden bei der Berechnung der korrekte Wert der Fallbeschleunigung g und die vorliegenden Winkelgeschwindigkeiten berücksichtigt, allerdings werden alle Gelenkbeschleunigungen zu 0 gesetzt. In diesem Fall liefert nach Gl. (6.38) das Newton-Euler-Verfahren

$$\boldsymbol{\tau}(t^*)=\boldsymbol{b}(\boldsymbol{q}(t^*),\dot{\boldsymbol{q}}(t^*))$$

D. h. aber, alle Komponenten des Vektors $\boldsymbol{b}$ sind zum Zeitpunkt t^* bekannt. Nachteil dieses Verfahrens ist, dass das rekursive Newton-Euler-Verfahren mehrmals durchgerechnet werden muss, um die geforderte explizite Darstellung zu einem Zeitpunkt zu erhalten. In ähnlicher Weise lassen sich auch explizit die einzelnen Systemmatrizen bzw. Vektoren von $\boldsymbol{b}$ in Gl. (6.38) ermitteln.

Beispiel für Lösungsmöglichkeit 1:

Als Beispiel für Lösungsmöglichkeit 1 soll wieder der Zweigelenkarm von Bild 6.10 verwendet werden. Im vorhergehenden Abschnitt wurde schon für den Bewegungszustand und unter der Voraussetzung, dass keine externen Kräfte/Momente wirken, der Vektor der Antriebskräfte/Momente in den zwei Gelenken zu $\boldsymbol{\tau}=(84.4, 200)^{\mathrm{T}}$ berechnet. Mit dem Newton-Euler-Programm *N_E_2G* (kann von der Internetseite heruntergeladen werden) können neben dieser Berechnung auch alle Matrizen und Vektoren nach Gl. (6.38) berechnet werden. Man erhält mit den konstanten Parametern dieses Zweigelenkroboters (s. vorhergehender Abschnitt) und obigen Werten für die Gelenkkoordinaten q_1, q_2:

$$\boldsymbol{\tau} = \boldsymbol{M} \cdot \ddot{\boldsymbol{q}} + \boldsymbol{b} = \begin{bmatrix} 11{,}1 & 0 \\ 0 & 20 \end{bmatrix} \cdot \begin{bmatrix} \ddot{q}_1 \\ \ddot{q}_2 \end{bmatrix} + \begin{bmatrix} 40 \\ 160 \end{bmatrix}$$

Das Programm *N_E_2G* liefert auch die einzelnen Summanden des Vektors $\boldsymbol{b}$ von Gl. (6.36):

$$\boldsymbol{b} = \boldsymbol{G} + \boldsymbol{C} \cdot \boldsymbol{f}_c(\dot{\boldsymbol{q}}) + \boldsymbol{R} \cdot \dot{\boldsymbol{q}} + \hat{\boldsymbol{J}}^{\mathrm{T}} \cdot \begin{bmatrix} \boldsymbol{f}_{ex} \\ \boldsymbol{n}_{ex} \end{bmatrix} =$$

$$\begin{bmatrix} 0 \\ 200 \end{bmatrix} + \begin{bmatrix} 0 & 20 & 0 \\ -10 & 0 & 0 \end{bmatrix} \cdot \begin{bmatrix} \dot{q}_1^2 \\ \dot{q}_1 \cdot \dot{q}_2 \\ \dot{q}_2^2 \end{bmatrix} + \begin{bmatrix} 0 & 0 \\ 0 & 0 \end{bmatrix} \cdot \begin{bmatrix} \dot{q}_1 \\ \dot{q}_2 \end{bmatrix} + \begin{bmatrix} 0.75 & 0 & 0 & 0 & 1 & 0 \\ 0 & 0 & -1 & 0 & 0 & 0 \end{bmatrix} \cdot \begin{bmatrix} \boldsymbol{f}_{ex} \\ \boldsymbol{n}_{ex} \end{bmatrix}$$

Die Ergebnisse für $\boldsymbol{\tau}$ und $\boldsymbol{b}$ können nachgeprüft werden, wenn die angenommenen Geschwindigkeiten und Beschleunigungen eingesetzt sowie die externen Kräfte und Drehmomente zu 0 angenommen werden. Die Matrizen $\boldsymbol{M}$, $\boldsymbol{G}$, $\boldsymbol{C}$, $\hat{\boldsymbol{J}}^{\mathrm{T}}$ und $\boldsymbol{R}$ gelten nur für die angenommenen Gelenkkoordinaten $q_1 = 0$ und $q_2 = 0.75\,\mathrm{m}$.

Lösungsmöglichkeit 2:

Die Rechenvorschriften des rekursiven Newton-Euler-Verfahrens nach Gl. (6.32) und Gl. (6.33) werden in einer Programmiersprache wie Maple, Mathematica oder der Symbolic Math Toolbox von Matlab, die symbolisch Formeln manipulieren können, als Befehle eingegeben. Dabei werden für $\boldsymbol{q}, \dot{\boldsymbol{q}}, \ddot{\boldsymbol{q}}$ symbolische Variablen verwendet, die konstanten Armparameter können numerisch oder symbolisch behandelt werden. Werden die Befehle ausgeführt, wird die Rekursion aufgelöst und man erhält explizite analytische Rechenvorschriften für die Komponenten von $\boldsymbol{\tau}$, die von den Gelenkkoordinaten, den Gelenkgeschwindigkeiten und Gelenkbeschleunigungen als Variablen abhängen. Ein allgemeines Beispiel soll das Vorgehen verdeutlichen. Gegeben sei die rekursive Beziehung

$$x_1 = 3 \cdot x_0 + \sin \alpha_1$$
$$x_2 = 2 \cdot x_1 + \cos \alpha_2$$

mit dem gegebenen, aber variablen Eingangswert x_0, den konstanten Parametern α_1, α_2 und dem zu ermittelnden Ausgangswert x_2. Berechnet man mit einem numerischen Programm die Beziehungen, müssen x_0, α_1 und α_2 numerisch gegeben sein. Der numerische Wert von x_1 wird dann berechnet und bei der Auswertung der zweiten Gleichung eingesetzt. Sind obige Anweisungen als Zuweisungen eingegeben, erzeugt im Gegensatz dazu eine symbolische Programmiersprache, die alle Variablen symbolisch behandelt, daraus folgende Ausgabe:

$$x_2 = 6 \cdot x_0 + 2 \cdot \sin \alpha_1 + \cos \alpha_2$$

Die symbolische Programmiersprache hat eine nichtrekursive Beziehung generiert, die nun mit einem numerischen Programm ausgewertet werden kann. Auf diese Weise wird mit den Rechenvorschriften in Gl. (6.32) und Gl. (6.33) verfahren. Man erhält dann explizite Rechenvorschriften für das inverse Modell in der Form

$$\tau_i = f_i(\boldsymbol{q},\dot{\boldsymbol{q}},\ddot{\boldsymbol{q}}), \quad i=1,\cdots,n$$

Diese Algorithmen können mit symbolischer Programmierung noch weiter bearbeitet werden, sodass die einzelnen Komponenten nach Gl. (6.38) vorliegen und von einem Steuerungsalgorithmus oder Simulationsprogramm weiter verwendet werden können. Nachteil des Verfahrens ist, dass diese Rechenvorschriften aufwendiger sind. Durch Maßnahmen wie Substitution, Ausklammern etc. können jedoch Rechenvorschriften generiert werden, die bez. des Rechenaufwandes mit numerischen Verfahren vergleichbar oder günstiger sind (/6.18/, /6.19/).

Beispiel für Lösungsmöglichkeit 2:

Mit Matlab kann auch symbolisch gerechnet werden. Für die Generierung eines symbolischen Modells auf der Basis des Newton-Euler-Verfahrens eines beliebigen Zweigelenkroboters steht das M-File *Mod_2G* auf dem Pfad *Robot_2G* zur Verfügung. Im Dialog wurden die konstanten Denavit-Hartenberg-Parameter $\alpha_1 = -\pi/2, a_1 = a_2 = 0, \alpha_2 = 0, d_1 = 0, \theta_2 = 0$ des Roboterarms aus Bild 6.10 numerisch eingegeben. Alle anderen konstanten Parameter sowie die Gelenkkoordinaten $q_1 = \theta_1, q_2 = d_2$ und deren erste und zweite Ableitung werden symbolisch behandelt. Als Resultat erhält man folgende symbolische Matrizen:

$$\boldsymbol{\tau} = \boldsymbol{M}(\boldsymbol{q})\cdot\ddot{\boldsymbol{q}} + \boldsymbol{G}(\boldsymbol{q}) + \boldsymbol{C}(\boldsymbol{q})\cdot\boldsymbol{f}_C(\dot{\boldsymbol{q}}) + \boldsymbol{R}\cdot\dot{\boldsymbol{q}} + \hat{\boldsymbol{J}}^{\mathrm{T}}(\boldsymbol{q})\cdot\begin{pmatrix}\boldsymbol{f}_{ex}\\ \boldsymbol{n}_{ex}\end{pmatrix} =$$

$$\begin{bmatrix} m_2\cdot(s_{2z}+q_2)^2 + m_1\cdot s_{1z}^2 + I_{yy,1} + I_{yy,2} & 0 \\ 0 & m_2 \end{bmatrix}\cdot\begin{bmatrix}\ddot{q}_1\\ \ddot{q}_2\end{bmatrix} + \begin{bmatrix} -g\cdot\sin q_1\cdot[m_2\cdot(s_{2z}+q_2)+m_1\cdot s_{2z}] \\ m_2\cdot g\cdot\cos q_1 \end{bmatrix}$$

$$+\begin{bmatrix} 0 & 2\cdot m_2\cdot(s_{2z}+q_2) & 0 \\ -m_2\cdot(s_{2z}+q_2) & 0 & 0 \end{bmatrix}\cdot\begin{bmatrix}\dot{q}_1^2\\ \dot{q}_1\cdot\dot{q}_2\\ \dot{q}_2^2\end{bmatrix} + \begin{bmatrix}0 & 0\\ 0 & 0\end{bmatrix}\cdot\begin{bmatrix}\dot{q}_1\\ \dot{q}_2\end{bmatrix} + \begin{bmatrix} q_2 & 0 & 0 & 0 & 1 & 0 \\ 0 & 0 & -1 & 0 & 0 & 0 \end{bmatrix}\cdot\begin{bmatrix}\boldsymbol{f}_{ex}\\ \boldsymbol{n}_{ex}\end{bmatrix}$$

Setzt man die in Abschnitt 6.2.5 verwendeten Parameter und den angenommenen aktuellen Bewegungszustand ein, stimmen die Ergebnisse mit den oben für diesen Arm berechneten Ergebnissen überein. Die symbolische Darstellung hat den Vorteil, dass sie Einsicht in das Systemverhalten bietet. Zum Beispiel kann nachvollzogen werden, wie sich das Massenträgheitsmoment M_{11} um die erste Gelenkachse zusammensetzt. Das Massenträgheitsmoment des ersten Armteils im Schwerpunkt in Richtung der y_1-Achse ist $I_{yy,1}$. $I_{yy,1}$ wirkt aber auch in Richtung der ersten Drehachse. Nach dem Steinerschen Satz für parallele Achsen muss noch die Masse des Armteils 1 multipliziert mit dem Quadrat des Abstandes s_{1z} des Schwerpunktes zur Drehachse addiert werden, um den Anteil von Armteil 1 an M_{11} zu erhalten. Entsprechend verhält es sich mit dem Anteil von Armteil 2. Der Abstand zum Schwerpunkt ist hier $q_2 + s_{2z}$. In Richtung der Drehachse wirkt hier entsprechend $I_{yy,2}$. Die externen Kräfte und Drehmomente sind beim Programm *Mod_2G* in K_2 beschrieben. Deshalb bewirkt die Komponente $f_{ex,x}$ des externen Kraftvektors ein Drehmoment in Gelenk 1. $f_{ex,x}$ greift dabei im Abstand $q_2 = d_2$ an. Von den Komponenten des externen Drehmomentenvektors kann nur $n_{ex,y}$ ein Drehmoment in Gelenk 1 bewirken. Das Schubgelenk 2 wird nur von der Kraftkomponente $f_{ex,z}$ beeinflusst.

6.3 Gesamtmodell der Regelstrecke

Zur Regelstrecke gehören neben der Robotermechanik das Antriebssystem mit den Motoren, die antriebsnahe **Servoelektronik** und der Antriebsstrang (Getriebe). Die digitale Roboterregelung benutzt als Schnittstelle zum Antriebssystem zumeist die Stromschnittstelle der Servoelektronik. Die Roboterregelung gibt den Vektor $\boldsymbol{U}_S$ aus, dessen Komponenten die Eingangssignale für die Stromschnittstelle jedes Motors sind und proportional zum Strom sind (Bild 6.11). Die antriebsnahe Servoelektronik veranlasst die Motoren Antriebsmomente abzugeben, die im Momentenvektor $\boldsymbol{M}_L$ zusammengefasst werden und über das Getriebe den Vektor $\boldsymbol{\tau}$ von Kräften bzw. Drehmomenten in den Gelenken bereitstellen.

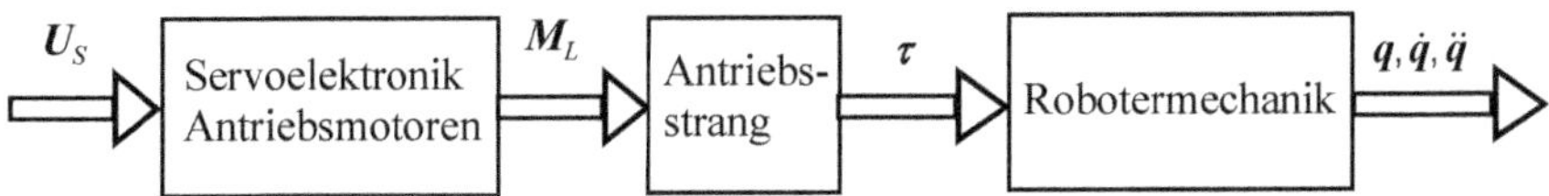

Bild 6.11 Komponenten der Regelstrecke

6.3.1 Modell der Antriebsmotoren und Servoelektronik aller Gelenke

In Abschnitt 6.1.2 wurde das Modell für den Antriebsmotor und die Servoelektronik eines Gelenks aufgestellt. Das Modell für alle Gelenke kann kompakt in Matrizenschreibweise dargestellt werden:

$$\boldsymbol{J}_A \cdot \dot{\boldsymbol{\Omega}} = \boldsymbol{K}_M \cdot \boldsymbol{U}_S - \boldsymbol{F}_M \cdot \boldsymbol{\Omega} - \boldsymbol{M}_L \tag{6.41}$$

mit den Diagonalmatrizen

$$\boldsymbol{J}_A = \begin{pmatrix} J_{A1} & & \boldsymbol{0} \\ & \ddots & \\ \boldsymbol{0} & & J_{An} \end{pmatrix}, \boldsymbol{K}_M = \begin{pmatrix} K_{M1} & & \boldsymbol{0} \\ & \ddots & \\ \boldsymbol{0} & & K_{Mn} \end{pmatrix} = \begin{pmatrix} C_1 / K_{MI,1} & & \boldsymbol{0} \\ & \ddots & \\ \boldsymbol{0} & & C_n / K_{MI,n} \end{pmatrix} \boldsymbol{F}_M = \begin{pmatrix} F_{M1} & & \boldsymbol{0} \\ & \ddots & \\ \boldsymbol{0} & & F_{Mn} \end{pmatrix},$$

und den Spaltenvektoren $\boldsymbol{U}_S = (U_{S1}, \cdots, U_{Sn})^{\mathrm{T}}, \boldsymbol{M}_L = (M_{L1}, \cdots, M_{Ln})^{\mathrm{T}}$.

Die Anzahl der eingesetzten Motoren ist im Allgemeinen identisch mit der Zahl der Gelenke. Für alle Gelenke und Motoren lassen sich die Beziehungen (6.9) in der Matrixschreibweise

$$\dot{\boldsymbol{q}} = \boldsymbol{T}_G \cdot \boldsymbol{\Omega}, \tag{6.42}$$

$$\boldsymbol{\tau} = \boldsymbol{S}_G \cdot \boldsymbol{M}_L \tag{6.43}$$

formulieren. Die Matrizen $\boldsymbol{T}_G$ und $\boldsymbol{S}_G$ werden auch **Getriebematrizen** genannt. Ist jedem Motor genau ein Gelenk zugeordnet, sind $\boldsymbol{T}_G$ und $\boldsymbol{S}_G$ Diagonalmatrizen. Dies ist jedoch bei den meisten Knickarmrobotern nicht der Fall, d. h. eine Zahl k Motoren ($k > 1$) ist gemeinsam am Antrieb von k Gelenken beteiligt, man spricht in diesem Fall auch von **kinematischen Kopplungen**.

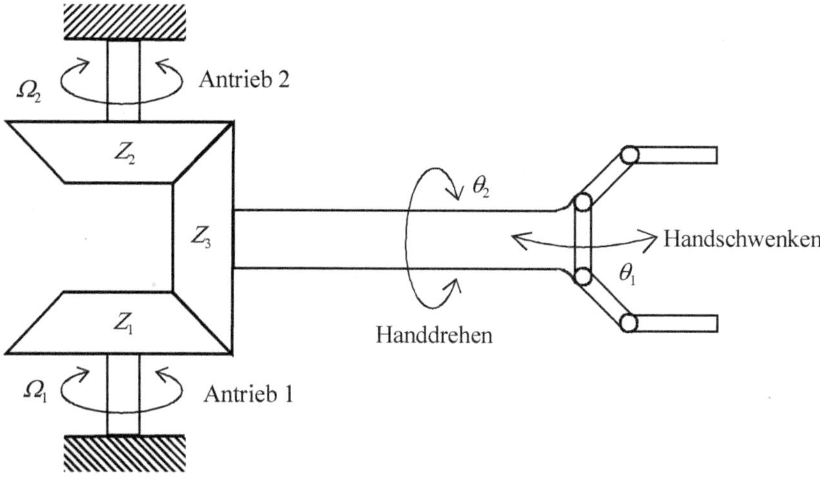

Bild 6.12 Differenzial Handdrehen - Handschwenken

In Bild 6.12 ist ein **Differenzial** skizziert, welches eine kinematische Kopplung zwischen den Gelenken *Handschwenken* und *Handdrehen* verursacht. Verursachen die Antriebe eine Drehung der Zahnräder Z_1 und Z_2 in der mathematisch gleichen Richtung und mit demselben Betrag der Winkelgeschwindigkeit, bewegt sich Zahnrad Z_3 und damit die Roboterhand aus der Zeichenebene heraus (Handschwenken), eine Drehung in Längsrichtung der Hand (Handneigen) findet nicht statt. Bei gleichem Betrag der Winkelgeschwindigkeiten mit unterschiedlichen Vorzeichen rotiert die Hand nur um die Längsachse. Bei beliebigen Drehungen der Zahnräder werden die Schwenk- und Neigbewegungen überlagert. Wenn die Zahnradpaare die Untersetzung u besitzen und nur die zwei Gelenke Handschwenken und Handdrehen vorhanden wären, dann gilt für dieses Beispiel:

$$\dot{\theta}_1 = (1/u)\cdot\Omega_1 - (1/u)\cdot\Omega_2, \quad \dot{\theta}_2 = (1/u)\cdot\Omega_1 + (1/u)\cdot\Omega_2, \quad \dot{\boldsymbol{q}} = \boldsymbol{T}_G\cdot\boldsymbol{\Omega} = \frac{1}{u}\cdot\begin{pmatrix}1 & -1\\ 1 & 1\end{pmatrix}\cdot\boldsymbol{\Omega}$$

Eine solche oder ähnliche kinematische Kopplung findet man bei Knickarmrobotern vor. Für die Abbildungsmatrix $\boldsymbol{S}_G$ von Getriebeeingangsdrehmomenten auf Nutzmomente nach Gl. (6.43) gilt z. B.:

$$\boldsymbol{S}_G = \begin{bmatrix} 160 & 0 & 0 & 0 & 0 & 0\\ 0 & 160 & 0 & 0 & 0 & 0\\ 0 & 0 & 160 & 0 & 0 & 0\\ 0 & 0 & 0 & 33.25 & 0 & 0\\ 0 & 0 & 0 & 0 & 15 & -15\\ 0 & 0 & 0 & 0 & 0 & 15 \end{bmatrix}$$

Betrachtet man die Beziehungen für ein Gelenk nach Gl. (6.9), so könnte man vermuten, dass $\boldsymbol{S}_G$ durch Inversion von $\boldsymbol{T}_G$ gewonnen werden kann. Dies ist aber nur richtig, wenn keine kinematischen Kopplungen vorhanden sind. Unter der getroffenen Annahme, dass der Antriebsstrang ohne Verluste arbeitet, kann aber die Beziehung zwischen $\boldsymbol{T}_G$ und $\boldsymbol{S}_G$ hergeleitet werden. Die in den Antriebsstrang eingespeiste Leistung und die am Gelenk entnommene Leistung müssen gleich sein:

$$M_{L1} \cdot \Omega_1 + M_{L2} \cdot \Omega_2 + \cdots + M_{Ln} \cdot \Omega_n = \tau_1 \cdot \dot{q}_1 + \tau_2 \cdot \dot{q}_2 + \cdots + \tau_n \cdot \dot{q}_n$$

Diese Gleichung kann aber in Matrixschreibweise in der Form

$$\boldsymbol{M}_L^{\mathrm{T}} \cdot \boldsymbol{\Omega} = \boldsymbol{\tau}^{\mathrm{T}} \cdot \dot{\boldsymbol{q}} \tag{6.44}$$

zusammengefasst werden. Wird nun $\boldsymbol{\tau}$ nach Gl. (6.43) und $\boldsymbol{\Omega}$ nach Gl. (6.42) ersetzt, gilt

$$\boldsymbol{M}_L^{\mathrm{T}} \cdot \boldsymbol{T}_G^{-1} \cdot \dot{\boldsymbol{q}} = \boldsymbol{M}_L^{\mathrm{T}} \cdot \boldsymbol{S}_G^{\mathrm{T}} \cdot \dot{\boldsymbol{q}}$$

und damit $\boldsymbol{T}_G^{-1} = \boldsymbol{S}_G^{\mathrm{T}}$. Ersetzt man aber $\boldsymbol{M}_L$ durch $\boldsymbol{\tau}$ und $\dot{\boldsymbol{q}}$ durch $\boldsymbol{\Omega}$, ergibt sich auf dieselbe Weise $\left(\boldsymbol{S}_G^{-1}\right)^{\mathrm{T}} = \boldsymbol{T}_G$. Zusammenfassend ist unter den getroffenen Annahmen folgende Beziehung gültig:

$$\boldsymbol{T}_G = \left(\boldsymbol{S}_G^{-1}\right)^{\mathrm{T}} = \left(\boldsymbol{S}_G^{\mathrm{T}}\right)^{-1} \tag{6.45}$$

Bei regulären quadratischen Matrizen kann die Reihenfolge des Invertierens und Transponierens getauscht werden.

6.3.2 Zusammenfassung der Modellgleichungen

In den vorhergehenden Abschnitten sind die Komponenten der Regelstrecke nach Bild 6.11 beschrieben worden. Schließlich soll jetzt eine kompakte geschlossene Beziehung zwischen dem Steuervektor $\boldsymbol{U}_S$ und den Gelenkkoordinaten, zusammengefasst im Vektor $\boldsymbol{q}$, aufgestellt werden. Der Antriebsstrang verbindet mechanisch die Motoren mit den Roboterarmteilen. Entsprechend ist die mathematische Beschreibung des Roboterarms nach Gl. (6.36) und der Antriebe nach Gl. (6.41) über die Gl. (6.42) und Gl. (6.43) des Antriebsstrangs verknüpft. Zuerst wird Gl. (6.41) nach $\boldsymbol{M}_L$ aufgelöst und in Gl. (6.43) eingesetzt:

$$\boldsymbol{\tau} = \boldsymbol{S}_G \cdot [\boldsymbol{K}_M \cdot \boldsymbol{U}_S - \boldsymbol{M}_R(\boldsymbol{\Omega}) - \boldsymbol{J}_A \cdot \dot{\boldsymbol{\Omega}}] \tag{6.46}$$

Da $\boldsymbol{U}_S$ als Stellvektor benutzt werden soll, wird $\boldsymbol{\tau}$ durch die rechte Seite von Gl. (6.36) ersetzt. Als zeitabhängige Größen sollen nur die Gelenkkoordinaten und ihre ersten zwei Ableitungen nach der Zeit erscheinen, sodass man nach Gl. (6.42) $\boldsymbol{\Omega} = \boldsymbol{T}_G^{-1} \cdot \dot{\boldsymbol{q}}$ und $\dot{\boldsymbol{\Omega}} = \boldsymbol{T}_G^{-1} \cdot \ddot{\boldsymbol{q}}$ setzt. Damit wird Gl. (6.46) auf die Form

$$\boldsymbol{M}(\boldsymbol{q}) \cdot \ddot{\boldsymbol{q}} + \boldsymbol{b}(\boldsymbol{q}, \dot{\boldsymbol{q}}) = \boldsymbol{S}_G \cdot [\boldsymbol{K}_M \cdot \boldsymbol{U}_S - \boldsymbol{M}_R(\dot{\boldsymbol{q}}) - \boldsymbol{J}_A \cdot \boldsymbol{T}_G^{-1} \cdot \ddot{\boldsymbol{q}}] \tag{6.47}$$

gebracht. Es wird noch nach dem Stellvektor $\boldsymbol{U}_S$ aufgelöst und man erhält

$$\boldsymbol{U}_S = \boldsymbol{K}_M^{-1} \cdot [\boldsymbol{S}_G^{-1} \cdot \boldsymbol{M}(\boldsymbol{q}) + \boldsymbol{J}_A \cdot \boldsymbol{T}_G^{-1}] \cdot \ddot{\boldsymbol{q}} + \boldsymbol{K}_M^{-1} \cdot [\boldsymbol{S}_G^{-1} \cdot \boldsymbol{b}(\boldsymbol{q}, \dot{\boldsymbol{q}}) + \boldsymbol{M}_R(\dot{\boldsymbol{q}})] \tag{6.48}$$

oder

$$U_S = M^*(q) \cdot \ddot{q} + b^*(q,\dot{q}) \tag{6.49}$$

mit

$$M^*(q) = K_M^{-1} \cdot [S_G^{-1} \cdot M(q) + J_A \cdot T_G^{-1}], \quad b^*(q,\dot{q}) = K_M^{-1} \cdot [S_G^{-1} \cdot b(q,\dot{q}) + M_R(\dot{q})] \tag{6.50}$$

Gl. (6.49) hat die Form des inversen Modells nach Gl. (6.36): Aus dem Bewegungszustand $q, \dot{q}, \ddot{q}$ des Roboters kann zu jedem Zeitpunkt der Stellvektor U_S berechnet werden. Liegt der Vektor τ durch Berechnung mit dem Newton-Euler-Verfahren schon vor, kann der Stellvektor ausgehend von Gl. (6.48) und Gl. (6.36) zu

$$U_S = K_M^{-1} \cdot S_G^{-1} \cdot \tau + K_M^{-1} \cdot [J_A \cdot T_G^{-1} \cdot \ddot{q} + M_R(\dot{q})] \tag{6.51}$$

berechnet werden. Die Form der Bewegungsgleichung, die strukturell Gl. (6.37) entspricht, erhält man durch Auflösung von Gl. (6.49) nach dem Winkelbeschleunigungsvektor $\ddot{q}$:

$$\ddot{q} = \left[M^*(q)\right]^{-1} \cdot \left[U_S - b^*(q,\dot{q})\right] \tag{6.52}$$

Dies ist aber die vollständige Beschreibung der Regelstrecke. Bild 6.13 zeigt die Gesamtstrecke nochmals als Wirkschema.

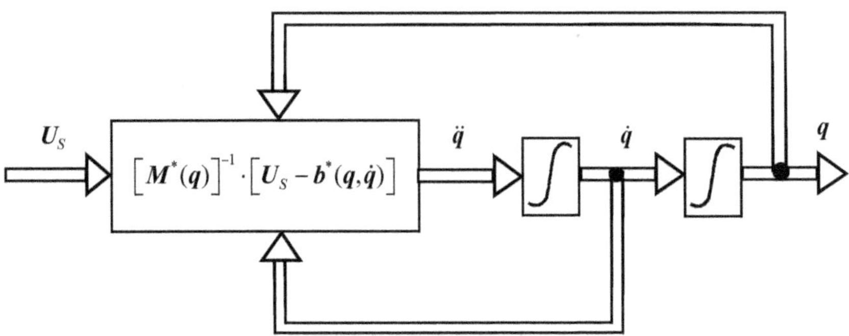

Bild 6.13 Gesamtregelstrecke eines Roboterarms

6.4 Übungsaufgaben

6.4.1 In Bild 6.14 ist ein „Eingelenkroboter“ mit Längenangaben skizziert. Die Koordinatensysteme sind nach der Denavit-Hartenberg-Konvention gelegt. Weitere Angaben konstanter Parameter: $m_1 = 16\,\text{kg}$, $I_{zz,1} = I_{yy,1} = 0.5\,\text{kg} \cdot \text{m}^2$, $I_{xx,1} = 0.1\,\text{kg} \cdot \text{m}^2$. Es sollen keine Reibungsverluste auftreten und keine externen Kräfte und Momente wirken. Angenommener aktueller Bewegungszustand:

$$q_1 = \theta_1 = 60°, \dot{q}_1 = 1.5\,\text{rad/s}, \ddot{q}_1 = 3\,\text{rad/s}^2$$

a) Wenden Sie das Newton-Euler-Verfahren zur Berechnung von τ_1 bei dem gegebenen Bewegungszustand an.

b) Überprüfen Sie das Ergebnis durch direkte Berechnung mit Freischneiden und Anwendung des Drehimpulserhaltungssatzes.

c) Wie ändert sich das Ergebnis, wenn eine Punktmasse von 4 kg im TCP des Greifers aufgenommen wurde und ebenfalls der angenommene Bewegungszustand vorliegt.

d) Es werden ein externer Kraftvektor und ein externer Drehmomentenvektor in Koordinaten von K_1 angegeben. Welche Komponenten dieser beiden Vektoren können das Bewegungsverhalten beeinflussen?

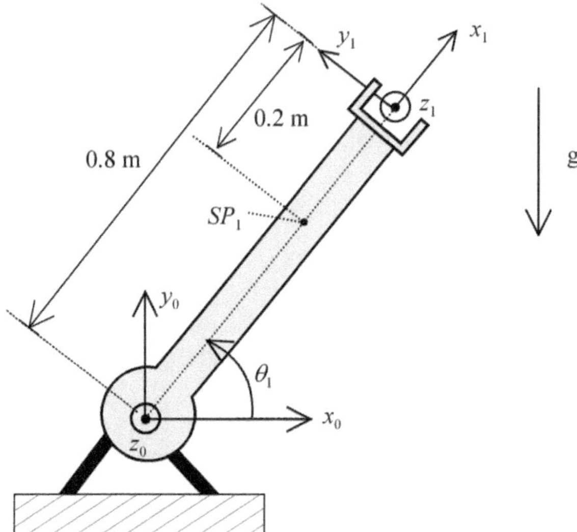

Bild 6.14 Zu Aufgabe 6.4.1

6.4.2 Es wird das inverse dynamische Modell des R6-12 symbolisch berechnet. Die konstanten Parameter des Arms werden numerisch behandelt (Angaben s. Abschnitt 6.2.5).

a) Ermitteln Sie aus unten abgedrucktem Ausdruck des symbolischen Programms jedes Element der Matrizen bzw. Vektoren $\boldsymbol{M(q)}$, $\boldsymbol{G(q)}$, $\boldsymbol{C(q)}$. Reibung und externe Kräfte und Drehmomente wurden nicht berücksichtigt. Die Bezeichnung q1p steht für $\dot{q}_1$, q1pp für $\ddot{q}_1$ etc.

```
tau1 =

-51.87*cos(q2)*sin(q2)*q1p*q2p+6.704*sin(q2)^2*q1pp-22.18*sin(q2)^3*q1p
*q2p+11.09*sin(q2)^2*cos(q2)*q1pp+

32.64*cos(q2)^2*q1pp+

11.09*cos(q2)*q1pp-22.18*cos(q2)^2*sin(q2)*q1p*q2p+

11.09*cos(q2)^3*q1pp+2.758*q1pp
```

tau2 =

27.74*q2pp+25.94*sin(q2)*q1p^2*cos(q2)+11.09*sin(q2)*q1p^2-396.*cos(q2)

b) Verifizieren Sie mit dem in Abschnitt 6.2.5 verwendeten Bewegungszustand $q_1 = 0$, $q_2 = -\pi/2$, $\dot{q}_1 = 1\,\text{rad/s}$, $\dot{q}_2 = 2\,\text{rad/s}$, $\ddot{q}_1 = 4\,\text{rad/s}^2$, $\ddot{q}_2 = 2\,\text{rad/s}^2$ die Ergebnisse aus Abschnitt 6.2.5 für τ_1, τ_2.

c) Es wird nun das Antriebssystem einbezogen und entsprechend Gl. (6.38) das inverse Modell in der Form:

$$\boldsymbol{U}_S = \boldsymbol{M}^*(\boldsymbol{q}) \cdot \ddot{\boldsymbol{q}} + \boldsymbol{G}^*(\boldsymbol{q}) + \boldsymbol{R}^* \cdot \dot{\boldsymbol{q}} + \boldsymbol{C}^*(\boldsymbol{q}, \dot{\boldsymbol{q}})$$

dargestellt. Berechnen Sie oben angegebene Matrizen bzw. den Vektor $\boldsymbol{G}^*$ für folgende Werte der Parameter des Antriebssystems:

$$C_1 = 0.36\,\text{N}\cdot\text{m/A}, \quad C_2 = 0.433\,\text{N}\cdot\text{m/A}, \quad J_{A1} = 7.66\cdot 10^{-4}\,\text{kg}\cdot\text{m}^2,$$
$$J_{A2} = 26.3\cdot 10^{-4}\,\text{kg}\cdot\text{m}^2, \quad K_{MI,1} = 1\,\text{V/A}, \quad K_{MI,2} = 0.5\,\text{V/A},$$
$$F_{M1} = 0.3\cdot 10^{-3}\,\text{Nm}\cdot\text{s}, \quad F_{M2} = 1.3\cdot 10^{-3}\,\text{Nm}\cdot\text{s},$$
$$u_1 = 160, \quad u_2 = 160, \quad \text{keine Haftreibungsverluste}$$

d) Ermitteln Sie den maximalen und minimalen Wert von M_{11} und M_{11}^* sowie das Verhältnis $M_{11,\max}/M_{11,\min}$ und $M_{11,\max}^*/M_{11,\min}^*$. Warum ist das Verhältnis $M_{11,\max}^*/M_{11,\min}^*$ kleiner?

6.4.3 a) Vereinfachen Sie die Algorithmen zur Berechnung des inversen Modells nach Gl. (6.32) und Gl. (6.33) in der Weise, dass nur die Wirkung der Gravitation berücksichtigt wird: $\boldsymbol{\tau} = \boldsymbol{G}(\boldsymbol{q})$

b) Berechnen Sie mit der Lösung aus a) die Drehmomente τ_1, τ_2 als Gravitationsmomente für den „Zweigelenkroboter" aus Bild 3.5. Die aktuelle Lage sei $\boldsymbol{q} = [\pi/3, 0]^{\mathrm{T}}$. Als konstante Armparameter sind $l_1 = l_2 = 0.5\,\text{m}$ und $m_1 = 2\,\text{kg}, m_2 = 1\,\text{kg}$ zu verwenden, wobei der Abstand des Schwerpunktes des Armteils 1 von der ersten Drehachse 0.2 m beträgt und der Abstand des Schwerpunktes 2 von der zweiten Drehachse 0.3 m. Der Vektor $\boldsymbol{s}_1$ hat keine Komponente in y_1- und z_1-Richtung, $\boldsymbol{s}_2$ hat keine Komponenten in y_2- oder z_2-Richtung. Rechnen Sie mit $g = 10\ \text{m/s}^2$.

6.4.4 Berechnen Sie mit dem Programm *Mod_2G* symbolisch die Matrizen $\boldsymbol{M}(\boldsymbol{q})$, $\boldsymbol{C}(\boldsymbol{q})$, und den Vektor $\boldsymbol{G}(\boldsymbol{q})$ für den planaren Zweigelenkroboter aus Bild 3.5. Die konstanten Denavit-Hartenberg-Parameter und die Vektoren $\boldsymbol{s}_i$ sind numerisch mit den Werten aus Aufgabe 6.4.3b vorzugeben, alle anderen Parameter können symbolisch behandelt werden. Die Trägheitstensoren für beide Armteile sind als Diagonalmatrizen angenommen. Warum wirken sich die Komponenten $I_{xx,1}, I_{yy,1}, I_{xx,2}, I_{yy,2}$ auf die Massenträgheitsmatrix $\boldsymbol{M}$ nicht aus?

7 Regelung

7.1 Aufgaben und prinzipielle Strukturen

In Kapitel 1 und insbesondere Bild 1.9 wurde schon die grundlegende Aufgabe einer Regelung skizziert, die etwa folgendermaßen formuliert werden kann:

Die Regelung hat dafür zu sorgen, dass eine vom Programmierer definierte Aktion des Roboters durch geeignete Ansteuerung der Antriebe mit Stellwerten in genügender Genauigkeit durchgeführt wird. Die Regelung verarbeitet dabei aktuelle Zustände des Robotersystems und der Umgebung, die mit Mess- und Sensorsystemen erfasst werden.

In Bild 1.10 wurde eine Einteilung in **interne Regelungen** und **externe Regelungen** vorgenommen. Die interne Regelung ist eine **Gelenkregelung**, die ausschließlich Sollgrößen und Messgrößen der Gelenke verarbeitet. Während jede Industrierobotersteuerung eine Gelenkregelung als wesentliche Komponente enthält, ist die externe Regelung auf fortgeschrittene Robotersteuerungen beschränkt. Sie ermittelt aus Sensorinformationen und Zielvorgaben, die z. B. von der aufgabenorientierten Programmierung (s. Kap. 5) vorgegeben werden, die notwendigen Bewegungen des Roboters im Raum und/oder Kräfte des Effektors auf das Werkstück. Diese Größen sind in einem der Aufgabenstellung angepassten Koordinatensystem (Werkzeug- oder Basiskoordinatensystem) dargestellt und dienen nach Anwendung der inversen Kinematik als Sollwerte für die Gelenkregelung. Abhängig von diesen Sollgrößen und entsprechenden Messgrößen werden von einem geeigneten Regelalgorithmus Stellgrößen berechnet. Mit diesen Stellgrößen wird das Antriebssystem so angesteuert, dass sich das gewünschte Verhalten so gut wie möglich einstellt.

Die meisten Roboterregelungen sind Lageregelungen. Bei der **Lageregelung** soll der Effektor unabhängig von ausgeübten Bearbeitungskräften und aufgenommenen Lasten, die regelungstechnisch als Störungen aufgefasst werden, ein definiertes Bewegungsverhalten annehmen. In den allermeisten Fällen werden beim Industrieroboter ausschließlich Gelenkkoordinaten und Gelenkgeschwindigkeiten gemessen. Regelgrößen sind die Gelenkkoordinaten (Winkel oder Schublängen), die im Vektor $\boldsymbol{q}$ zusammengefasst werden. Die Gelenkregelung hat die Aufgabe, diese Gelenkkoordinaten den sich zeitlich ändernden entsprechenden Sollgrößen des Vektors $\boldsymbol{q}_S$ nachzuführen (s. Bild 7.1). Auch der Vektor $\dot{\boldsymbol{q}}$ der gemessenen Gelenkgeschwindigkeiten wird in den Regelalgorithmen verarbeitet. Die Geschwindigkeiten liefern zusätzliche Informationen über das dynamische Verhalten des Roboterarms und sind Hilfsregelgrößen, falls die Regelung als Kaskadenregelung ausgeführt ist. In speziellen Regelungskonzepten werden darüber hinaus die Sollgeschwindigkeiten und Sollbeschleunigungen der Gelenke zur Berechnung herangezogen.

Der Ausgangsvektor $\boldsymbol{U}_S$ des Regelalgorithmus enthält die Spannungen oder entsprechende digitale Signale, mit denen die Servoelektronik der Antriebe angesteuert wird, damit die Motoren das geforderte Antriebsmoment aufbringen (s. auch Kapitel 6, Bild 6.11).

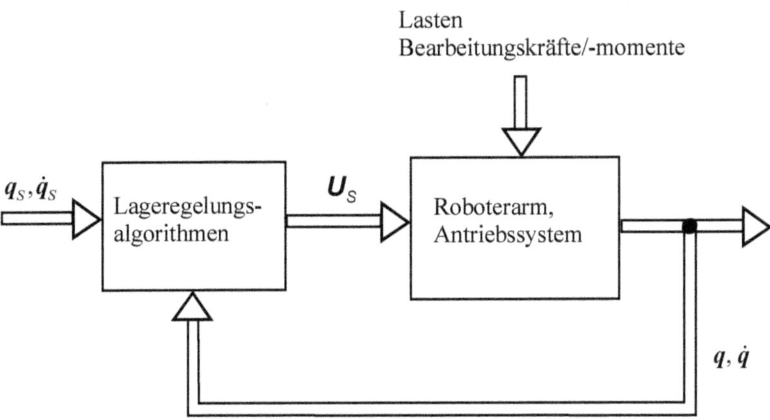

Bild 7.1 Prinzipielle Struktur einer Robotergelenkregelung

Bei der Lageregelung auf Gelenkebene wird eine vom Anwender definierte kartesische Bahn des Effektors mithilfe der inversen Kinematik (Rückwärtstransformation) auf Gelenksollwerte abgebildet. Gemessen und geregelt werden die Gelenkwinkel und Schublängen. Neben den unvermeidlichen Regelfehlern in Gelenkkoordinaten treten weitere Ungenauigkeiten im kartesischen Bahnverlauf auf. Zum einen biegen sich die Armteile bei großen Lasten bzw. externen Kräften oder hohen Beschleunigungen, was von der Messung auf Gelenkebene nicht erfasst wird, zum anderen werden oft nicht die Gelenkkoordinaten direkt, sondern Motorgrößen gemessen und mit Berücksichtigung der Getriebeuntersetzung die zugehörigen Gelenkkoordinaten berechnet. Der Antriebsstrang zwischen den Motoren und den Gelenken hat aber mehr oder weniger Getriebespiel und Federeigenschaften, was nur schwer berücksichtigt werden kann. Auf jeden Fall ist bei der ausschließlich motorseitigen Messung mit Ungenauigkeiten in der Gelenkbewegung und damit in der kartesischen Bahn zu rechnen, die von der Regelung nicht beeinflusst werden können. Zur Verbesserung der absoluten Genauigkeit müssen gelenkseitige Messwerte mit einbezogen werden (/7.45/).

Mit **kartesischen Lageregelungen** nach Bild 7.2 gelingt es, die absolute Genauigkeit bei der Positionierung und beim Bahnfahren zu erhöhen. Allerdings ist ein stationäres kartesisches Vermessungssystem (z. B. ein geeignetes Bildverarbeitungssystem) zur genauen Erfassung der Position und der Orientierung des Effektors notwendig. Als Soll- und Messdaten liegen der Verlauf der Position des TCP (Ortsvektor $\boldsymbol{p}$) und die Orientierung des Effektors (Vektor der Euler-Winkel $\boldsymbol{w}$) vor. Sinnvoll ist diese Regelungsstruktur nur, wenn die Arbeitsaufgabe des Roboters in kartesischen Koordinaten spezifiziert ist, z. B. CP-Bahnen oder PTP-Bahnen, bei denen die Zielstellungen offline programmiert sind. Im Vergleich mit der Gelenkregelung sind die Ausgangsgrößen des kartesischen Reglers nicht unmittelbar Signale an die Antriebsverstärker, um Motordrehmomente zu stellen, sondern sie entsprechen kartesischen Kräften und Drehmomenten auf den Effektor zur Erzielung der vorgegebenen Bahn im Raum. Diese Größen müssen im Wesentlichen mit der transponierten Jacobi-Matrix (s. Kapitel 3) auf Gelenkdrehmomente bzw. entsprechende Steuersignale für die Antriebe, zusammengefasst im Vektor $\boldsymbol{U}_S$, abgebildet werden.

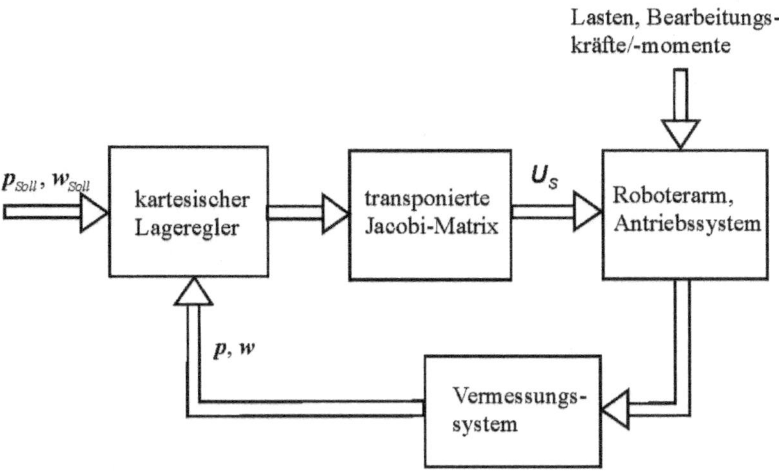

Bild 7.2 Struktur einer kartesischen Lageregelung

Ein anderes Ziel für den Einsatz kartesischer Regelungen könnte sein, Kennwerte für das Regelungsverhalten wie Schnelligkeit und Dämpfung nicht auf die Gelenkgrößen, sondern auf die anwendungsnäheren kartesischen Größen zu beziehen.

Soll der Industrieroboter zu Montageaufgaben oder Bearbeitungsaufgaben wie Schleifen, Entgraten, Fräsen eingesetzt werden, tritt der Roboter längere Zeit in Kraftkontakt mit der Umgebung. Bei der Lageregelung eines Industrieroboters wird davon ausgegangen, dass sich der Roboterarm frei im Raum bewegen kann und die Lageregelung versucht, die vorgegebene Bahn unabhängig von aufgenommenen Lasten und Bearbeitungskräften mit genügender Genauigkeit einzuhalten. Da aber Bahnungenauigkeiten des Effektors und Positionstoleranzen des Werkstücks unvermeidlich sind, können große Kontaktkräfte auftreten, die verhindern, dass die Arbeitsaufgabe korrekt ausgeführt wird oder gar zu einer mechanischen Beschädigung des Werkstücks bzw. des Industrieroboters führen. Zum Beispiel wird bei einem Fügevorgang in der Montage aufgrund von Werkstücktoleranzen und Abweichungen in der relativen Lage der Bauteile zueinander die Kontaktkraft zu groß und der Arbeitsvorgang kann nicht stattfinden. Um diese Probleme mit Robotersteuerungen, die durch den mechanischen Aufbau und die Lageregelung auf hohe Positioniergenauigkeit ausgelegt sind, zu bewältigen, werden auch **Fügemechanismen** (**Remote Center of Compliance, RCC**) verwendet. Diese mechanischen Baueinheiten werden zwischen Roboterflansch und Effektor angebracht. Sie gleichen beim Fügen zweier Teile unvermeidbare Lageabweichungen aus (s. z. B. /7.3/). Wird eine Lageregelung auf Gelenkebene nach Bild 7.1 eingesetzt, tritt durch diese Nachgiebigkeit ein Informationsverlust über Lage und Orientierung des Effektors ein, da eine nicht messbare Verschiebung des Tool Center Points (TCP) und Orientierungsänderung eintritt. Auch kann eine Umschaltung auf eine Lageregelung, die hohe Genauigkeit garantiert, nicht mehr erfolgen. Die erfolgreiche Durchführung vieler Aufgaben ist jedoch nur mit hoher Genauigkeit und „Kraftgefühl" möglich. Daher werden **Kraftregelungen** entwickelt, die dafür sorgen sollen, dass definierte Kräfte/Drehmomente auf die Arbeitsumgebung ausgeübt werden (/7.17/, /7.29/). In Bild 7.3 ist das Wirkschema einer Kraftregelung skizziert. Von einer übergeordneten Steuerungskomponente, z. B. von einem Montageplan, sind Sollwerte für die auszuübenden Kräfte und Momente definiert. Diese im Kraftvektor und Momentenvektor beschriebenen Größen sind in kartesischen Koordinaten vorgegeben, entweder in Koordinaten des ruhenden Koordinatensystems K_0 oder in Koordinaten des Werkzeugkoordinatensystems K_W. Die dazugehörigen Messvektoren werden von einem **Kraft-/Momentensensor (KMS)** erfasst und der Regelung zugeführt. Der KMS ist zwischen Roboterarm und Effektor angebracht und kann Kraft- und Drehmomentkomponenten in allen drei Richtungen messen. Es sind sowohl KMS in steifer Ausführung als auch nachgiebige KMS mit messbarer Positions- und Orientierungsänderung des Effektors entwickelt worden (/7.28/, /7.38/). Werden zusätzlich die Linear- und Winkelbeschleunigungen gemessen, ist es möglich, die Kräfte und Momente, die von der Roboterbewegungen verursacht werden, von den Kontaktkräften/-momenten zu trennen (/7.49/). Da eine komplexe Arbeitsaufgabe allein mit einer Kraftregelung nicht zu bewerkstelligen ist, treten Mischformen auf (**hybride Regelungen**). Es wird zwischen Lage- und Kraftregelung von kartesischen Koordinaten umgeschaltet. Z. B. wird in Richtung der x_0-Achse bei einer bestimmten Aufgabe die Kraft geregelt, beim nächsten Arbeitsschritt wird jedoch die Position geregelt (s. Abschnitt 7.6). Deshalb beeinflussen immer kinematische Randbedingungen die Kraftregelung. Beim Schleifen muss z. B. eine definierte Kraft in Längsachse des Werkzeugs aufgebracht werden und das Drehmoment um diese Achse wird überwacht, während die Bewegung in allen anderen kartesischen Freiheitsgraden lagegeregelt ist. Positionsrichtungen bzw. Orientierungskomponenten, die kraftgeregelt sind, werden auch **Kraftfreiheitsgrade** genannt. Die Kraftregelung ist im Prinzip eine kartesische Regelung, da der Soll-Ist-Vergleich in kartesischen Koordinaten stattfindet. Schließlich muss jedoch wieder der Vektor $\boldsymbol{U}_S$ zur Ansteuerung der Antriebe vorgegeben werden. Wenn der in Bild 7.3 als Kraftregler bezeichnete Block noch eine Gelenkregelung enthält, liegt eine Struktur mit externer Regelung und interner Gelenkregelung vor, wie sie in Bild 1.10 skizziert ist.

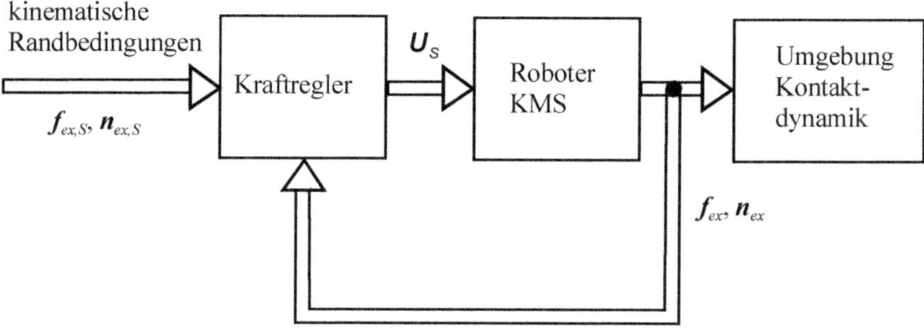

Bild 7.3 Wirkschema einer Kraftregelung

Während Kraftregelungen in der Praxis aus verschiedenen Gründen noch wenig eingesetzt werden, ist die Lageregelung Grundbestandteil der Robotersteuerung. Bei Medizin- und Servicerobotern sind jedoch für viele Aufgaben Kraftregelungen erforderlich.

7.2 Dezentrale Gelenkregelung in Kaskadenstruktur

7.2.1 Übersicht und Regelstrecke

Die prinzipielle Struktur und Aufgabe einer Lageregelung wurde anhand Bild 7.1 diskutiert. Die Gelenkregelung ist als wesentliche Komponente von Industrierobotersteuerungen wie in Bild 7.1 skizziert direkt in die Steuerungsumgebung eingebunden oder tritt als unterlagerte Regelung einer kartesischen Regelung oder einer Kraftregelung auf. Regelgrößen sind die Gelenkwinkel bzw. Schublängen. Die Beschreibung der Regelstrecke ist durch Gl. (6.52) und Bild 6.13 gegeben. Gl. (6.52) wird hier noch einmal angegeben:

$$\ddot{\boldsymbol{q}} = \left[\boldsymbol{M}^*(\boldsymbol{q})\right]^{-1} \cdot \left[\boldsymbol{U}_S - \boldsymbol{b}^*(\boldsymbol{q},\dot{\boldsymbol{q}})\right] \tag{7.1}$$

Wie in Kapitel 6 ausgeführt, ist die Strecke hochgradig nichtlinear und verkoppelt. Trotzdem werden in vielen Steuerungen noch **dezentrale Lageregelungen** als Eingelenkregelungen in Kaskadenstruktur nach Bild 7.4 eingesetzt. Für jedes Gelenk i ist jeweils ein Regelkreis zuständig. Der übergeordnete Lageregler verarbeitet den Regelfehler $q_{S,i} - q_i$ und gibt als Ausgangsgröße den Sollwert $v_{S,i}$ für eine unterlagerte Geschwindigkeitsregelung vor, die schließlich den Stellwert $U_{S,i}$ als i-te Komponente von $\boldsymbol{U}_S$ für die entsprechende Servokarte ermittelt. Wenn eine Vorsteuerung mit $0 < K_{Vor} \leq 1$ eingesetzt wird, ist der Ausgangsgröße des Lagereglers das Signal $K_{Vor} \cdot \dot{q}_{S,i}$ additiv überlagert.

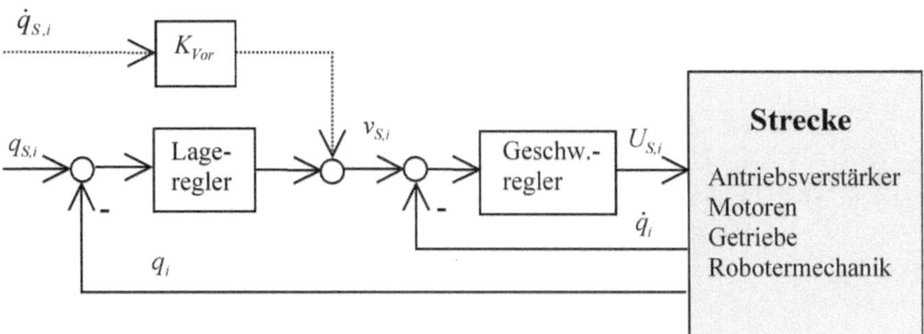

Bild 7.4 Dezentrale Lageregelung auf Gelenkebene

Durch die Kopplungen zwischen den Robotergelenken beeinflusst eine Änderung des Stellwertes $U_{S,i}$ eines Gelenks nicht nur die eigene Bewegung, sondern die Bewegung aller anderen Gelenke. Beim Entwurf der Kaskadenregelung werden diese Kopplungen vernachlässigt bzw. als Störgrößen betrachtet. Deshalb wird statt Gl. (7.1) im ersten Schritt das Einzelgelenk nach Gl. (6.15) betrachtet. Diese Beschreibung erhält man auch, wenn nur die i-te Komponente der Vektoren und das entsprechende Element in der Hauptdiagonalen von $\boldsymbol{M}^*(\boldsymbol{q})$ in Gl. (7.1) betrachtet wird:

$$\ddot{q}_i = \frac{1}{M_{ii}^*(\boldsymbol{q})} \cdot \left(U_{S,i} - b_i^*(\boldsymbol{q},\dot{\boldsymbol{q}},)\right) \tag{7.2}$$

Trotz dieser Vernachlässigungen enthält Gl. (7.2) weiterhin Verkopplungen durch die Lage und die Geschwindigkeit der anderen Gelenke. Da in M_{ii}^* die wirksame Massenträgheit des Roboterarms eingeht, hängt M_{ii}^* bei der beschleunigten Bewegung eines Gelenks i. Allg. von der Stellung der anderen Gelenke ab. So ändert sich das Massenträgheitsmoment M_{11} bezogen auf die erste Gelenkachse des Zweigelenkroboters in Bild 6.10 mit der Schublänge des Gelenks 2 und damit auch M_{11}^*. Um zu einem entkoppelten linearen Modell mit konstanten Parametern zu kommen, werden solche Abhängigkeiten vernachlässigt und angenommen, dass das Trägheitsmoment und damit auch $M_i^* = M_{ii}^*$ einen konstanten Wert einnimmt. Zur Auslegung der Regelung wird der maximale Wert von $M_i^* = M_{ii}^*$ verwendet, da dies den anspruchsvollsten Fall für die Regelung darstellt. Weiter wird in b_i^* nur der von der geschwindigkeitsabhängigen Reibung verursachte Teil durch $F_{D,i}^* \cdot \dot{q}_i$ berücksichtigt. Anteile, die von Gravitation, statischer Reibung, Zentripetal- und Corioliskräften verursacht werden, sind nichtlinear und werden in der Störgröße z^* zusammengefasst (s. auch Gl. (6.15)). Mit diesen Vereinfachungen erhält man aus Gl. (7.2) die lineare Differenzialgleichung

$$\ddot{q}_i = \frac{1}{M_i^*} \cdot (U_{S,i} - F_{D,i}^* \cdot \dot{q}_i - z^*) \tag{7.3}$$

Dabei wird für eine Eingelenkregelung in Gl. (6.42) und Gl. (6.43) für die Matrix $\boldsymbol{T}_G$ der Skalar $1/u$ gesetzt und entsprechend für $\boldsymbol{S}_G$ die Untersetzung u. Für das dem Gelenk zugeordnete Hauptdiagonalelement $M_{ii}(\boldsymbol{q})$ der Massenmatrix $\boldsymbol{M}(\boldsymbol{q})$ wird ein maximaler Wert $M_{i,max}$ gewählt. In der Komponente b_i wird wieder nur der Anteil $F_{D,i} \cdot \dot{q}_i$ verwendet und in den Reibungsverlusten $M_{R,i}(\dot{\boldsymbol{q}})$ ausschließlich der Anteil $F_{M,i} \cdot \Omega_i = F_{M,i} \cdot u_i \cdot \dot{q}_i$ berücksichtigt. Damit können M_i^* und $F_{D,i}^*$ aus den Anteilen von Motor und Roboterarm zu

$$M_i^* = \frac{1}{K_{M,i}} \cdot \left(\frac{M_{i,\max}}{u_i} + J_{A,i} \cdot u_i \right), \quad F_{D,i}^* = \frac{1}{K_{M,i}} \cdot \left(\frac{F_{D,i}}{u_i} + F_{M,i} \cdot u_i \right) \tag{7.4}$$

berechnet werden. Anstelle des Maximalwertes von $M_{ii}(\boldsymbol{q})$ kann natürlich auch ein Wert gewählt werden, der sich bei einer häufig eingenommenen Roboterstellung (Arbeitsposition) einstellt. Wird der Index i für das jeweilige Gelenk weggelassen, erhält man die entsprechende Beschreibung nach Gl. (6.14). Da der Entwurf der dezentralen Gelenkregelung für jedes Gelenk von Gl. (7.3) ausgeht, werden die Indizes für das jeweilige Gelenk beim Entwurf von Eingelenkregelungen zur Vereinfachung weggelassen. Man kann durch Laplace-Transformation der linearen Differenzialgleichung (7.3) eine Beschreibung im Bildbereich gewinnen:

$$s^2 \cdot Q(s) = \frac{1}{M^*} \cdot \left[U_S(s) - F_D^* \cdot s \cdot Q(s) - Z^*(s) \right] \tag{7.5}$$

Aus Gl. (7.5) kann das Blockschaltbild (Bild 7.5) aufgestellt werden, wobei $s \cdot Q(s)$ die Geschwindigkeit $V(s)$ im Bildbereich ist. Wie in der Regelungstechnik üblich, werden für die zeitvariablen Größen im Bildbereich Großbuchstaben verwendet, die Signale im Blockschaltbild jedoch mit den Bezeichnungen aus dem Zeitbereich versehen.

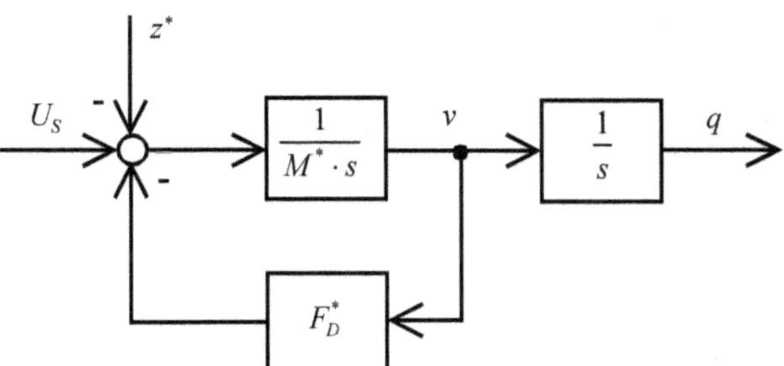

Bild 7.5 Strecke der dezentralen Lageregelung

7.2.2 Geschwindigkeitsregelung mit PI-Regler

Oben wurde erwähnt und in Bild 7.4 schematisch dargestellt, dass die Lageregelung als Kaskadenregelung mit unterlagerter **Geschwindigkeitsregelung** ausgeführt ist. Die Regelgröße v dieses Hilfsregelkreises wird gemessen und mit dem Sollwert v_S verglichen (Bild 7.6). Um stationäre Genauigkeit zu erhalten, muss der Geschwindigkeitsregler einen I-Teil enthalten. In den auf dem Markt befindlichen Steuerungen wird meist der PI-Regler für den Geschwindigkeitsregelkreis verwendet.

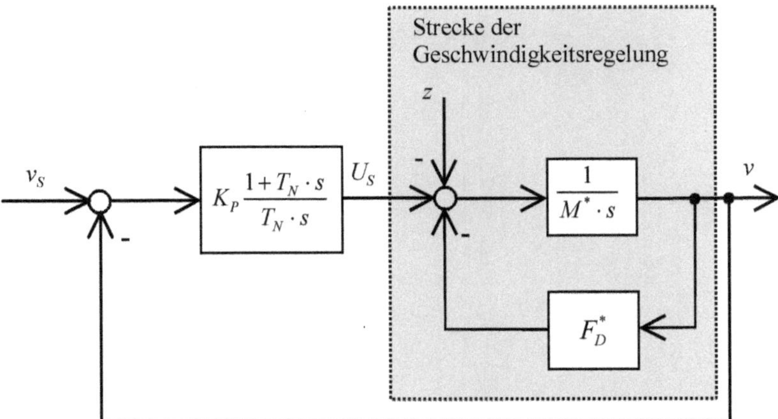

Bild 7.6 Unterlagerter Geschwindigkeitsregelkreis mit PI-Regler

Für die Führungsübertragungsfunktion des offenen Regelkreises erhält man

$$F_{0v}(s) = K_P \cdot \frac{(1+T_N \cdot s)}{T_N \cdot s} \cdot \frac{1/F_D^*}{\left(1+\frac{M^*}{F_D^*} \cdot s\right)} = K_P \cdot \frac{(1+T_N \cdot s)}{T_N \cdot s} \cdot \frac{K_{St}}{(1+T_{St} \cdot s)} \tag{7.6}$$

und damit die Übertragungsfunktion des gesamten Geschwindigkeitsregelkreises, der in Bild 7.7 noch einmal im Blockschaltbild für Führungsverhalten dargestellt ist:

$$G_v(s) = \frac{V(s)}{V_S(s)} = \frac{K_P \cdot K_{St} \cdot (1+T_N \cdot s)}{K_P \cdot K_{St} + T_N \cdot (1+K_P \cdot K_{St}) \cdot s + T_N \cdot T_{St} \cdot s^2} \tag{7.7}$$

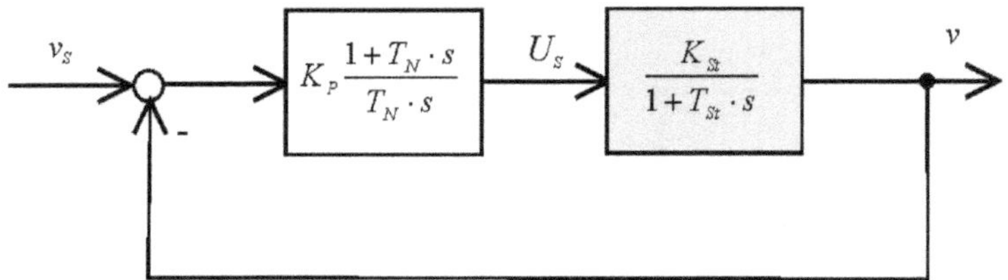

Bild 7.7 Geschwindigkeitsregelkreis mit PI-Regler und P-T$_1$-Strecke

Die Leistungsfähigkeit der unterlagerten Geschwindigkeitsregelung ist entscheidend für die Güte der dezentralen Lageregelung. Die Verstärkung K_p und die Nachstellzeit T_N des PI-Reglers sind so zu wählen, dass die Regelgröße v der sich ändernden Sollgröße v_S möglichst schnell folgt, wobei die Störgröße z^* effizient zu unterdrücken ist. Zudem muss die Regelung robust gegenüber Streckenänderungen sein, da sich, wie schon ausgeführt, der Streckenparameter M^* und damit T_{St} mit der Lage der anderen Robotergelenke i. Allg. ändern. Auch sind Stellgrenzen der Antriebe zu beachten, die in Bild 7.5 und Bild 7.6 nicht berücksichtigt wurden. Zum Entwurf der Regelparameter können vielfältige Methoden aus der linearen Regelungstheorie herangezogen werden. Hier sollen zwei Möglichkeiten diskutiert werden. Mit der Abkürzung

$$K_0 = K_P \cdot K_{St} \tag{7.8}$$

kann Gl. (7.7) auf die Form

$$G_v(s) = \frac{V(s)}{V_S(s)} = \frac{(1+T_N \cdot s)}{1+T_N \cdot \left(1+\frac{1}{K_0}\right) \cdot s + \frac{T_N \cdot T_{St}}{K_0} \cdot s^2} \tag{7.9}$$

gebracht werden. Der Nenner von Gl. (7.9) hat die Form des Nenners eines P-T$_2$-Übertragungsgliedes:

$$1+T_N \cdot \left(1+\frac{1}{K_0}\right) \cdot s + \frac{T_N \cdot T_{St}}{K_0} \cdot s^2 = 1+2 \cdot d_R \cdot T_R \cdot s + T_R^2 \cdot s^2 \tag{7.10}$$

T_N und K_P sind die Regelparameter, wobei mit Gl. (7.8) K_P durch K_0 berechnet werden kann. Werden die Zeitkonstante T_R und die Dämpfung d_R vorgegeben, sind durch Vergleich der linken mit der rechten Seite von Gl. (7.10) die Regelparameter bestimmt:

$$K_P = \frac{1}{K_{St}} \cdot \frac{(2 \cdot d_R \cdot T_{St} - T_R)}{T_R}, \quad T_N = \frac{T_R}{T_{St}} \cdot (2 \cdot d_R \cdot T_{St} - T_R) = T_R \cdot \left(2 \cdot d_R - \frac{T_R}{T_{St}}\right) \tag{7.11}$$

Das dynamische Verhalten des Drehzahlregelkreises entspricht natürlich nicht vollständig einem P-T$_2$-Übertragungsglied mit der Zeitkonstanten T_R und der Dämpfung d_R, da die Nachstellzeit T_N als Zählerzeitkonstante auftritt und damit im Vergleich zum P-T$_2$-Verhalten eine größere Überschwingweite (geringere Dämpfung) bei kleinerer Anregelzeit verursacht. Damit $K_p, T_N > 0$, muss $T_R < 2d_R \cdot T_{St}$ gelten.

Nun sollen die Regelparameter auf der Basis der Darstellung im Frequenzbereich entworfen werden. Beim Entwurf im Frequenzbereich wird der offene Regelkreis untersucht. Die **Phasenreserve** φ_R und die **Durchtrittsfrequenz** (genauer Durchtrittskreisfrequenz) ω_D stehen im Zusammenhang mit der Dämpfung und der Schnelligkeit des geschlossenen Regelkreises (s. z.B. /7.6/, /7.19/). Es sollen also hier durch Wahl von φ_R und ω_D die Regelparameter K_P und T_N bestimmt werden.

Für eine gute Dämpfung des Geschwindigkeitsregelkreises sollte die Phasenreserve φ_R in der Regel zwischen 60° und 70° liegen. Die Wahl der Durchtrittsfrequenz ist von der Dynamik der Strecke abhängig, die durch T_{St} bestimmt ist. Für eine genügende Schnelligkeit des Geschwindigkeitsregelkreises ist $\omega_D >> 1/T_{St}$ zu wählen. Eine zu große Durchtrittsfrequenz führt jedoch dazu, dass das Antriebssystem Stellbegrenzungen erreicht.

Die Übertragungsfunktion des offenen Regelkreises wird mit $s = j \cdot \omega$ im Frequenzbereich dargestellt:

$$F_{0v}(j\omega) = K_0 \cdot \frac{(1+T_N \cdot j\omega)}{T_N \cdot j\omega \cdot (1+T_{St} \cdot j\omega)} = K_0 \cdot \frac{\left(T_N - T_{St}\right) \cdot \omega - j \cdot \left(1+T_N \cdot T_{St} \cdot \omega^2\right)}{T_N \cdot \omega \cdot \left(1+T_{St}^2 \cdot \omega^2\right)} \tag{7.12}$$

Die rechte Seite von Gl. (7.12) wurde durch Multiplikation mit dem konjugiert komplexen Wert des Nenners erhalten. Aus Gl. (7.12) kann nun die Phase berechnet werden:

$$\varphi(\omega) = \arctan \frac{\operatorname{Im} F_{0v}(j\omega)}{\operatorname{Re} F_{0v}(j\omega)} = \arctan \frac{-\left(1+T_N \cdot T_{St} \cdot \omega^2\right)}{\left(T_N - T_{St}\right) \cdot \omega} \tag{7.13}$$

Die Phasenreserve ist die Differenz der Phase $\varphi(\omega_D)$ an der Durchtrittskreisfrequenz zu -180° oder mathematisch mit Winkeln in rad ausgedrückt:

$$\varphi_R = \varphi(\omega_D) + \pi \tag{7.14}$$

Da φ_R und ω_D vorgegeben werden, kann aus den Gln. (7.13) und (7.14) die Nachstellzeit T_N bestimmt werden. Mit $\tan\left(\varphi(\omega_D)\right) = \tan\left(\varphi_R - \pi\right) = c_0$ wird aus Gl. (7.13):

$$c_0 = -\frac{\left(1+T_N \cdot T_{St} \cdot \omega_D^2\right)}{\left(T_N - T_{St}\right) \cdot \omega_D}$$

und nach Auflösung nach T_N:

$$T_N = \frac{c_0 \cdot T_{St} \cdot \omega_D - 1}{c_0 \cdot \omega_D + T_{St} \cdot \omega_D^2}, \quad c_0 = \tan\left(\varphi_R - \pi\right) \tag{7.15}$$

Bei der Durchtrittsfrequenz muss aber der Betrag von $\left|F_{0v}(j\omega_D)\right| = 1$ sein. Man erhält durch Berechnung des Betragsquadrates von Zähler und Nenner des ersten Bruchs in Gl. (7.12)

$$\left|F_{0v}(j\omega_D)\right|^2 = \frac{K_0^2 \cdot \left(1+T_N^2 \cdot \omega_D^2\right)}{T_N^2 \cdot \omega_D^2 \cdot \left(1+T_{St}^2 \cdot \omega_D^2\right)} = 1$$

und nach Auflösung nach K_0 bzw. nach K_P mit Gl. (7.8):

$$K_P = \frac{1}{K_{St}} \cdot T_N \cdot \omega_D \cdot \sqrt{\frac{\left(1 + T_{St}^2 \cdot \omega_D^2\right)}{\left(1 + T_N^2 \cdot \omega_D^2\right)}} \tag{7.16}$$

7.2.3 ReDuS-Geschwindigkeitsregler

Hier wird ein Regelungskonzept auf den Geschwindigkeitsregelkreis angewandt, bei dem P-T_2-Verhalten oder P-T_1-Verhalten zwischen der Sollgeschwindigkeit und der gemessenen Geschwindigkeit als Führungsverhalten vollständig eingeprägt werden kann (/7.43/, /7.46/). Die Reglerausgangsgröße bei dieser Regelstruktur setzt sich additiv aus der Integration des Regelfehlers, der Sollgröße und der Regelgröße zusammen. Alle diese Signale sind mit i. Allg. unterschiedlichen Faktoren K_I, β und α gewichtet (Bild 7.8). Da Führungsverhalten betrachtet wird, ist die Störgröße vernachlässigt. Durch den Integrationsteil im Regler wird jedoch stationäre Genauigkeit garantiert. Diese Regelung wird als **ReDuS-Regelung** (**Re**gelung mit einstellbarer **D**ämpfung **u**nd **S**chnelligkeit) bezeichnet. Aus Bild 7.8 ist ersichtlich, dass eine Strecke 2. Ordnung zugelassen ist, wobei noch Randbedingungen für die Streckenparameter zu beachten sind:

$$V(s) = F_{St,v}(s) \cdot U_S(s) = \frac{1}{a_0 + a_1 \cdot s + a_2 \cdot s^2} \cdot U_S(s), \quad a_0 \geq 0, a_1 > 0, a_2 \geq 0 \tag{7.17}$$

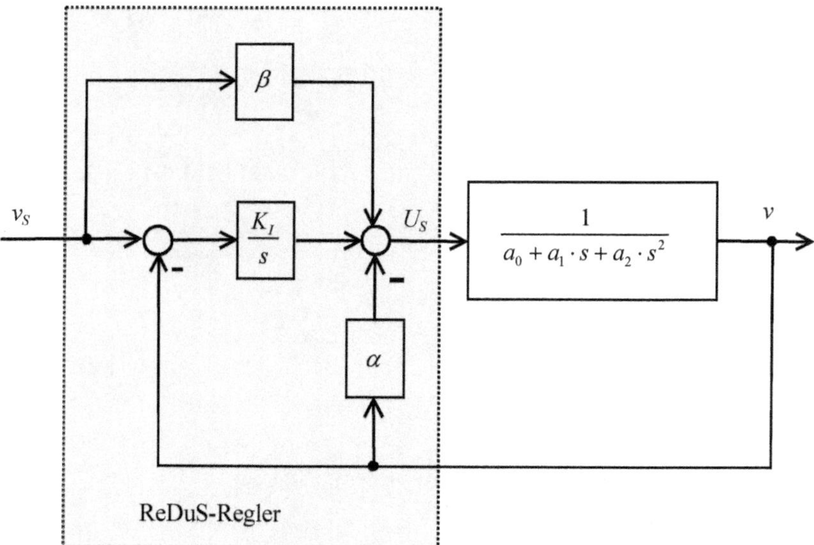

Bild 7.8 Unterlagerter Geschwindigkeitsregelkreis mit ReDuS-Regler

In der Beschreibung nach Gl. (7.17) sind I-, P-T_1-, I-T_1- und P-T_2-Strecken enthalten und so kann auch die im vorletzten Abschnitt hergeleitete Strecke nach Bild 7.6 und Bild 7.7 auf diese Form gebracht werden.

Die Dämpfung d_R und die Zeitkonstante T_R des gewünschten P-T_2-Übertragungsverhaltens der Regelung wird vom Entwurfsingenieur geeignet gewählt oder über Vorgabe der Überschwingweite und der Anregelzeit bestimmt. Das gewünschte Übertragungsverhalten kann dann durch

$$V(s) = \frac{1}{1 + 2 \cdot d_R \cdot T_R \cdot s + T_R^2 \cdot s^2} \cdot V_S(s) \tag{7.18}$$

angeschrieben werden. Gl. (7.18) wird auch als Referenzmodell bezeichnet. Der Übertragungsbeiwert im Zähler von Gl. (7.18) ist zu 1 festgelegt, damit sich im eingeschwungenen Zustand $v = v_S$ einstellt, also stationäre Genauigkeit herrscht.

Mit Bild 7.8 erhält man das Übertragungsverhalten des vorhandenen Regelkreises zu

$$V(s) = \frac{K_I + \beta \cdot s}{K_I + (\alpha + a_0) \cdot s + a_1 \cdot s^2 + a_2 \cdot s^3} \cdot V_S(s) \tag{7.19}$$

Die Werte der freien Parameter K_I, β und α sind so zu wählen, dass sich das Verhalten nach Gl. (7.18) einstellt. Die Vorschriften für diese Regelparameter erhält man durch Vergleich der Übertragungsfunktion in Gl. (7.18) mit der Übertragungsfunktion in Gl. (7.19):

$$\begin{aligned}
&\frac{K_I + \beta \cdot s}{K_I + (\alpha + a_0) \cdot s + a_1 \cdot s^2 + a_2 \cdot s^3} = \frac{1}{1 + 2 \cdot d_R \cdot T_R \cdot s + T_R^2 \cdot s^2} \Rightarrow \\
&K_I + (\alpha + a_0) \cdot s + a_1 \cdot s^2 + a_2 \cdot s^3 = \\
&K_I + (\beta + 2 \cdot d_R \cdot T_R \cdot K_I) \cdot s + (2 \cdot d_R \cdot T_R \cdot \beta + K_I \cdot T_R^2) \cdot s^2 + \beta \cdot T_R^2 \cdot s^3
\end{aligned}$$

Durch Koeffizientenvergleich können die ReDuS-Regelparameter bestimmt werden:

$$\beta = \frac{a_2}{T_R^2}, \quad K_I = \frac{a_1 - 2 \cdot d_R \cdot T_R \cdot \beta}{T_R^2}, \quad \alpha = 2 \cdot d_R \cdot T_R \cdot K_I + \beta - a_0 \tag{7.20}$$

Auf den ersten Blick scheinen keine Beschränkungen für die Kennwerte d_R und T_R vorzuliegen. Jedoch bedeutet die Parameterwahl nach Gl. (7.20), dass in Gl. (7.19) eine Nennernullstelle durch eine Zählernullstelle kompensiert wird, um auf eine Übertragungsfunktion 2. Ordnung mit konstantem Zähler nach Gl. (7.18) zu kommen. Es ist aber aus Stabilitätsgründen nur sinnvoll, Nennernullstellen, die in der linken Halbebene der komplexen s-Ebene liegen, zu kürzen, d. h. die Nullstellen des Nenners nach Gl. (7.19) müssen links der imaginären Achse liegen (s. z. B. /7.9/) und die Regelparameter müssen größer 0 sein. Mit dem Hurwitz-Kriterium (/7.6/, /7.19/) erhält man die Stabilitätsbedingungen:

$$\begin{aligned}
&a_1 > 0 \\
&a_1 \cdot (\alpha + a_0) - a_2 \cdot K_I > 0
\end{aligned}$$

Da die erste Stabilitätsbedingung schon durch die Voraussetzungen an die Strecke nach Gl. (7.17) erfüllt ist, verbleibt als hinreichende Stabilitätsbedingung nur die zweite Ungleichung. Wird darin K_I und α durch Gl. (7.20) ausgedrückt, kann die Stabilitätsbedingung in der Form

$$\frac{T_R}{d_R} > \frac{2 \cdot a_2}{a_1} \tag{7.21}$$

formuliert werden. Die Bedingung aus Gl. (7.21) gibt abhängig von den Streckeneigenschaften an, in welchen Bereichen die Zeitkonstante und die Dämpfung des gewünschten P-T_2-Verhaltens vorgegeben werden können, wobei natürlich T_R und d_R größer als 0 gewählt werden.

Nun soll der ReDuS-Regler auf die Strecke aus Gl. (7.6) bzw. Bild 7.7 mit $z^* = 0$

$$F_{St,v}(s) = \frac{K_{St}}{1 + T_{St} \cdot s} = \frac{1/F_D^*}{\left(1 + \frac{M^*}{F_D^*} \cdot s\right)}$$

angewandt werden. Zur Bestimmung der Regelparameter wird die Strecke auf die Form von Gl. (7.17) gebracht:

$$F_{St,v}(s) = \frac{1}{(1/K_{St}) + (T_{St}/K_{St}) \cdot s} \Rightarrow a_0 = \frac{1}{K_{St}}, \quad a_1 = \frac{T_{St}}{K_{St}}, \quad a_2 = 0 \tag{7.22}$$

Mit Gl. (7.20) sind die Werte der Regelungsparameter zu

$$\beta = 0, \quad K_I = \frac{a_1}{T_R^2} = \frac{T_{St}}{K_{St} \cdot T_R^2}, \quad \alpha = 2 \cdot d_R \cdot T_R \cdot K_I - a_0 = \frac{2 \cdot d_R \cdot T_{St} - T_R}{K_{St} \cdot T_R} \tag{7.23}$$

einzustellen. Mit dem ReDuS-Regler gelingt es unter der Bedingung $a_2 = 0$ auch, der Führungsübertragungsfunktion P-T_1-Verhalten aufzuprägen. Anstelle von Gl. (7.18) wird nun

$$V(s) = \frac{1}{1 + T_R \cdot s} \cdot V_S(s) \tag{7.24}$$

verwendet. Der Vergleich von Gl. (7.24) mit dem Übertragungsverhalten nach Gl. (7.19) führt zu folgenden Gleichungen:

$$\frac{K_I + \beta \cdot s}{K_I + (\alpha + a_0) \cdot s + a_1 \cdot s^2} = \frac{1}{1 + T_R \cdot s} \quad \Rightarrow$$

$$K_I + (\alpha + a_0) \cdot s + a_1 \cdot s^2 = K_I + (K_I \cdot T_R + \beta) \cdot s + \beta \cdot T_R \cdot s^2$$

Für die drei wählbaren Regelparameter α, β und K_I sind nur zwei Bestimmungsgleichungen vorhanden. Mit einem frei wählbaren Parameter V_R lassen sich die Regelparameter bestimmen:

$$\beta = \frac{a_1}{T_R}, \quad \alpha = V_R \cdot \beta, \quad K_I = \frac{a_1 \cdot (V_R - 1)}{T_R^2} + \frac{a_0}{T_R}, \quad V_R > 1 \tag{7.25}$$

Wird in Gl. (7.25) die Streckenbeschreibung nach Gl. (7.22) eingesetzt, erhält man:

$$\beta = \frac{1}{K_{St}} \cdot \frac{T_{St}}{T_R}, \quad \alpha = V_R \cdot \beta, \quad K_I = \frac{1}{K_{St}} \cdot \left(\frac{T_{St}}{T_R^2}(V_R - 1) + \frac{1}{T_R} \right), \quad V_R > 1 \tag{7.26}$$

Die Wahl von V_R beeinflusst nicht das Führungsverhalten nach Gl. (7.24), das beim Entwurf der Regelungsparameter herangezogen wird. V_R bestimmt jedoch den Gewichtungsfaktor K_I des Integralteils. Mit wachsendem V_R wird ein besseres Störverhalten erzielt. Die Regelung ist unter den genannten Bedingungen für die Strecke und V_R für alle T_R theoretisch stabil. In der Praxis sind natürlich die Stellgrenzen zu beachten, die die Wahl einer zu kleinen Zeitkonstanten T_R nicht zulassen. Kann eine Strecke nach Gl. (7.22) beschrieben werden, so kann beim Entwurf des Drehzahlregelkreises auf P-T_1-Verhalten durch Wahl von T_R die Schnelligkeit der Geschwindigkeitsregelung sehr einfach vorgegeben werden. Es ist zu beachten, dass derselbe Wert der Zeitkonstanten T_R beim Entwurf auf P-T_2- und P-T_1-Verhalten nicht dieselbe Schnelligkeit des Regelkreises hervorruft.

Beim ersten Verfahren zum Entwurf des PI-Reglers in Abschnitt 7.2.2 und beim Entwurf des ReDuS-Geschwindigkeitsreglers muss der Entwurfsingenieur nur zwei anschauliche Kennwerte (Dämpfung d_R und Zeitkonstante T_R) vorgeben. Auf diese Weise ist es möglich, bei der Parametrierung der Regelkreise flexibel auf veränderte Anforderungen an die Regelung in verschiedenen Einsatzfällen zu reagieren. Beim Einsatz des PI-Reglers ist der Entwurf auf der Basis der Vorgabe der Phasenreserve φ_R und der Durchtrittskreisfrequenz ω_D eine gute Alternative.

Können geschwindigkeitsabhängige Reibungsverluste vernachlässigt werden, wird die Strecke in Bild 7.6 zu einem Integrationsglied. Die Entwurfsvorschriften sowohl für den PI-Regler als auch für den ReDuS-Regler können dann auf dieselbe Art und Weise gewonnen werden (s. auch Übungsaufgaben). Wie der PI-Regler enthält der ReDuS-Regler einen I-Teil, der auf jeden Fall stationäre Genauigkeit gewährleistet. Auch wenn die Führungsübertragungsfunktion der Strecke I-Verhalten zeigt, ist dies notwendig, da die Störgröße z^* vor dem I-Glied der Strecke angreift (s. Bild 7.5).

7.2.4 Entwurf des Lagereglers

Beim Entwurf einer **Kaskadenregelung** wird folgendermaßen vorgegangen:

- Der unterlagerte Regelkreis wird entworfen.
- Das Übertragungsverhalten des unterlagerten Regelkreises wird durch eine relativ einfache Übertragungsfunktion genähert.
- Die Regelparameter des übergeordneten Regelkreises werden auf der Basis dieser Näherung des unterlagerten Regelkreises entworfen.

Der unterlagerte Geschwindigkeitsregelkreis kann bei Wahl eines PI-Reglers nach Gl. (7.11) näherungsweise auf P-T_2-Übertragungsverhalten entworfen werden. Bei Einsatz eines ReDuS-Reglers nach Gl. (7.20) versucht man das P-T_2-Verhalten genau zu erzielen. In beiden Fällen liegt es nahe, den unterlagerten Geschwindigkeitsregelkreis durch ein P-T_2-Glied näherungsweise zu beschreiben. Der ReDuS-Regler nach Gl. (7.26) zielt auf die Einprägung eines P-T$_1$-Übertragungsverhaltens ab, sodass in diesem Fall der Geschwindigkeitsregelkreis durch ein P-T$_1$-Glied zu ersetzen ist. Zum Entwurf des Lagereglers wird in erster Näherung jedoch oft der Geschwindigkeitsregelkreis durch ein P-T$_1$-Glied genähert, obwohl der Entwurf nach Gl. (7.11) vorgenommen wurde und das Ein-/Ausgangsverhalten nicht aperiodisch verläuft. Dazu wird die Sprungantwort des Geschwindigkeitsregelkreises auf einen Sprung der Höhe v_{S0} herangezogen und als Zeitkonstante T_v des P-T$_1$-Ersatzglieds wird die Zeitspanne genommen, nach der die Sprungantwort ca. 63 % des Endwertes erreicht hat (Bild 7.9). Da sowohl der PI-Geschwindigkeitsregler als auch der ReDuS-Regler I-Verhalten aufweist, ist v_{S0} mit dem Endwert der Sprungantwort identisch.

Aus Bild 7.9 ist ersichtlich, dass es sich um eine stark vereinfachte Beschreibung der Übertragungsfunktion des Geschwindigkeitsregelkreises handelt:

$$G_v(s) \approx \frac{1}{1+T_v \cdot s} \tag{7.27}$$

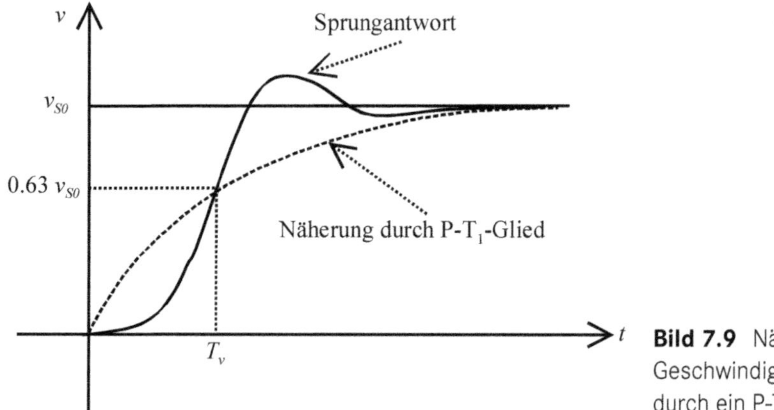

Bild 7.9 Näherung des Geschwindigkeitsregelkreises durch ein P-T$_1$-Glied

Auch die Näherung durch ein P-T$_2$-Glied kann anhand der Sprungantwort vorgenommen werden. Aus der Sprungantwort wird die Anregelzeit T_{An} und die relative Überschwingweite $ü$ gemessen (Bild 7.10). Aus diesen zwei Kennwerten kann die Dämpfung d_v und die Zeitkonstante T_v desjenigen P-T$_2$-Glieds ermittelt werden, das die identische Überschwingweite und Anregelzeit hat (/7.9/):

$$ü = \frac{v_{\max} - v_{S0}}{v_{S0}}, \quad d_v = \frac{1}{\sqrt{1+(\pi / \ln ü)^2}}, \quad T_v = \frac{T_{An} \cdot \sqrt{1-d_v^2}}{\pi - \arccos(d_v)} \tag{7.28}$$

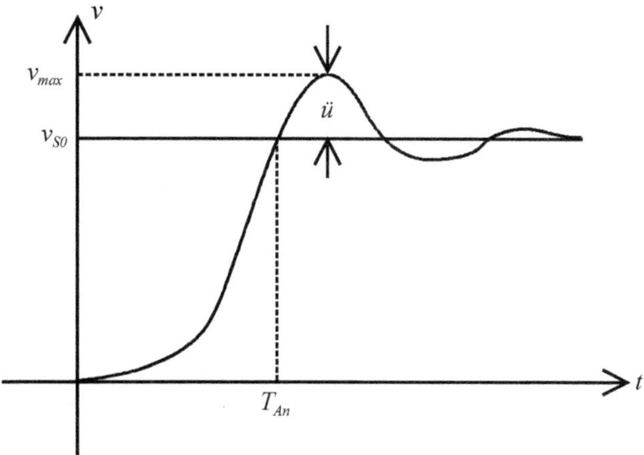

Bild 7.10 Zur Näherung des Geschwindigkeitsregelkreises durch ein P-T_2-Glied

Als Näherung des Geschwindigkeitsregelkreises wird jetzt das Übertragungsglied

$$G_v(s) \approx \frac{1}{1+2\cdot d_v \cdot T_v \cdot s + T_v^2 \cdot s^2} \tag{7.29}$$

verwendet. Wird der ReDuS-Regler eingesetzt und ist die Strecke genügend genau bekannt, kann $T_v \approx T_R$ und $d_v \approx d_R$ erwartet werden, wenn nach Gl. (7.23) die Regelparameter gewählt werden. Beim Entwurf auf P-T_1-Verhalten nach Gl. (7.26) wird auch die Näherung durch ein P-T_1-Glied entscheidend besser.

Nun folgt der letzte Schritt beim Entwurf der Regelparameter der Kaskadenregelung. Mit dem Ersatzblock $G_v(s)$ für das Übertragungsverhalten der Geschwindigkeitsregelung liegt ein Ersatzregelkreis nach Bild 7.11 vor. Wie bei den meisten realisierten dezentralen Gelenkregelungen besteht die Lageregelung aus einem P-Lageregler und einer mit K_{Vor} gewichteten **Geschwindigkeitsvorsteuerung**. Zuerst wird die Geschwindigkeitsvorsteuerung nicht betrachtet, das heißt $K_{Vor} = 0$ gesetzt. Auf der Basis der Übertragungsfunktion zwischen dem Soll-Wert q_S und dem Ist-Wert q wird die Verstärkung K_L des P-Lagereglers dimensioniert.

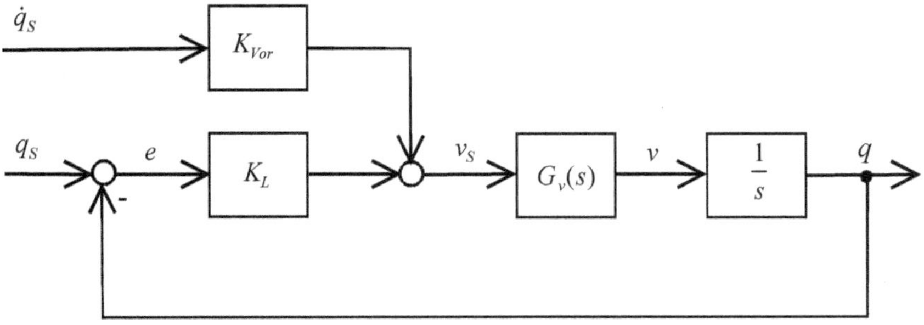

Bild 7.11 Ersatzregelkreis der dezentralen Lageregelung

K_L bei Näherung des Geschwindigkeitsregelkreises durch ein P-T_1-Glied

Mit $G_v(s)$ nach Gl. (7.27) und Bild 7.11 wird das Übertragungsverhalten des Lageregelkreises ohne Vorsteuerung zu

$$Q(s) \approx \frac{1}{1+\frac{1}{K_L}\cdot s+\frac{T_v}{K_L}\cdot s^2}\cdot Q_S(s)=\frac{1}{1+2\cdot d_L\cdot T_L\cdot s+T_L^2\cdot s^2}\cdot Q_S(s) \tag{7.30}$$

Bei dieser Näherung zeigt der Lageregelkreis P-T_2-Verhalten mit der Dämpfung d_L und der Zeitkonstanten T_L. Zur Beeinflussung dieser zwei Kennwerte und damit zur Vorgabe des dynamischen Verhaltens des Lageregelkreises steht jedoch nur der Regelparameter K_L zur Verfügung. Es können nicht beide Kennwerte unabhängig voneinander über K_L festgelegt werden. Bei der Lageregelung von Roboter- und Werkzeugmaschinenachsen ist meist ein überschwingfreies Verhalten gefordert und die Festlegung der Dämpfung d_L mit $d_L \geq 1$ ist in diesem Fall am sinnvollsten. Durch Koeffizientenvergleich erhält man aus Gl. (7.30):

$$d_L=\frac{1}{2}\cdot\frac{1}{\sqrt{K_L\cdot T_v}},\quad T_L=\sqrt{\frac{T_v}{K_L}} \tag{7.31}$$

Wird d_L vorgegeben, kann K_L berechnet werden und die Zeitkonstante T_L ist festgelegt:

$$K_L=\frac{1}{4\cdot d_L^2\cdot T_v},\quad T_L=2\cdot d_L\cdot T_v \tag{7.32}$$

Wenn das Übertragungsverhalten des Geschwindigkeitsregelkreises durch ein P-T_1-Glied genähert wurde, obwohl der Geschwindigkeitsregelkreis periodisches Verhalten zeigt (s. Bild 7.9), ist bei der Auslegung von K_L eine zu große Verzögerung berücksichtigt worden. Es ist deshalb zu erwarten, dass auch mit einem größeren Wert von K_L überschwingfreies Verhalten erzielt werden kann.

K_L bei Näherung des Geschwindigkeitsregelkreises durch ein P-T_2-Glied

Hier wird zur Auslegung von K_L die Näherung des Geschwindigkeitsregelkreises nach Gl. (7.29) herangezogen. Mit Bild 7.11 und $K_{Vor}=0$ wird die offene Übertragungsfunktion des Lageregelkreises zu

$$F_0(s) \approx \frac{K_L}{s\cdot(1+2\cdot d_v\cdot T_v\cdot s+T_v^2\cdot s^2)} \tag{7.33}$$

und das Übertragungsverhalten des Lageregelkreises ist dann zu

$$Q(s) \approx \frac{1}{1+\frac{1}{K_L}\cdot s+\frac{2\cdot d_v\cdot T_v}{K_L}\cdot s^2+\frac{T_v^2}{K_L}\cdot s^3}\cdot Q_S(s) \tag{7.34}$$

gegeben. Zwei Methoden zur Festlegung von K_L sollen hier skizziert werden:

1. Bei beliebig gewähltem K_L wird das Bode-Diagramm der offenen Übertragungsfunktion nach Gl. (7.33) erstellt. K_L wird so variiert, dass sich eine vorgegebene Phasenreserve

φ_R einstellt. Für aperiodisches Verhalten des Lageregelkreises wird etwa $\varphi_R = 80°$ gewählt. Man kann diese Aufgabe sowohl grafisch als auch rechnerisch lösen. Die Durchtrittskreisfrequenz ist durch Vorgabe von φ_R zu

$$\omega_D = \frac{1}{T_v} \cdot \left\{ -\frac{d_v}{c_0} + \sqrt{\left(\frac{d_v^2}{c_0^2} + 1 \right)} \right\}, \quad c_0 = \tan(\pi/2 - \varphi_R) \tag{7.35}$$

bestimmt und aufgrund der Bedingung $|F_0(j \cdot \omega_D)| = 1$ wird K_L zu

$$K_L = \omega_D \cdot \sqrt{(1 - T_v^2 \cdot \omega_D^2)^2 + 4 \cdot d_v^2 \cdot T_v^2 \cdot \omega_D^2} \tag{7.36}$$

berechnet.

2. Zeigt der Geschwindigkeitsregelkreis näherungsweise eine Dämpfung d_v von $1/\sqrt{2}$, so können folgende Faustregeln (/7.7/) verwendet werden:

$$\frac{0.2}{T_v} \leq K_L \leq \frac{0.3}{T_v} \text{ oder } K_L \leq \frac{0.35}{T_v} \tag{7.37}$$

Schleppabstand und Geschwindigkeitsvorsteuerung

Bei der Bewegung eines Gelenks zwischen zwei Zielstellungen muss sich zwangsläufig eine Gelenkgeschwindigkeit einstellen. Für $K_{Vor} = 0$ ist nach Bild 7.11 die Sollgeschwindigkeit v_S, die als Eingangsgröße auf den Geschwindigkeitsregelkreis wirkt, dem Regelfehler e proportional. Im bewegten Zustand wird sich also ohne Geschwindigkeitsvorsteuerung der Regelfehler

$$e = \frac{v_S}{K_L} \tag{7.38}$$

einstellen. Wird vonseiten der Interpolation für die Sollbewegung ein Rampenprofil nach Bild 4.5 oder ein Sinoidenprofil nach Bild 4.8 benutzt, ist im Allgemeinen für ein bestimmtes Zeitintervall die Geschwindigkeit konstant. Da der Geschwindigkeitsregelkreis stationäre Genauigkeit gewährleistet, wird sich nach Bild 7.11 $v_s = v = \dot{q}_S$ einstellen. Damit ist aber der Regelfehler e, der auch **Schleppabstand** genannt wird, der Geschwindigkeit proportional.

Der **stationäre Zustand** eines Regelkreises ist dann eingetreten, wenn alle zeitveränderlichen Größen im Regelkreis konstant sind. Für den Regelkreis nach Bild 7.11 muss die Geschwindigkeit v zu 0 werden, damit sich die Gelenkkoordinate q nicht ändert. Da der Geschwindigkeitsregelkreis im eingeschwungenen Zustand keinen Regelfehler aufweist (stationäre Genauigkeit), folgt daraus $v_S = 0$ und damit $e = 0$. Das heißt aber, auch der Lageregelkreis ist stationär genau, obwohl er kein I-Glied enthält. Aus diesem Grund wird für den Lageregler keine PI-Struktur gewählt, da der I-Teil zur Erzielung stationärer Genauigkeit nicht benötigt wird und aus verschiedenen Gründen die Regeldynamik verschlechtern würde. Der Regelfehler im bewegten Zustand kann nur verkleinert werden, wenn K_L vergrößert wird. Wenn ein überschwingfreies Anfahren der Zielkoordinate gefordert ist, ist dies jedoch nur bis zu einem Grenzwert für K_L möglich.

Zur Reduktion des Schleppabstandes kann jedoch die Geschwindigkeitsvorsteuerung verwendet werden. Hier sollen die Übertragungsgleichungen angegeben werden, wenn der Geschwindigkeitsregelkreis P-T_1-Verhalten zeigt und $K_{Vor} \neq 0$ gilt. Ausgehend von Bild 7.11 und Gl. (7.27) erhält man für das Übertragungsverhalten zwischen q_S und q und zwischen q_S und e:

$$Q(s) = \frac{1 + \frac{K_{Vor}}{K_L} \cdot s}{1 + \frac{1}{K_L} \cdot s + \frac{T_v}{K_L} \cdot s^2} \cdot Q_S(s) \tag{7.39}$$

$$E(s) = \frac{(1 - K_{Vor}) \cdot s + T_v \cdot s^2}{K_L + s + T_v \cdot s^2} \cdot Q_S(s) \tag{7.40}$$

Nimmt man an, dass eine konstante Sollgeschwindigkeit v_m gefordert wird, gilt $q_S(t) = v_m \cdot t$ und im Bildbereich $Q_S(s) = v_m / s^2$. In diesem Fall wird aus Gl. (7.40)

$$E(s) = \frac{(1 - K_{Vor}) + T_v \cdot s}{K_L + s + T_v \cdot s^2} \cdot \frac{v_m}{s} \tag{7.41}$$

Wird der Endwertsatz der Laplace-Transformation angewandt, erhält man den Regelfehler im eingeschwungenen Zustand bei geforderter konstanter Geschwindigkeit:

$$e_\infty = \lim_{t \to \infty} e(t) = \lim_{s \to 0} s \cdot E(s) = \frac{(1 - K_{Vor}) \cdot v_m}{K_L} \tag{7.42}$$

Wird $K_{Vor} = 1$ verwendet, verschwindet also der Schleppabstand bei längerer Fahrt mit gleicher Geschwindigkeit. Allerdings hat Gl. (7.39) eine Zählernullstelle und es ist mit einem kleinen Überschwinger bei der Nachführung der Lage zu rechnen, der umso kleiner ist, je größer K_L gewählt werden kann. Wird der Geschwindigkeitsregelkreis durch ein P-T_2-Glied genähert, erhält man ebenfalls Gl. (7.42) und dieselbe Zählernullstelle in der Übertragungsfunktion zwischen q_S und q. Der Wert von K_L ist aber durch Gl. (7.32), über Gl. (7.35) durch Gl. (7.36) oder durch Gl. (7.37) bestimmt. Je schneller der Geschwindigkeitsregelkreis ausgelegt ist, desto kleiner wird die Zeitkonstante T_v und desto größer wird K_L.

In diesem Kaskadenregelkreis ist deshalb ein besonderes Gewicht auf die Auslegung des Geschwindigkeitsreglers zu legen. Weiterhin ist zu bedenken, dass der in Abschnitt 7.2 vorgestellte Entwurf nur durch Vernachlässigungen von Kopplungen und Nichtlinearitäten zustande gekommen ist, und deshalb sorgfältig in Simulationen und Experimenten untersucht werden muss, ob die geforderten Regelungseigenschaften eingehalten werden.

7.2.5 Beispiel für eine dezentrale Lageregelung

Es soll das erste Gelenk eines Knickarmroboters (z. B. Gelenk 1 des R6-Knickarmroboters in Bild 2.25) betrachtet werden. Das Massenträgheitsmoment M um diese Gelenkachse ist von der Stellung des zweiten, dritten und fünften Gelenks abhängig und nimmt je nach Stellung der anderen Gelenke Werte zwischen einem minimalen und einem maximalen Wert ein. Die Werte für Gelenk 1 des Knickarmroboters liegen z. B. zwischen $6\,\mathrm{kg}\cdot\mathrm{m}^2$ und $46\,\mathrm{kg}\cdot\mathrm{m}^2$. Wird eine Lastmasse von 6 kg im Abstand von ca. 1 m von der Drehachse aufgenommen, steigt das maximale Trägheitsmoment um die Drehachse auf ca. $52\,\mathrm{kg}\cdot\mathrm{m}^2$ an. Alle Parameter werden in SI-Einheiten angegeben. Sie gehen aus dem Modell der Strecke aus Kapitel 6 und Bild 7.7 sowie Bild 7.8 hervor. Im Einzelnen sollen folgende Parameter wirksam sein:

$$6\,\mathrm{kg}\cdot\mathrm{m}^2 \le M \le 52\,\mathrm{kg}\cdot\mathrm{m}^2,\;\; J_A = 7.62\cdot 10^{-4}\,\mathrm{kg}\cdot\mathrm{m}^2,\;\; F_D \approx 0,\, u = 160,$$
$$C = 0.36\,\mathrm{N}\cdot\mathrm{m},\;\; K_{MI} = 1\,\mathrm{V/A},\;\; F_M = 9.875\cdot 10^{-4}\,\mathrm{N}\cdot\mathrm{m/s},\;\; M_{R0} = 0.45\,\mathrm{N}\cdot\mathrm{m}$$

Zum Entwurf des Reglers wird hier ausnahmsweise der Mittelwert von $29\,\mathrm{kg}\cdot\mathrm{m}^2$ eingesetzt, um Änderungen der Regelungsgüte bei Veränderung der Massenträgheit aufzeigen zu können. Bei Vernachlässigung der Haftreibung M_{R0} wird nach den Gln. (7.4), (7.6):

$$K_{St} \approx 2.28\ \mathrm{V}^{-1}\cdot\mathrm{s}^{-1},\quad T_{St} \approx 1.92\,\mathrm{s}$$

Zuerst erfolgt der Entwurf des PI-Reglers, wenn eine Dämpfung $d_R = 0.707$ und eine Zeitkonstante $T_R = 0.05$ s zur Festlegung des Nenners in Gl. (7.10) vorgegeben wird. Nach Gl. (7.11) sind dann die Regelparameter zu

$$K_P = 23.37\,\mathrm{V}\cdot\mathrm{s},\quad T_N = 0.0694\,\mathrm{s}$$

vorgegeben. Das Regelungsverhalten wurde einschließlich der beim Entwurf vernachlässigten Haftreibung simuliert. Die Simulation erfolgte einmal mit maximalem Trägheitsmoment, minimalem Trägheitsmoment und dem mittleren Trägheitsmoment, wobei bei allen drei Simulationsläufen die für mittlere Trägheit ausgelegten Parameter des PI-Reglers verwendet wurden. Die Sprungantwort in Bild 7.12 zeigt eine Überschwingweite von ca. 17.5 % und eine Anregelzeit T_{An} (s. Bild 7.10) von 62 ms, was bei einer Beschreibung durch ein P-T_2-Glied einer Dämpfung von $d_v = 0.485$ und einer Zeitkonstante von $T_v = 0.026$ entspricht.

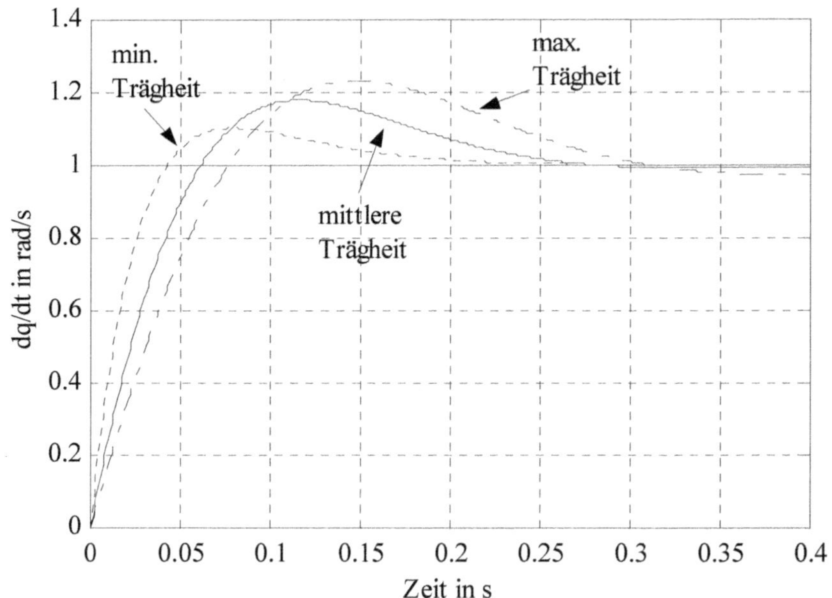

Bild 7.12 Sprungantworten des Geschwindigkeitsregelkreises mit PI-Regler

Der ReDuS-Geschwindigkeitsregler ist robuster gegen Streckenänderungen, wenn die Parameter für den Fall des größten Trägheitsmomentes ausgelegt sind. Er soll so entworfen werden, dass sich eine Überschwingweite von ca. 17.5 % wie bei Einsatz des PI-Reglers, jedoch für maximales Trägheitsmoment einstellt. Die Anregelzeit T_{An} soll 50 ms betragen. Es ist also eine bessere Dämpfung bei schnellerem Verhalten gefordert. Um für das vorgegebene Verhalten die entsprechende Zeitkonstante und Dämpfung des geforderten P-T_2-Übertragungsverhaltens zu berechnen, kann Gl. (7.28) verwendet werden und man erhält:

$$d_R = 0.485, \quad T_R = 0.021\,\mathrm{s}$$

Die Berechnung der Regelparameter des ReDuS-Reglers erfolgt mit Gl. (7.23) und ergibt:

$$K_I = 1909.5\,\mathrm{V}, \quad \alpha = 38.46\,\mathrm{V \cdot s}, \quad \beta = 0$$

Bild 7.13 zeigt die Ergebnisse wieder für minimales, mittleres und maximales Trägheitsmoment. Offensichtlich ist die Auslegung auf maximales Trägheitsmoment geeignet, da die Sprungantwort für mittleres und minimales Trägheitsmoment gedämpfter und schneller ist. Mit dem ReDuS-Regler kann zielgerichtet eine Verbesserung gegenüber dem Regelungsverhalten mit PI-Regler sowohl bez. der Schnelligkeit als auch der Dämpfung erzielt werden.

Nun soll der P-Lageregler ausgelegt werden, wenn oben beschriebene PI-Struktur als Geschwindigkeitsregler eingesetzt wird (s. auch Bild 7.11). Zur Ermittlung des Verstärkungsfaktors K_L wird Gl. (7.35) und Gl. (7.36) verwendet. Mit der Vorgabe einer Phasenreserve von $\varphi_R = 80°$ wird K_L zu

$$K_L = 8.34\,\mathrm{s}^{-1}$$

errechnet. Die Sollbewegung um einen Winkel von 90° wird mit einer Rampenbahn durchgeführt. Die Geschwindigkeit v_m ist 2 rad/s und die Beschleunigung $b_m = 4\,\text{rad/s}^2$.

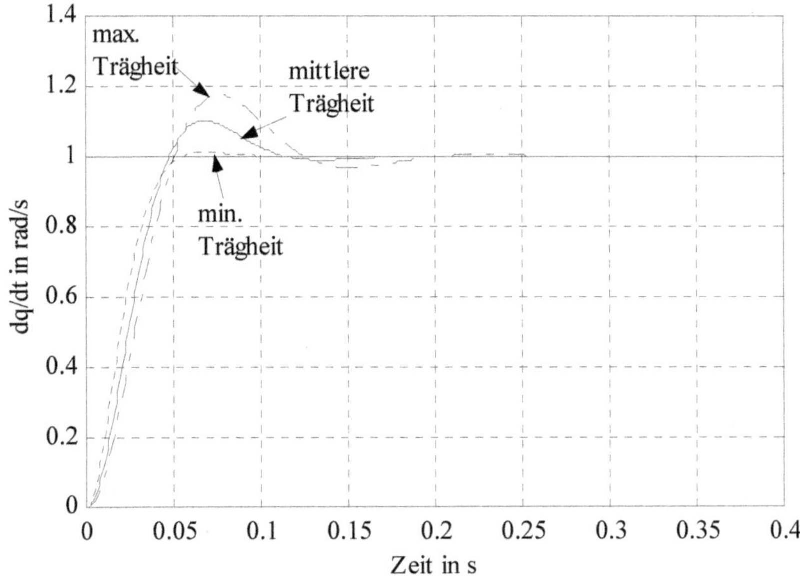

Bild 7.13 Sprungantworten des Geschwindigkeitsregelkreises mit ReDuS-Regler

Bild 7.14 zeigt den zeitlichen Verlauf des Sollwinkels und der simulierten Winkel bei Bewegung mit maximalem Trägheitsmoment und minimalem Trägheitsmoment, wobei die Geschwindigkeitsvorsteuerung ausgeschaltet ist. Es besteht bei dieser Skalierung kaum ein sichtbarer Unterschied des Regelungsverhaltens abhängig vom wirkenden Trägheitsmoment.

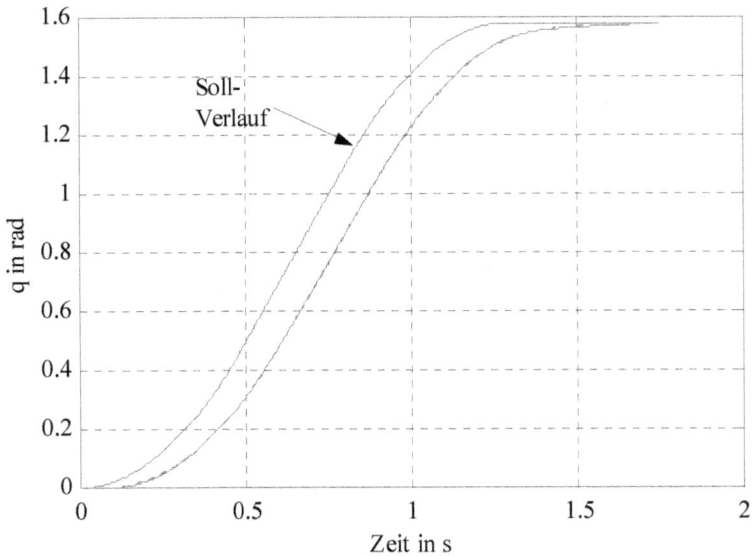

Bild 7.14 Verlauf des Winkels bei Rampenbahn (Simulation), $K_{Vor} = 0$

Der Schleppabstand beträgt maximal

$$e_{max} = v_m / K_L = \frac{2\,\text{rad} \cdot \text{s}}{\text{s} \cdot 8.34} = 0.24\,\text{rad}$$

Zur Verringerung des Schleppabstandes wird die Vorsteuerung verwendet. Mit $K_{Vor} = 1$ sind der Soll-Verlauf und der Ist-Verlauf im Maßstab von Bild 7.15 für alle Fälle des Trägheitsmomentes nahezu deckungsgleich. Am zeitlichen Verlauf des Schleppabstandes in Bild 7.16 erkennt man jedoch eine Verdoppelung des Schleppabstandes bei maximalem Trägheitsmoment gegenüber der Fahrt mit minimaler Trägheit.

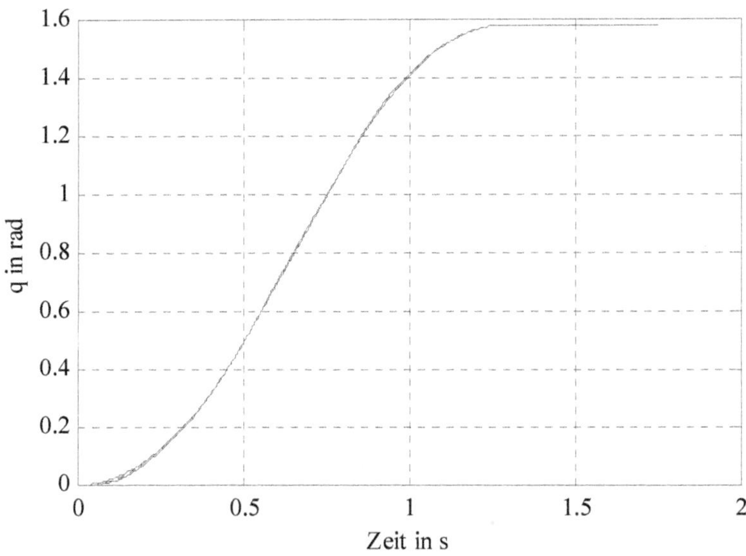

Bild 7.15 Verlauf der Winkel bei Rampenbahn (Simulation), $K_{Vor} = 1$

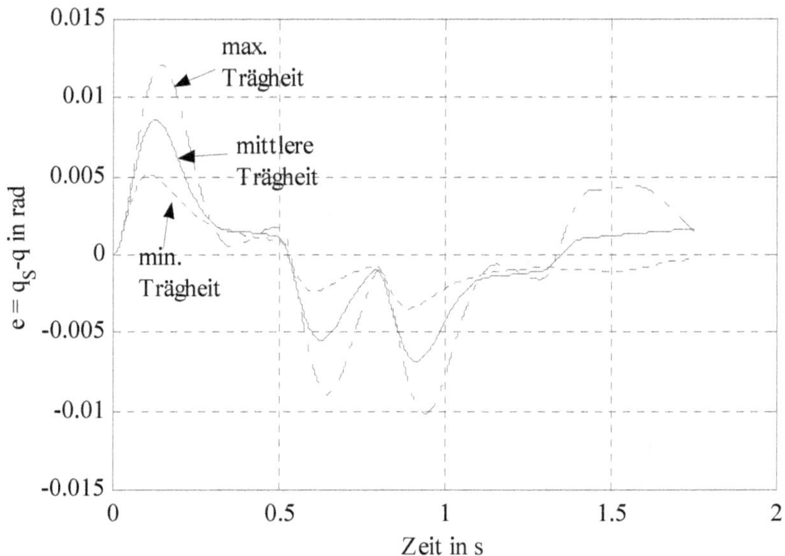

Bild 7.16 Schleppabstand bei Rampenbahn (Simulation), $K_{Vor} = 1$

7.2.6 Hinweise zur Realisierung

Zeitdiskretes Verhalten der Regelung

Beim Entwurf der Geschwindigkeitsregelung und der Lageregelung wurde angenommen, dass in den Regelkreisen nur zeitkontinuierliche Signale auftreten. In Wirklichkeit ist dies nicht der Fall, da der Geschwindigkeitsregler und der Lageregler als digitale Regelalgorithmen auf Mikroprozessoren durchgeführt werden. Aktualisierte Messwerte und Sollwerte liegen nur zu diskreten Zeitpunkten in Zeitabständen von T_A vor und der Stellwert wird ebenfalls nur nach der Abtastzeit T_A aktualisiert. Die Abarbeitung des Regelalgorithmus erfordert eine gewisse Zeit, die **Rechentotzeit** oder Rechenlaufzeit. Erst nach dieser Zeitspanne steht der aktualisierte Stellwert zur Verfügung. In erster Näherung ist diese Rechentotzeit identisch mit T_A. Wenn T_A sehr klein gegenüber den wesentlichen kleinsten Zeitkonstanten der Strecke ist, kann das Verhalten als quasikontinuierlich angesehen werden. Die Strecke der Geschwindigkeitsregelung nach Gl. (7.6) besitzt die Zeitkonstante T_{St}. Es muss also $T_A << T_{St}$ gelten. Als Faustregel gilt der Faktor 6 bis 10 für das Verhältnis T_{St}/T_A. Da die Abtastzeit bei Gelenkregelungen von Industrierobotern kleiner als eine Millisekunde beträgt, ist i.Allg. diese Bedingung erfüllt. Im obigen Beispiel kann bei einer Abtastzeit von einer Millisekunde das zeitdiskrete Verhalten beim Entwurf vernachlässigt werden. Jedoch kann man das zeitdiskrete Verhalten mit $T_A/2$ und die Rechentotzeit mit T_A als zusätzliche Verzögerungen näherungsweise in der Regelstrecke berücksichtigen. Diese Verzögerungen werden zur Streckenzeitkonstanten T_{St} (s. Gl. (7.6)) addiert. Im Beispiel ändern sich die Streckenzeitkonstante und damit die Regelparameter nicht wesentlich. Ist die Abtastzeit relativ groß, ist ein Entwurf im Bildbereich der z-Transformation durchzuführen.

Eine relativ kleine Abtastzeit von einer Millisekunde oder kleiner ist nicht so sehr bei der freien Bewegung des Roboters von Vorteil, sondern bei schnellen Laständerungen oder bei Bearbeitungsvorgängen, bei denen der Roboter im Kraftschluss mit seiner Umgebung steht.

Programmierung des PI-Regelalgorithmus

Zum Entwurf wurden P- und PI-Regler als Übertragungsglieder im Bildbereich der Laplace-Transformation beschrieben und entworfen. Im Zeitbereich bildet der PI-Algorithmus den Regelfehler $e(t)$ auf eine Ausgangsgröße $U_S(t)$ ab:

$$U_S(t) = K_P \cdot e(t) + \frac{K_P}{T_N} \cdot \int_0^t e(\tau)\,\mathrm{d}\tau \tag{7.43}$$

Zur Umsetzung in einen zeitdiskreten Algorithmus wird das Integral im einfachsten Fall durch eine Summe von Rechtecken ersetzt und man erhält:

$$U_S(k \cdot T_A) = K_P \cdot e(k \cdot T_A) + K_P \cdot \frac{T_A}{T_N} \cdot \sum_{\nu=0}^{k-1} e(\nu \cdot T_A) = P(k \cdot T_A) + I(k \cdot T_A) \tag{7.44}$$

k bezeichnet die aktuelle Anzahl von Abtastintervallen. Der erste Summand von Gl. (7.44) bildet den P-Teil, der zweite Summand den I-Teil des Algorithmus. In der Praxis kann es vorkommen, dass Stellgrenzen von U_S erreicht werden. In diesem Fall kann der Regler mit der Stellgröße U_S nicht mehr in vorgesehener Weise den Regelfehler reduzieren und der

I-Teil kann durch Aufsummierung des Regelfehlers sehr groß werden. Dies führt zu nicht gewünschten Überschwingungen, da der I-Teil durch negative Regelfehler abgebaut werden muss. Um dies zu verhindern, sollte die Methode des **AWR (Anti-Windup-Reset)** angewendet werden. Der I-Teil wird so begrenzt, dass die maximale Ausgangsgröße $U_{S,\max}$ nicht überschritten wird:

$$I_{max}(k \cdot T_A) = U_{S,max} - P(k \cdot T_A) \tag{7.45}$$

Aus Gl. (7.44), dem **Stellungsalgorithmus**, kann auch der **Geschwindigkeitsalgorithmus** abgeleitet werden:

$$\begin{aligned} &U_S(k \cdot T_A) = U_S((k-1) * T_A) + c_1 \cdot e(k \cdot T_A) + c_2 \cdot e((k-1) * T_A) \\ &c_1 = K_P, \quad c_2 = K_P(1 - T_A / T_N) \end{aligned} \tag{7.46}$$

Gl. (7.46) und Gl. (7.44) sind mathematisch identisch. Es muss aber davon abgeraten werden, den PI-Algorithmus in der Form von Gl. (7.46) zu programmieren. Da bei kleiner Abtastzeit T_A die Regelfehler zweier benachbarter diskreter Zeitpunkte sich nur wenig unterscheiden und auch c_1 und c_2 dann nahe beieinander liegen, kann die Auswertung von Gl. (7.46) zu numerischen Fehlern führen, da die Genauigkeit der Zahlendarstellung durch die im Prozessor verwendete Wortbreite beschränkt ist. Beim ReDuS-Regler sind die AWR-Methode und die Berechnung des I-Teils entsprechend anzuwenden.

Berücksichtigung der Messeigenschaften

Die Messung der Geschwindigkeit erfolgt oft am Motoranker des entsprechenden Antriebs. Die **Messwertvorverarbeitung** berücksichtigt den Getriebefaktor $1/u$ bzw. die Matrix $\boldsymbol{T}_G$ (s. Abschnitt 6.3.1 und Abschnitt 6.3.2) und bildet den Messwert auf den gewünschten Darstellungsbereich ab. Zum Beispiel wird ein Integer-Wert des Messgebers auf einen entsprechenden Fließpunktwert umgerechnet, der der physikalischen Geschwindigkeit mit der Einheit rad/s entspricht. Bei einigen Industrierobotern wird auch die Lage auf der Motorseite erfasst. In diesem Fall muss der Industrieroboter vor dem ersten Starten einer Betriebsart synchronisiert werden. **Synchronisation** bedeutet, dass jede Achse einen Referenzpunkt anfahren muss, damit die Steuerung die aktuelle Stellung des Motorankers einem Gelenkwinkel oder Schublänge zuordnen kann. Müssen zur Unterdrückung von Störsignalen Glättungsfilter eingesetzt werden, die zu einer merklichen Verzögerung der Messinformation führen, kann diese Verzögerung zumindest näherungsweise zur Regelstrecke gerechnet werden und wird somit beim Regelungsentwurf berücksichtigt.

7.3 Adaptive Einzelgelenkregelungen

Bei der Durchführung des Regelungsentwurfs im vorhergehenden Abschnitt wurde davon ausgegangen, dass die Kopplungen zwischen den Gelenken als Störgrößen wirken und die Parameter der Regelstrecke konstant sind. Die Regelparameter wurden auf Führungsverhalten entworfen, wobei die gewünschte Dämpfung und Anforderungen an die Schnelligkeit der Regelung Grundlage zur Berechnung der Regelparameter waren. Allerdings ändert sich bei dieser Betrachtung das Massenträgheitsmoment um die Gelenkachse als wesentlicher Parameter der Strecke mit der Stellung anderer Gelenke und es treten Abweichungen vom gewünschten Verhalten auf. Diese Abweichungen werden noch größer, wenn unbekannte Lasten im Effektor des Industrieroboters aufgenommen und transportiert werden. Auch wenn weiter von entkoppelten Einzelgelenkregelkreisen ausgegangen wird, kann eine **adaptive Regelung** Verbesserungen bewirken. Die Maßnahmen einer selbsttätigen Anpassung des Reglers an unterschiedliche Streckenverhältnisse werden als Adaption bezeichnet. Der Regelungsentwurf geht von einem Streckenmodell bekannter Struktur, aber unbekannten Parametern aus. Das Grundprinzip einer adaptiven Regelung zeigt Bild 7.17.

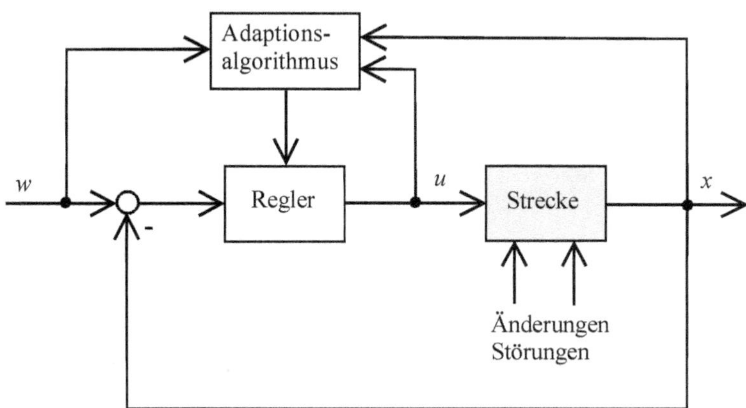

Bild 7.17 Grundprinzip einer adaptiven Regelung

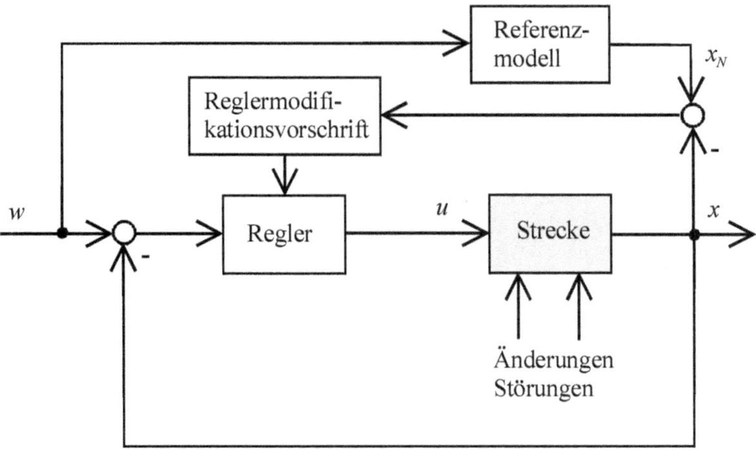

Bild 7.18 Adaptive Regelung nach dem Referenzmodellkonzept (MRAC) in allgemeiner Form

Im Allgemeinen wird der Verlauf der Regelgröße x, der Sollgröße w und der Stellgröße u dazu verwendet, die Änderung der Strecke zu erkennen und die Regelparameter einer gegebenen Regelstruktur zu ändern. Adaptive Verfahren werden in zwei Hauptklassen eingeteilt. Bei der indirekten Methode werden mit einem Online-Algorithmus die Streckenparameter identifiziert und auf der Basis dieser Parameter wird der Reglerentwurf laufend aktualisiert. Für die Gelenkregelung von Roboterarmen ist jedoch das **MRAC-Konzept (Model Reference Adaptive Control)** geeignet (Bild 7.18). Bei diesem Referenzmodellkonzept ist keine Streckenidentifikation notwendig. Die Regelgröße x wird mit der Ausgangsgröße x_N eines Referenzmodells verglichen. Das Referenzmodell spezifiziert das geforderte Übertragungsverhalten zwischen Soll- und Regelgröße. Die Referenzgröße $x_N(t)$ wird abhängig von der Sollgröße w online berechnet. Die Reglermodifikationsvorschrift wird so gewählt, dass durch diese laufende Anpassung der Reglerparameter die Abweichung zwischen Referenzverhalten x_N und realem Verhalten x minimiert wird. Sowohl die Parameter der Regelstrecke als auch die Regelparameter werden als zeitveränderlich angenommen. Wie schon erwähnt, ändert sich das Massenträgheitsmoment um die Gelenkachse mit der Stellung der anderen Gelenke als wesentlicher Streckenparameter. Da die Gelenkstellungen sich mit der Bewegung des Roboterarms ändern, ist das Massenträgheitsmoment M einer beliebigen rotatorischen Gelenkachse i. Allg. zeitabhängig. Nach Gl. (7.2) gilt: $M^* = M^*(\boldsymbol{q}(t)) = M^*(t)$. In Bild 7.19 ist eine Reglerstruktur mit dieser zeitveränderlichen Strecke und den zeitveränderlichen Regelparametern $K_P(t)$ und $K_V(t)$ angegeben.

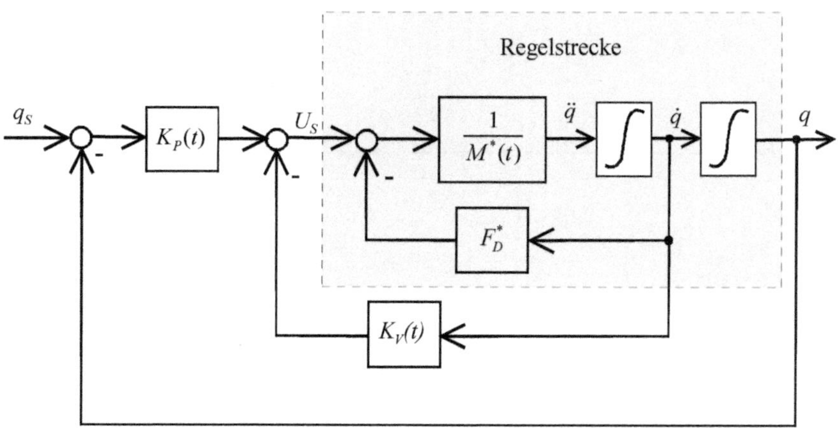

Bild 7.19 Lageregelkreis eines Gelenks nach dem Referenzmodellkonzept ohne den Block Reglermodifikation

Die beiden Regelparameter werden in Abhängigkeit von der Abweichung $x_N(t) - x(t)$ angepasst. Als Referenzmodell wird ein P-T_2-Verhalten in der Form

$$Q_N(s) = \frac{1}{1 + b \cdot s + a \cdot s^2} \cdot Q_S(s) \Rightarrow a \cdot \ddot{q}_N + b \cdot \dot{q}_N + q_N = q_S \tag{7.47}$$

gewählt. Vergleicht man das gewählte Verhalten dieser Lageregelung mit dem gewählten Verhalten nach Gl. (7.30), so erhält man die Beziehung

$$b = 2 \cdot d_L \cdot T_L, \quad a = T_L^2$$

Aus Bild 7.19 lässt sich die Differenzialgleichung

$$\frac{M^*(t)}{K_P(t)} \cdot \ddot{q} + \frac{K_V(t) + F_D^*}{K_P(t)} \cdot \dot{q} + q = q_S \tag{7.48}$$

aufstellen. Ziel der Adaption ist es, Gl. (7.48) an Gl. (7.47) so anzupassen, dass das reale Verhalten nach Gl. (7.48) das gewünschte Verhalten nach Gl. (7.47) annimmt. Zu jedem Zeitpunkt soll also gelten:

$$\frac{M^*(t)}{K_P(t)} \approx a, \quad \frac{K_V(t) + F_D^*}{K_P(t)} \approx b \tag{7.49}$$

Der Adaptionsalgorithmus verwendet Gradientensuchverfahren und Optimierungsmethoden zur Anpassung von K_P und K_V, um die Abweichung zwischen x_N und x zu minimieren (/7.39/, /7.41/, /7.52/).Vorteil des Verfahrens ist, dass die Anpassung auch an unbekannte Lastmassen erfolgt, die im Effektor aufgenommen werden. Neben dem erhöhten Realisierungsaufwand und der gewissen Unübersichtlichkeit durch die im Ingenieurbereich nicht weit verbreiteten Optimierungsmethoden sind weitere Nachteile der adaptiven Verfahren ersichtlich. Alle adaptiven Verfahren gehen davon aus, dass sich die Streckenparameter nur langsam im Verhältnis zur Dynamik des Adaptionsalgorithmus und der Zeitkonstanten des gesamten Systems ändern. Bei der oben diskutierten adaptiven Regelung nach dem Referenzmodellkonzept heißt dies, dass sich M^* viel langsamer ändert als z. B. der Ausgang x_N des Referenzmodells bei einer Änderung des Eingangs q_S. Bei impulsartigen Änderungen der Lastmasse, z. B. Lastmassenabwurf während der Bewegung oder Abmontieren und Aufnahme einer Lastmasse aus einer Halterung, ist diese Bedingung nicht mehr erfüllt. Erfahrungen zeigen, dass es dann zu schwach gedämpften Regelschwingungen kommt. Auch die stationäre Genauigkeit ist bei der Regelstruktur nach Bild 7.19 nicht garantiert, da der Regler kein integrierendes Verhalten zeigt und bleibende Störgrößen, die z. B. durch Eigengewichtskräfte oder statische Reibung verursacht werden, nicht ausgeregelt werden. Aus all diesen Gründen liegen nur wenige Berichte über Realisierungen solcher Regelungen vor. Adaptive Regelungsverfahren, die im Zusammenhang mit den im nächsten Abschnitt diskutierten modellbasierten Regelungen vorgeschlagen und realisiert wurden, scheinen erfolgversprechender zu sein.

7.4 Modellbasierte Regelungskonzepte

Die modellbasierten Regelungsverfahren verwenden das mathematische Modell der Regelstrecke nicht nur zum Entwurf der Regelalgorithmen, sondern das mathematische Modell ist Teil des Regelalgorithmus. Strukturell wird immer das inverse Modell nach Gl. (6.49) berechnet, wobei statt der auftretenden Beschleunigungen $\ddot{\boldsymbol{q}}$ die Sollbeschleunigung $\ddot{\boldsymbol{q}}_S$ oder ein von Teilen des Regelalgorithmus vorgegebener Vektor $\boldsymbol{r}$ verwendet wird. Daher werden in der Literatur solche Regelungsverfahren auch „Technik des inversen Systems“ oder **„nichtlineare Entkopplung“** genannt. Die Anwendung dieser Methoden führt aus mathematischer Sicht auf Ersatzregelkreise, bei denen die Gelenkbewegungen wenigstens teilweise entkoppelt und linearisiert sind. In Abschnitt 7.4.1 wird die **zentrale Vorsteue-**

rung behandelt, die nur Sollwerte zur Berechnung des inversen Modells verwendet und in der Praxis relativ einfach eingesetzt werden kann. In Abschnitt 7.4.2 bis Abschnitt 7.4.7 werden einige modellbasierte Verfahren diskutiert, die Messgrößen der Gelenkbewegungen benutzen und das inverse Modell in Echtzeit berechnen.

7.4.1 Zentrale Vorsteuerung

Oft werden Verbesserungen in der Technik nicht durch einen vollständig neuen Ansatz erzielt, sondern aufbauend auf einer eingeführten bewährten Lösung werden Zusatzmaßnahmen realisiert. Eine in der Regelungstechnik bekannte Methode ist die **Vorsteuerung**. Bild 7.20 zeigt das Prinzip an einem einschleifigen Regelkreis mit einer Regelgröße. Durch die Vorsteuerung wird der Anteil $\hat{u}$ der Stellgröße u so vorgegeben, dass die Regelgröße x der Sollgröße w gut folgt. Die Regelung dient dazu, auftretende Abweichungen durch nicht vollständige bzw. ungenaue Vorsteuerung oder durch Störungen auszuregeln. Es wird versucht, das Regelungsverhalten durch die Vorsteuerung entscheidend zu verbessern.

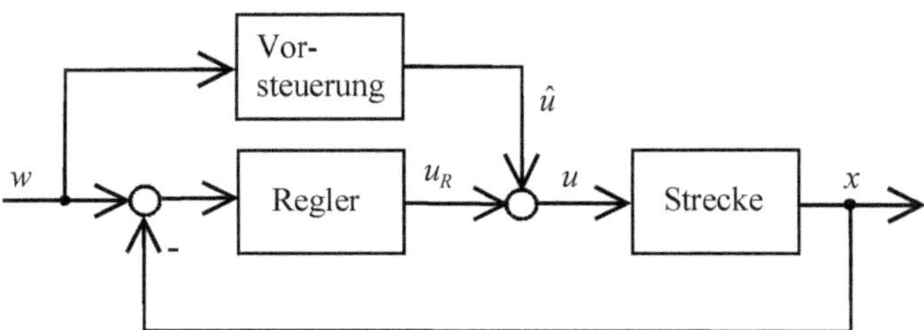

Bild 7.20 Prinzip der Vorsteuerung an einem einschleifigen Eingrößenregelkreis

Derselbe Grundgedanke findet sich bei der **zentralen Vorsteuerung**, in der englischsprachigen Literatur auch **Computed Torque Feedforward Control** genannt. Ausgegangen wird vom inversen Modell nach Gl. (6.49) und dem Modell in Form der Bewegungsgleichungen nach Gl. (6.52) bzw. Gl. (7.1). Zu einem bestimmten Verlauf der Gelenkkoordinaten, Gelenkgeschwindigkeiten und Gelenkbeschleunigungen, kann mit dem inversen Modell der zeitliche Verlauf des zugehörigen Stellvektors $\boldsymbol{U}_S$ berechnet werden. Wird also der Verlauf der Sollbewegung mit $\boldsymbol{q}_S$, $\dot{\boldsymbol{q}}_S$ und $\ddot{\boldsymbol{q}}_S$ zur Berechnung des Stellvektors benutzt, muss durch diesen Stellvektor bei Aufschalten auf die reale Strecke, welche durch die Bewegungsgleichung (7.1) beschrieben wird, gerade diese Sollbewegung hervorgerufen werden. Die Vorsteuerung besteht also in der Berechnung des Steuervektors

$$\hat{\boldsymbol{U}} = \tilde{\boldsymbol{M}}(\boldsymbol{q}_S)\cdot\ddot{\boldsymbol{q}}_S + \tilde{\boldsymbol{b}}(\boldsymbol{q}_S,\dot{\boldsymbol{q}}_S) \tag{7.50}$$

Die Systemmatrizen $\tilde{\boldsymbol{M}}$ und $\tilde{\boldsymbol{b}}$, die in der Vorsteuerung verwendet werden, sind mit einer „~" gekennzeichnet, da sie durch Modellungenauigkeiten oder nicht berücksichtigte Systemteile Abweichungen von den real vorhandenen Matrizen $\boldsymbol{M}^*$ und $\boldsymbol{b}^*$ aufweisen. Aus Bild 7.21 ist zu ersehen, dass nach diesem Konzept die dezentrale Eingrößenregelung in Kaskadenstruktur beibehalten wird. Die Regelung wird benötigt, um die genannten Abweichungen von Modell und realer Strecke auszuregeln. Werden alle Ausgänge der Geschwindigkeitsregler zum Vektor U_R zusammengefasst und wirkt die Summe von U_R und $\hat{U}$ auf die Strecke, so gilt mit den Gln. (7.1) und (7.50):

$$\ddot{q} = [M^*(q)]^{-1} \cdot [\tilde{M}(q_S) \cdot \ddot{q}_S + \tilde{b}(q_S, \dot{q}_S) + U_R - b^*(q, \dot{q})] \tag{7.51}$$

Gilt nun wie gewünscht $\tilde{M}(q_S) \approx M^*(q)$ und $\tilde{b}(q_S, \dot{q}_S) \approx b^*(q, \dot{q})$, so wird aus Gl. (7.51):

$$\ddot{q} = \ddot{q}_S + [M^*(q)]^{-1} \cdot U_R + z \tag{7.52}$$

Im Vektor z sind die Abweichungen von den angenommenen Näherungen enthalten, auf die die Einzelgelenkregelungen mit den Größen $U_{R,i}$ reagieren. Aus Gl. (7.52) ist auch der erste Nachteil des Verfahrens ersichtlich: Da die inverse Matrix von $M^*(q)$ i. Allg. keine Diagonalmatrix ist, wirkt eine Reglerausgangsgröße $U_{R,i}$ eines beliebigen Gelenks auf die Bewegung anderer Gelenke. Dies ist jedoch der Nachteil aller Einzelgelenkregelungen und vertretbar, da bei genügend genauer Vorsteuerung die Abweichung zwischen den Sollwerten und den Regelgrößen in allen Gelenken klein bleibt und die Komponenten des Vektors U_R deshalb auch relativ kleine Beträge haben werden.

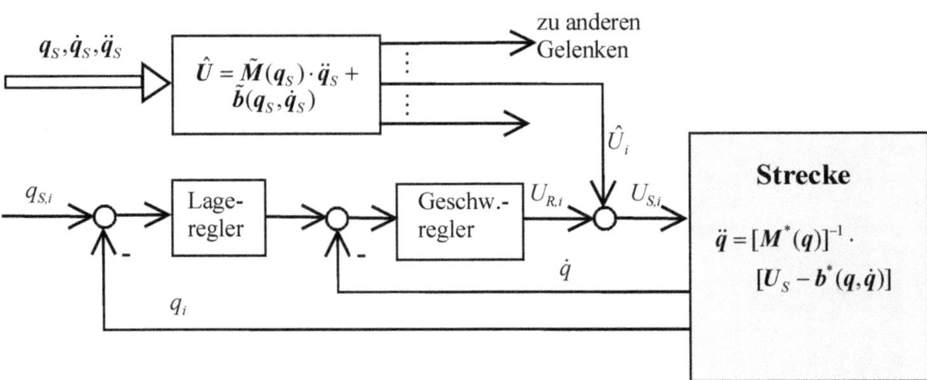

Bild 7.21 Prinzip der zentralen Vorsteuerung

Ein wesentlicher Nachteil ist die Verwendung der Sollbeschleunigungen in der Vorsteuerung. Ist die Sollbewegung des Roboters durch kartesische Koordinaten vorgegeben, werden normalerweise die Gelenksollwerte durch eine geometrische Rückwärtstransformation gewonnen (s. Abschnitt 3.2). Die Gelenkgeschwindigkeiten oder gar die Gelenkbeschleunigungen stehen oft nicht zur Verfügung. Werden sie durch numerisches Differenzieren der Gelenkkoordinaten gewonnen, muss vor allem bei den Beschleunigungen mit verrauschten Werten (**„Diskretisierungsrauschen"**) gerechnet werden. Als Vorteil der zentralen Vorsteuerung erweist sich die Möglichkeit, den zeitlichen Verlauf des Vektors $\hat{U}$ offline vor Ausführung einer spezifizierten Arbeitsaufgabe zu berechnen. Es treten in diesem Fall keine Realzeitprobleme auf und die Abtastzeit der Lageregelung muss nicht erhöht werden. Die Vorsteuerung ist eine Zusatzfunktion zur gewohnten Kaskadenstruktur und deshalb ist die Nutzung in kommerziellen Robotersteuerungen ohne größere Probleme möglich (/7.25/). Werden $\tilde{M}$ und $\tilde{b}$ strukturell richtig berechnet, kann sich durch

Parameteränderungen oder Vernachlässigungen das Regelungsverhalten, das ohne Vorsteuerung mit einer Eingrößenregelung zu erzielen ist, nicht verschlechtern oder gar die Stabilität gefährden. Bei Nichtberücksichtigung von $\tilde{\boldsymbol{M}}$ und ausschließlicher Berechnung wesentlicher Terme in $\tilde{\boldsymbol{b}}$, die von der Gravitation abhängen (Eigengewichtsausgleich), werden schon merkliche Verbesserungen erzielt.

Die zentrale Vorsteuerung kann auch als Störgrößenkompensation durch Aufschaltung von $\tilde{\boldsymbol{b}}$ und eine durch die Sollbeschleunigung gesteuerte Adaption aufgefasst werden (s. Gl. (7.51)).

7.4.2 Entkopplung und Linearisierung

In Kapitel 6 wurde das Modell der Regelstrecke zwischen dem von der digitalen Regelung vorgegebenen Stellvektor $\boldsymbol{U}_S$ und den Gelenkbewegungen hergeleitet. Bedingt durch die gegenseitige dynamische Beeinflussung der Armteile des Roboters sind die Gelenkbewegungen nichtlinear gekoppelt. Als mathematische Beschreibung erhält man ein hochgradig verkoppeltes nichtlineares Differentialgleichungssystem nach Gl. (6.52) bzw. Gl. (7.1). Löst man diese Gleichung nach dem Stellvektor auf, erhält man das inverse Modell der Regelstrecke nach Gl. (6.49). Die Frage ist, welche Reglerstruktur und welche Regelparameter zu wählen sind, wenn die Nichtlinearitäten und Verkopplungen berücksichtigt werden sollen. Aus der Theorie linearer Mehrgrößenregelkreise ist das Verfahren der **Entkopplung** bekannt. Bild 7.22 zeigt ein Beispiel einer verkoppelten Regelstrecke mit drei Eingangs- und Ausgangsgrößen in schematischer Darstellung. Die Eingangsgröße u_1 wirkt auf die Ausgangsgröße v_1, aber auch auf v_2. u_2 beeinflusst alle drei Ausgangsgrößen etc.

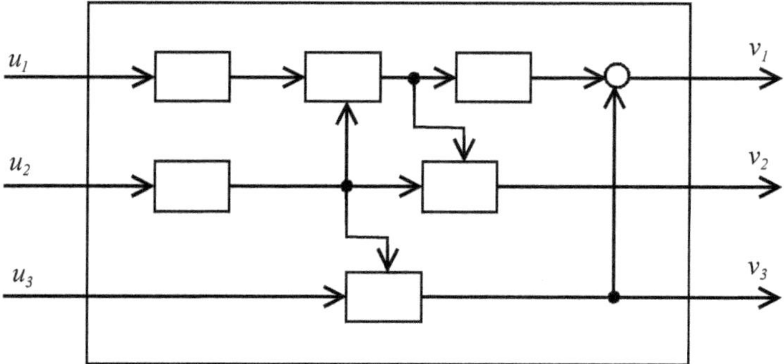

Bild 7.22 Beispiel für eine Verkopplung in schematischer Form

Die bestehenden Kopplungen zwischen den Armteilen bei einem Roboterarm sind physikalischer Natur und nicht aufhebbar. Idee der Entkopplung ist, die Eingangsgrößen so künstlich zu verkoppeln, dass die gegebenen Kopplungen nach außen hin kompensiert werden. Bild 7.23 zeigt das Prinzip. Es werden Ersatzeingangsgrößen $u_1^* \dots u_n^*$ eingeführt, auf die die künstlichen Verkopplungen angewandt werden. Da als Resultat das Gesamtverhalten zwischen $u_1^* \dots u_n^*$ und $v_1 \dots v_n$ entkoppelt ist, werden die künstlichen Verkopplungen als Entkopplungsalgorithmus bezeichnet.

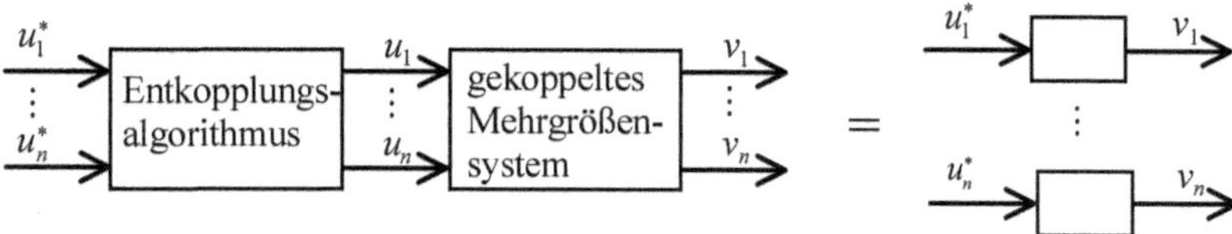

Bild 7.23 Prinzip der Entkopplung eines Mehrgrößensystems

Eine lineare Verkopplung zwischen Ein- und Ausgängen lässt sich aber auch durch eine Matrixgleichung beschreiben. Gilt

$$\begin{aligned} v_1 &= a_{11} \cdot u_1 + a_{12} \cdot u_2 + \cdots + a_{1n} \cdot u_n \\ v_2 &= a_{21} \cdot u_1 + a_{22} \cdot u_2 + \cdots + a_{2n} \cdot u_n \\ &\vdots \\ v_n &= a_{n1} \cdot u_1 + a_{n2} \cdot u_2 + \cdots + a_{nn} \cdot u_n \end{aligned}$$

kann diese Abhängigkeit der Ausgangsgrößen v_i von mehreren Eingangsgrößen u_i durch die Matrixgleichung

$$\boldsymbol{v} = \boldsymbol{A} \cdot \boldsymbol{u} \tag{7.53}$$

beschrieben werden. Eine Entkopplung wird bewirkt, wenn Ersatzeingangsgrößen, zusammengefasst im Vektor $\boldsymbol{u}^*$, eingeführt und zuerst mit der inversen Matrix $\boldsymbol{A}^{-1}$ auf $\boldsymbol{u}$ abgebildet werden:

$$\boldsymbol{v} = \boldsymbol{A} \cdot \boldsymbol{u} = \boldsymbol{A} \cdot \boldsymbol{A}^{-1} \cdot \boldsymbol{u}^* = \boldsymbol{I} \cdot \boldsymbol{u}^* = \boldsymbol{u}^* \tag{7.54}$$

Bild 7.24 stellt obige Beziehung im Wirkschaltbild dar.

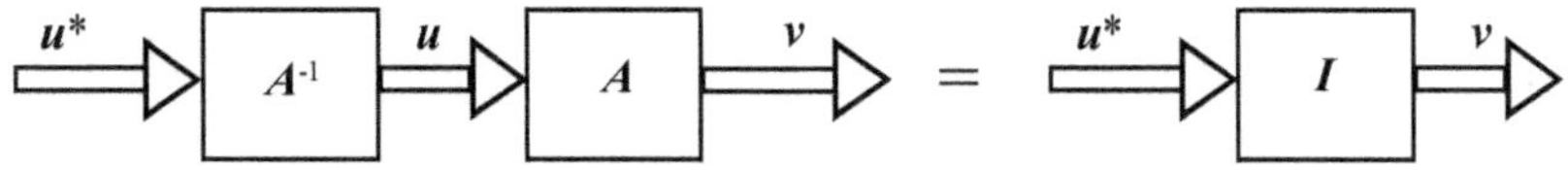

Bild 7.24 Entkopplung eines linearen Mehrgrößensystems in Matrixschreibweise

Jede Komponente u_i^* des Eingangsvektors $\boldsymbol{u}^*$ wirkt ausschließlich auf die Komponente v_i des Ausgangsvektors $\boldsymbol{v}$. Voraussetzung für die Entkopplung ist, dass die Kehrmatrix $\boldsymbol{A}^{-1}$ von $\boldsymbol{A}$ existiert. Die Entkopplung nach Gl. (7.54) kann etwas allgemeiner gefasst werden, wenn die Kehrmatrix noch mit einer Diagonalmatrix gewichtet wird.

In Bild 7.24 wird die Entkopplung durch die Kehrmatrix $\boldsymbol{A}^{-1}$ erreicht. Der Gedanke liegt nahe, durch das inverse Modell nach Gl. (6.49) eine Entkopplung der verkoppelten Regelstrecke, die durch Gl. (6.52) bzw. Gl. (7.1) beschrieben ist, zu erreichen. Als Ersatzeingangsvektor wird statt $\boldsymbol{u}^*$ die Bezeichnung $\boldsymbol{r}$ gewählt. Der Buchstabe r soll darauf hindeuten, dass dieser Vektor von einem Regelalgorithmus vorgegeben wird.

Eingangsgrößen des inversen Systems sind die Bewegungsgrößen. Beim künstlichen, vom Rechner erstellten inversen Modell wird statt des Beschleunigungsvektors $\ddot{\boldsymbol{q}}$ des realen

Roboters der Vektor $\boldsymbol{r}$ verwendet. Ansonsten gehen jedoch die Gelenkgeschwindigkeiten und Gelenkkoordinaten, die am Roboterarm gemessen werden, in die Berechnung des Stellvektors $\boldsymbol{U}_S$ ein:

$$\boldsymbol{U}_S = \tilde{\boldsymbol{M}}(\boldsymbol{q})\cdot\boldsymbol{r} + \tilde{\boldsymbol{b}}(\boldsymbol{q},\dot{\boldsymbol{q}}) \tag{7.55}$$

Das Zeichen „~“ über den Systemmatrizen soll wieder andeuten, dass die Rechengrößen von den realen Größen des Robotersystems aufgrund von Vereinfachungen, Modellungenauigkeiten, nicht berücksichtigten Lastmassen etc. abweichen können. Wird $\boldsymbol{U}_S$ nach obiger Vorschrift berechnet und in die Bewegungsgleichung (7.1) eingesetzt, erhält man

$$\ddot{\boldsymbol{q}} = \left[\boldsymbol{M}^*(\boldsymbol{q})\right]^{-1}\cdot\left[\tilde{\boldsymbol{M}}(\boldsymbol{q})\cdot\boldsymbol{r} + \tilde{\boldsymbol{b}}(\boldsymbol{q},\dot{\boldsymbol{q}}) - \boldsymbol{b}^*(\boldsymbol{q},\dot{\boldsymbol{q}})\right] \tag{7.56}$$

Erstrebt wird, dass das Modell mit der Realität gut übereinstimmt. Das heißt, es soll gelten:

$$\tilde{\boldsymbol{M}}(\boldsymbol{q}) \approx \boldsymbol{M}^*(\boldsymbol{q}), \quad \tilde{\boldsymbol{b}}(\boldsymbol{q},\dot{\boldsymbol{q}}) \approx \boldsymbol{b}^*(\boldsymbol{q},\dot{\boldsymbol{q}}) \tag{7.57}$$

Mit dieser Annahme wird aus Gl. (7.56):

$$\ddot{\boldsymbol{q}} = \boldsymbol{r} \tag{7.58}$$

Das bedeutet, dass bei Berechnung des Stellvektors $\boldsymbol{U}_S$ nach Gl. (7.55) unter der Bedingung von Gl. (7.57) eine vollständige Entkopplung erreicht wurde. Jede Komponente von $\boldsymbol{r}$ beeinflusst nur die entsprechende Komponente von $\ddot{\boldsymbol{q}}$. r_i ist sogar identisch mit $\ddot{q}_i$. Über r_i kann die Beschleunigung des i-ten Gelenks und damit die Bewegung des Gelenks vorgegeben werden. Bild 7.25 veranschaulicht noch einmal die Vorgehensweise. Durch Aufschaltung des inversen Modells liegen zwischen jedem r_i und der Gelenkkoordinate q_i zwei Integrierglieder. Es ist also nicht nur eine Entkopplung, sondern auch eine Linearisierung gelungen. Die Berechnung und Aufschaltung des inversen Modells kann anhand Gl. (7.56) auch als Kompensation des Störvektors $\boldsymbol{b}^*(\boldsymbol{q},\dot{\boldsymbol{q}})$ durch $\tilde{\boldsymbol{b}}(\boldsymbol{q},\dot{\boldsymbol{q}})$ und Adaption des Stellvektors $\boldsymbol{U}_S$ an die aktuelle lageabhängige Massenverteilung $\boldsymbol{M}^*(\boldsymbol{q})$ durch $\tilde{\boldsymbol{M}}(\boldsymbol{q})$ aufgefasst werden.

Beim Vergleich von Bild 7.25 mit Bild 7.22 bis Bild 7.24 wird auch der Unterschied zwischen der Entkopplung linearer und nichtlinearer Systeme deutlich. Bei der Entkopplung linearer Systeme müssen keine Ausgangsgrößen zurückgeführt werden, während zur Berechnung des inversen Modells nach Gl. (7.55) die gemessenen Werte der Gelenkkoordinaten und Gelenkgeschwindigkeiten im Algorithmus verwendet werden.

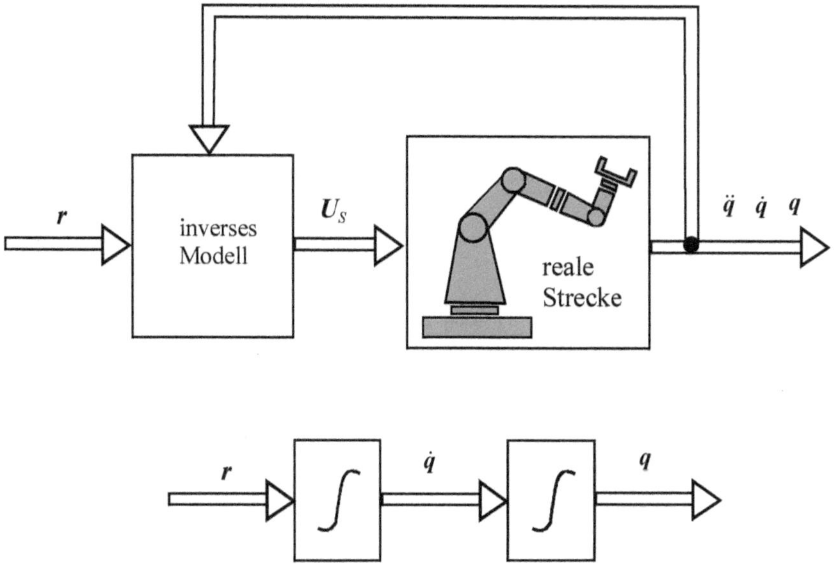

Bild 7.25 Entkopplung und Linearisierung der Regelstrecke

7.4.3 Modellbasierte Regelung mit PID-Strukturen

Der Entwurf der Gelenkregelung kann jetzt auf der Basis der linearen, entkoppelten Ersatzregelstrecke erfolgen. Die Ersatzregelstrecke für ein beliebiges Gelenk liegt als ein doppeltes Integrierglied vor. Zum Regelungsentwurf dieser einfachen Ersatzregelstrecke können bekannte und erprobte Verfahren aus der linearen Theorie herangezogen werden. Zuerst liegt es jedoch nahe, die Sollbeschleunigung des jeweiligen Gelenks für r_i zu wählen. In diesem Fall wird $\ddot{q}_i = r_i = \ddot{q}_{S,i}$ und das Gelenk nimmt zu jedem Zeitpunkt die Sollbeschleunigung ein. Dann werden aber auch die Verläufe der Gelenkgeschwindigkeit und der Gelenkkoordinate identisch mit dem Sollwert sein. Aus verschiedenen Gründen gelingt jedoch keine vollständige Entkopplung und es muss eine Regelung dafür sorgen, dass die daraus resultierenden Regelfehler reduziert werden. Deshalb wurde in der Literatur zuerst folgendes Regelgesetz vorgeschlagen:

$$r_{0,i} = \ddot{q}_{S,i} + K_{P,i} \cdot (q_{S,i} - q_i) + K_{D,i} \cdot (\dot{q}_{S,i} - \dot{q}_i) \tag{7.59}$$

Diese Struktur kann als „PD-Zustandsregler" mit Beschleunigungsvorsteuerung aufgefasst werden. Der Begriff Zustandsregler kommt dadurch zustande, dass nicht wie beim Standard-PD-Regler die zeitliche Ableitung des Regelfehlers $e_i = q_{S,i} - q_i$ für den D-Teil verwendet wird, sondern direkt die Sollgeschwindigkeit und Messgeschwindigkeit. Da das Regelgesetz nach Gl. (7.59) keinen Integralteil enthält, wird sich im stationären Fall ggf. ein bleibender Regelfehler einstellen. Dies ist z. B. der Fall, wenn durch die Wirkung der Schwerkraft einer nicht berücksichtigten Lastmasse sich eine Störkraft einstellt, die im Ruhezustand nicht verschwindet. Deshalb wird im Regelalgorithmus ein Integralteil eingeführt:

$$r_{0,i} = \ddot{q}_{S,i} + K_{P,i} \cdot (q_{S,i} - q_i) + K_{D,i} \cdot (\dot{q}_{S,i} - \dot{q}_i) + K_{I,i} \cdot \int_0^t (q_{S,i} - q_i) \mathrm{d}\tau \tag{7.60}$$

Der Regelkreis mit Ersatzregelstrecke und dem Algorithmus nach Gl. (7.60) ist in Bild 7.26 dargestellt.

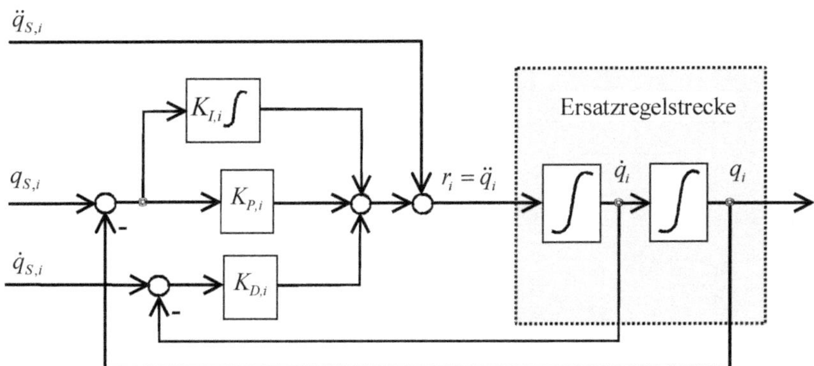

Bild 7.26 Regelung der Ersatzregelstrecke mit „PID-Zustandsregler"

Da die Ersatzregelstrecke und das Regelgesetz linear sind, kann die Übertragungsgleichung zwischen der Sollkoordinate $q_{S,i}$ und der Ausgangsgröße q_i aufgestellt werden:

$$Q_i(s) = \frac{s^3 + K_{D,i} \cdot s^2 + K_{P,i} \cdot s + K_I}{s^3 + K_{D,i} \cdot s^2 + K_{P,i} \cdot s + K_I} \cdot Q_{S,i}(s) \tag{7.61}$$

Die wesentlichen Probleme dieses Regelungsentwurfs sind:

- empfindlich bez. Modellungenauigkeiten
- Sollgeschwindigkeiten und Sollbeschleunigungen werden benötigt.
- ungewohnte Regelungsstruktur und Einstellung der Parameter
- hoher Echtzeitrechenaufwand zur Realisierung der Entkopplung und Linearisierung

Da Zähler und Nenner in Gl. (7.61) gleich sind, wird versucht, der Regelung ideales Übertragungsverhalten einzuprägen. Aufgrund von Modellungenauigkeiten und dem vernachlässigten zeitdiskreten Verhalten der Regelung gelingt dies in der Praxis nicht vollständig. Versucht man ideales Verhalten einzuprägen, ist die Regelung sehr empfindlich gegenüber Modellungenauigkeiten im inversen Modell, das für die Entkopplung und Linearisierung verwendet wird. Wird auf die Vorsteuerung mit der Sollbeschleunigung $\ddot{q}_i$ verzichtet, kann dieses Problem etwas reduziert werden, jedoch wird i. Allg. ein relativ genaues Modell benötigt. Oft liefert die Programmier- und Steuerungsumgebung an die Regelung nur die Sollwinkel bzw. Schublängen der Gelenke. Die Geschwindigkeiten und Beschleunigungen müssen durch Differenzieren gewonnen werden, was die immer vorhandenen Störeinflüsse verstärkt.

Leider wird die modellbasierte Regelung meist mit dieser Regelungsstruktur, die nicht robust gegenüber Modellabweichungen ist, in Verbindung gebracht und modellbasierte Regelungskonzepte insgesamt verworfen. Im Folgenden sollen robustere Strukturen diskutiert werden.

7.4.4 Robuste Regelung durch vorgegebenes Verzögerungsverhalten

Der Versuch, mit dem Regelungsgesetz nach Gl. (7.60) ideales Übertragungsverhalten zu erreichen, führt wie erwähnt bei der praktischen Umsetzung zu Schwierigkeiten. Bei jedem real vorkommenden Regelungsverhalten wird keine Übereinstimmung zwischen dem zeitlichen Verlauf des Sollwertes und dem zeitlichen Verlauf des Istwertes zu erzielen sein. Daher sollte man sich beim gewünschten dynamischen Verhalten zwischen dem Verlauf des Sollwertes der Gelenkkoordinate und dem Ist-Wert auf ein Verzögerungsverhalten erster oder zweiter Ordnung, z. B. P-T_2-Verhalten, beschränken:

$$Q_i(s) = \frac{1}{1 + 2 \cdot d_{L,i} \cdot T_{L,i} \cdot s + T_{L,i}^2 \cdot s^2} \cdot Q_{S,i}(s) \tag{7.62}$$

Die Übertragungsgleichung (7.62) des gewünschten dynamischen Verhaltens wird im Zeitbereich als Differentialgleichung angeschrieben und nach der Beschleunigung aufgelöst:

$$\ddot{q}_i = \frac{1}{T_{L,i}^2} \cdot (q_{S,i} - q_i) - \frac{2 \cdot d_{L,i}}{T_{L,i}} \cdot \dot{q} \tag{7.63}$$

Für den Ersatzregelkreis gilt aber mit Gl. (7.58) $\ddot{q}_i = r_i$. Soll sich das gewünschte dynamische Verhalten nach Gl. (7.62) bzw. Gl. (7.63) einstellen, muss die i-te Komponente des Stellvektors zu

$$r_i = a_{0,i} \cdot (q_{S,i} - q_i) - a_{1,i} \cdot \dot{q}, \quad a_{0,i} = \frac{1}{T_{L,i}^2}, \quad a_{1,i} = \frac{2 \cdot d_{L,i}}{T_{L,i}} \tag{7.64}$$

berechnet werden. Mit der Dämpfung $d_{L,i}$ und der Zeitkonstanten $T_{L,i}$ liegen anschauliche Kennwerte für das Verhalten des Gelenkregelkreises vor, die auch entsprechend dem Anwendungsfall gewählt werden können. Wird ein „hartes“ Regelverhalten des Lageregelkreises gefordert, wird man z. B. $T_{L,i}$ eher klein wählen. Natürlich ist zu bedenken, dass Stellgrenzen durch Motor, Antriebsverstärkerkarte etc. vorliegen. Wird die Zeitkonstante $T_{L,i}$ eines Gelenks zu klein gewählt, können Stellgrenzen einsetzen und das vorgegebene dynamische Verhalten wird nicht erreicht.

Auch P-T_1-Verhalten kann mit

$$Q_i(s) = \frac{1}{1 + T_{L,i} \cdot s} \cdot Q_{S,i}(s) \tag{7.65}$$

vorgegeben werden. Allerdings müsste im Zeitbereich des gewünschten Übertragungsverhaltens von Gl. (7.65) $\ddot{q}_i$ auftreten, damit $\ddot{q}_i = r_i$ angenommen werden kann. Durch eine Erweiterung von Zähler und Nenner in Gl. (7.65) ist dies möglich. Es wird die Übertragungsgleichung

$$Q_i(s) = \frac{(1 + T_{L,i} \cdot s)}{(1 + T_{L,i} \cdot s) \cdot (1 + T_{L,i} \cdot s)} \cdot Q_{S,i}(s)$$

in den Zeitbereich rücktransformiert und nach $\ddot{q}_i$ aufgelöst:

$$\ddot{q}_i = \frac{1}{T_{L,i}^2} \cdot (q_{S,i} - q_i) - \frac{2}{T_{L,i}} \cdot \dot{q}_i + \frac{1}{T_{L,i}} \cdot \dot{q}_{S,i}$$

Auch hier muss $\ddot{q}_i = r_i$ gelten und deshalb erhält man das Regelgesetz entsprechend zu Gl. (7.64):

$$r_i = a_{0,i} \cdot (q_{S,i} - q_i) - a_{1,i} \cdot \dot{q} + b_{1,i} \cdot \dot{q}_{S,i}, \quad a_{0,i} = \frac{1}{T_{L,i}^2}, \quad a_{1,i} = \frac{2}{T_{L,i}}, \quad b_{1,i} = \frac{1}{T_{L,i}} \tag{7.66}$$

Versucht man P-T_1-Verhalten zwischen der Sollgröße $q_{S,i}(t)$ und der Regelgröße $q_i(t)$ einzuprägen, wird im Gegensatz zum Regelgesetz nach Gl. (7.64) neben der Sollkoordinate des Gelenks auch der Sollwert der Gelenkgeschwindigkeit benötigt. Bild 7.27 zeigt die Struktur des Ersatzregelkreises. Man erkennt, dass ausgehend vom gewünschten Verhalten eine Regelungsstruktur mit Soll-Ist-Wert-Vergleich und P-Regler (Proportionalfaktor $a_{0,i}$) sowie einer gewichteten Gegenkopplung der Gelenkgeschwindigkeit entstanden ist. Bei gewünschtem P-T_1-Verhalten muss zusätzlich mit der Sollgeschwindigkeit $\dot{q}_{S,i}$, die mit $b_{1,i}$ gewichtet ist, vorgesteuert werden.

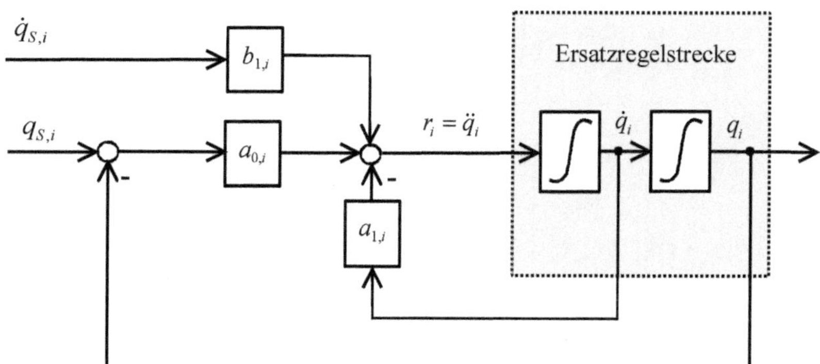

Bild 7.27 Regelstruktur bei Einprägung von P-T_2- oder P-T_1-Verhalten

Das Regelgesetz kann natürlich auch in Matrixschreibweise angegeben werden:

$$\boldsymbol{r} = \boldsymbol{A}_0 \cdot (\boldsymbol{q}_S - \boldsymbol{q}) - \boldsymbol{A}_1 \cdot \dot{\boldsymbol{q}} + \boldsymbol{B}_1 \cdot \dot{\boldsymbol{q}}_S,$$
$$\boldsymbol{A}_0 = \begin{pmatrix} a_{0,1} & & 0 \\ & \ddots & \\ 0 & & a_{0,n} \end{pmatrix}, \quad \boldsymbol{A}_1 = \begin{pmatrix} a_{1,1} & & 0 \\ & \ddots & \\ 0 & & a_{1,n} \end{pmatrix}, \quad \boldsymbol{B}_1 = \begin{pmatrix} b_{1,1} & & 0 \\ & \ddots & \\ 0 & & b_{1,n} \end{pmatrix} \tag{7.67}$$

Dieses Regelgesetz ist sehr robust gegenüber Änderungen der Regelstrecke, da nicht versucht wird, ideales Verhalten einzuprägen. Der Nachteil ist allerdings, dass keine stationäre Genauigkeit garantiert werden kann, weil das Regelgesetz zur Berechnung von r_i nach Gl. (7.67) keinen Integralteil enthält. Um diesen Nachteil und andere aufzuheben, kann die Regelungsstruktur nach Bild 7.28 mit dem gestrichelten Anteil erweitert werden.

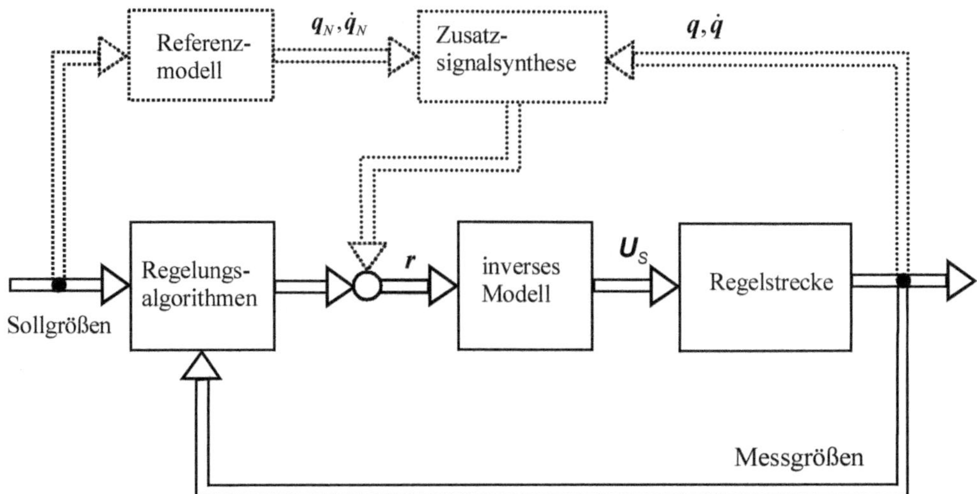

Bild 7.28 Regelkreis bei Vorgabe des gewünschten Übertragungsverhaltens

Das Referenzmodell beschreibt das gewünschte Regelungsverhalten aller Gelenke. Abhängig von den Sollgrößen wird der gewünschte Verlauf der Gelenkgrößen berechnet. Für das P-T_2-Verhalten als Referenzmodell aller Gelenke bedeutet dies zum Beispiel, dass für jedes Gelenk die Differentialgleichung (7.63) online gelöst werden muss. Die Lösung wird als $\boldsymbol{q}_N$ bzw. $\dot{\boldsymbol{q}}_N$ bezeichnet. Der Index N steht für den nominalen Verlauf. Gelingt aus irgendwelchen Gründen keine vollständige Entkopplung, tritt eine Abweichung zwischen $\boldsymbol{q}_N$ und $\boldsymbol{q}$ bzw. zwischen $\dot{\boldsymbol{q}}_N$ und $\dot{\boldsymbol{q}}$ auf. Auf diese Abweichung wird ein zusätzliches Regelgesetz mit PI- oder PID-Struktur angewandt. Diese Vorschrift, die in Bild 7.28 **Zusatzsignalsynthese** genannt wird, weil ein zusätzlicher Signalvektor zum Ausgangsvektor der eigentlichen Regelung addiert wird, kann in Matrixschreibweise zu

$$\Delta \boldsymbol{r} = \boldsymbol{D}_0 \cdot (\boldsymbol{q}_N - \boldsymbol{q}) + \boldsymbol{D}_1 \cdot (\dot{\boldsymbol{q}}_N - \boldsymbol{q}_N) + \boldsymbol{K}_{IN} \cdot \int (\boldsymbol{q}_N - \boldsymbol{q}) \mathrm{d}\tau \tag{7.68}$$

angegeben werden. Die Diagonalmatrizen $\boldsymbol{D}_0, \boldsymbol{D}_1, \boldsymbol{K}_{IN}$ enthalten die Gewichtungen für die einzelnen Gelenke. Da in der Zusatzsignalsynthese ein Integralteil enthalten ist, wird die stationäre Genauigkeit der Lageregelung garantiert. Die Zusatzsignalsynthese hat adaptive Eigenschaften, da das Gesamtregelungssystem auf Modellabweichungen mit einem (veränderten) Zusatzsignalvektor reagiert. Im Gegensatz zu den in Abschnitt 7.3 diskutierten adaptiven Regelungen verhält sich diese Regelungsstruktur sehr robust gegenüber schnellen Streckenänderungen, wie stoßartige Aufnahme oder Abwurf von Lasten (/7.41/). Nachteil dieses Konzeptes ist vor allem der erhöhte Aufwand an Algorithmen, um online das Referenzverhalten zu berechnen und die Zusatzsignalsynthese zu realisieren.

7.4.5 Modellbasierte Lageregelung mit Kaskadenstruktur

Für den Einsatz in der Praxis hinderlich, insbesondere im Service, ist die ungewohnte Regelungsstruktur, die allen bisher angeführten modellbasierten Regelungen zugrunde liegt. Die Reglereinstellung kann nicht weiter auf der Basis von Faustformeln und Erfahrungen erfolgen. Die Regelung der Ersatzregelstrecke nach Entkopplung und Linearisierung kann jedoch auch mit der in der Praxis gebräuchlichen Kaskadenregelung erfolgen (/7.42/). Bild 7.29 zeigt die gewohnte Struktur aus P-Lageregler mit Geschwindigkeitsvorsteuerung und unterlagerter Geschwindigkeitsregelung. Als Geschwindigkeitsregler kann wieder ein PI-Regler oder ein ReDuS-Regler eingesetzt werden. Beim Entwurf der Regelparameter ist zu beachten, dass als Ersatzstrecke der unterlagerten Geschwindigkeitsregelung ein Integrierglied mit der Zeitkonstanten 1s und der Verstärkung 1 vorliegt.

PI-Regler als Geschwindigkeitsregler

Wird ein PI-Regler bei der Geschwindigkeitsregelung eines beliebigen Gelenks eingesetzt, erhält man als Übertragungsfunktion zwischen $v_{S,i} = v_S$ und $\dot{q}_i = v$:

$$G_v(s) = \frac{V(s)}{V_S(s)} = \frac{(1 + T_N \cdot s)}{1 + T_N \cdot s + \frac{T_N}{K_P} \cdot s^2} \tag{7.69}$$

Entsprechend Gl. (7.10) und Gl. (7.11) wird eine Dämpfung d_R und eine Zeitkonstante T_R gewählt, um das Übertragungsverhalten zu beeinflussen:

$$1 + T_N \cdot s + \frac{T_N}{K_P} \cdot s^2 = 1 + 2 \cdot d_R \cdot T_R \cdot s + T_R^2 \cdot s^2 \tag{7.70}$$

Die Parameter sind dann durch

$$T_N = 2 \cdot d_R \cdot T_R, \quad K_P = \frac{2 \cdot d_R}{T_R} \tag{7.71}$$

gegeben.

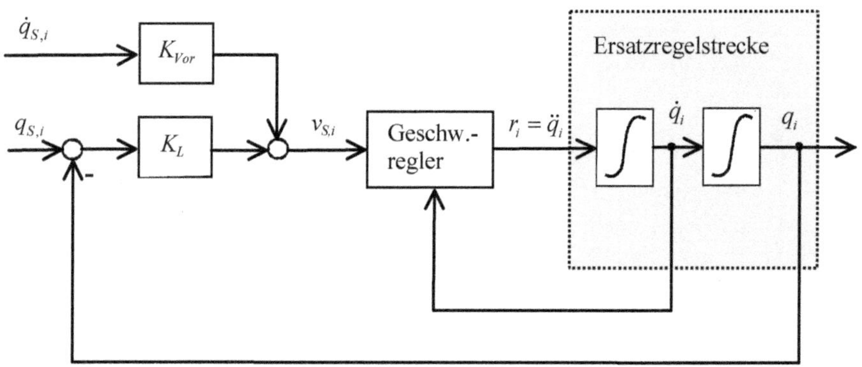

Bild 7.29 Ersatzregelkreis der modellbasierten Lageregelung in Kaskadenstruktur

ReDuS-Regler als Geschwindigkeitsregler

Für die Strecke in Gl. (7.17) ist $a_0 = a_2 = 0, a_1 = 1$ zu setzen, da ein I-Glied mit $1/s$. als Ersatzstrecke vorliegt. Wird P-T_2-Verhalten mit der Zeitkonstanten T_R und der Dämpfung d_R gewählt, vereinfachen sich die Gln. (7.20) zu

$$\beta = 0, \quad K_I = \frac{1}{T_R^2}, \quad \alpha = \frac{2 \cdot d_R}{T_R} \tag{7.72}$$

Soll sich P-T_1-Übertragungsverhalten einstellen, wird mit Gl. (7.25):

$$\beta = \frac{1}{T_R}, \quad \alpha = V_R \cdot \beta, \quad K_I = \frac{(V_R - 1)}{T_R^2}, \quad V_R > 1 \tag{7.73}$$

Beim Entwurf des Lagereglers besteht kein Unterschied zu der dezentralen Lageregelung in Abschnitt 7.2. Wird der Geschwindigkeitsregelkreis durch ein P-T_1-Glied genähert, kann die Dämpfung d_L des Lageregelkreises vorgegeben werden und K_L wird mit Gl. (7.32) berechnet. Bei Näherung des Geschwindigkeitsregelkreises durch ein P-T_2-Glied wird die Phasenreserve φ_R vorgegeben und K_L wird mit den Gln. (7.35) und (7.36) bestimmt oder es werden die Faustformeln aus Gl. (7.37) verwendet.

7.4.6 Hinweise zur Realisierung modellbasierter Gelenkregelungen

Werden die gestrichelten Teile nach Bild 7.28 nicht berücksichtigt, bestehen die vom Steuerungsrechner auszuführenden Algorithmen aus zwei Teilen. Im ersten Teil wird $\boldsymbol{r}$ als Funktion der Soll- und Istwerte der Gelenkkoordinaten und Gelenkgeschwindigkeiten berechnet. Je nach Regelungskonzept wird auch die Gelenkbeschleunigung verwendet. Der zweite Teil des Algorithmus ist die Berechnung des inversen Modells, wobei statt des Beschleunigungsvektors der Ausgangsvektor $\boldsymbol{r}$ verwendet wird. Zusammenfassend erhält man:

$$\boldsymbol{r} = \boldsymbol{r}(\boldsymbol{q}_S, \dot{\boldsymbol{q}}_S, \ddot{\boldsymbol{q}}_S, \boldsymbol{q}, \dot{\boldsymbol{q}}), \quad \boldsymbol{U}_S = \tilde{\boldsymbol{M}}(\boldsymbol{q}) \cdot \boldsymbol{r} + \tilde{\boldsymbol{b}}(\boldsymbol{q}, \dot{\boldsymbol{q}}) \tag{7.74}$$

Echtzeitfähiges inverses Modell

Bei Einsatz der modellbasierten Regelung ist besonders zu prüfen, ob quasikontinuierliches Verhalten vorliegt, wie es in Abschnitt 7.2.6 diskutiert wurde. Innerhalb der Abtastzeit müssen der Vektor $\boldsymbol{r}$ und das inverse Modell berechnet werden. Die Berechnung des inversen Modells ist am aufwendigsten. Auch wenn effektive rekursive Algorithmen auf der Basis des Newton-Euler-Verfahrens eingesetzt werden, sind zur Berechnung von $\boldsymbol{U}_S$ bei Verwendung eines vollständigen inversen Modells ca. 1600 Summationen und Multiplikationen notwendig. Beim Entwurf der modellbasierten Regelungsverfahren wurde davon ausgegangen, dass quasikontinuierliches Verhalten vorliegt, also das Abtasthalteglied und die Rechentotzeit nicht berücksichtigt werden müssen. Kann diese Bedingung nicht eingehalten werden, ist zu prüfen, ob ein **reduziertes inverses Modell** eingesetzt werden kann. Ein geeignetes reduziertes Modell erhält man durch Vernachlässigungen, die eine größtmögliche Einsparung an Rechenoperationen bei minimalem Verlust an Modell- und damit Regelungsgüte bewirken. Zum Beispiel ist die Ausführung von Rechentermen, die auf Corioliskräfte zurückzuführen sind, sehr aufwendig, wobei aber die Wirkung auf die

Modellgüte verglichen mit anderen Effekten klein sein wird. Aber auch Methoden zur automatischen gezielten Vernachlässigung wurden vorgeschlagen und entsprechende Softwarewerkzeuge zur Verfügung gestellt (/7.20/, /7.47/).

Hohe Geometriegüte durch gleiche Gelenkdynamiken

Für die Geometriegüte einer Bahn ist nicht nur ein sehr kleiner Schleppabstand wesentlich, sondern gleiches dynamisches Verhalten aller Gelenkbewegungen. Insbesondere die Hauptachsen, die zur Positionierung dienen, sollten die gleiche Regeldynamik aufweisen. Kann ein geeignetes inverses Modell berechnet werden, ist die Reglereinstellung bei modellbasierten Verfahren sehr einfach. Es ist möglich, die Regelung so auszulegen, dass sich ein gleiches, „weiches" Regelungsverhalten in allen Gelenken einstellt, ohne dass die Bahngüte reduziert wird.

Die Geschwindigkeitsvorsteuerung mit $K_{Vor} = 1$ reduziert zwar, wie in Abschnitt 7.2 ausgeführt wurde, den Schleppabstand, verursacht aber i. Allg. beim Übergang zweier Bahnsegmente größere Geometriefehler im Vergleich zu $K_{Vor} = 0$.

7.4.7 Modellbasierte Lageregelung in kartesischen Koordinaten

In Abschnitt 7.1 wurde angeführt, dass kartesische Regelungen zur Erhöhung der Positionier- und Bahngenauigkeit eingesetzt werden könnten, falls ein kartesisches Vermessungssystem vorhanden ist oder Kennwerte für das Regelungsverhalten auf die anwendungsnahen kartesischen Größen bezogen werden. Bei der modellbasierten Gelenkregelung kann man das Regelungsverhalten auf Gelenkebene durch Vorgabe eines Übertragungsverhaltens spezifizieren. Allerdings besteht, wie in Kapitel 3 diskutiert, zwischen den Gelenkkoordinaten und den kartesischen Koordinaten eine nichtlineare Abbildung. Eigenschaften wie Dämpfung und Schnelligkeit, die auf Gelenkebene vorgegeben werden, sind nicht ohne weiteres auf die kartesische Ebene übertragbar. In diesem Abschnitt soll dargestellt werden, wie ein vorgegebenes Übertragungsverhalten zwischen Sollwert und Istwert jeder kartesischen Koordinaten eingeprägt werden kann. Dazu werden die kartesischen Koordinaten mit dem Ortsvektor $\boldsymbol{p}$ vom Ursprung des Basiskoordinatensystems und die Orientierungsbeschreibung als Vektor $\boldsymbol{w}$ zu einem Vektor $\boldsymbol{x}$ mit sechs Komponenten zusammengefasst:

$$\boldsymbol{x} = \begin{pmatrix} \boldsymbol{p} \\ \boldsymbol{w} \end{pmatrix} \tag{7.75}$$

Zur Vereinfachung werden die Komponenten von $\boldsymbol{x}$ im Folgenden als Weltkoordinaten bezeichnet. Nach Gl. (3.29) beschreibt die Jacobi-Matrix die Abbildung zwischen den Gelenkgeschwindigkeiten und den Geschwindigkeiten der kartesischen Koordinaten. Im Folgenden wird auf den Index „0" für den Hinweis, dass die Vektoren in K_0 dargestellt sind, verzichtet. Durch weiteres partielles Differenzieren nach der Zeit erhält man die Beziehungen zwischen den Beschleunigungen:

$$\ddot{\boldsymbol{x}} = \boldsymbol{J}(\boldsymbol{q}) \cdot \ddot{\boldsymbol{q}} + \boldsymbol{V}(\boldsymbol{q}, \dot{\boldsymbol{q}}) \tag{7.76}$$

Wird für $\ddot{\boldsymbol{q}}$ die rechte Seite der Bewegungsgleichung (7.1) auf Gelenkebene eingesetzt, erhält man im Prinzip die Bewegungsgleichung auf kartesischer Ebene:

$$\ddot{\boldsymbol{x}} = \boldsymbol{J}(\boldsymbol{q}) \cdot \boldsymbol{M}^*(\boldsymbol{q})^{-1} \cdot \left[\boldsymbol{U}_S - \boldsymbol{b}^*(\boldsymbol{q},\dot{\boldsymbol{q}})\right] + \boldsymbol{V}(\boldsymbol{q},\dot{\boldsymbol{q}}) \tag{7.77}$$

Entsprechend Gl. (7.55) wird $\boldsymbol{r}$ wieder als Ersatzeingangsgrößenvektor eingeführt und um eine vollständige Entkopplung und Linearisierung zu bewerkstelligen, wird der Stellvektor $\boldsymbol{U}_S$ zu

$$\boldsymbol{U}_S = \tilde{\boldsymbol{M}}(\boldsymbol{q}) \cdot \tilde{\boldsymbol{J}}(\boldsymbol{q})^{-1} \cdot \left[\boldsymbol{r} - \tilde{\boldsymbol{V}}(\boldsymbol{q},\dot{\boldsymbol{q}})\right] + \tilde{\boldsymbol{b}}(\boldsymbol{q},\dot{\boldsymbol{q}}) \tag{7.78}$$

vorgegeben. Hier wird angenommen, dass die Jacobi-Matrix oder reduzierte Jacobi-Matrix quadratisch ist. Für $\tilde{\boldsymbol{M}}(\boldsymbol{q}) \approx \boldsymbol{M}^*(\boldsymbol{q})$, $\tilde{\boldsymbol{b}}(\boldsymbol{q},\dot{\boldsymbol{q}}) \approx \boldsymbol{b}^*(\boldsymbol{q},\dot{\boldsymbol{q}})$, $\tilde{\boldsymbol{J}}(\boldsymbol{q}) \approx \boldsymbol{J}(\boldsymbol{q})$, $\tilde{\boldsymbol{V}}(\boldsymbol{q},\dot{\boldsymbol{q}}) \approx \boldsymbol{V}(\boldsymbol{q},\dot{\boldsymbol{q}})$ erhält man durch Einsetzen von Gl. (7.78) in Gl. (7.77):

$$\ddot{\boldsymbol{x}} = \boldsymbol{r} \tag{7.79}$$

Es liegt wie in Gl. (7.58) eine entkoppelte linearisierte Regelstrecke vor, bei der man nun über den Ersatzeingangsvektor $\boldsymbol{r}$ die Beschleunigungen in Weltkoordinaten vorgeben kann. Als Regelungsverfahren kann eine der Methoden aus Abschnitt 7.4.3 bis Abschnitt 7.4.5 verwendet werden. Statt der Bewegungsgrößen auf Gelenkebene werden zur Berechnung des Regelungsvektors $\boldsymbol{r}$ die Größen in Weltkoordinaten verwendet. Wird als Beispiel P-T_2- oder P-T_1-Übertragungsverhalten zwischen den Sollwerten und den Istwerten in Weltkoordinaten gefordert, wird entsprechend Gl. (7.67) der Vektor $\boldsymbol{r}$ zu

$$\boldsymbol{r} = \boldsymbol{A}_0 \cdot (\boldsymbol{x}_S - \boldsymbol{x}) - \boldsymbol{A}_1 \cdot \dot{\boldsymbol{x}} + \boldsymbol{B}_1 \cdot \dot{\boldsymbol{x}}_S \tag{7.80}$$

berechnet. In Bild 7.30 ist die Struktur der Regelung schematisch dargestellt. Es handelt sich dabei nicht um eine kartesische Regelung im Sinne von Bild 7.2, da keine Messwerte in Weltkoordinaten, sondern nur Gelenkmesswerte vorliegen. Biegen sich die Armteile signifikant durch, ist es fraglich, ob das in Weltkoordinaten spezifizierte Regelungsverhalten annähernd erreicht wird. Zudem muss ein sehr hoher Rechenaufwand im Vergleich zu Bild 7.28 und Gl. (7.74) betrieben werden. Das Haupthindernis, kartesische Regelungen einzusetzen, besteht im Verhalten in singulären Stellungen und in der Nähe dieser Singularitäten. Die inverse Jacobi-Matrix ist hier schwach konditioniert bzw. nicht definiert. In diesem Fall werden, wie schon in Abschnitt 7.1 diskutiert, auf Gelenkebene hohe Beschleunigungen und Geschwindigkeiten gefordert, die unter Umständen nicht zu realisieren sind, und das geforderte dynamische Verhalten wird sich nicht einstellen.

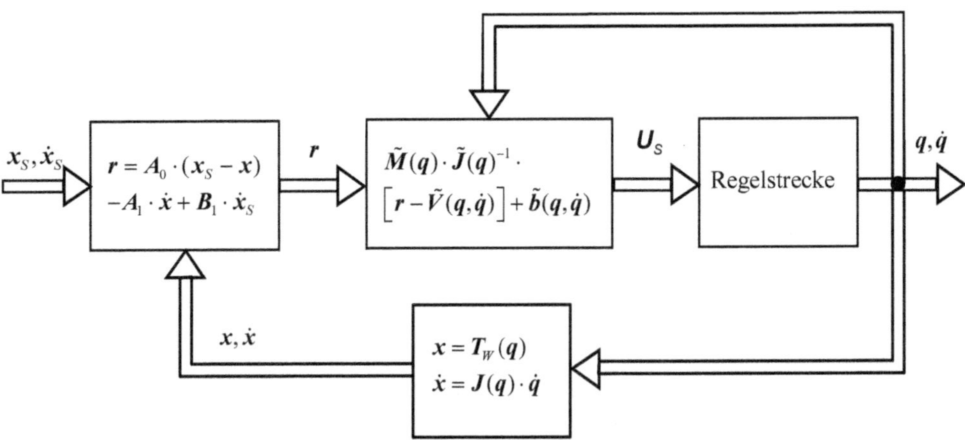

Bild 7.30 Vorgabe des Regelungsverhaltens in Weltkoordinaten

7.4.8 Beispiel für eine modellbasierte Regelung

Es wird für den R6-Knickarmroboter eine modellbasierte Regelung in Kaskadenstruktur mit der ReDuS-Struktur im Geschwindigkeitsregelkreis entworfen. Das Regelungsverhalten wird mit der Entwicklungs- und Simulationsumgebung ManDy getestet. Der Geschwindigkeitsregelkreis soll P-T_1-Verhalten mit einer Zeitkonstanten T_R von 25 ms zeigen. Wenn der konstante Faktor V_R auf 2 gesetzt wird, erhält man aus Gl. (7.73) $\alpha = 80/\text{s}$, $\beta = 40/\text{s}$ und $K_I = 1600\,\text{s}^{-2}$. Dies kann in ManDy in der Komponente *Regelparameter einstellen* überprüft werden. Da mit dem ReDuS-Konzept P-T_1-Verhalten eingeprägt wird, wird natürlich auch das Verhalten jedes Gelenkgeschwindigkeitsregelkreises als P-T_1-Glied angenommen und mit der Vorgabe von $d_L = 1$ erhält man mit Gl. (7.32) den Wert von K_L zu 10/s.

Als Testbewegung für den TCP des Knickarmroboters wird ein Quadrat mit Umkreis gewählt (s. Aufgabe 5.6.4 und Bild 5.11) und die Simulation mit obigem Regler durchgeführt. Bei der Simulation wird angenommen, dass die Abtastzeit der digitalen Regelung 2 Millisekunden beträgt und im Greifer sich keine Last befindet oder externe Einwirkungen auf den Roboter stattfinden. In Bild 7.31 ist die Sollbahn (gestrichelte Linie) und die Istbahn (durchgezogene Linie) des TCP dargestellt. Der Effektor soll die Orientierung während der Bewegung konstant halten. Sowohl die vier Linearbahnen des Rechteckes, als auch die zwei Zirkularbahnen zur Realisierung des Vollkreises wurden mit einer Geschwindigkeit von 1 m/s und einer Beschleunigung von 4 m/s^2 gefahren. Man erkennt, dass auch bei dieser relativ schnellen Bewegung der Roboter die vorgeschriebene Bahn gut einhält. In den unteren zwei Teilbildern sind zusätzlich der zeitliche Verlauf des Winkels des zweiten Gelenks und der Effektivstrom des dazugehörigen Motors aufgezeichnet. Auch hier ist ersichtlich, dass der Regelfehler auf Gelenkebene (Schleppabstand) nicht in unmittelbarem Zusammenhang mit den geometrischen Bahnfehlern steht. Der Motorstrom gibt Auskunft darüber, ob die geforderte Bewegung vom realen Roboter durchgeführt werden kann. Da der Maximalwert des Stromes für den zweiten Motor 20 A beträgt, sind noch genügend Antriebsreserven vorhanden. Selbstverständlich müssen alle anderen Antriebe ebenfalls überprüft werden.

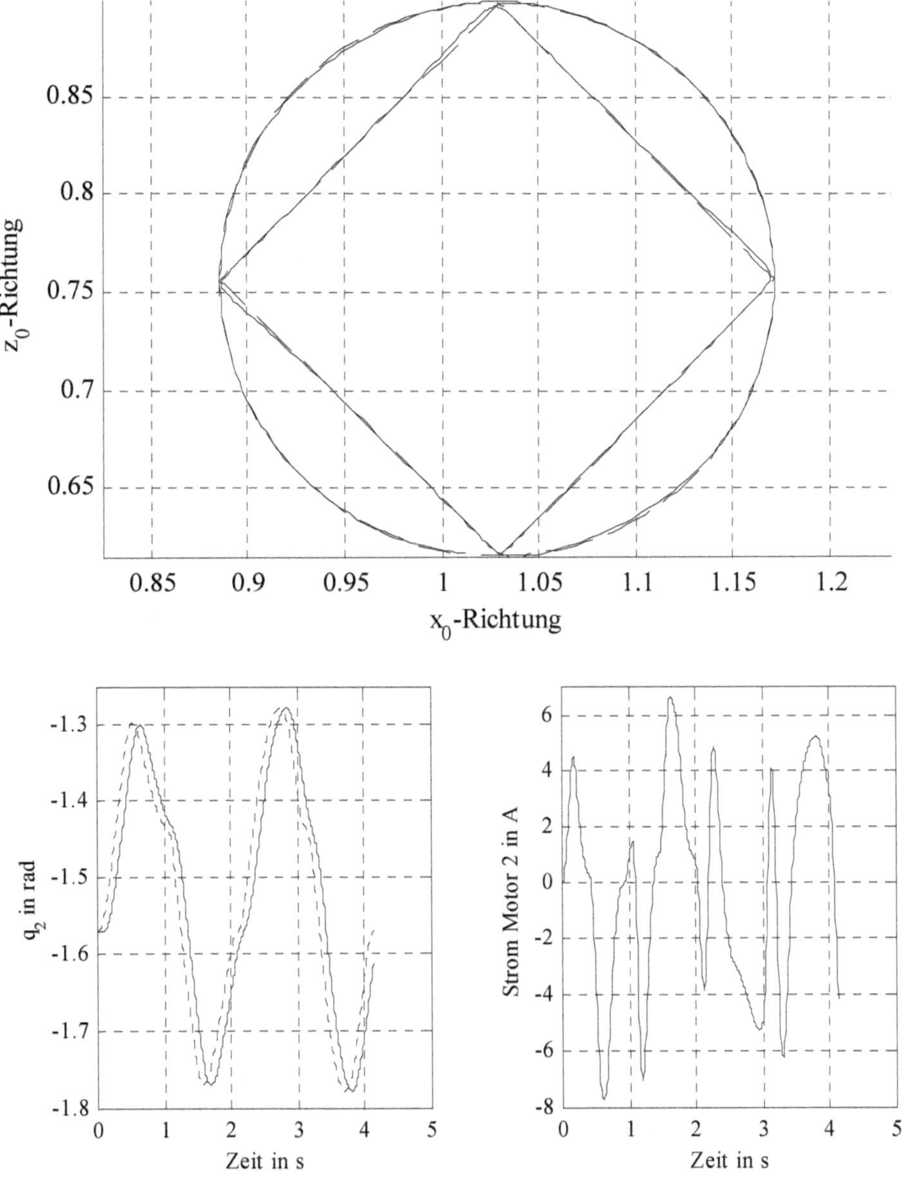

Bild 7.31 Simulationsergebnis mit modellbasiertem Regler. Oben: Bahn in der x_0-z_0-Ebene, unten: Gelenkwinkel 2 und Strom Motor 2. Sollwert gestrichelt

7.5 Nichtanalytische Regelungsverfahren

7.5.1 Fuzzy-Regelungen

Grundgedanke der Fuzzy-Theorie und Fuzzy-Logik

L. A. Zadeh entwickelte Mitte der sechziger Jahre die Theorie der Fuzzy-Mengen. Zadeh kritisiert, dass das Verstehen von Phänomenen der realen Welt mit der Fähigkeit gleichgesetzt wird, diese Realität mit quantitativen Ausdrücken, z. B. durch Differentialgleichungen, zu beschreiben.

Zadehs Prinzip der Inkompatibilität sagt aus, dass mit der Komplexität eines Systems die Fähigkeit zurückgeht, präzise und signifikante Aussagen zu machen. Oder so ausgedrückt: Je genauer im Sinne einer Quantifizierung man ein Problem der realen Welt betrachtet, desto undeutlicher wird seine Lösung. Die Frage ist, wie man Komplexität umgehen kann, um mit vertretbarem Aufwand zu einer geeigneten Beschreibung eines Systems zu gelangen. Man kann versuchen, die Komplexität dadurch zu reduzieren, dass man einen gewissen Grad der Unschärfe zulässt und präzise Informationen opfert, um dadurch eine etwas vage, aber robuste und reduzierte Beschreibung des Systems zu erhalten. Eine Methode, die statt Genauigkeit und mathematischer Strenge Ungenauigkeiten und Teilwahrheiten zulässt, ist die Theorie der **Fuzzy-Mengen** und **Fuzzy-Logik**.

Zadeh führte als eine Verallgemeinerung der Mengentheorie sogenannte unscharfe Mengen (fuzzy sets) ein. Die Theorie der Fuzzy-Mengen geht davon aus, dass die Zugehörigkeit eines Elementes zu einer Menge nicht mit einer Ja-Nein- bzw. 0-1-Entscheidung beantwortet wird, sondern die Zugehörigkeit zu einer spezifizierten Menge wird mit Zugehörigkeitsgraden abgestuft. So kann die Zugehörigkeit einer 30-jährigen Person zur Menge der jungen Leute z. B. 0.7 (statt 0 oder 1) sein. Aufbauend auf dieser Theorie wurde eine Verallgemeinerung der dualen Logik entwickelt. Die Fuzzy-Logik legt die Regeln fest, wie mit diesen Wahrheitswerten, die zwischen 0 und 1 liegen, Aussagen abgeleitet werden können. Nachdem Mitte der achtziger Jahre die Fuzzy-Theorie eine Renaissance erlebte, wurden in der Technik als wichtigste Anwendungsgebiete die Fuzzy-Expertensysteme, die Fuzzy-Datenanalyse, z. B. in der Bildverarbeitung, und die Fuzzy-Regelungen entwickelt.

Fuzzy-Regelungen

Bild 7.32 zeigt die vereinfachte prinzipielle Struktur einer Fuzzy-Regelung für eine Ausgangsgröße. Das Wissen über das Verhalten der Regelstrecke wird sprachlich formuliert (linguistisches Wissen). Ausgehend vom aktuellen Zustand von Mess- und Sollgrößen und dem Wissen über die Regelstrecke gibt ein **linguistischer Regler** die Stellgrößen vor. Eine von mehreren linguistischen (unscharfen) Regeln des Reglers könnte lauten:

> Wenn die Regeldifferenz e **positiv mittel** UND die Änderung der Messgröße Δx **positiv mittel**
>
> ODER
>
> die Regeldifferenz e **positiv klein** UND die Änderung der Messgröße Δx **negativ klein**,
>
> DANN Stellgröße **positiv mittel**.

Um obige Regeln anwenden zu können, müssen jedoch zuerst die numerisch vorliegenden Sollgrößen und Messgrößen durch Zugehörigkeitsfunktionen in unscharfe Werte wie *positiv klein, negativ mittel* etc. abgebildet werden. Dieser Vorgang wird Fuzzifikation genannt (Bild 7.33). Nun müssen die linguistischen Regeln angewandt werden. Da mehrere linguistische Regeln vorhanden sind und verschiedene Aussagen formulieren, wird im Block Inferenz nach einer Vorschrift eine Schlussfolgerung aus mehreren Regeln gezogen. Die Regelstrecke kann natürlich nicht mit linguistischen Aussagen beeinflusst werden. Die Defuzzifikation oder Defuzzifizierung ist eine Vorschrift, wie aus unscharfen Mengen physikalische Werte für die Stellgröße ermittelt werden.

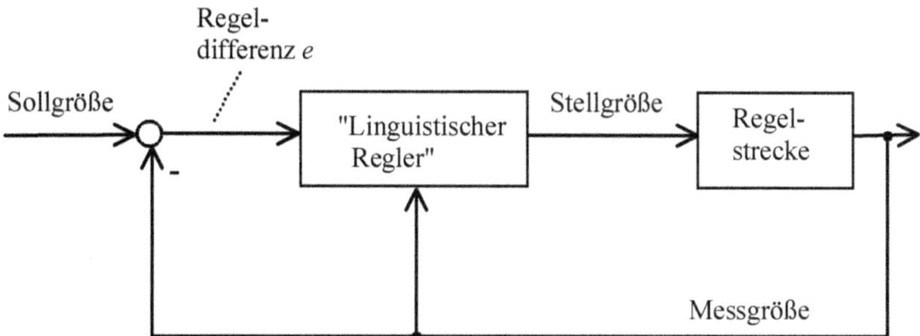

Bild 7.32 Prinzip einer Fuzzy-Regelung

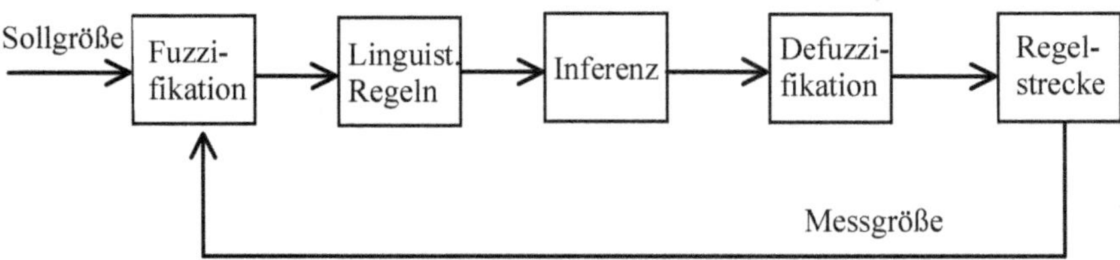

Bild 7.33 Struktur einer Fuzzy-Regelung

Fuzzy-Regelungen in der Robotertechnik

Der Einsatz von Fuzzy-Regelungen scheint bei folgenden Klassen von Regelstrecken sinnvoll zu sein:

1. Für eine relativ langsame Regelstrecke liegt kein mathematisches Modell vor, aber Erfahrungen bei der manuellen Beeinflussung der Strecke.
2. Die Komplexität der Regelstrecke verhindert eine genügend genaue Modellierung und damit einen darauf aufbauenden Regelungsentwurf.
3. Die Regelstrecke ist mathematisch beschrieben. Das mathematische Modell ist jedoch mit erheblichen Unsicherheiten behaftet (Parameterschwankungen, Messunsicherheiten, große Störungen).
4. Das mathematische Modell liegt in genügender Genauigkeit vor. Die Lösung mit einer Fuzzy-Regelung erfüllt im Vergleich zu einer konventionellen Regelung die Anforderungen bei geringerem Aufwand.

Will man die Regelstrecke eines Industrieroboters in eine dieser Klassen einordnen, scheiden von vornherein 1 und 2 aus, da eine manuelle Vorgabe der Stellgröße keinen Sinn macht und ein mathematisches Modell der Regelstrecke aufgestellt werden kann. Eine Zuordnung kann in die Klasse 3 oder 4 erfolgen. Unsicherheiten könnten z. B. unbekannte Lastmassen sein, die sich signifikant auf das Regelungsverhalten auswirken, oder die Verhältnisse beim Kontakt des Roboters mit seiner Umwelt (Kraftschluss). Beispiel ist ein Ansatz in Fuzzy-Technik zur hybriden Positions-/Kraftregelung (/7.51/). Umstritten ist Klasse 4, da bezweifelt werden muss, ob bei genügender Kenntnis der Strecke der Umweg über unscharfe Mengen wirklich den Aufwand bei gleicher Regelgüte minimiert. Zu unterscheiden sind zwei Herangehensweisen bei der Realisierung der Regelung. Entweder werden die Parameter von klassischen Reglerstrukturen, wie der PD-Struktur, mit Fuzzy-Regeln während des Regelvorganges verändert oder es werden unabhängig von konventionellen Reglerstrukturen geeignete linguistische Regeln zur Festlegung der Stellgröße verwendet. Bild 7.34 zeigt ein Beispiel zur Anpassung des P- und D-Teils eines PD-Reglers (/7.31/). Eine Fuzzy-Logik (FL) jeweils für einen Faktor hat den Lagefehler e und den Geschwindigkeitsfehler $\dot{e}$ als Eingang. Wenn die Grenzen der Veränderung von K_p und K_D festgelegt sind, können die Möglichkeiten des Regelungsverhaltens eher eingeschätzt werden als wenn ausschließlich eine Fuzzy-Regelung eingesetzt wird. Die Adaption der Regelparameter ist dem MRAC-Konzept sehr ähnlich, das in Abschnitt 7.3 skizziert wurde. Die Adaption der Regelparameter erfolgt hier jedoch nicht auf der Basis von klassischen Optimierungsmethoden, sondern durch Anwendung linguistischer Regeln.

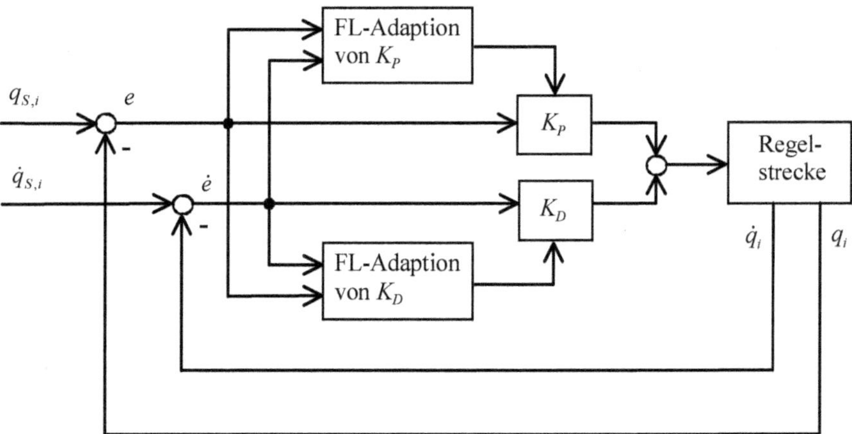

Bild 7.34 Fuzzy-Logik-Adaption der Parameter einer PD-Regelung

7.5.2 Neuronale Lernverfahren in der Gelenkregelung

Prinzip neuronaler Netze

Die künstliche Nachbildung der Netzstrukturen menschlicher Gehirnzellen bezeichnet man als neuronales Netz. Ein neuronales Netz besteht aus gleichen, miteinander kommunizierenden primitiven Verarbeitungseinheiten (den Neuronen) in großer Zahl. Es sind verschiedene Netzmodelle entwickelt worden. In Bild 7.35 ist ein mehrschichtiges Vorwärtsvermittlungsnetz skizziert. Ein Neuron ist im Wesentlichen ein Addierer. Die Verbindungen (Synapsen) x_i eines Neurons nehmen von anderen Neuronen eine Aktivierung mit einer bestimmten Stärke w_i auf. Diese Aktivierungen werden addiert und lassen eine interne Aktivität z des jeweiligen Neurons entstehen, wenn ein bestimmter Schwellwert T überschritten wird. Der Ausgang y ist dann eine Funktion der internen Aktivität z. Wenn alle Synapsen und alle Gewichtungen w_i zu Vektoren zusammengefasst werden, kann z. B. das Modell mathematisch durch

$$z = \boldsymbol{w}^{\mathrm{T}} \cdot \boldsymbol{x} - \operatorname{sgn}(\boldsymbol{w}^{\mathrm{T}} \cdot \boldsymbol{x}) \cdot T$$

$$y = S(z) = \frac{2}{1+e^{-k \cdot z}} - 1, \quad k > 0$$

beschrieben werden. Die Funktion S wird **Sigmoidfunktion** genannt, sie verläuft S-förmig zwischen -1 und +1.

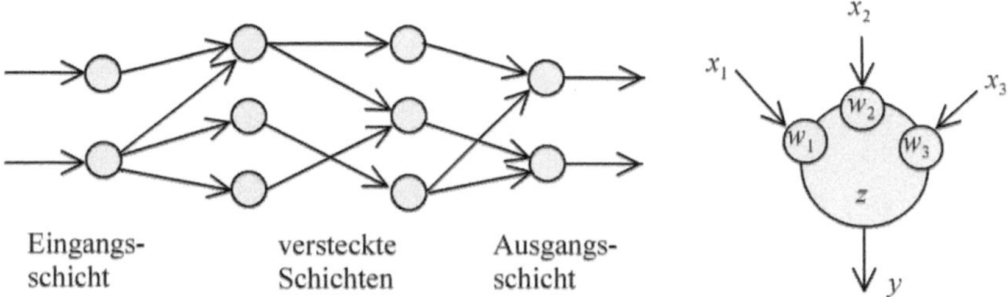

a) Mehrschichtiges Vorwärtsvermittlungsnetz b) Modell eines Neurons

Bild 7.35 Modell eines neuronalen Netzes und eines Neurons

Die neuronalen Netze müssen in einer Trainingsphase an die gestellten Aufgaben angepasst werden. Die Gewichte w_i aller Neuronen werden so lange verändert, bis das gewünschte Ein-/Ausgangsverhalten erzielt wird. Es werden Eingangswerte auf das Netz geschaltet und die Ausgänge des Netzes werden mit den gewünschten oder bekannt zugehörigen Ausgängen verglichen. Abhängig von dem folgenden Soll-Ist-Vergleich werden nach einer bestimmten Lernstrategie die Gewichte an den Neuronen verändert. Da dieses überwachte Lernen offline durchgeführt wird, können unter Umständen mehrere tausend Vergleiche und Gewichtsveränderungen notwendig werden, bis das Netz den gestellten Anforderungen genügt.

Einsatz neuronaler Netze in der Bewegungssteuerung und -regelung

In der Robotik wurden Vorschläge zum Einsatz neuronaler Netze in der Aufgabenplanung, der Bahnplanung, der Sensordatenverarbeitung, der Bewegungssteuerung und Gelenkregelung gemacht. Hier sollen zwei Anwendungsbeispiele von neuronalen Netzen in der Gelenkregelung kurz diskutiert werden. Eine Idee ist, das inverse Modell eines Industrieroboters mit neuronalen Netzen einzulernen. Zur Realisierung dieser Trainingsphase kann die Struktur von Bild 7.36 benutzt werden. Der reale Roboter antwortet auf den Stellvektor $\boldsymbol{U}_S$ mit einem Bewegungszustand. Mit dem als neuronales Netz vorliegenden inversen Modell des Roboters wird versucht, den Stellvektor U_S zu rekonstruieren. Abweichungen des Modellausgangs vom realen Stellvektor werden benutzt, um die Gewichtungen der Neuronen und damit das Modell zielgerichtet zu verändern. Im Roboterbetrieb könnte dann für modellbasierte Regelungen statt der aufwendigen Berechnungen die eintrainierte nichtlineare Abbildung durch das neuronale Netz verwendet werden.

Auch On-line-Lernen des Netzes während des Betriebs wurde vorgeschlagen (/7.21/), damit auch Streckenänderungen, z. B. aufgenommene Lasten, berücksichtigt werden. Oft wird ergänzend zu einem vorliegenden analytischen Regelungskonzept die Technik neuronaler Netze verwendet, um Verbesserungen zu erzielen. Zur Erhöhung der Bahngenauigkeit manipuliert in Bild 7.37 das neuronale Netz den Sollwert der Gelenkkoordinate einer Eingelenkregelung (/7.32/). Dieser Sollwert wird an den konventionellen Lageregler übergeben. Der manipulierte Wert $\hat{q}_{S,i}$ sorgt dafür, dass zu jedem Zeitpunkt $q_{S,i}$ und q_i sehr nahe beieinander liegen, der Schleppabstand also auch bei großen Geschwindigkeiten sehr klein ist. Das neuronale Netz wird für jede Roboterbahn gesondert adaptiert.

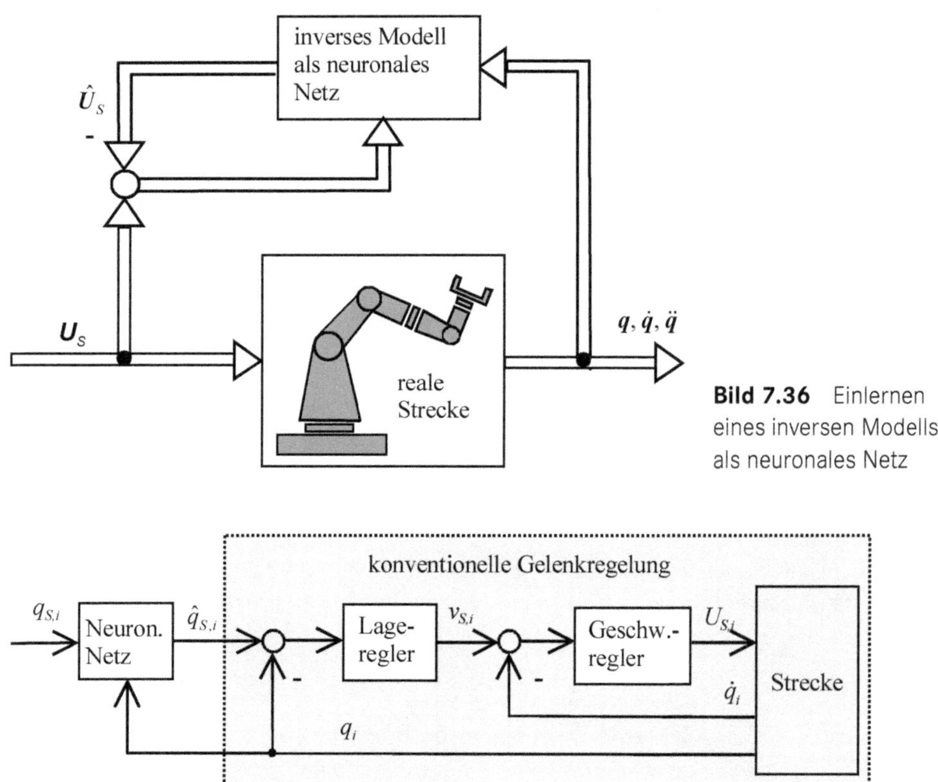

Bild 7.36 Einlernen eines inversen Modells als neuronales Netz

Bild 7.37 Erhöhung der Bahngenauigkeit durch Manipulation der Sollwerte

7.6 Strukturen von Kraftregelungen

Kraftregelungen werden eingesetzt, wenn der Roboterarm in Kontakt zu seiner Umgebung tritt und mit definierten Kräften/Drehmomenten auf seine Umgebung einwirken soll. Ausgehend von Bild 7.3 sollen verschiedene Strukturen von Kraftregelungen skizziert werden, ohne auf den einzelnen Regelungsentwurf im Detail einzugehen. Kraftregler werden typischerweise mit Positions- oder Geschwindigkeitsregelkreisen verknüpft, da bei Bearbeitungsvorgängen die spezifizierten Kräfte/Drehmomente im Zusammenhang mit kinematischen Randbedingungen wirken müssen. So wird beim Schleifen eines Werkstückes die Kraft senkrecht zur Oberfläche geregelt, während in den anderen Freiheitsgraden eine Lage- oder Geschwindigkeitsregelung erfolgt. Man unterscheidet zwischen **Bewegungsfreiheitsgraden**, die tangential zur Oberfläche liegen, und **Kraftfreiheitsgraden**, die senkrecht zur Oberfläche des Werkstückes sind. Wird versucht, eine Kraftregelung für einen Bewegungsfreiheitsgrad durchzuführen, wird sich der Roboter unkontrolliert bewegen, da er in diesem Freiheitsgrad keine Kraft aufbauen kann. Aber auch die Kraftregelung in Richtung eines Kraftfreiheitsgrades ist unter Umständen durch einen kinematischen Regelkreis unterlagert.

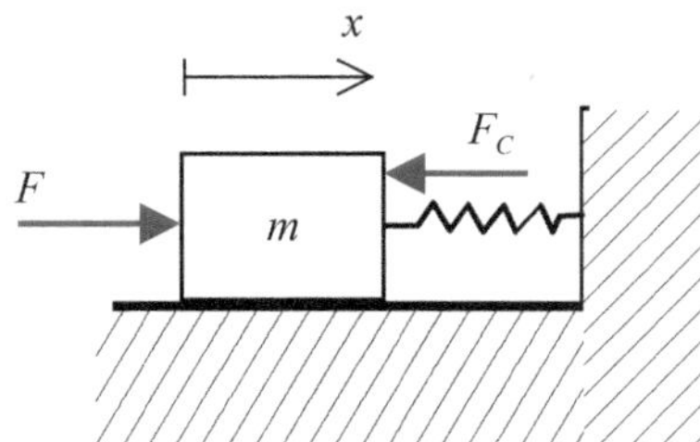

Bild 7.38 Feder-Masse-System

Die Kraftregelung soll zuerst am einfachen Feder-Masse-System von Bild 7.38 betrachtet werden. Die Anordnung kann als einfaches Modell für einen Translationsfreiheitsgrad aufgefasst werden. Da weder die Masse des Armteils noch die Umgebung vollständig mechanisch steif sind, tritt eine gewisse Nachgiebigkeit beim Kraftschluss auf, die als Federeigenschaft beschrieben wird. Der Armteil (Masse m) übt eine gewünschte Kraft auf die Umgebung aus, wenn die Position x einen von den Federeigenschaften abhängigen Wert einnimmt. Wird die Kraft gemessen, so kann eine Kraftregelung mit unterlagerter Positionsregelung in der Struktur von Bild 7.39 aufgebaut werden. Die Kraftabweichung wird verstärkt und das Ergebnis als Lage-Sollwert verwendet, der von einer unterlagerten Lageregelung eingehalten wird. Der Faktor K_{FR} kann als P-Kraftregler aufgefasst werden.

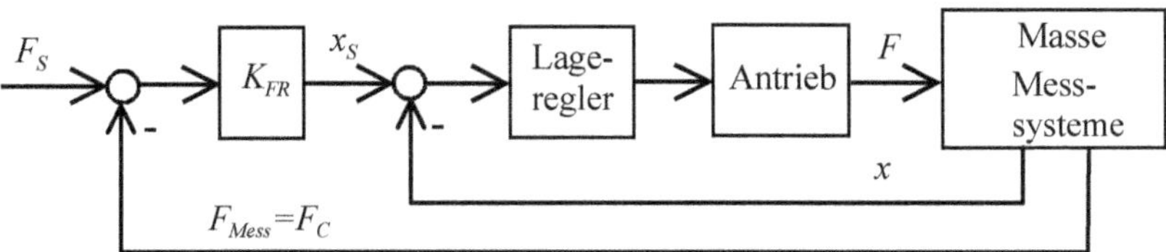

Bild 7.39 Prinzip der Kraftregelung bei einer Translationsbewegung

Aus Bild 7.39 ist auch ersichtlich, dass die Position und die Kraft nicht unabhängig voneinander geregelt werden können. Bild 7.40 zeigt die prinzipielle Struktur einer Kraftregelung mit unterlagerter kartesischer Lageregelung für einen Industrieroboter. Die externen Kräfte/Momente werden mit einem Kraft-/Momentensensor, der in unmittelbarer Nähe des Effektors angebracht ist, gemessen und mit den Sollwerten verglichen. Die **Steifigkeitsmatrix** $\boldsymbol{C}_F$ entspricht dem Faktor K_{FR} in Bild 7.39 und ist eine Diagonalmatrix, die für jede kartesische Koordinate die Abweichung von der geforderten Kraft bzw. dem Moment in einen kartesischen Positionssollwert abbildet. Eine unterlagerte kartesische Lageregelung, wie sie in Bild 7.30 skizziert ist, hat die Aufgabe die kartesischen Koordinaten auf diesen Sollwert einzuregeln. Es sind nur diejenigen kartesischen Freiheitsgrade zu berücksichtigen, bei denen der Industrieroboter in Kraftschluss mit der Umgebung ist. Die anderen Freiheitsgrade werden ausschließlich lagegeregelt.

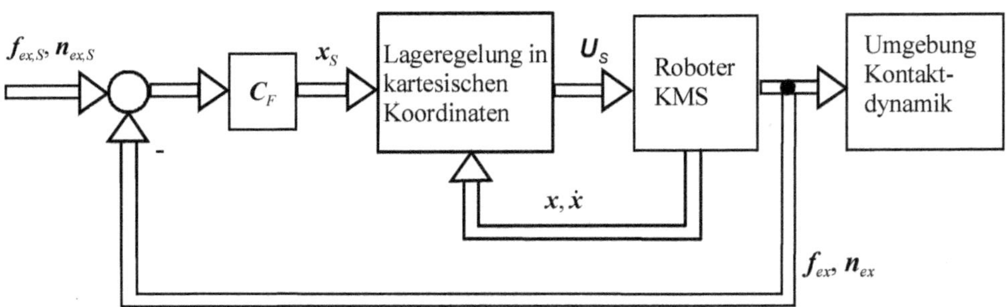

Bild 7.40 Kraftregelung mit unterlagerter kartesischer Lageregelung

Eine Modifikation von Bild 7.40 führt zur Struktur von Bild 7.41, die in der Literatur **parallel force/position control** genannt wird (/7.16/, /7.17/). Hier wird der kartesische Sollvektor $\boldsymbol{x}_S$ von einer Kraftregelung modifiziert. Vorteil ist, dass bei freier Bewegung in einem Freiheitsgrad der entsprechende Kraftsollwert und die gemessene Kraft 0 ist und nur die Lageregelung Einfluss hat. Bei Kraftschluss hingegen wird der kartesische Positionssollwert konstant bleiben und die Kraftregelung verändert den Sollwert der Lageregelung, sodass sich die gewünschte Kraft bzw. das Drehmoment aufbauen kann. Bei der Durchführung einer Montageaufgabe sind die kartesischen Koordinaten je nach dem Bearbeitungsvorgang wechselweise Bewegungsfreiheitsgrad oder Kraftfreiheitsgrad.

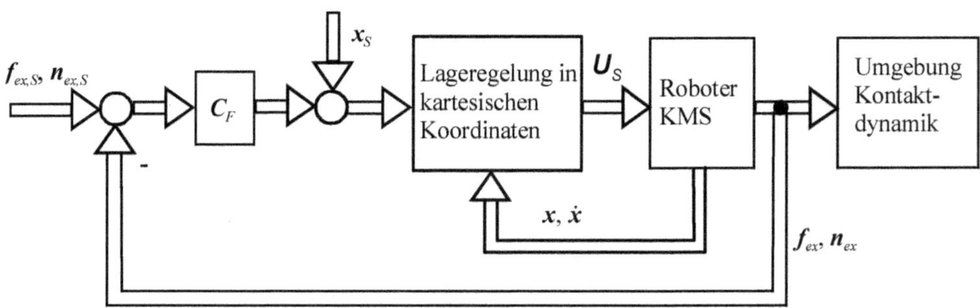

Bild 7.41 Parallel force/position control

Die **hybride Kraft-/Laderegelung** (Bild 7.42) enthält sowohl eine kartesische Lageregelung als auch eine Kraftregelung. Abhängig davon, welche kartesische Koordinate Kraft- oder Bewegungsfreiheitsgrad sein soll, werden die Komponenten der $(6 \cdot 6)$-Auswahlmatrizen $\boldsymbol{S}$ und $\boldsymbol{S}'$ gesetzt. Ist eine bestimmte kartesische Koordinate ein Kraftfreiheitsgrad, wird die entsprechende Zeile von $\boldsymbol{S}$ zum Nullvektor etc.

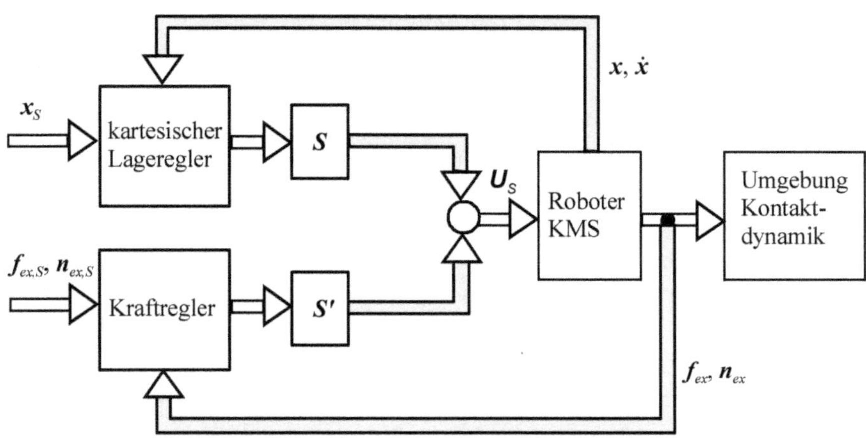

Bild 7.42 Hybride Kraft-/Lageregelung

7.7 Bildgestützte Regelung

Soll der Industrieroboter zu Montageaufgaben oder Bearbeitungsaufgaben mit seiner Umgebung in Kontakt treten, muss die Umgebung der Aufgabe entsprechend genau bekannt sein. In der Praxis werden dazu Vorrichtungen zum Fixieren der Bauteile eingesetzt, sodass eine exakte Position und Orientierung vorliegt. Das Roboterwerkzeug (Effektor) muss diese Pose entsprechend genau erreichen können. Jedoch führt die Nachgiebigkeit des Roboterarms oder ein ungenaues Robotermodell aufgrund von Dynamik (z. B. Gravitationseinflüsse) zu ungenauen Roboterposen. Um Ungenauigkeiten ausgleichen zu können, werden in der praktischen Anwendung Fügemechanismen verwendet (Remote Center of Compliance, RCC). Wird auf diese mechanischen Hilfsmittel verzichtet, muss die Bewegung des Roboters angepasst werden. Die sensorische Erfassung der Umgebung ist für diese Anpassung notwendig.

Die in Abschnitt 7.6 vorgestellten Mechanismen zur Kraftregelung erfassen die lokale Kontaktsituation, sodass z. B. das Fügen eines Bauteils ohne Beschädigungen durchgeführt werden kann. Dabei ist eine grobe Vorpositionierung notwendig, da durch Kraft-/Momentensensoren lediglich die unmittelbare Kontaktsituation erfasst wird. Ein größerer Ausschnitt des Arbeitsbereiches des Roboters kann durch bildgebende Sensoren (Kameras) erfasst werden. Die bildgestützte Regelung von Industrierobotern bezeichnet man übergeordnet als **Visual Servoing**. Um die Lage des Effektors zu beeinflussen, nutzt Visual Servoing Informationen eines Kamerasystems, um z. B. den Effektor für eine Greifaufgabe zu einem sichtbaren Merkmal zu führen. Dabei müssen Merkmale aus einem Kamerabild per Bildverarbeitung und Bildauswertung extrahiert werden. Diese Bildmerkmale müssen anschließend derart interpretiert werden, dass sich daraus entweder Vorgaben zur Bewegungsplanung ableiten lassen oder die Merkmale in einem geschlossenen Regelkreis verwendet werden. Je nach Anwendung müssen die Parameter der Kameraanordnung unterschiedlich detailliert bekannt sein, um die Bildaufnahme entsprechend auszuwerten. Diese Parameter werden mithilfe der **Kamerakalibrierung** gewonnen. Die grundsätzlichen Schritte von Bildaufnahme bis Regelung sind in Bild 7.43 dargestellt. Das Prinzip, wie die Bildmerkmale zur Beeinflussung der Roboterbahn verwendet werden, sowie auch die mechanische Konfiguration der Applikation bestimmen die Klassifizierung von Visual Servoing. Die unterschiedlichen Strukturen werden in den nachfolgenden Abschnitten diskutiert.

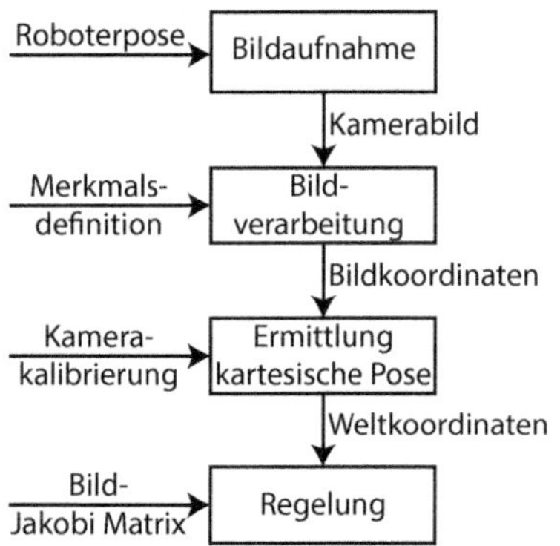

Bild 7.43 Ablaufschema einer Visual Servoing-Applikation

7.7.1 Strukturen von Visual Servoing

Eine bereits in den 1980er-Jahren eingeführte Klassifizierung unterteilt bildgestützte Regelungsstrukturen unter anderem danach, ob die internen Achsregler des Roboters ein unterlagerter Teil des Regelkreises sind, oder ob der Regelkreis ausschließlich über die Kamera geschlossen wird:

- **Direct Visual Control:** Der Regelfehler zwischen Soll- und Istwert des extrahierten Bildmerkmals führt über den Regler direkt zur Vorgabe von Motormomenten bzw. zur Vorgabe des Stellvektors $\boldsymbol{U}_s$ zum Antriebssystem des Roboters (Bild 7.44). Durch die resultierende Bewegung des Roboters verändert sich der Bildinhalt (da entweder die Lage einer am Roboter montieren Kamera oder die Lage z. B. des Effektors bei Nutzung einer fest montierten Kamera verändert wird). Der Regelkreis wird ausschließlich über die Kamera geschlossen. Um Stabilität des Industrieroboters zu erreichen, müssen Bildaufnahme und Bildverarbeitung mit ausreichender Geschwindigkeit und Verlässlichkeit arbeiten. Zudem muss der Regler alle Effekte berücksichtigen, welche z. B. durch Gravitation entstehen. Hier kann die Reglerauslegung basierend auf einem Regler mit Gravitationskompensation durchgeführt werden (/7.16/). Eine vollständige modellbasierte Kompensation wird am Ende des Kapitels gezeigt.
- **Dynamic Look-And-Move:** Der Regler verarbeitet Informationen des Kamerasystems, wobei die Ausgangsgrößen des Reglers Eingangsgrößen der internen Gelenkregelung

sind. Dadurch nutzt man den Vorteil von Kaskadenregelungen aus, da die Antriebe bereits durch die internen Achsregler in einem stabilen Geschwindigkeitsregelkreis betrieben werden. Somit bildet der Regler aus der Regeldifferenz $\boldsymbol{e}_V = \boldsymbol{V}_s - \boldsymbol{V}$ zwischen Soll- und Istwerten des Merkmals in Bildkoordinaten z. B. Geschwindigkeitssollwerte $\dot{\boldsymbol{q}}_s$ auf Gelenkebene (Bild 7.45). Da die interne Achsregelung des Roboters aktiv ist, hängt die Stabilität nicht ausschließlich von der Bildaufnahmegeschwindigkeit ab. Ein weiterer Vorteil ist zudem die praktische Umsetzbarkeit, da die Steuerungen vieler Industrieroboter keinen direkten Zugang zu den Stellgrößen der Stromregler bieten, jedoch über Schnittstellen für die Sollwerte auf Positions- oder Geschwindigkeitsebene verfügen (z. B. Kuka Robot Sensor Interface, RSI).

Die vorangegangene Unterscheidung spielt heutzutage jedoch kaum mehr eine Rolle, da heutige Systeme meist auf Basis der Messung der Gelenkbewegungen einen inneren Geschwindigkeitsregelkreis und einen äußeren bildgestützten Lageregelkreis einsetzen. Die Bezeichnung „Visual Servoing" wird heutzutage generell für alle bildgestützten Verfahren verwendet.

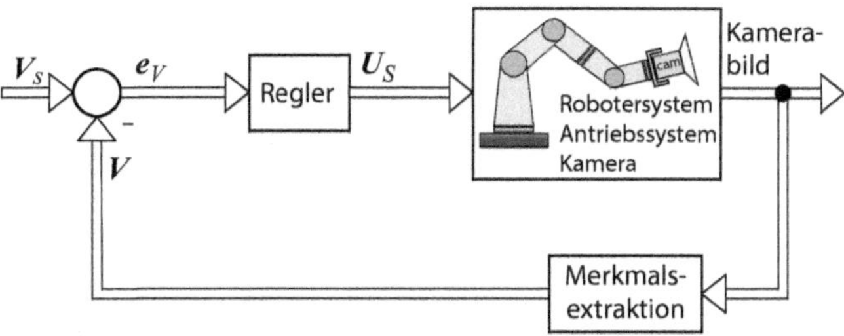

Bild 7.44 Direktes Visual Servoing (bildbasiert)

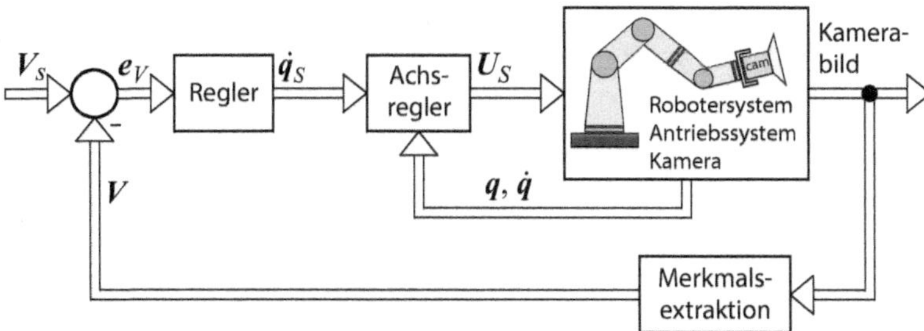

Bild 7.45 Visual Servoing mit unterlagerter Achsregelung (bildbasiert)

Die weitere Einordnung von Visual Servoing erfolgt danach, ob die Regelung bildbasiert bzw. positionsbasiert durchgeführt wird:

- **Bildbasierte Regelung:** Die Extraktion des Merkmales aus der Bildaufnahme führt zur gemessenen Position $\boldsymbol{V}$ in Bildkoordinaten. Auch der Sollwertvektor $\boldsymbol{V}_s$ wird in Bildkoordinaten vorgegeben. Das heißt, der Sollwert wird dadurch definiert, dass die Merkmalspositionen, welche bei Erreichen der Zielpose sichtbar sein werden, in Bildkoordinaten vorgegeben werden. Somit liegt auch der Regelfehler in Bildkoordinaten vor.

Bild 7.44 und Bild 7.45 zeigen zwei Visual-Servoing-Strukturen, welche den Regelfehler $\boldsymbol{e}_V$ jeweils in Bildkoordinaten bilden. Um daraus eine Vorgabe $\boldsymbol{U}_S$ an das Antriebssystem bzw. $\dot{\boldsymbol{q}}_s$ an die Achsregler vorzugeben, muss der Regler den Zusammenhang zwischen Änderungen in Bildkoordinaten und kartesischen Koordinaten (**Bild-Jacobi-Matrix**) sowie den Zusammenhang zwischen Änderungen in kartesischen Koordinaten und Gelenkkoordinaten berücksichtigen (siehe Abschnitt 7.7.4).

- **Positionsbasierte Regelung:** Die Zielpose $\boldsymbol{x}_{V,s}$ wird in kartesischen Koordinaten vorgegeben. Das bedeutet, dass auch das gemessene Bildmerkmal $\boldsymbol{V}$ in kartesische Koordinaten $\boldsymbol{x}_V$ umgerechnet werden muss (Bild 7.46). Die Reglerauslegung vereinfacht sich, da der Regler die Abbildung der Bildkoordinaten nun nicht berücksichtigen muss. Hier bietet es sich zudem an, eine eventuell vorhandene Schnittstelle zur Vorgabe kartesischer Geschwindigkeiten zu verwenden. Somit wird der Regler ausschließlich im kartesischen Raum ausgelegt. Da aus den Bildaufnahmen kartesische Messwerte gewonnen werden müssen, benötigen positionsbasierte Verfahren eine möglichst genaue Kamerakalibrierung (Ermittlung der intrinsischen Parameter). Bei einer mitgeführten Kamera muss zudem die Kamerapose im Bezug zum Basiskoordinatensystem laufend ermittelt werden (Ermittlung der extrinsischen Parameter).

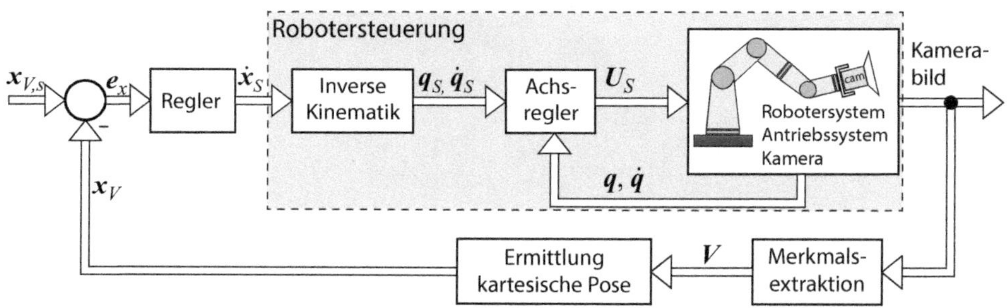

Bild 7.46 Visual Servoing mit unterlagerter Achsregelung (positionsbasiert)

Ist in der Bildaufnahme ausschließlich das gesuchte Merkmal sichtbar, um den Effektor des Roboters zu diesem zu führen, sorgt bereits ein kleiner Fehler bei der Ermittlung der kartesischen Pose für eine fehlerhafte Annäherung. Das Problem wird umgangen, wenn der TCP des Roboters mit im Bild sichtbar ist. Daraus ergeben sich die folgenden beiden Strukturen:

- **Endpoint-open-loop (EOL):** Nur das Zielmerkmal wird von der Kamera erfasst. Dieses Verfahren kommt bei Prozessen zum Einsatz, bei denen die mechanische Anordnung während des Prozesses keine sicheren Merkmale am Endeffektor bietet. Die Roboterpose muss demnach aus der Vorwärtstransformation bestimmt werden. Der Endeffektor befindet sich also nicht in einem geschlossenen Regelkreis mit der Kamera.
- **Endpoint-closed-loop (ECL):** Bei dieser Anordnung wird neben der Pose des Merkmales auch die Pose des Endeffektors aus Kamerabildern bestimmt. Da der Regelfehler direkt zwischen der Zielpose und der Pose des Endeffektors im Bild gebildet wird, hat eine ungenaue Kamerakalibrierung nur geringen Einfluss auf die Genauigkeit des Systems. Selbst eine ungenaue Vorwärtstransformation (z. B. ungenaue DH-Parameter) kann mit dieser Struktur überwunden werden.

Eine weitere Klassifizierung wird durch die mechanische Kameraanordnung bestimmt. Die Anordnung führt zu unterschiedlichen Bewegungen im Bild, welche entsprechend in der Regelung berücksichtigt werden müssen:

- **Eye-in-hand:** Eine Kamera wird am Effektor befestigt und vom Roboter mitgeführt. Die extrinsischen Parameter ändern sich während der Bewegung und müssen zur Bestimmung einer kartesischen Pose fortlaufend aktualisiert werden. Der Vorteil ist, dass die Kamera relativ nah am relevanten Merkmal positioniert werden kann. Durch die Nähe kann selbst bei geringer Bildauflösung eine hohe Messgenauigkeit erreicht werden.
- **Eye-to-hand:** Die Kamera steht fest im Raum. Die Berechnung von kartesischen Posen aus Bildmerkmalen ist nicht von der Bewegung des Roboters abhängig. Jedoch ist je nach Größe des Arbeitsraums die Messgenauigkeit eingeschränkt, da der gesamte Arbeitsbereich mit einem Bild abgedeckt werden muss.

7.7.2 Bildverarbeitung

Die Bestimmung von anwendungsbezogenen relevanten Informationen aus Bildinhalten ist Aufgabe der **industriellen Bildverarbeitung**. Beim Visual Servoing müssen ein oder mehrere Bildmerkmale aus dem Bild extrahiert werden. Hier gibt es eine Vielzahl an Möglichkeiten, ein Merkmal zu definieren. Es gibt grundsätzlich den Ansatz, das Bild entsprechend zu filtern, um z. B. Kanten zu detektieren, Kreismittelpunkte zu finden oder Schwerpunkte zu berechnen. Anhand von Formen können unterschiedliche Klassen an Merkmalen gefunden werden. Werden allerding bekannte Objekte gesucht, kann mittels **Template Matching** auch direkt nach diesen gesucht werden.

Das Template Matching stellt eine grundlegende Form der Merkmalsextraktion dar. Dabei wird ein Vergleichsbild $\boldsymbol{T}_V$ in einem Kamerabild $\boldsymbol{I}_V$ gesucht. Dazu wird das Vergleichsbild an jede Position des Kamerabildes „geschoben", um die Ähnlichkeit z. B. mittels Kreuzkorrelation, Differenzbetrag oder quadratischen Differenzen dort zu bestimmen. In Bild 7.47 ist exemplarisch Template Matching bei der Bestimmung des TCP eines Zweigelenkroboters gezeigt. Das Ergebnisbild $\boldsymbol{R}_V$ wird durch **Kreuzkorrelation** gewonnen. Die höchste Übereinstimmung zwischen dem Kamerabild $\boldsymbol{I}_V$ und dem Suchbild $\boldsymbol{T}_V$ zeigt sich im Maximum von $\boldsymbol{R}_V$ (heller Punkt im Ergebnisbild).

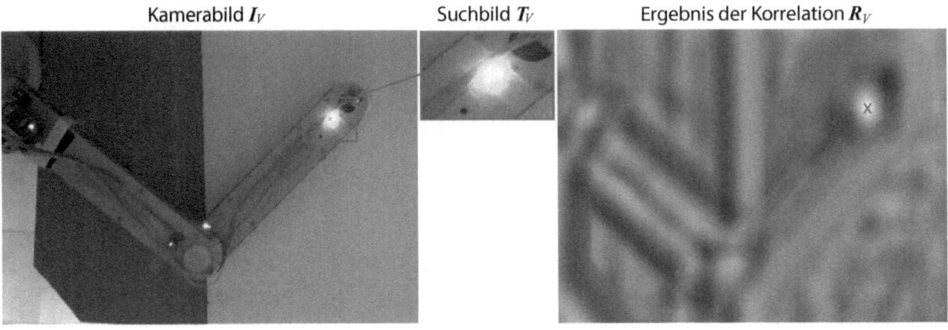

Bild 7.47 Kreuzkorrelation zur Suche des TCP am Beispiel des 2-Gelenkroboters

Nachfolgend ist die Kreuzkorrelation beispielhaft dargestellt, um im Kamerabild die Übereinstimmung mit dem Suchbild zu ermitteln. Das Suchbild $\boldsymbol{T}_V$ (mit der Breite n_x und der Höhe n_y) wird an jeder Koordinate (u, v) mit dem entsprechenden Bildausschnitt des Kamerabildes korreliert, um das Ergebnisbild $\boldsymbol{R}_V(u,v)$ zu ermitteln. $\overline{\boldsymbol{T}}_V$ ist der Mittelwert des Suchbildes, $\overline{\boldsymbol{I}}_V$ der Mittelwert des entsprechenden Bildausschnittes, welcher mit dem Suchbild korreliert wird:

$$\boldsymbol{R}_V(u,v) = \frac{\sum_{x,y}\left(\left(\boldsymbol{I}_V(x+u,y+v)-\overline{\boldsymbol{I}}_V\right)\cdot\left(\boldsymbol{T}_V(x,y)-\overline{\boldsymbol{T}}_V\right)\right)}{\sqrt{\sum_{x,y}\left(\boldsymbol{I}_V(x+u,y+v)-\overline{\boldsymbol{I}}_V\right)^2\cdot\sum_{x,y}\left(\boldsymbol{T}_V(x,y)-\overline{\boldsymbol{T}}_V\right)^2}}$$

$$\overline{\boldsymbol{T}}_V = \frac{\sum_{x,y}\boldsymbol{T}_V(x,y)}{n_x\cdot n_y}, \overline{\boldsymbol{I}}_V = \frac{\sum_{x,y}\boldsymbol{I}_V(x+u,y+v)}{n_x\cdot n_y} \tag{7.81}$$

$$\text{mit } \sum_{x,y} = \sum_{x=0}^{n_x-1}\sum_{y=0}^{n_y-1}$$

Wird die Berechnung nach Gl. (7.81) für alle Koordinaten des Bildes durchgeführt, ergibt sich das Ergebnisbild $\boldsymbol{R}_V$. Zuletzt sollen die Extremstellen im Ergebnisbild $\boldsymbol{R}_V$ gesucht werden. Bei der Kreuzkorrelation ist dies das Maximum (heller Punkt) im Ergebnisbild. Dieses Maximum liefert das zweidimensionale Merkmal $\boldsymbol{V} = \left(V_x, V_y\right)^{\mathrm{T}}$. Dieses Merkmal liegt in Bildkoordinaten vor. Zur Anwendung dieses Merkmales im geschlossenen Regelkreis bzw. zur Berechnung einer kartesischen Pose ist die Kenntnis des Kameramodells (intrinsische und extrinsische Parameter) notwendig.

7.7.3 Kameramodell

Die Kamera liefert im Allgemeinen eine zweidimensionale Abbildung einer dreidimensionalen Szene. Um aus Bildkoordinaten wieder auf Kamera- bzw. Weltkoordinaten zu schließen, werden die intrinsischen und extrinsischen Parameter der Kamera benötigt. Zu den intrinsischen Parametern zählen z. B. die Brennweite, Linsenverzerrung und die Position des Bildhauptpunktes. Der Bildhauptpunkt beschreibt den Schnittpunkt der optischen Achse mit der Sensorebene. Bei realen Objektiven unterscheidet sich dieser Bildhauptpunkt vom Mittelpunkt der Sensorebene (Bildmitte). Extrinsische Parameter beschreiben die Lage der Kamera im Raum. Diese Parameter können über eine Kamerakalibrierung gewonnen werden.

Zur Kalibrierung werden Objekte mit bekannter Geometrie und bekannter Lage von der Kamera aufgenommen. Aus der bekannten Geometrie eines Kalibrierkörpers lässt sich der Zusammenhang zwischen Koordinaten $\boldsymbol{x}_V = \left(x_V, y_V, z_V\right)^{\mathrm{T}}$ in Kamerakoordinaten und $\boldsymbol{V} = \left(V_x, V_y\right)^{\mathrm{T}}$ in Bildkoordinaten herstellen. Das Kamerakoordinatensystem hat einen festen Bezug zum Gehäuse der Kamera. Die extrinsischen Informationen bieten dann den Übergang von Kamerakoordinaten $\boldsymbol{x}_V^{(V)}$ zu Koordinaten $\boldsymbol{x}_V^{(0)}$ im Basiskoordinatensystem $\boldsymbol{K}_0$. Dieser Zusammenhang kann je nach Anbringung der Kamera (eye-in-hand/eye-to-hand) entweder abhängig von der Roboterpose oder konstant sein.

Visual Servoing in einem geschlossenen Regelkreis ist tolerant gegenüber einer ungenauen Kalibrierung, da der Endeffektor mit im Bild erfasst wird. Eine sehr vereinfachte Darstellung des Kameramodells liefert das **Lochkameramodell** (Bild 7.48). In der industriellen Bildverarbeitung findet die Lochkamera zwar keine Anwendung, kann aber zur grundsätzlichen Beschreibung der Zusammenhänge herangezogen werden. Eine ideale Lochkamera liefert eine perfekte geometrische Abbildung ohne Verzerrungen. Die Abbildung lässt sich sehr einfach mit dem Strahlensatz bestimmen. Komplexere Beschreibungen der intrinsischen und extrinsischen Parameter können z. B. durch die Kamerakalibrierung nach Tsai (/7.18/, /7.40/) gewonnen werden.

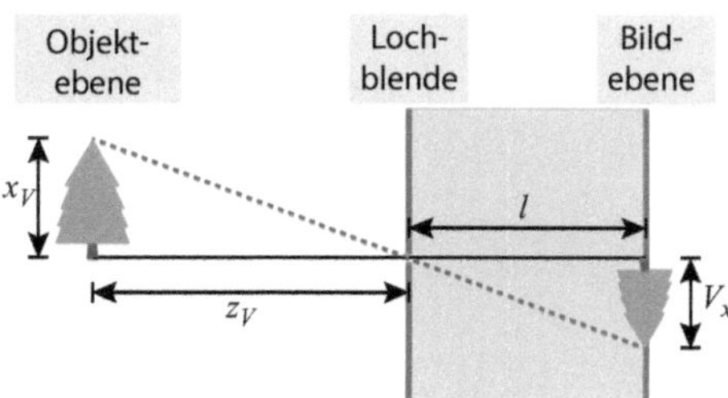

Bild 7.48 Lochkameramodell in der x-z-Ebene

Der einzige intrinsische Parameter einer Lochkamera wird durch den Abstand l zwischen der Lochblende und der Bildebene definiert. In der Bildebene befindet sich der Sensor. Dort wird eine gespiegelte Abbildung des realen Objektes erzeugt. Nach dem Strahlensatz ergeben sich die folgenden Zusammenhänge zwischen Kamera- und Bildkoordinaten:

$$\begin{aligned} \frac{z_V}{x_V} &= \frac{l}{V_x} \Rightarrow V_x = x_V \cdot \frac{l}{z_V} \\ \frac{z_V}{y_V} &= \frac{l}{V_y} \Rightarrow V_y = y_V \cdot \frac{l}{z_V} \end{aligned} \tag{7.82}$$

Gl. (7.82) beschreibt eine eindeutige Position $\boldsymbol{V}$ des Merkmales in Bildkoordinaten in Abhängigkeit von dessen Position $\boldsymbol{x}_V$ in Kamerakoordinaten. Umgekehrt findet man (bei unbekanntem Abstand z_V zwischen Objekt und Lochblende) unendlich viele Lösungen für die Position in Kamerakoordinaten:

$$x_V = V_x \cdot \frac{z_V}{l}, \qquad y_V = V_y \cdot \frac{z_V}{l} \tag{7.83}$$

Die Berechnung einer kartesischen Position aus einem Bildmerkmal bedarf eines bekannten Abstandes z_V. In der Praxis können dazu oft vereinfachende Annahmen getroffen werden, z. B. indem die Kamera mit bekanntem Abstand senkrecht über der Arbeitsfläche montiert wird. Bei bewegten Systemen können Positionsdaten aus der Robotersteuerung verwendet werden, um den Abstand der Kamera zur Arbeitsfläche zu bestimmen. Für einfache Anordnungen kann der Abstand auch aus bekannter Objektgeometrie bestimmt werden. Bild 7.49 zeigt die Bestimmung der Länge eines Objektes in Bildkoordinaten. Die Bildmerkmale $\boldsymbol{V}_1$ und $\boldsymbol{V}_2$ werden im Bild gesucht. Daraus lässt sich die Länge d_V des Objektes in Bildkoordinaten bestimmen:

$$d_{V,x} = V_{2x} - V_{1x}$$
$$d_{V,y} = V_{2y} - V_{1y} \tag{7.84}$$
$$d_V = \sqrt{d_{V,x}^2 + d_{V,y}^2}$$

Ist die reale Länge d_R des Objektes in Weltkoordinaten bekannt, kann bei senkrechter Anordnung der Kamera über der Arbeitsfläche unter Kenntnis der intrinsischen Parameter der Kamera der Abstand z_V zwischen Kamera und Objekt bestimmt werden:

$$z_V = \frac{d_R \cdot l}{d_V} \tag{7.85}$$

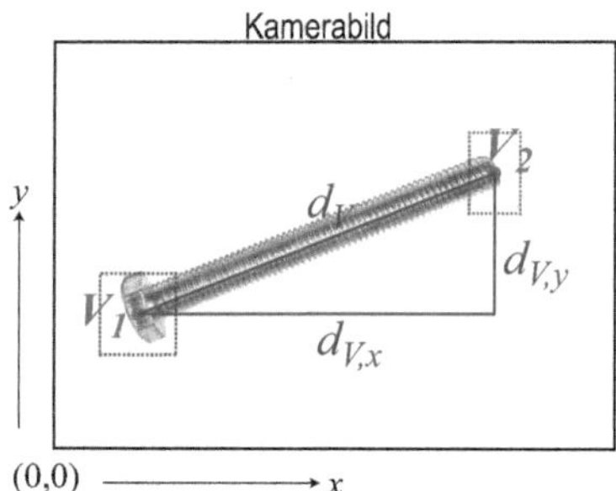

Bild 7.49 Bestimmung des Abstandes aus bekannter Objektgeometrie

7.7.4 Gelenkbewegungen aus Bildinformationen

Sobald die gesuchten Merkmale aus dem Bild extrahiert wurden, kann aus den Bildinformationen eine kartesische Bewegung bzw. Gelenkbewegung vorgegeben werden. Bei der Regelung des Industrieroboters durch bildbasiertes Visual Servoing (Bild 7.44) liegt der Regelfehler in Bildkoordinaten vor. Bild 7.50 zeigt ein Objekt mit einem Bildmerkmal $\boldsymbol{V}$. Dieses Merkmal soll sich am Ende der Bewegung an der gewünschten Position $\boldsymbol{V}_s$ im Bild befinden. Um aus dem Regelfehler $\boldsymbol{e}_V = \boldsymbol{V}_s - \boldsymbol{V}$ die Gelenkbewegung des Roboters vorzugeben, muss die Beziehung einer Bewegung in Gelenkkoordinaten und der Bewegung des Effektors im kartesischen Raum beschrieben werden. Zudem muss die kinematische Beschreibung des Roboters mit in den Regler einbezogen werden, um die Gelenkbewegungen zu berechnen (dieser Schritt entfällt bei positionsbasierten Verfahren, da hier kartesische Bewegungen direkt vorgegeben werden).

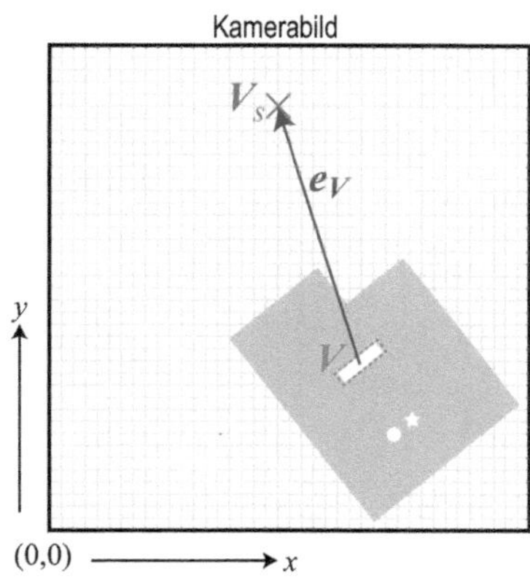

Bild 7.50 Ermittlung des Regelfehlers aus der gemessenen Merkmalsposition $\boldsymbol{V}$ und der gewünschten Position $\boldsymbol{V}_s$ in Bildkoordinaten

Aus dem Regelfehler $\boldsymbol{e}_V = \boldsymbol{V}_s - \boldsymbol{V}$ soll zunächst die notwendige kartesische Bewegung bestimmt werden, welche diesen Regelfehler minimiert. In Abschnitt 3.3.1 wurde die Jacobi-Matrix $\boldsymbol{J}_0$ eingeführt, welche die Beziehung zwischen Bewegungen im Gelenkraum und Bewegungen im kartesischen Raum beschreibt. Analog dazu wird die **Bild-Jacobi-Matrix** $\boldsymbol{J}_V$ aufgestellt, welche die Beziehung zwischen Geschwindigkeiten $\dot{\boldsymbol{V}}$ in Bildkoordinaten und Geschwindigkeiten $\dot{\boldsymbol{x}}_V$ in Kamerakoordinaten beschreibt (in der Literatur wird die Bild Jacobi-Matrix auch als *feature sensitivity matrix* oder *interaction matrix* bezeichnet):

$$\dot{\boldsymbol{V}} = \boldsymbol{J}_V\left(\boldsymbol{x}_V\right) \cdot \dot{\boldsymbol{x}}_V \text{ mit } \boldsymbol{J}_V\left(\boldsymbol{x}_V\right) = \frac{\delta \boldsymbol{V}}{\delta \boldsymbol{x}_V} \tag{7.86}$$

Gl. (7.86) beschreibt die Veränderung eines Bildmerkmales V in Abhängigkeit der Bewegung $\dot{\boldsymbol{x}}_V$ in Kamerakoordinaten. $\boldsymbol{J}_V$ ist abhängig von der Lage bezüglich des Objekts. So führt z. B. bei einem großen Abstand z_V zwischen Kamera und Merkmal eine Bewegung des Merkmales zu einer kleinen Bewegung in Bildkoordinaten, wogegen bei kleinem z_V eine größere Bewegung in Bildkoordinaten stattfindet (vergleiche Bild 7.48).

Für die Regelung muss das inverse Problem zu Gl. (7.86) gelöst werden, um die Veränderung in Kamerakoordinaten in Abhängigkeit der Bildkoordinaten zu beschreiben:

$$\dot{\boldsymbol{x}}_V = \boldsymbol{J}_V^{-1}\left(\boldsymbol{x}_V\right) \cdot \dot{\boldsymbol{V}} \tag{7.87}$$

Die Geschwindigkeit $\dot{\boldsymbol{V}}$ kann nicht direkt aus dem Bild ermittelt werden. Jedoch kann aus den Bildaufnahmen eine notwendige Veränderung ΔV ermittelt werden, um den Regelfehler zu minimieren. In Gl. (7.87) wird zu den Abweichungen übergegangen, was entsprechend Gl. (3.41) zu einer Linearisierung führt.

$$\Delta \boldsymbol{x}_V = \boldsymbol{J}_V^{-1}\left(\boldsymbol{x}_V\right) \cdot \Delta \boldsymbol{V} \text{ mit } \Delta \boldsymbol{V} \rightarrow min \tag{7.88}$$

Nachfolgend wird die Bild-Jacobi-Matrix $\boldsymbol{J}_V$ für einen zweidimensionalen Fall aufgestellt. Hier ist nur eine Bewegung in x_V- und in y_V-Richtung möglich. Entsprechend Gl. (7.86) müssen die partiellen Ableitungen der Bildkoordinaten nach Gl. (7.82) gebildet werden, um zu beschreiben, welche Änderungen der Bildkoordinaten aufgrund der Änderungen der Kamerakoordinaten eintreten:

$$J_V(x_V) = \frac{\delta V}{\delta x_V} = \begin{pmatrix} \frac{dV_x}{dx_V} & \frac{dV_x}{dy_V} \\ \frac{dV_y}{dx_V} & \frac{dV_y}{dy_V} \end{pmatrix} = \begin{pmatrix} \frac{l}{z_V} & 0 \\ 0 & \frac{l}{z_V} \end{pmatrix} \tag{7.89}$$

Für Gl. (7.89) genügt die Bestimmung eines Merkmalspunkts $V = (V_x, V_y)^T$ aus dem Kamerabild. Soll der Abstand z_V oder die Orientierung mit geregelt werden, müssen weitere Daten aus dem Bild extrahiert werden. So könnte z.B. entsprechend Bild 7.49 der Abstand bei bekannter Objektgeometrie aus zwei Bildmerkmalen berechnet werden.

Durch Invertieren von Gl. (7.89) und Einsetzen in Gl. (7.87) bzw. Gl. (7.88) wird eine Bewegung (Geschwindigkeit) in Kamerakoordinaten in Abhängigkeit einer Bewegung (Geschwindigkeit) in Bildkoordinaten beschrieben:

$$J_V^{-1}(x_V) = \begin{pmatrix} \frac{z_V}{l} & 0 \\ 0 & \frac{z_V}{l} \end{pmatrix} \tag{7.90}$$

Letztendlich soll nicht die Bewegung in kartesischen Kamerakoordinaten, sondern in Gelenkkoordinaten des Roboters beschrieben werden. Mit Gl. (3.41) führt dies zu der Relation zwischen der Änderung ΔV in Bildkoordinaten und der Änderung Δq in Gelenkkoordinaten:

$$\Delta q = J_0^{-1}(q) \cdot \Delta x_V^{(0)} = J_0^{-1}(q) \cdot {}_0^V A \cdot \Delta x_V^{(V)} = J_0^{-1}(q) \cdot {}_0^V A \cdot J_V^{-1}(x_V) \cdot \Delta V \tag{7.91}$$

Wählt man eine Reglerstruktur nach Bild 7.51, entspricht der Regelfehler e_V einer gewünschten Änderung (ΔV) in Bildkoordinaten. Die Wahl eines einfachen P-Reglers gewichtet den Regelfehler, sodass sich eine entsprechend kleine Änderung in Richtung des Regelfehlers ergibt:

$$U_S = K_P \cdot \Delta q = K_P \cdot J_0^{-1}(q) \cdot {}_0^V A \cdot J_V^{-1}(x_V) \cdot e_V \tag{7.92}$$

K_P ist als Diagonalmatrix zu wählen, um die einzelnen Achsrichtungen unterschiedlich zu regeln.

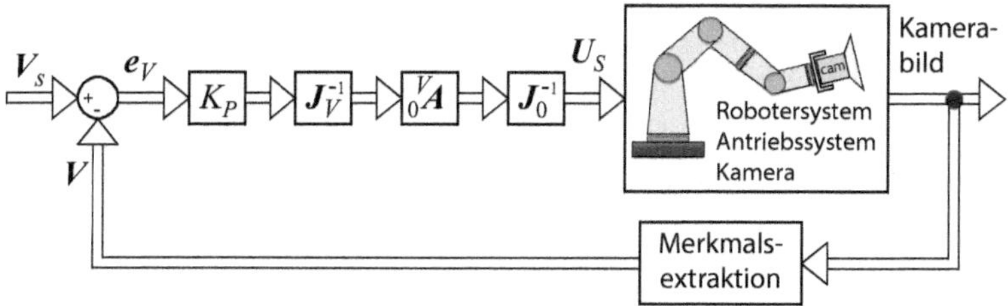

Bild 7.51 Bildbasiertes Visual Servoing

7.7.5 Visual Servoing mit modellbasierter Gelenkregelung

Die Struktur nach Bild 7.51 schließt den gesamten Regelkreis über die Bildinformationen. Üblicherweise wird die interne Regelung einer Robotersteuerung mit einem Interpolationstakt in der Größenordnung von einer Millisekunde durchgeführt. Einfache Bildverarbeitungssysteme erreichen nur schwer Zykluszeiten von weniger als 15 ms. Hier muss neben einer sehr schnellen Bildaufnahme und einer sehr kurzen Belichtungszeit auch für eine schnelle Bildverarbeitung gesorgt werden. Es zeigt sich, dass für viele praktische Anwendungen diese Struktur nicht zielführend ist, da der Regelungstakt nicht ausreichend schnell ist, um die Gelenkbewegungen stabil zu halten und in genügender Genauigkeit auszuführen. Anstatt also die Stellgröße direkt vorzugeben, soll nachfolgend der Roboter auf Basis seiner Gelenkmesswerte geregelt werden. Zudem soll eine modellbasierte Regelung zum Einsatz kommen, sodass Einflüsse der Roboterdynamik, z.B. der Gravitation, keinen Einfluss auf die bildgestützte Regelung haben.

Entsprechend Abschnitt 7.4.2 wird das Verhalten der Regelstrecke auf Basis des inversen Modells entkoppelt und linearisiert. Der daraus resultierenden Ersatzregelstrecke wird entsprechend Abschnitt 7.4.4 ein gewünschtes P-T_2-Verhalten eingeprägt. Die Eingangsgröße zum Robotersystem ist die gewünschte Gelenkkoordinate $\boldsymbol{q}_S$ (Bild 7.27, Bild 7.52). Nach Gl. (7.91) ergibt sich aus der notwendigen Änderung in Bildkoordinaten (Regelfehler) eine Bewegung $\Delta \boldsymbol{q}_S$ in Gelenkkoordinaten. Da der Reglerausgang die Änderung $\Delta \boldsymbol{q}_S$ vorgibt, wird mithilfe der aktuellen Gelenklage $\boldsymbol{q}$ des Roboters der gewünschte Gelenkwinkel $\boldsymbol{q}_S$ für jeden Regelungszyklus bestimmt:

$$\boldsymbol{q}_S = \boldsymbol{q} + \Delta \boldsymbol{q}_S \tag{7.93}$$

Entsprechend Gl. (7.91) bis Gl. (7.93) bei Gewichtung des Regelfehlers mit einem P-Regler $\boldsymbol{K}_P$ ergibt sich der Eingang zur Robotersteuerung folgendermaßen:

$$\boldsymbol{q}_S = \boldsymbol{q} + \Delta \boldsymbol{q}_S = \boldsymbol{q} + \boldsymbol{K}_P \cdot \boldsymbol{J}_0^{-1}(\boldsymbol{q}) \cdot {}_0^V\boldsymbol{A} \cdot \boldsymbol{J}_V^{-1}(\boldsymbol{x}_V) \cdot \boldsymbol{e}_V \tag{7.94}$$

Der Vektor der Reglerausgangsgrößen $\boldsymbol{r}$ zur Einprägung des gewünschten Verhaltens der entkoppelten Ersatzstrecke lautet:

$$\boldsymbol{r} = \boldsymbol{A}_0 \cdot (\boldsymbol{q}_s - \boldsymbol{q}) - \boldsymbol{A}_1 \cdot \dot{\boldsymbol{q}} \tag{7.95}$$

Das Einsetzen von Gl. (7.94) in Gl. (7.95) führt zum Reglerausgang in Abhängigkeit des Regelfehlers in Bildkoordinaten:

$$\begin{aligned} \boldsymbol{r} &= \boldsymbol{A}_0 \cdot \left(\boldsymbol{q} + \boldsymbol{K}_P \cdot \boldsymbol{J}_0^{-1}(\boldsymbol{q}) \cdot {}_0^V\boldsymbol{A} \cdot \boldsymbol{J}_V^{-1}(\boldsymbol{x}_V) \cdot \boldsymbol{e}_V - \boldsymbol{q}\right) - \boldsymbol{A}_1 \cdot \dot{\boldsymbol{q}} \\ &= \boldsymbol{A}_0 \cdot \boldsymbol{K}_P \cdot \boldsymbol{J}_0^{-1}(\boldsymbol{q}) \cdot {}_0^V\boldsymbol{A} \cdot \boldsymbol{J}_V^{-1}(\boldsymbol{x}_V) \cdot \boldsymbol{e}_V - \boldsymbol{A}_1 \cdot \dot{\boldsymbol{q}} \end{aligned} \tag{7.96}$$

Mit Gl. (7.96) wird letztendlich der Stellvektor $\boldsymbol{U}_s$ bestimmt:

$$\boldsymbol{U}_s = \tilde{\boldsymbol{M}}(\boldsymbol{q}) \cdot \boldsymbol{r} + \tilde{\boldsymbol{b}}(\boldsymbol{q}, \dot{\boldsymbol{q}}) \tag{7.97}$$

Aus Gl. (7.96) ist ersichtlich, dass der Summationsblock und der Differenzblock in der Mitte von Bild 7.52 wegfallen. Diese dienen in der Abbildung lediglich zur Verdeutlichung, wie die Schnittstelle zur Vorgabe der Gelenksollwerte genutzt werden könnte. Dies ist in der Praxis häufig der Fall, da nicht direkt der Vektor der Steuerspannungen $\boldsymbol{U}_s$, sondern der Vektor der Soll-Lage $\boldsymbol{q}_S$ bzw. der Soll-Geschwindigkeit $\dot{\boldsymbol{q}}_s$ vorgegeben wird.

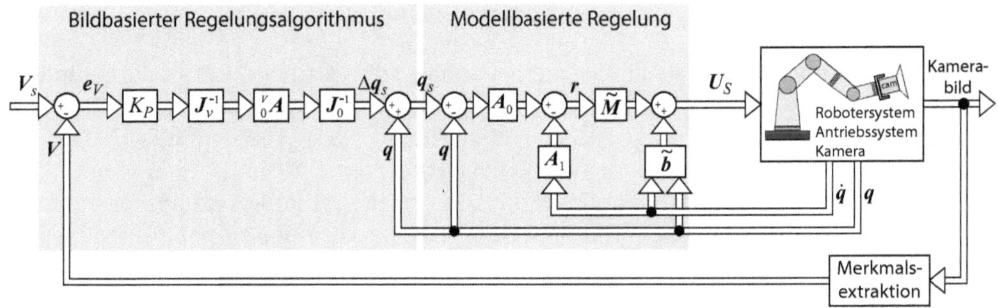

Bild 7.52 Visual Servoing mit unterlagerter modellbasierter Regelung

7.8 Externe hybride Regelungskonzepte

In den vorangegangenen Abschnitten wurden zwei Verfahren zur Führung eines Industrieroboters eingeführt:

- Die **Kraftregelung** bietet eine hochauflösende Information über die lokale Kontaktsituation.
- **Visual Servoing** bietet eine Information über einen großen Ausschnitt im Arbeitsbereich des Roboters.

Zum Beispiel muss für eine Fügeapplikation der eigentliche Fügevorgang kraftgeregelt durchgeführt werden. Während die Kraftregelung in Richtung der Kontaktflächen aktiv ist, muss gleichzeitig eine gewünschte Geschwindigkeit in Richtung des Fügevorgangs vorgegeben werden. Um den Roboter allerdings in einer unbekannten Umgebung überhaupt zu dem Fügepunkt zu führen, bedarf es einer bildgestützten Regelung. Daraus folgt, dass eine Kombination dieser Verfahren in einer hybriden Regelungsstruktur die Vorteile der einzelnen Regelungskonzepte nutzbar macht.

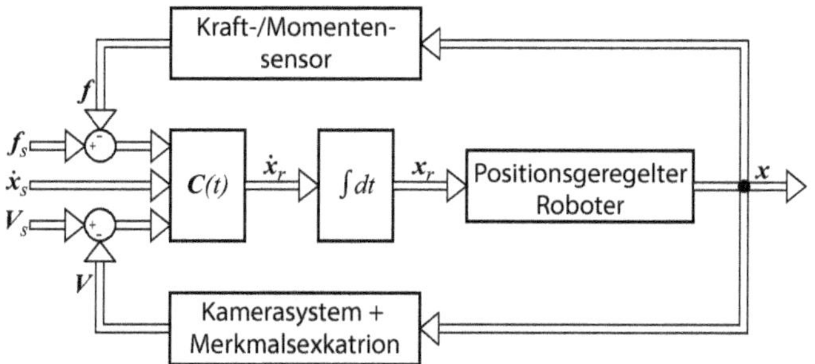

Bild 7.53 Hybride Kraft-/Bild-/Geschwindigkeitsregelung

Vergleichbar mit den Selektionsmatrizen in Bild 7.42 wird ein Regler $C(t)$ eingeführt (siehe Bild 7.53). Hierbei gibt es drei unterschiedliche Ansätze, welche je nach Wahl des Reglers $C(t)$ definiert werden:

- **Traded Control:** In einer kartesischen Achsrichtung wird zwischen Geschwindigkeitsvorgabe, bildbasierter oder kraftbasierter Regelung während der Ausführung umgeschaltet. Dies eignet sich z. B. für eine Fügeapplikation: Zunächst wird die Kamera genutzt, um das Werkstück durch bildgestützte Regelung möglichst nah an das Ziel zu führen. Dann wird in der Kontaktrichtung von Visual Servoing auf Kraftregelung umgeschaltet, um das Bauteil letztendlich zu fügen. Dadurch kann eine hohe Geschwindigkeit der Annäherung erreicht werden, da lediglich in der Nähe des Ziels eine langsame Bewegungsgeschwindigkeit notwendig ist, um hohe Kräfte im Moment der Kontaktaufnahme zu vermeiden.

- **Hybrid Control:** Die Regelung auf Basis von Kraft, Bild und Geschwindigkeit wird nur in zueinander orthogonalen Richtungen ausgeführt. Der Regler $\boldsymbol{C}(t)$ enthält drei Selektionsmatrizen, deren Summe die Einheitsmatrix ergibt. Das heißt, in einer Achsrichtung wird entweder eine Geschwindigkeit vorgegeben oder kraftgeregelt oder Bildinformationen werden verwendet. Bei einer Greifaufgabe wird z. B. die Ausrichtung des Werkzeuges in Bezug zum Ziel durch Visual Servoing realisiert, während eine Geschwindigkeit in der Annäherungsrichtung vorgegeben wird.
- **Shared Control:** Der Einsatz von Kraft- und Bildregelung in einer Achsrichtung wird gleichzeitig zugelassen. Wenn z. B. bei der bildgestützten Annäherung an eine Oberfläche die Position nicht sehr genau ermittelt werden kann, muss der Manipulator dennoch nachgiebig reagieren, auch in der durch Visual Servoing kommandierten Richtung. Hier kann z. B. ein auf einem Impedanzregler basierender Ansatz zum Einsatz kommen, wobei das Vision-System die Referenztrajektorie in allen sechs Freiheitsgraden definiert, während der Roboter wie eine mechanische Impedanz bei unerwartetem Kontakt mit der Umgebung reagiert.

Die Kombination von Kraftreglung und Visual Servoing erzeugt Verkopplungen der Messwerte: Eine durch Visual Servoing kommandierte Beschleunigung resultiert in der gleichen Achsrichtung in Trägheitskräften im Kraftsensor. Die Kraftmesswerte, welche nicht zur Kontaktkraft zählen, können zu ungewollten Bewegungen führen oder sogar den Kraftregelkreis destabilisieren. Bei Shared Control ist bildgestützte Regelung und Kraftregelung in einer Achsrichtung gleichzeitig aktiv. Eine rechnerische Kompensation der Kraftmesswerte ist hier notwendig, um ausschließlich die Kontaktkräfte zu bestimmen.

Diese Verkopplungen treten idealerweise bei Hybrid und Traded Control nicht auf, da Kraftregelung und Visual Servoing nicht gleichzeitig in der gleichen Richtung aktiv sind. In der Anwendung treten dennoch geringe Kopplungen auf, da in der Realität die Störungen, wie z. B. Vibrationen, in allen Achsrichtungen wirken.

7.9 Übungsaufgaben

7.9.1 Stellen Sie Vorschriften für K_P und T_N entsprechend Gl. (7.11) auf, wenn bei der Beschreibung der Strecke der Drehzahlregelung nach Bild 7.6 und Gl. (7.6) die geschwindigkeitsabhängige Reibung vernachlässigt werden kann ($F_D^* \approx 0$).

7.9.2 Bestimmen Sie die Vorschriften für die ReDuS-Regelparameter α, β und K_I, für $\frac{V(s)}{V_s(s)} = \frac{1}{1+2 \cdot d_R \cdot T_R \cdot s + T_R^2 \cdot s^2}$ und der Strecke nach Aufgabe 7.9.1.

7.9.3 Unten abgebildete Sprungantwort des Geschwindigkeitsregelkreises (Bild 7.54) soll durch ein P-T_2-Glied genähert und die Verstärkung K_L des Lagereglers so gewählt werden, dass die Lageregelung eine Phasenreserve von $\varphi_R = 75°$ aufweist. Welcher Schleppabstand stellt sich bei stationärer Geschwindigkeit von 2 rad/s ein, wenn K_{Vor} zu 0.8 gewählt worden ist?

7.9.4 Eine Lageregelung ist nach Bild 7.19 aufgebaut. Ab dem Zeitpunkt t^* soll M^* konstant $3\,\mathrm{V \cdot s^2}$ betragen, geschwindigkeitsabhängige Reibungsverluste seien vernachlässigbar. Auf welche Werte werden K_P und K_V einschwingen, wenn für das Referenzmodell P-T_2-Verhalten mit $d_L = 1$ und $T_L = 0.25\,\mathrm{s}$ vorgegeben wird?

7.9.5 Stellen Sie die Übertragungsfunktion entsprechend Gl. (7.61) für

$r_i = K_{P,i} \cdot (q_{S,i} - q_i) + K_{I,i} \cdot \int_0^t (q_{S,i} - q_i)\,\mathrm{d}\tau$ auf. Ist der Regelkreis stabil?

7.9.6 Legen Sie eine modellbasierte Lageregelung mit einer P-PI-Kaskade aus. Als Testbewegung soll wie im Beispiel von Abschnitt 7.4.8 das Quadrat mit Umkreis verwendet werden. Das Regelungsverhalten soll den Ergebnissen von Abschnitt 7.4.8 ähnlich sein. Führen Sie die Simulation mit ManDy aus.

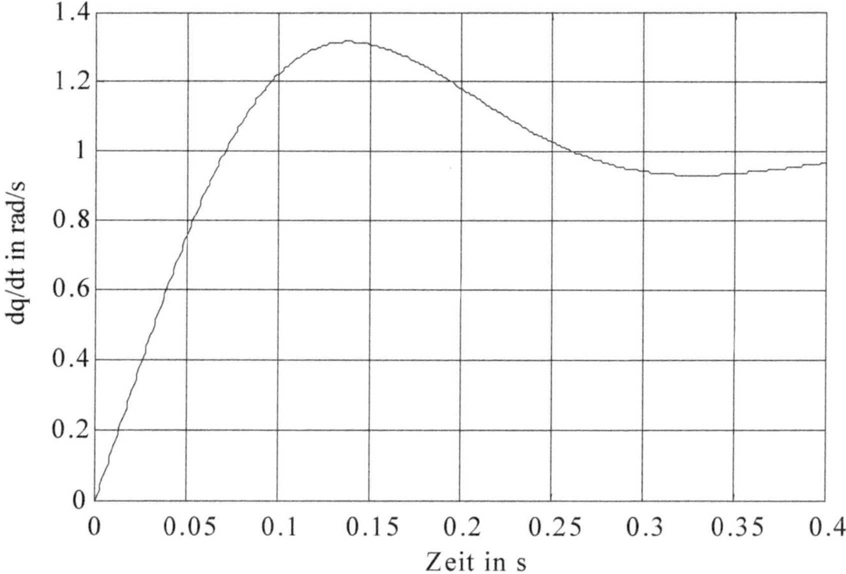

Bild 7.54 Zu Aufgabe 7.9.3

7.9.7 In einer Visual-Servoing-Applikation soll die in Bild 7.55 gezeigte Schraube so positioniert werden, dass sich das in Bild 7.55b gezeigte Kamerabild ergibt. Zu Beginn der Aufgabe erfasst die Kamera das in Bild 7.55a gezeigte Bild. Berechnen Sie die notwendige kartesische Bewegung des Objektes, um das Zielbild zu erhalten. Die (Loch-)Kamera ist senkrecht zur Arbeitsfläche montiert. Das Objekt kann translatorisch in *x*-, *y*- und *z*-Richtung sowie rotatorisch um die *z*-Achse bewegt werden.

a) Bestimmen Sie aus Bild 7.55 in Sensorkoordinaten die Merkmale V und V_h des Startbildes sowie $\boldsymbol{V'}$ und $\boldsymbol{V'}_h$ des Zielbildes. Jedes Pixel sei quadratisch mit einer Seitenlänge von 10 μm.

b) Berechnen Sie als Hilfsgröße die Länge der Schraube d_V im Startbild sowie die Länge $\boldsymbol{d'}_V$ der Schraube im Zielbild. Berechnen Sie als weitere Hilfsgröße den Winkel α zwischen der x-Achse und der Schraube (Verbindungslinie zwischen V und V_h). Führen Sie die Berechnung sowohl für das Start- als auch für das Zielbild durch.

c) Gl. (7.82) bis Gl. (7.85) beschreiben die Abhängigkeit der Bildmerkmale von der Objektpose $\boldsymbol{x}_V$ in Kamerakoordinaten. Fassen Sie in einem Vektor $\boldsymbol{h}$ das Bildmerkmal V und die verwendeten Hilfsgrößen zusammen: $\boldsymbol{h}(\boldsymbol{x}_V) = (V_x, V_y, d_V, \alpha)^{\mathrm{T}}$ mit $\boldsymbol{x}_V = (x_V, y_V, z_V, A)^{\mathrm{T}}$. Der Abstand der Bildebene von der Lochblende betrage $l = 10\,\mathrm{mm}$. Die reale Größe der Schraube betrage $d_R = 150\,\mathrm{mm}$. **Hinweis:** durch die senkrechte Anordnung entspricht der Winkel α in Bildkoordinaten dem Winkel A in Kamerakoordinaten.

d) Berechnen Sie die Bild-Jacobi-Matrix $\boldsymbol{J}_V(\boldsymbol{x}_V) = \dfrac{\delta \boldsymbol{h}}{\delta \boldsymbol{x}_V}$.

e) Berechnen Sie die Merkmalspose $\boldsymbol{x}_V = (x_V, y_V, z_V, A)^{\mathrm{T}}$ und die Bild-Jacobi-Matrix $\boldsymbol{J}_V(\boldsymbol{x}_V)$ numerisch für das Startbild.

f) Berechnen Sie die Änderung $\Delta \boldsymbol{h}$ der Bildmerkmale und Hilfsgrößen zwischen der Start- und der Zielpose. Berechnen Sie, wie sich das Objekt in Kamerakoordinaten bewegen muss, um die gewünschte Darstellung im Bild einzunehmen. Ermitteln Sie dazu den Vektor $\Delta \boldsymbol{x}_V$.

g) Begründen Sie, warum $\boldsymbol{x}_V + \Delta \boldsymbol{x}_V$ in diesem Beispiel nicht zur gewünschten Pose $\boldsymbol{x'}_V$ im Zielbild führt ($\boldsymbol{x'}_V \neq \boldsymbol{x}_V + \boldsymbol{J}_V^{-1}(\boldsymbol{x}_V) \cdot \Delta \boldsymbol{V}$).

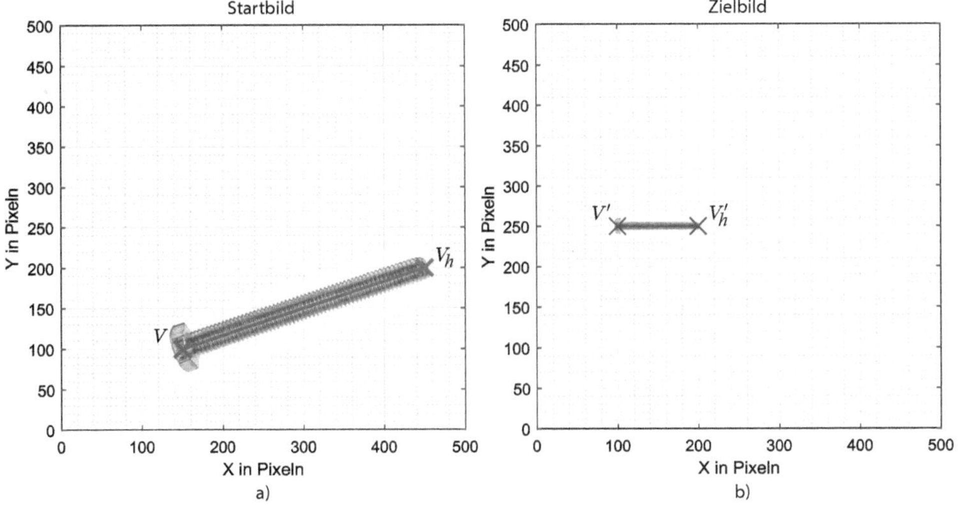

Bild 7.55 Bildaufnahmen des zu positionierenden Objekts von einer senkrecht zur Arbeitsfläche montierten Kamera: a) Start der Bewegung, b) gewünschtes Kamerabild im Ziel

Anhang

A Einige Definitionen und Rechenregeln für Matrizen

Hier werden einige Definitionen und Rechenregeln angeführt, die in diesem Buch benötigt werden. Eine ausführlichere und kompakte Behandlung ist z. B. in /A1/ und /A2/ zu finden.

Matrix:

Eine Matrix $\boldsymbol{A}$ ist ein Schema zur rechteckigen Anordnung von $(m \cdot n)$ Elementen (z. B. Zahlen) in m Zeilen und n Spalten, die entsprechend ihrer Stellung indiziert sind:

$$\boldsymbol{A} = \begin{pmatrix} a_{11} & \cdots & a_{1n} \\ \vdots & \ddots & \vdots \\ a_{m1} & \cdots & a_{mn} \end{pmatrix} \tag{A1.1}$$

Es wird auch die Abkürzung $\boldsymbol{A} = (a_{ij})$, $i = 1, \ldots, m$, $j = 1, \ldots, n$ verwendet. Als Beispiel sollen die Matrizen

$$\boldsymbol{D} = \begin{pmatrix} 1 & -4 & 5 \\ 2 & 0 & 8 \end{pmatrix}, \quad \boldsymbol{E} = \begin{pmatrix} -2 & 4 & 1 \\ 4 & -1 & 0 \\ 1 & 0 & 4 \end{pmatrix}$$

dienen. $\boldsymbol{D}$ hat zwei Zeilen und drei Spalten. Beispiele für zwei indizierte Elemente sind $d_{12} = -4$ und $d_{23} = 8$.

Zeilenvektoren und Spaltenvektoren:

Eine Matrix kann als Anordnung von m Zeilenvektoren $(a_{i1}, \ldots, a_{in})$, $i = 1, \ldots, m$ oder als n Spaltenvektoren $\begin{pmatrix} a_{1j} \\ \vdots \\ a_{mj} \end{pmatrix}$, $j = 1, \ldots, n$ aufgefasst werden. Im Beispiel hat $\boldsymbol{D}$ die zwei Zeilenvektoren (1, -4, 5) und (2, 0, 8), die drei Spaltenvektoren sind $\begin{pmatrix} 1 \\ 2 \end{pmatrix}, \begin{pmatrix} -4 \\ 0 \end{pmatrix}$ und $\begin{pmatrix} 5 \\ 8 \end{pmatrix}$. Zeilen- und Spaltenvektoren können als einreihige Matrizen aufgefasst werden.

Transponierte Matrix:

Die transponierte Matrix $\boldsymbol{A}^{\mathrm{T}}$ erhält man, wenn man die Zeilenvektoren mit den Spaltenvektoren vertauscht, d. h. ein Matrixelement a_{ij} von $\boldsymbol{A}$ wird zum Matrixelement a_{ji} der transponierten Matrix. Wenn $\boldsymbol{A}$ eine $(m \cdot n)$-Matrix ist, so ist $\boldsymbol{A}^{\mathrm{T}}$ eine $(n \cdot m)$-Matrix. Für das Beispiel erhält man:

$$\boldsymbol{D}^{\mathrm{T}} = \begin{pmatrix} 1 & 2 \\ -4 & 0 \\ 5 & 8 \end{pmatrix}, \quad \boldsymbol{E}^{\mathrm{T}} = \begin{pmatrix} -2 & 4 & 1 \\ 4 & -1 & 0 \\ 1 & 0 & 4 \end{pmatrix}$$

Wird ein Zeilenvektor transponiert, erhält man einen Spaltenvektor, die Transposition eines Spaltenvektors ergibt einen Zeilenvektor.

Matrizen kann man sich auch aus Teilmatrizen aufgebaut denken. Oft werden die Teilmatrizen mit geographischen Bezeichnungen versehen. So ist im Beispiel die nordwestliche $(2 \cdot 2)$-Matrix von $\boldsymbol{E}$ die Matrix $\begin{pmatrix} -2 & 4 \\ 4 & -1 \end{pmatrix}$.

Hauptdiagonalelemente:

Als Hauptdiagonalelemente einer Matrix werden die Elemente a_{ij} mit $i = j$ bezeichnet, die auf der Diagonalen von oben links nach rechts unten liegen. Im Beispiel sind $d_{11} = 1$, $d_{22} = 0$ die Hauptdiagonalelemente der Matrix $\boldsymbol{D}$ und $e_{11} = -2$, $e_{22} = -1$, $e_{33} = 4$ die Hauptdiagonalelemente der Matrix $\boldsymbol{E}$.

Quadratische Matrix:

Eine quadratische Matrix ist eine $(n \cdot n)$-Matrix Sie hat genauso viele Zeilen wie Spalten.

Diagonalmatrix:

Eine Diagonalmatrix ist eine quadratische Matrix, in der alle Elemente außerhalb der Hauptdiagonalen null sind.

Einheitsmatrix:

Die Einheitsmatrix $\boldsymbol{I}$ ist eine Diagonalmatrix, deren Hauptdiagonalelemente alle gleich eins sind.

Symmetrische Matrix:

Als symmetrische Matrix wird eine quadratische Matrix bezeichnet, die spiegelsymmetrisch zu ihrer Hauptdiagonalen ist, d. h. sie ist ihrer Transponierten gleich:

$$\boldsymbol{A} = \boldsymbol{A}^{\mathrm{T}}$$

Eine Diagonalmatrix ist deshalb eine spezielle symmetrische Matrix. $\boldsymbol{E}$ ist ein Beispiel für eine symmetrische Matrix.

Addition und Subtraktion:

Zur Matrix $\boldsymbol{A}$ kann Matrix $\boldsymbol{B}$ addiert bzw. subtrahiert werden, wenn sie die gleiche Anzahl von Zeilen und Spalten haben. Matrizen werden elementweise addiert bzw. subtrahiert:

$$\boldsymbol{C} = \boldsymbol{A} + \boldsymbol{B}, \quad c_{ij} = a_{ij} + b_{ij}; \quad \boldsymbol{F} = \boldsymbol{A} - \boldsymbol{B}, \quad f_{ij} = a_{ij} - b_{ij} \qquad \text{(A1.2)}$$

Multiplikation von Matrizen:

Eine Matrix $\boldsymbol{A}$ wird mit einem Skalar c multipliziert, indem jedes einzelne Element mit c multipliziert wird:

$$c\cdot \boldsymbol{A} = \begin{pmatrix} c\cdot a_{11} & \cdots & c\cdot a_{1n} \\ \vdots & \ddots & \vdots \\ c\cdot a_{m1} & \cdots & c\cdot a_{mn} \end{pmatrix} \tag{A1.3}$$

Eine Multiplikation zweier Matrizen $\boldsymbol{A}$ und $\boldsymbol{B}$ zum Produkt $\boldsymbol{C} = \boldsymbol{A}\cdot\boldsymbol{B}$ ist nur dann durchführbar, wenn $\boldsymbol{B}$ genauso viele Zeilen wie $\boldsymbol{A}$ Spalten hat. Ist $\boldsymbol{A}$ eine $(m\cdot n)$-Matrix und $\boldsymbol{B}$ eine $(n\cdot k)$-Matrix, erhält man $\boldsymbol{C}$ als $(m\cdot k)$-Matrix. Die Elemente von $\boldsymbol{C}$ sind zu

$$c_{ij} = \sum_{l=1}^{n} a_{il}\cdot b_{lj} \tag{A1.4}$$

gegeben. Als Beispiel soll die Multiplikation $\boldsymbol{D}\cdot\boldsymbol{E}$ betrachtet werden:

$$\boldsymbol{F} = \boldsymbol{D}\cdot\boldsymbol{E} = \begin{pmatrix} 1 & -4 & 5 \\ 2 & 0 & 8 \end{pmatrix}\cdot\begin{pmatrix} -2 & 4 & 1 \\ 4 & -1 & 0 \\ 1 & 0 & 4 \end{pmatrix} = \begin{pmatrix} -13 & 8 & 21 \\ 4 & 8 & 34 \end{pmatrix}$$

Aus der Definition und dem Beispiel ist ersichtlich, dass das Matrixprodukt nicht kommutativ ist, d. h. es gilt $\boldsymbol{A}\cdot\boldsymbol{B} \neq \boldsymbol{B}\cdot\boldsymbol{A}$.

Ein Spezialfall ist die Multiplikation einer $(m\cdot n)$-Matrix mit einem $(n\cdot 1)$-Spaltenvektor. Das Ergebnis ist ein Spaltenvektor mit m Komponenten. Wird $\boldsymbol{E}$ mit dem Vektor $(1, 0, -2)^{\mathrm{T}}$ multipliziert, erhält man

$$\begin{pmatrix} -2 & 4 & 1 \\ 4 & -1 & 0 \\ 1 & 0 & 4 \end{pmatrix}\cdot\begin{pmatrix} 1 \\ 0 \\ -2 \end{pmatrix} = \begin{pmatrix} -4 \\ 4 \\ -7 \end{pmatrix}$$

Auch das in (2.7) eingeführte **Skalarprodukt** zweier Spaltenvektoren $\boldsymbol{v}_1$, $\boldsymbol{v}_2$ kann man als Matrixmultiplikation zu

$$\boldsymbol{v}_1\cdot\boldsymbol{v}_2 = \boldsymbol{v}_1^{\mathrm{T}}\cdot\boldsymbol{v}_2 \tag{A1.5}$$

schreiben. Für die Transposition eines Produktes zweier Matrizen $\boldsymbol{A}$ und $\boldsymbol{B}$ gilt:

$$(\boldsymbol{A}\cdot\boldsymbol{B})^{\mathrm{T}} = \boldsymbol{B}^{\mathrm{T}}\cdot\boldsymbol{A}^{\mathrm{T}} \tag{A1.6}$$

Inverse Matrix (Kehrmatrix):

Sind a und b Zahlen und liegt eine Gleichung $a\cdot x = b$ vor, so kann x durch $x = \frac{1}{a}\cdot b = a^{-1}b$ gefunden werden. Die entsprechende Matrixgleichung lautet $\boldsymbol{A}\cdot\boldsymbol{X} = \boldsymbol{B}$, wobei $\boldsymbol{A}$ eine quadratische Matrix sein soll. Die Lösung erfolgt entsprechend durch $\boldsymbol{X} = \boldsymbol{A}^{-1}\cdot\boldsymbol{B}$, wenn $\boldsymbol{A}^{-1}$

existiert. Die Matrix $\boldsymbol{A}^{-1}$ einer quadratischen Gleichung wird die inverse Matrix von $\boldsymbol{A}$ genannt. Wird eine Matrix mit ihrer Inversen multipliziert, ergibt sich die Einheitsmatrix:

$$\boldsymbol{A}\cdot\boldsymbol{A}^{-1}=\boldsymbol{I} \tag{A1.7}$$

Für die inverse Matrix eines Produkts gilt:

$$\left(\boldsymbol{A}\cdot\boldsymbol{B}\right)^{-1}=\boldsymbol{B}^{-1}\cdot\boldsymbol{A}^{-1} \tag{A1.8}$$

Inversion und Transposition einer Matrix sind vertauschbar:

$$\left(\boldsymbol{A}^{-1}\right)^{\mathrm{T}}=\left(\boldsymbol{A}^{\mathrm{T}}\right)^{-1} \tag{A1.9}$$

Determinante:

Die Inverse einer quadratischen Matrix $\boldsymbol{A}^{-1}$ existiert, wenn die Determinante $\det(\boldsymbol{A})\neq 0$ ist. Die Determinante ist eine Zahl, die jeder quadratischen Matrix zugeordnet ist. Dabei sind Rechenvorschriften anzuwenden, die in der Literatur zu finden sind, oder man benutzt zur Berechnung Programmsysteme wie Mathematica, Matlab u. Ä. Eine quadratische Matrix $\boldsymbol{A}$ mit $\det(\boldsymbol{A})\neq 0$ heißt regulär, für $\det(\boldsymbol{A})=0$ ist die Matrix singulär. Als Determinante und Inverse der Matrix $\boldsymbol{E}$ erhält man

$$\det(\boldsymbol{E})=55,\quad \boldsymbol{E}^{-1}=\begin{pmatrix} 4/55 & 16/55 & -1/55 \\ 16/55 & 9/55 & -4/55 \\ -1/55 & -4/55 & 14/55 \end{pmatrix}$$

Differenzieren von Matrizen und Vektoren:

Sind die Elemente einer Matrix Funktionen einer Variablen, so wird die Differenziation und Integration nach dieser Variablen komponentenweise durchgeführt. Auf diese Weise erhält man den Vektor der Gelenkwinkelgeschwindigkeiten durch das Differenzieren des Vektors der zeitabhängigen Gelenkwinkel:

$$\boldsymbol{q}=\begin{pmatrix} q_1 \\ \vdots \\ q_n \end{pmatrix},\quad \dot{\boldsymbol{q}}=\frac{\mathrm{d}\boldsymbol{q}}{\mathrm{d}t}=\begin{pmatrix} \frac{\mathrm{d}q_1}{\mathrm{d}t} \\ \vdots \\ \frac{\mathrm{d}q_n}{\mathrm{d}t} \end{pmatrix}=\begin{pmatrix} \dot{q}_1 \\ \vdots \\ \dot{q}_n \end{pmatrix}$$

B Aufstellen der Jacobi-Matrix

B1 Beschreibung der Bewegung des Effektors in Abhängigkeit von den relativen Geschwindigkeiten der Armteile

In Abschnitt 3.3 wurde am Beispiel des planaren Zweigelenkroboters (Bild 3.5) die Jacobi-Matrix aufgestellt. Es wurde die Lage und Orientierung des Effektors differenziert, die durch die Vorwärtstransformation in Gelenkkoordinaten beschrieben sind. Hier soll eine rekursive Methode eingeführt werden, die ohne Ableitung arbeitet. Voraussetzung ist auch hier, dass die Kinematik des Roboters auf Basis der Denavit-Hartenberg-Konvention nach Abschnitt 2.2 beschrieben ist.

Die Überlegungen gehen davon aus, dass durch Überlagerung der Relativgeschwindigkeiten der Armteile die Absolutgeschwindigkeit des Effektors berechnet werden kann. Die Geschwindigkeit des Armteils i relativ zum Armteil $i-1$ wird durch die Gelenkgeschwindigkeit $\dot{q}_i$ des Gelenks i hervorgerufen, wobei nach der Denavit-Hartenberg-Konvention diese Gelenkgeschwindigkeit auf das Koordinatensystem K_{i-1} bezogen wird und in Richtung der z_{i-1}-Achse stattfindet (s. Bild B1).

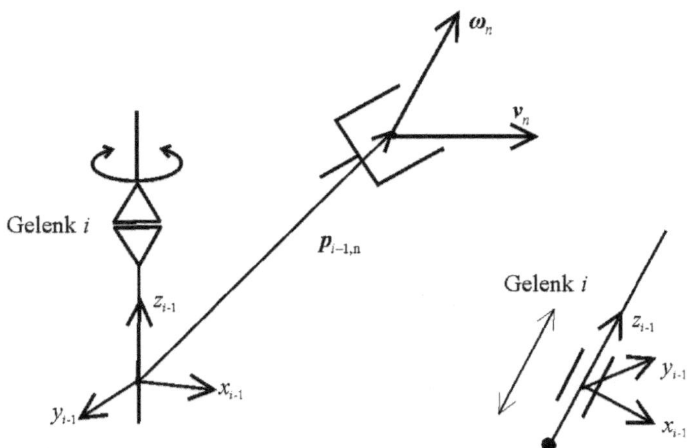

Bild B1 Zur rekursiven Berechnung der Geschwindigkeit und Winkelgeschwindigkeit des Effektors (links: Gelenk *i* ist Drehgelenk, rechts: Gelenk *i* ist Schubgelenk).

Wird mit $\boldsymbol{\omega}_{\mathrm{Rel},i}^{(i-1)}$ die relative Winkelgeschwindigkeit des Armteils i ausgedrückt in Koordinaten von K_{i-1} bezeichnet und entsprechend mit $\boldsymbol{v}_{rel,i}^{(i-1)}$ der Anteil der Lineargeschwindigkeit des TCP der von der Winkelgeschwindigkeit $\dot{q}_i$ hervorgerufen wird und im Koordinatensystem K_{i-1} beschrieben ist, dann gilt:

$$\boldsymbol{\omega}_n = \boldsymbol{\omega}_{rel,1} + \boldsymbol{\omega}_{rel,2} + \ldots + \boldsymbol{\omega}_{rel,n} = \sum_{i=1}^{n} \boldsymbol{\omega}_{rel,i}, \quad \boldsymbol{v}_n = \boldsymbol{v}_{rel,1} + \boldsymbol{v}_{rel,2} + \ldots + \boldsymbol{v}_{rel,n} = \sum_{i=1}^{n} \boldsymbol{v}_{rel,i} \quad \text{(B1.1)}$$

Ein Drehgelenk i trägt sowohl zum Winkelgeschwindigkeitsvektor $\boldsymbol{\omega}_n$ als auch zur Lineargeschwindigkeit $\boldsymbol{v}_n$ bei. Es gilt

$$\boldsymbol{\omega}_{\text{Rel},i}^{(i-1)} = \begin{pmatrix} 0 & 0 & \dot{q}_i \end{pmatrix}^{\text{T}}, \quad \boldsymbol{v}_{rel,i}^{(i-1)} = \boldsymbol{\omega}_{\text{Rel},i}^{(i-1)} \times \boldsymbol{p}_{i-1,n}^{(i-1)} \tag{B1.2}$$

Ist Gelenk i ein Schubgelenk, dann gilt: $\boldsymbol{\omega}_{rel,i}^{(i-1)} = \boldsymbol{0}$ und die Gelenkbewegung beeinflusst nur $\boldsymbol{v}_n$:

$$\boldsymbol{\omega}_{rel,i}^{(i-1)} = \boldsymbol{0}, \quad \boldsymbol{v}_{rel,i}^{(i-1)} = \begin{bmatrix} \boldsymbol{0} & \boldsymbol{0} & \dot{q}_i \end{bmatrix}^{\text{T}} \tag{B1.3}$$

Der Vektor $\boldsymbol{p}_{i-1,n}^{(i-1)}$ kann entsprechend Gl. (2.12) aus der homogenen Matrix ${}^{n}_{i-1}\boldsymbol{T}$ bestimmt werden. Unter Beachtung von Gl. (2.17) wird ${}^{n}_{i-1}\boldsymbol{T}$ zu

$${}^{n}_{i-1}\boldsymbol{T} = {}^{i}_{i-1}\boldsymbol{T} \cdot {}^{i+1}_{i}\boldsymbol{T} \cdot \ldots \cdot {}^{n-1}_{n-2}\boldsymbol{T} \cdot {}^{n}_{n-1}\boldsymbol{T} = \begin{pmatrix} \boldsymbol{x}_n^{(i-1)} & \boldsymbol{y}_n^{(i-1)} & \boldsymbol{z}_n^{(i-1)} & \boldsymbol{p}_{i-1,n}^{(i-1)} \\ 0 & 0 & 0 & 1 \end{pmatrix} = \begin{pmatrix} {}^{n}_{i-1}\boldsymbol{A} & \boldsymbol{p}_{i-1,n}^{(i-1)} \\ \boldsymbol{0}^{\text{T}} & 1 \end{pmatrix} \tag{B1.4}$$

berechnet, wobei die einzelnen Matrizen durch Gl. (2.34) gegeben sind. Um Gl. (B1.1) ausführen zu können, müssen die Vektoren mithilfe der Rotationsmatrizen im gleichen Koordinatensystem dargestellt werden. Hier sollen alle Vektoren von Gl. (B1.1) im Koordinatensystem K_0 dargestellt werden:

$$\begin{aligned} \boldsymbol{v}_n^{(0)} &= \sum_{i=1}^{n} {}^{i-1}_{0}\boldsymbol{A} \cdot \boldsymbol{v}_{rel,i}^{(i-1)} = {}^{0}_{0}\boldsymbol{A} \cdot \boldsymbol{v}_{rel,1}^{(0)} + \ldots + {}^{i-1}_{0}\boldsymbol{A} \cdot \boldsymbol{v}_{rel,i}^{(i-1)} + \ldots + {}^{n-1}_{0}\boldsymbol{A} \cdot \boldsymbol{v}_{rel,n}^{(n-1)}, \\ \boldsymbol{\omega}_n^{(0)} &= \sum_{i=1}^{n} {}^{i-1}_{0}\boldsymbol{A} \cdot \boldsymbol{\omega}_{rel,i}^{(i-1)} = {}^{0}_{0}\boldsymbol{A} \cdot \boldsymbol{\omega}_{rel,1}^{(0)} + \ldots + {}^{i-1}_{0}\boldsymbol{A} \cdot \boldsymbol{\omega}_{rel,i}^{(i-1)} + \ldots + {}^{n-1}_{0}\boldsymbol{A} \cdot \boldsymbol{\omega}_{rel,n}^{(n-1)} \end{aligned} \tag{B1.5}$$

${}^{0}_{0}\boldsymbol{A}$ ist dabei die Einheitsmatrix. Die Rotationsmatrizen ${}^{i-1}_{0}\boldsymbol{A}$ werden mit Gl. (2.11) und Gl. (2.33) ermittelt. Nun können Gl. (B1.2) und Gl. (B1.3) in Gl. (B1.5) einbezogen werden, wobei $h_i = 1$ ausdrückt, dass Gelenk i ein Drehgelenk ist und $h_i = 0$ dass ein Schubgelenk vorliegt.

$$\begin{aligned} \boldsymbol{v}_n^{(0)} &= \sum_{i=1}^{n} \left\{ h_i \cdot \left({}^{i-1}_{0}\boldsymbol{A} \cdot \begin{pmatrix} 0 \\ 0 \\ \dot{q}_i \end{pmatrix} \right) \times \left({}^{i-1}_{0}\boldsymbol{A} \cdot \boldsymbol{p}_{i-1,n}^{(i-1)} \right) + (1 - h_i) \cdot {}^{i-1}_{0}\boldsymbol{A} \cdot \begin{pmatrix} 0 \\ 0 \\ \dot{q}_i \end{pmatrix} \right\} = \\ &\sum_{i=1}^{n} {}^{i-1}_{0}\boldsymbol{A} \cdot \left\{ h_i \cdot \left(\begin{pmatrix} 0 \\ 0 \\ \dot{q}_i \end{pmatrix} \times \left(\boldsymbol{p}_{i-1,n}^{(i-1)} \right) \right) + (1 - h_i) \cdot \begin{pmatrix} 0 \\ 0 \\ \dot{q}_i \end{pmatrix} \right\} \\ \boldsymbol{\omega}_n^{(0)} &= \sum_{i=1}^{n} \left\{ h_i \cdot {}^{i-1}_{0}\boldsymbol{A} \cdot \begin{pmatrix} 0 \\ 0 \\ \dot{q}_i \end{pmatrix} \right\} \end{aligned} \tag{B1.6}$$

Nun kann Gl. (B1.6) auf die Form

$$\dot{\boldsymbol{x}} = \begin{pmatrix} \boldsymbol{v}_n^{(0)} \\ \boldsymbol{\omega}_n^{(0)} \end{pmatrix} = \begin{pmatrix} \boldsymbol{J}_v(\boldsymbol{q}) \\ \boldsymbol{J}_\omega(\boldsymbol{q}) \end{pmatrix} \cdot \dot{\boldsymbol{q}} = \boldsymbol{J}(\boldsymbol{q}) \cdot \dot{\boldsymbol{q}} \tag{B1.7}$$

gebracht werden. $\boldsymbol{J}_v(\boldsymbol{q})$ und $\boldsymbol{J}_\omega(\boldsymbol{q})$ sind $(3 \cdot n)$-Matrizen, $\boldsymbol{J}(\boldsymbol{q})$ ist eine $(6 \cdot n)$-Matriz. Zu beachten ist, dass die Form der Matrix $\boldsymbol{J}(\boldsymbol{q})$ davon abhängt, wie die zeitliche Änderung der Orientierung des Effektors dargestellt wird. Hier wird der Winkelgeschwindigkeitsvektor $\boldsymbol{\omega}_n$ des Effektors verwendet, dessen Richtung die momentane Drehachse darstellt und dessen Betrag die Winkelgeschwindigkeit.

Als Beispiel soll hier wieder die Berechnung der Jacobi-Matrix des planaren Zweigelenkroboters von Bild 3.5 verglichen werden. Alle Größen die zur Ausführung von Gl. (B1.6) benötigt werden sind aus dem Beispiel in Abschnitt 3.3.1 bekannt. Aus ${}^1_0\boldsymbol{T}$ ist die Matrix ${}^1_0\boldsymbol{A}$ bekannt, aus ${}^2_0\boldsymbol{T}$ kann der Vektor $\boldsymbol{p}_{0,2}^{(0)} = \boldsymbol{p}_0^{(0)}$ abgelesen werden und aus ${}^2_1\boldsymbol{T}$ der Vektor $\boldsymbol{p}_{1,2}^{(1)}$. Es gilt:

$$ {}^1_0\boldsymbol{A} = \begin{pmatrix} \cos q_1 & -\sin q_1 & 0 \\ \sin q_1 & \cos q_1 & 0 \\ 0 & 0 & 1 \end{pmatrix}, \ \boldsymbol{p}_{0,2}^{(0)} = \begin{pmatrix} l_2 \cdot \cos(q_1 + q_2) + l_1 \cdot \cos(q_1) \\ l_2 \cdot \sin(q_1 + q_2) + l_1 \cdot \sin(q_1) \\ 0 \end{pmatrix}, \ \boldsymbol{p}_{1,2}^{(1)} = \begin{pmatrix} l_2 \cdot \cos(q_2) \\ l_2 \cdot \sin(q_2) \\ 0 \end{pmatrix} $$

Da nur Drehgelenke vorliegen, gilt $h_1 = h_2 = 1$ und Gl. (B1.6) wird zu

$$ \boldsymbol{v}_2^{(0)} = \begin{pmatrix} 0 \\ 0 \\ \dot{q}_1 \end{pmatrix} \times \boldsymbol{p}_{0,2}^{(0)} + {}^1_0\boldsymbol{A} \cdot \left\{ \begin{bmatrix} \begin{pmatrix} 0 \\ 0 \\ \dot{q}_2 \end{pmatrix} \times \boldsymbol{p}_{1,2}^{(1)} \end{bmatrix} \right\} = \begin{pmatrix} -\dot{q}_1 \cdot [l_2 \cdot \sin(q_1 + q_2) + l_1 \cdot \sin(q_1)] - \dot{q}_2 \cdot l_2 \cdot \sin(q_1 + q_2) \\ \dot{q}_1 \cdot [l_2 \cdot \cos(q_1 + q_2) + l_1 \cdot \cos(q_1)] + \dot{q}_2 \cdot l_2 \cdot \cos(q_1 + q_2) \\ 0 \end{pmatrix} $$

$$ \boldsymbol{\omega}_2^{(0)} = \begin{pmatrix} 0 \\ 0 \\ \dot{q}_1 \end{pmatrix} + {}^1_0\boldsymbol{A} \cdot \begin{pmatrix} 0 \\ 0 \\ \dot{q}_2 \end{pmatrix} = \begin{pmatrix} 0 \\ 0 \\ \dot{q}_1 + \dot{q}_2 \end{pmatrix} $$

Nun kann das Ergebnis in der Form (B1.7) angeschrieben werden:

$$ \begin{pmatrix} v_{2,x}^{(0)} = \dot{p}_x^{(0)} \\ v_{2,y}^{(0)} = \dot{p}_y^{(0)} \\ v_{2,z}^{(0)} = \dot{p}_z^{(0)} \\ \omega_{2,x}^{(0)} \\ \omega_{2,y}^{(0)} \\ \omega_{2,z}^{(0)} \end{pmatrix} = \boldsymbol{J}(\boldsymbol{q}) \cdot \dot{\boldsymbol{q}} = \begin{pmatrix} -l_2 \cdot \sin(q_1 + q_2) - l_1 \cdot \sin q_1 & -l_2 \cdot \sin(q_1 + q_2) \\ l_2 \cdot \cos(q_1 + q_2) + l_1 \cdot \cos q_1 & l_2 \cdot \cos(q_1 + q_2) \\ 0 & 0 \\ 0 & 0 \\ 0 & 0 \\ 1 & 1 \end{pmatrix} \cdot \begin{pmatrix} \dot{q}_1 \\ \dot{q}_2 \end{pmatrix} $$

Hier liegt die Jacobi-Matrix in der vollständigen Dimension $(6 \cdot 2)$ vor. In Abschnitt 3.3 wurde zusätzlich eine reduzierte Form verwendet.

B2 Berechnung durch Anwendung der kinematischen Gleichungen des Newton-Euler Verfahrens

In den kinematischen Gleichungen des Newton-Euler-Verfahrens nach Gl. (6.32) werden die Vektoren $\boldsymbol{\omega}_i$ und $\boldsymbol{v}_i$ jedes Armteils i rekursiv berechnet. Diese Vektoren sind in Koordinaten des Koordinatensystems K_i angegeben, das fest mit dem Armteil i verbunden ist. Die Vektoren $\boldsymbol{v}_n \equiv \boldsymbol{v}_n^{(n)}$ und $\boldsymbol{\omega}_n \equiv \boldsymbol{\omega}_n^{(n)}$ werden dann mithilfe der Rotationsmatrix ${}^n_0\boldsymbol{A}$ in $\boldsymbol{v}_n^{(0)}$

und $\boldsymbol{\omega}_n^{(0)}$ abgebildet und die Jacobi-Matrix nach Gl. (B1.7) kann aufgestellt werden. Da nur Geschwindigkeiten benötigt werden, wird Gl. (6.32) stark vereinfacht:

$$\begin{aligned}
\boldsymbol{\omega}_{i+1} &= {}_{i+1}^{\;\;i}\boldsymbol{A}(\boldsymbol{\omega}_i + h_{i+1}\cdot \boldsymbol{z}\cdot \dot{q}_{i+1}),\\
\boldsymbol{v}_{i+1} &= {}_{i+1}^{\;\;i}\boldsymbol{A}\cdot \boldsymbol{v}_i + (1-h_{i+1})\cdot \frac{\mathrm{d}^{(i+1)}}{\mathrm{d}t}\boldsymbol{p}_{i+1} + \boldsymbol{\omega}_{i+1}\times \boldsymbol{p}_{i+1},
\end{aligned} \tag{B1.8}$$

$$\text{Anfangsbedingungen: } \boldsymbol{\omega}_0 = 0, \quad \dot{\boldsymbol{\omega}}_0 = 0, \quad \boldsymbol{v}_0 = 0$$

Die Methode nach Gl. (B1.8) wird wieder auf das Beispiel des planaren Zweigelenkroboters aus Bild 3.5 angewendet. Nach den Definitionen in Kapitel 6 ist $\boldsymbol{p}_1 = \begin{pmatrix} l_1 & 0 & 0 \end{pmatrix}^{\mathrm{T}}$ und $\boldsymbol{p}_2 = \begin{pmatrix} l_2 & 0 & 0 \end{pmatrix}^{\mathrm{T}}$. Die Rotationsmatrizen ${}_1^0\boldsymbol{A}$, ${}_2^1\boldsymbol{A}$ und ${}_0^2\boldsymbol{A}$ können wieder aus dem Beispiel in Abschnitt 3.3.1 unter Beachtung von Gl. (2.10) gewonnen werden:

$$\begin{aligned}
{}_1^0\boldsymbol{A} &= \begin{pmatrix} \cos q_1 & \sin q_1 & 0 \\ -\sin q_1 & \cos q_1 & 0 \\ 0 & 0 & 1 \end{pmatrix}, \; {}_2^1\boldsymbol{A} = \begin{pmatrix} \cos q_2 & \sin q_2 & 0 \\ -\sin q_2 & \cos q_2 & 0 \\ 0 & 0 & 1 \end{pmatrix},\\
{}_0^2\boldsymbol{A} &= \begin{pmatrix} \cos(q_1+q_2) & -\sin(q_1+q_2) & 0 \\ \sin(q_1+q_2) & \cos(q_1+q_2) & 0 \\ 0 & 0 & 1 \end{pmatrix}
\end{aligned}$$

Nun wird Gl. (B1.8) ausgeführt und anschließend werden die Vektoren mithilfe der Matrix ${}_0^2\boldsymbol{A}$ im Koordinatensystem K_0 beschrieben:

$$\boldsymbol{\omega}_1 = {}_1^0\boldsymbol{A}\cdot(\boldsymbol{z}\cdot\dot{q}_1) = \begin{pmatrix} \cos q_1 & \sin q_1 & 0 \\ -\sin q_1 & \cos q_1 & 0 \\ 0 & 0 & 1 \end{pmatrix}\cdot\begin{pmatrix} 0 \\ 0 \\ \dot{q}_1 \end{pmatrix} = \begin{pmatrix} 0 \\ 0 \\ \dot{q}_1 \end{pmatrix}, \; \boldsymbol{v}_1 = \boldsymbol{\omega}_1\times\boldsymbol{p}_1 = \begin{pmatrix} 0 \\ 0 \\ \dot{q}_1 \end{pmatrix}\times\begin{pmatrix} l_1 \\ 0 \\ 0 \end{pmatrix} = \begin{pmatrix} 0 \\ l_1\cdot\dot{q}_1 \\ 0 \end{pmatrix},$$

$$\boldsymbol{\omega}_2 = {}_2^1\boldsymbol{A}\cdot(\boldsymbol{\omega}_1 + \boldsymbol{z}\cdot\dot{q}_2) = \begin{pmatrix} \cos q_2 & \sin q_2 & 0 \\ -\sin q_2 & \cos q_2 & 0 \\ 0 & 0 & 1 \end{pmatrix}\cdot\left(\begin{pmatrix} 0 \\ 0 \\ \dot{q}_1 \end{pmatrix} + \begin{pmatrix} 0 \\ 0 \\ \dot{q}_2 \end{pmatrix}\right) = \begin{pmatrix} 0 \\ 0 \\ \dot{q}_1+\dot{q}_2 \end{pmatrix}$$

$$\boldsymbol{v}_2 = {}_2^1\boldsymbol{A}\cdot\boldsymbol{v}_1 + \boldsymbol{\omega}_2\times\boldsymbol{p}_2 = \begin{pmatrix} \cos q_2 & \sin q_2 & 0 \\ -\sin q_2 & \cos q_2 & 0 \\ 0 & 0 & 1 \end{pmatrix}\cdot\begin{pmatrix} 0 \\ l_1\cdot\dot{q}_1 \\ 0 \end{pmatrix} + \begin{pmatrix} 0 \\ 0 \\ \dot{q}_1+\dot{q}_2 \end{pmatrix}\times\begin{pmatrix} l_2 \\ 0 \\ 0 \end{pmatrix} =$$

$$\begin{pmatrix} l_1\cdot\dot{q}_1\cdot\sin q_2 \\ l_1\cdot\dot{q}_1\cdot\cos q_2 \\ 0 \end{pmatrix} + \begin{pmatrix} 0 \\ l_2\cdot(\dot{q}_1+\dot{q}_1) \\ 0 \end{pmatrix} = \begin{pmatrix} l_1\cdot\dot{q}_1\cdot\sin q_2 \\ l_1\cdot\dot{q}_1\cdot\cos q_2 + l_2\cdot(\dot{q}_1+\dot{q}_2) \\ 0 \end{pmatrix}$$

$$\boldsymbol{v}_2^{(0)} = {}_0^2\boldsymbol{A}\cdot\boldsymbol{v}_2^{(2)} = \begin{pmatrix} \cos(q_1+q_2) & -\sin(q_1+q_2) & 0 \\ \sin(q_1+q_2) & \cos(q_1+q_2) & 0 \\ 0 & 0 & 1 \end{pmatrix} \cdot \begin{pmatrix} l_1\cdot\dot{q}_1\cdot\sin q_2 \\ l_1\cdot\dot{q}_1\cdot\cos q_2 + l_2\cdot(\dot{q}_1+\dot{q}_2) \\ 0 \end{pmatrix} =$$

$$\begin{pmatrix} l_1\cdot\dot{q}_1\cdot\sin q_2\cdot\cos(q_1+q_2) - l_1\cdot\dot{q}_1\cdot\cos q_2\cdot\sin(q_1+q_2) - l_2\cdot(\dot{q}_1+\dot{q}_1)\cdot\sin(q_1+q_2) \\ l_1\cdot\dot{q}_1\cdot\sin q_2\cdot\sin(q_1+q_2) + l_1\cdot\dot{q}_1\cdot\cos q_2\cdot\cos(q_1+q_2) + l_2\cdot(\dot{q}_1+\dot{q}_1)\cdot\cos(q_1+q_2) \\ 0 \end{pmatrix} =$$

$$\begin{pmatrix} -l_1\cdot\dot{q}_1\cdot\sin q_1 - l_2\cdot(\dot{q}_1+\dot{q}_2)\cdot\sin(q_1+q_2) \\ l_1\cdot\dot{q}_1\cdot\cos q_1 + l_2\cdot(\dot{q}_1+\dot{q}_2)\cdot\cos(q_1+q_2) \\ 0 \end{pmatrix}$$

$$\boldsymbol{\omega}_2^{(0)} = {}_0^2\boldsymbol{A}\cdot\boldsymbol{\omega}_2^{(2)} = \begin{pmatrix} \cos(q_1+q_2) & -\sin(q_1+q_2) & 0 \\ \sin(q_1+q_2) & \cos(q_1+q_2) & 0 \\ 0 & 0 & 1 \end{pmatrix} \cdot \begin{pmatrix} 0 \\ 0 \\ \dot{q}_1+\dot{q}_2 \end{pmatrix} = \begin{pmatrix} 0 \\ 0 \\ \dot{q}_1+\dot{q}_2 \end{pmatrix}$$

Jetzt kann wieder das Ergebnis in der Form (B1.7) angeschrieben werden:

$$\begin{pmatrix} v_{2,x}^{(0)} = \dot{p}_x^{(0)} \\ v_{2,y}^{(0)} = \dot{p}_y^{(0)} \\ v_{2,z}^{(0)} = \dot{p}_z^{(0)} \\ \omega_{2,x}^{(0)} \\ \omega_{2,y}^{(0)} \\ \omega_{2,z}^{(0)} \end{pmatrix} = \boldsymbol{J}(\boldsymbol{q})\cdot\dot{\boldsymbol{q}} = \begin{pmatrix} -l_2\cdot\sin(q_1+q_2) - l_1\cdot\sin q_1 & -l_2\cdot\sin(q_1+q_2) \\ l_2\cdot\cos(q_1+q_2) + l_1\cdot\cos q_1 & l_2\cdot\cos(q_1+q_2) \\ 0 & 0 \\ 0 & 0 \\ 0 & 0 \\ 1 & 1 \end{pmatrix} \cdot \begin{pmatrix} \dot{q}_1 \\ \dot{q}_2 \end{pmatrix}$$

C Modellbildung und Simulation der statischen Reibung

C1 Statische Reibung bei einem Einzelgelenk

Eine genaue Identifikation und Modellierung der Reibungsverluste ist eine anspruchsvolle Aufgabe. Hier soll ein relativ einfaches Modell der Reibungsverluste verwendet werden.

Um die statischen Reibungsverluste zu ermitteln, wird in einer Gelenklage, bei der keine Gravitation auf die Gelenkbewegung wirkt, das Antriebsdrehmoment M_A des Motors (s. Gl. (6.6)) solange erhöht, bis eine Schwelle M_{R0} erreicht wird, an der sich das Gelenk beginnt zu bewegen. Damit kann aber nicht bestimmt werden, welcher Anteil von M_{R0} vom Motor, vom Antriebsstrang oder vom Gelenk verursacht wird. Es müsste eine Demontage eines Robotergelenks und verschiedene Experimente durchgeführt werden. Bei der Beschreibung der Dynamik ist aber nur die Wirkung der Reibung auf die Gelenkbewegung wesentlich. Deshalb kann angenommen werden, dass alle statischen Reibungsverluste im Antriebsmotor entstehen. Voraussetzung ist, dass der Antriebsstrang als mechanisch steif angenommen werden kann. Hier sollen die statischen Reibungsverluste und die geschwindigkeitsabhängigen Reibungsverluste im Motor und Antriebsstrang durch Bild C1 beschrieben werden. Diese Reibungsverluste werden zunächst durch

$$M_R(\Omega) = M_{R,stat}(\Omega) + F_M \cdot \Omega \tag{C1.1}$$

beschrieben. Aus Gl. (6.7) wird mit Berücksichtigung der statischen Reibung:

$$J_A \cdot \dot{\Omega} = K_M \cdot U_S - M_R(\Omega) - M_L \tag{C1.2}$$

Wird Gl. (C1.2) statt Gl. (6.7) im Gesamtmodell verwendet, gelten Gl. (6.13) und Gl. (6.15) weiterhin, aber in Gl. (6.14) muss $b^*(q,\dot{q})$ durch

$$b^*(q,\dot{q}) = \frac{b(q,\dot{q})}{K_M \cdot u} + \frac{M_R(\dot{q})}{K_M} = \frac{b(q,\dot{q})}{K_M \cdot u} + \frac{M_{R,stat}(\dot{q}) + F_M \cdot u \cdot \dot{q}}{K_M} \tag{C1.3}$$

ersetzt werden. Wird das Modell in der Form des inversen Modells für eine modellbasierte Regelung verwendet, genügt es im Prinzip $M_{R,stat}(\dot{q})$ zu

$$M_{R,stat}(\dot{q}) = M_{R0} \cdot \mathrm{sgn}(\dot{q}) \tag{C1.4}$$

zu berechnen. Die **Signum-Funktion** $\mathrm{sgn}(x)$ hat als Ergebnis den Wert +1 für positive x und den Wert -1 für negative x. Da bei einem steifen Antriebssystem Gl. (6.9) gilt, ist $\mathrm{sgn}(\Omega) = \mathrm{sgn}(\dot{q})$. Da ein mechanisch steifes Antriebssystem angenommen wird, kann die Abhängigkeit von Ω durch die Abhängigkeit von $\dot{q}$ ersetzt werden, es gilt also $M_R(\Omega) = M_R(\dot{q})$.

Schwierigkeiten können auftreten, wenn im Ruhezustand der Wert $\dot{q}$ verrauscht ist. Maßnahmen wie Filtern oder Einführung von Schwellwerten können Abhilfe schaffen.

Wird das Modell als Basis für eine Simulation in der Form von Gl. (6.15) verwendet, können Fehler im statischen Zustand auftreten. Die Reibung kann nie aktiv wirken. Im statischen Zustand $\dot{q} = 0$ wirkt das statische Reibungsmoment dem aktiv wirkenden Antriebsmoment entgegen. Ist jedoch das aktiv wirkende Drehmoment im Betrag kleiner als M_{R0}, hat das statische Reibungsmoment den Betragswert des aktiven Drehmoments. Der Wert nimmt also abhängig vom aktiv wirkenden Drehmoment einen Wert auf der gestrichelten Linie in Bild C1 ein. Im stationären Zustand gilt $\dot{q} = \ddot{q} = \Omega = \dot{\Omega} = 0$ und das aktiv wirkende Drehmoment ist nach Gl. (6.12)

$$M_{akt} = \frac{\tau_{akt}}{u} = K_M \cdot U_S - \frac{b(q,\dot{q}=0)}{u} \tag{C1.5}$$

Für ein Drehgelenk wird Gl. (C1.5) zu

$$M_{akt} = K_M \cdot U_S - \frac{m \cdot g \cdot l_s \cdot \cos q}{u} \tag{C1.6}$$

Für ein Schubgelenk (s. auch Bild 6.1 und Gl. (6.1)) erhält man:

$$M_{akt} = K_M \cdot U_S - \frac{m \cdot g \cdot \sin\beta}{u} \tag{C1.7}$$

Je nach Lage des Gelenks wird das von der Gravitation verursachte Drehmoment addiert oder subtrahiert, vergrößert oder vermindert das aktive Drehmoment. Jetzt kann $M_R(\dot{q})$ nach folgendem Schema berechnet werden:

$$\begin{aligned}
&|\dot{q}| > 0: \quad M_{R,stat}(\dot{q}) = M_{R0} \cdot \mathrm{sgn}(\dot{q}),\\
&\dot{q} = 0 \text{ und } |M_{akt}| \geq M_{R0}: \quad M_{R,stat}(\dot{q}) = M_{R0} \cdot \mathrm{sgn}(\dot{q})\\
&\dot{q} = 0 \text{ und } |M_{akt}| < M_{R0}: \quad M_{R,stat}(\dot{q}) = M_{akt},\\
&M_R(\dot{q}) = M_{R,stat}(\dot{q}) + F_M \cdot u \cdot \dot{q}
\end{aligned} \tag{C1.8}$$

Wird $\dot{q}$ gemessen oder in einer Simulationsumgebung ermittelt, muss statt $\dot{q} = 0$ die Abfrage zu $|\dot{q}| \geq \varepsilon$ bzw. $|\dot{q}| < \varepsilon$ erfolgen, wobei ε einen kleinen positiven Wert darstellt, der abhängig von der Messgenauigkeit bzw. der Wortbreite des Simulationsrechners geeignet gewählt wird.

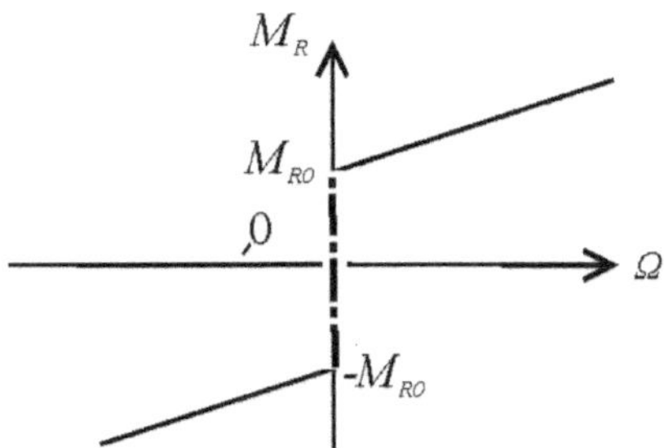

Bild C1 Einfaches Modell der Reibungsverluste

C2 Statische Reibung beim Roboterarm

Es kann angenommen werden, dass das Modell der Reibungsverluste nach Bild C1 für alle Antriebe gilt. Natürlich muss für jeden Antrieb die Reibungsschwelle $M_{R0,i}$ bestimmt werden. Entsprechend Gl. (C1.1) können die Reibungsverluste für alle Gelenke auf der Antriebsseite zu

$$\boldsymbol{M}_R(\boldsymbol{\Omega}) = \boldsymbol{M}_{R,stat}(\boldsymbol{\Omega}) + \boldsymbol{F}_M \cdot \boldsymbol{\Omega} \tag{C1.9}$$

mit den Vektoren $\boldsymbol{\Omega}, \boldsymbol{M}_R$ und $\boldsymbol{M}_{R,stat}$, sowie der Diagonalmatrix $\boldsymbol{F}_M$ (s. auch Gl. (6.41)) berechnet werden.

Damit das statische Reibmoment nicht als aktives Drehmoment berechnet wird, muss entsprechend dem Eingelenkmodell für jedes Gelenk das aktive Drehmoment am Antrieb bekannt sein, also dasjenige Drehmoment, das vorhanden ist, um eine Beschleunigung zu bewirken. Im Gegensatz zum Eingelenkmodell gilt beim Mehrgelenksystem im Allgemeinen nicht mit $\dot{q}_i = 0$ auch $\Omega_i = 0$ und mit $\ddot{q}_i = 0$ auch $\dot{\Omega}_i = 0$. Ursache sind eventuell vorhandene kinematische Kopplungen (s. Kapitel 6). Das aktiv wirkende Drehmoment wird komponentenweise zu $M_{akt,i}$ berechnet. In Gl. (6.47) werden im Vektor $\boldsymbol{M}_R(\dot{\boldsymbol{q}})$ zur Berechnung der aktiv wirkenden Drehmomente am Motoranker nur die geschwindigkeitsabhängigen Reibungsverluste zu

$$\boldsymbol{M}_{GR}(\dot{\boldsymbol{q}}) = \boldsymbol{F}_M \cdot \boldsymbol{\Omega} = \boldsymbol{F}_M \cdot \boldsymbol{T}_G^{-1} \cdot \dot{\boldsymbol{q}} \tag{C1.10}$$

betrachtet. Der Vektor der aktiven Drehmomente kann damit mit Gl. (6.48) zu

$$\boldsymbol{M}_{akt} = \boldsymbol{U}_S \cdot \boldsymbol{K}_M - \boldsymbol{S}_G^{-1} \cdot \boldsymbol{b}(\boldsymbol{q},\dot{\boldsymbol{q}}) - [\boldsymbol{S}_G^{-1} \cdot \boldsymbol{M}(\boldsymbol{q}) + \boldsymbol{J}_A \cdot \boldsymbol{T}_G^{-1}] \cdot \ddot{\boldsymbol{q}} - \boldsymbol{M}_{GR}(\dot{\boldsymbol{q}}) \tag{C1.11}$$

berechnet werden. Um entsprechend Gl. (C1.8) zu sichern, dass die statische Reibung bei der Modellbildung nicht aktiv wirkt, wird $\boldsymbol{M}_R(\boldsymbol{\Omega})$ (s. Gl. (C1.9)) komponentenweise berechnet. Die aktuellen Winkelgeschwindigkeiten der Motoranker werden mithilfe von Gl. (6.42) berechnet:

$$\boldsymbol{\Omega} = \boldsymbol{T}_G^{-1} \cdot \dot{\boldsymbol{q}} \tag{C1.12}$$

Die Vorschriften für die Komponenten von $\boldsymbol{M}_{R,stat}$ sind:

$$\begin{aligned} &|\Omega_i| > 0: \quad M_{R,stat,i}(\Omega_i) = M_{R0,i} \cdot \mathrm{sgn}(\Omega_i) \\ &\Omega_i = 0 \text{ und } |M_{akt,i}| \geq M_{R0,i}: \quad M_{R,stat,i}(\Omega_i) = M_{R0,i} \cdot \mathrm{sgn}(\Omega_i) \\ &\Omega_i = 0 \text{ und } |M_{akt,i}| < M_{R0,i}: \quad M_{R,stat,i}(\Omega_i) = M_{akt,i} \end{aligned} \tag{C1.13}$$

In Gl. (6.45) bis Gl. (6.49) werden die Reibungsverluste auf Motorseite in Abhängigkeit von den Gelenkgeschwindigkeiten, zusammengefasst im Vektor $\dot{\boldsymbol{q}}$, angegeben. Mit (C1.12) und (C1.13) kann nun $\boldsymbol{M}_R(\dot{\boldsymbol{q}}) = \boldsymbol{M}_R(\boldsymbol{\Omega})$ zu

$$\boldsymbol{M}_R(\dot{\boldsymbol{q}}) = \boldsymbol{M}_{R,stat}(\dot{\boldsymbol{q}}) + \boldsymbol{F}_M \cdot \boldsymbol{T}_G^{-1} \cdot \dot{\boldsymbol{q}} \tag{C1.14}$$

aktualisiert und in Gl. (6.46) bis Gl. (6.50) verwendet werden.

Natürlich muss auch hier bei der programmtechnischen Umsetzung die Winkelgeschwindigkeiten der Motoranker nicht auf 0, sondern auf $|\Omega_i| \geq \varepsilon_i$ bzw. $|\Omega_i| < \varepsilon_i$ mit entsprechend kleinen Werten für ε_i geprüft werden.

Es ist nochmals zu betonen, dass obiges Verfahren zur Modellierung der Reibung nur gilt, wenn der Antriebsstrang mechanisch steif angenommen werden kann und statische Reibungsverluste ausschließlich auf der Motorseite modelliert werden.

Wie schon erwähnt, ist zu einer genauen Nachbildung der Realität in einer Simulationsumgebung wichtig, die statische Reibung genau zu erfassen. Wenn aber das inverse Modell zur Regelung nach Gl. (7.55) verwendet wird, ist es wie beim Eingelenkmodell (Gl. (C1.4)) möglich, $\boldsymbol{M}_{R,stat}(\dot{\boldsymbol{q}}) = \boldsymbol{M}_{R,stat}(\boldsymbol{\Omega})$ statt mit Gl. (C1.13) mit

$$\boldsymbol{M}_{R,stat}(\dot{\boldsymbol{q}}) = \boldsymbol{M}_{R,stat}(\boldsymbol{\Omega}) = \left(M_{R0,1} \cdot \mathrm{sgn}(\Omega_1), \quad M_{R0,2} \cdot \mathrm{sgn}(\Omega_2), \quad \ldots \quad , M_{R0,n} \cdot \mathrm{sgn}(\Omega_n)\right)^{\mathrm{T}} \tag{C1.15}$$

zu berechnen. Es ist aber auch möglich, die Reibung als Vorsteuerung aufzuschalten. Es wird die Sollgeschwindigkeit der Motoranker durch $\boldsymbol{\Omega}_S = \boldsymbol{T}_G^{-1} \cdot \dot{\boldsymbol{q}}_S$ berechnet und statt Gl. (C1.15) wird im inversen Modell anstelle Gl. (C1.15)

$$\boldsymbol{M}_{R,stat}(\dot{\boldsymbol{q}}_S) = \left(M_{R0,1} \cdot \text{sgn}(\Omega_{S,1}), \quad M_{R0,2} \cdot \text{sgn}(\Omega_{S,2}), \quad \ldots \quad , M_{R0,n} \cdot \text{sgn}(\Omega_{S,n})\right)^{\mathrm{T}} \quad \text{(C1.16)}$$

verwendet. $\boldsymbol{M}_R(\dot{\boldsymbol{q}})$ wird durch

$$\boldsymbol{M}_R(\dot{\boldsymbol{q}}_S) = \boldsymbol{M}_{R,stat}(\dot{\boldsymbol{q}}_S) + \boldsymbol{F}_M \cdot \boldsymbol{T}_G^{-1} \cdot \dot{\boldsymbol{q}}_S \quad \text{(C1.17)}$$

ersetzt. Dies hat zwei Vorteile. Zum einen ist der Echtzeitrechenaufwand der Regelungsalgorithmen reduziert, zum anderen kann schon im Voraus die statische Reibung in der „richtigen Richtung" kompensiert werden.

D ManDy: Programmier-, Simulations- und Visualisierungswerkzeug

Das Programmsystem **ManDy** (**Man**ipulator **Dy**namics) wurde an der Hochschule Darmstadt im Zentrum für Robotik als eine einheitliche Programmier-, Simulations- und Visualisierungsumgebung für Mehrachskinematiken wie Roboter- und Manipulatorarme oder andere Mehrachsmaschinen entwickelt. Der typische Ablauf eines Auslegungsprozesses mit ManDy ist in Bild D1 dargestellt. Eine ausführliche Anleitung finden Sie auf *https://www.weber-industrieroboter.de.*

Der Anwender kann beliebige Kinematiken mit offener kinematischer Kette über eine einfache grafische Schnittstelle definieren, wobei die maximale Anzahl der Gelenke 10 beträgt. Die Eingabe der kinematischen Struktur erfolgt menügeführt auf der Basis der in der Robotertechnik üblichen Denavit-Hartenberg-Konvention (s. Abschnitt 2.2).

ManDy stellt eine Oberfläche zur Offline-Programmierung von Bewegungsbefehlen zur Verfügung. Eine Liste der Bewegungsbefehle ist in Tabelle D1 zu finden. Zu den Relativbewegungen in kartesischen Koordinaten muss noch angemerkt werden, dass sich die Angaben Δx, Δy und Δz immer auf das Weltkoordinatensystem K_0 beziehen. Die relativen Euler-Winkel ΔA, ΔB und ΔC beziehen sich immer auf das Werkzeugkoordinatensystem K_N. Die Befehle werden automatisch an die definierte Kinematik angepasst. Es besteht außerdem die Möglichkeit, die programmierte Bewegung mit einem dreidimensionalen Animationsmodell darstellen zu lassen. Das 3D-Modell wird automatisch erzeugt und in einem Web-Browser zur Anzeige gebracht. Die Bewegungsfähigkeit des Arms und die Erreichbarkeit verschiedener Zielstellungen kann auf diese Weise untersucht werden. Bei unerreichbaren Zielstellungen können die Kinematikparameter des betrachteten Roboters solange angepasst werden, bis zufriedenstellende Ergebnisse erzielt werden (s. Bild D1). Als nächstes kann geprüft werden, ob die geforderte Bewegung bei dem notwendigen mechanischen Aufbau, zur Verfügung stehenden Antriebssystemen und der eingesetzten Regelung überhaupt erreicht werden kann. Das Modell des Arms wird daher durch die Dynamikparameter erweitert (Massen, Trägheiten und Schwerpunkte der Armteile sowie Angaben zu Motoren und Getrieben). Der Anwender kann vier verschiedene Regelungsstrukturen auswählen und parametrisieren. Die simulierten Bewegungen können wieder durch eine 3D-Animation mit den Sollbewegungen verglichen werden. Alle Regelungs- und Stellgrößen können auch durch an die Gelenkanzahl angepasste grafische Darstellungen bewertet werden. Ist die Regelungsgüte nicht zufriedenstellend, besteht die Möglichkeit die Regelung zu modifizieren und/oder die Parameter der Dynamik zu verändern (Bild D1).

Das vollständige Programm ManDy und eine ausführliche Anleitung enthält die angegebene Internetseite.

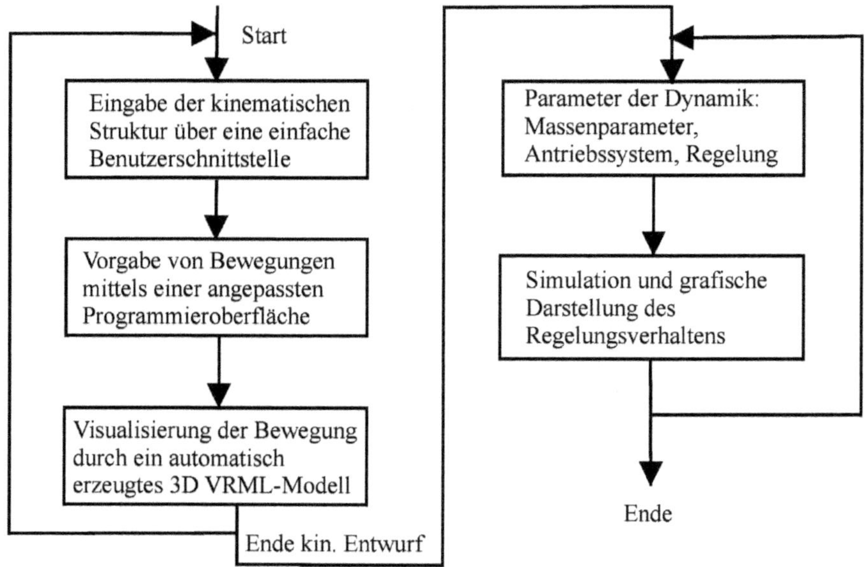

Bild D1 Übersicht zu ManDy

Tabelle D1 Programmierbefehle

Befehl	Parameter	Beschreibung
PTP	$q_1, \ldots, q_N$ oder x, y, z, A, B, C	Point-To-Point-Bahn: Es wird von der aktuellen Stellung zur in Gelenkkoordinaten oder kartesischen Koordinaten angegebenen Zielstellung verfahren. Es kann ein rampen- oder sinoidenförmiges Geschwindigkeitsprofil ausgewählt werden.
PTPREL	$\Delta q_1, \ldots, \Delta q_N$ oder $\Delta x, \Delta y, \Delta z,$ $\Delta A, \Delta B, \Delta C$	Relative Point-To-Point-Bahn: Es wird von der aktuellen Stellung zur in relativen Gelenkkoordinaten oder relativen kartesischen Koordinaten angegebenen Zielstellung verfahren. Es kann ein rampen- oder sinoidenförmiges Geschwindigkeitsprofil ausgewählt werden.

Tabelle D1 Programmierbefehle *(Fortsetzung)*

Befehl	Parameter	Beschreibung
SPEEDPTP	$v_1, \ldots, v_N$ in %	Gelenkgeschwindigkeitsvorgabe für PTP-Bahnen: Definition der Gelenkgeschwindigkeiten in Prozent der max. Gelenkgeschwindigkeiten. Die Gelenkgeschwindigkeitsvorgabe gilt solange für alle PTP-Bahnen, bis eine neue Vorgabe erfolgt. Voreinstellung: 50 %
ACCELPTP	$a_1, \ldots, a_N$ in %	Gelenkbeschleunigungsvorgabe für PTP-Bahnen: Definition der Gelenkbeschleunigungen in Prozent der max. Gelenkbeschleunigungen. Die Gelenkbeschleunigungsvorgabe gilt solange für alle PTP-Bahnen, bis eine neue Vorgabe erfolgt. Voreinstellung: 50 %
LIN	$q_1, \ldots, q_N$ oder x, y, z, A, B, C	Linearbahn: Der TCP fährt von der aktuellen Stellung zu der in Gelenkkoordinaten oder kartesischen Koordinaten angegebenen Zielstellung auf einer Geraden. Die Euler-Winkel werden kontinuierlich von den aktuellen Werten zu den Zielwerten nachgestellt. Es kann ein rampen- oder sinoidenförmiges Geschwindigkeitsprofil ausgewählt werden.
LINREL	$\Delta q_1, \ldots, \Delta q_N$ oder $\Delta x, \Delta y, \Delta z,$ $\Delta A, \Delta B, \Delta C$	Relative Linearbahn: Der TCP fährt von der aktuellen Stellung zu der in relativen Gelenkkoordinaten oder relativen kartesischen Koordinaten angegebenen Zielstellung auf einer Geraden. Die Euler-Winkel werden kontinuierlich von den aktuellen Werten zu den relativ angegebenen Zielwerten nachgestellt. Es kann ein rampen- oder sinoidenförmiges Geschwindigkeitsprofil ausgewählt werden.
CIRC	x_H, y_H, z_H und x, y, z, A, B, C	Zirkularbahn: Der TCP fährt auf einem Kreisbogen von der aktuellen Stellung über den Hilfspunkt (x_H, y_H, z_H) zur Zielstellung. Die Euler-Winkel werden kontinuierlich von den aktuellen Werten zu den Zielwerten nachgestellt. Es kann ein rampen- oder sinoidenförmiges Geschwindigkeitsprofil ausgewählt werden.
CIRCREL	$\Delta x_H, \Delta y_H, \Delta z_H$ und $\Delta x, \Delta y, \Delta z,$ $\Delta A, \Delta B, \Delta C$	Relative Zirkularbahn: Der TCP fährt auf einem Kreisbogen von der aktuellen Stellung über den relativ angegebenen Hilfspunkt zum in relativ angegebenen Zielpunkt. Die Euler-Winkel werden kontinuierlich von den aktuellen Werten zu den relativ angegebenen Zielwerten nachgestellt. Es kann ein rampen- oder sinoidenförmiges Geschwindigkeitsprofil ausgewählt werden.

Befehl	Parameter	Beschreibung
SPEEDCP	v_{pos} und v_{ori} in %	Geschwindigkeitsvorgabe für CP-Bahnen: Vorgabe der Bahngeschwindigkeit und der Orientierungsgeschwindigkeit in Prozent der Maximalwerte. Die Geschwindigkeitsvorgaben gelten solange für alle CP-Bahnen, bis eine neue Vorgabe erfolgt. Voreinstellung: 50 %
ACCELCP	a_{pos} und a_{ori} in %	Beschleunigungsvorgabe für CP-Bahnen: Vorgabe der Bahnbeschleunigung und der Orientierungsbeschleunigung in Prozent der Maximalwerte. Die Beschleunigungsvorgaben gelten solange für alle CP-Bahnen, bis eine neue Vorgabe erfolgt. Voreinstellung: 50 %
WAIT	t	Warten: Es wird die Zeit t gewartet. Während dieser Zeit werden die Gelenksollwerte konstant gehalten.
COMMENT		Einfügen einer Kommentarzeile

E Weitere Simulationswerkzeuge

Ausführliche Hinweise und zusätzliche Werkzeuge finden Sie auf *https://www.weber-industrieroboter.de.*

E1 PTP- und CP-Interpolation für einen planaren Zweigelenkroboter

Auf dem Unterverzeichnis *Interpolation* auf der Internetseite befinden sich mehrere Matlab-M-Files, darunter das Hauptprogramm *interpolation_pl2.* Der Aufruf erfolgt durch Eingabe des Namens *interpolation_pl2* im Matlab-Kommandomenü. Zuerst muss jedoch mit dem Befehl *CD* oder dem Path Browser auf das Verzeichnis *Interpolation* gezeigt werden.

Nachdem die kinematischen konstanten Parameter des planaren Zweigelenkroboters im Dialog angegeben wurden, führt das Programm die Interpolation von einem Startpunkt auf einen Zielpunkt mit einer PTP- oder einer CP-Bahn durch. Dabei können Startpunkt und Zielpunkt sowohl für die PTP-Bahn als auch für die CP-Bahn kartesisch oder in Winkelkoordinaten angegeben werden. Bei der kartesischen Angabe wird auf die z-Koordinate verzichtet, da der TCP sich nur in der x-y-Ebene bewegen kann. Verschiedene grafische Ausgaben werden bereitgestellt. Siehe auch das Beispiel in Kapitel 4.

E2 Spline-Interpolation

Für den Test von einfachen Splines 3. Ordnung (kubische Splines) stehen die Hauptprogramme *spline_ord3_PTP* und *spline_ord3_CP* im Verzeichnis *Interpolation* zur Verfügung. Der Aufruf erfolgt durch Eingabe des Namens im Matlab-Kommandomenü. Bei den Eingabeparametern handelt es sich um die Stützstellen mit dazugehörigen Geschwindigkeitsvektoren und die Bahndauer aller Bahnsegmente (siehe auch das Beispiel in Kapitel 4). Mit den Programmen *spline_ord5_PTP* und *spline_ord5_CP* stehen auch Splines 5. Ordnung zur Verfügung, bei denen noch zusätzlich Beschleunigungen in den Stützstellen angegeben werden können.

PTP-Spline mit den Programmen spline_ord3_PTP und spline_ord5_PTP

Nach Eingabe der Stützstellen für ein Gelenk werden noch vorzeichenbehaftete Geschwindigkeitswerte für alle Stützstellen und die gewünschten Bahnlaufzeiten aller Bahnsegmente angegeben, bei *spline_ord5_PTP* zusätzlich vorzeichenbehaftete Beschleunigungswerte. Zum Vergleich werden die Stützstellen auch mit einer PTP-Rampenbahn angefahren. Die Bahnzeiten für diese Bahnsegmente sind identisch mit denen der Spline-Bahn. Wird mit *spline_ord3_PTP* gefahren, müssen zur Vollständigkeit noch die absoluten Beschleunigungswerte der Rampenbahnen angegeben werden. Bei *spline_ord5_PTP* werden die Beträge der Beschleunigungen in den Stützstellen für die Rampenbahnen genommen. Nach Durchführung der Berechnung stehen verschiedene grafische Ausgaben zur Verfügung.

CP-Spline mit den Programmen spline_ord3_CP und spline_ord5_CP

Die Spline-Interpolation erfolgt für die kartesische Position des TCP. Die Orientierung wird nicht berücksichtigt. Die Stützpunkte und die Geschwindigkeiten in den Stützpunkten sind als Spaltenvektoren mit drei Komponenten anzugeben. Bei Einsatz des Programmes *spline_ord5_CP* zählen zusätzlich die Beschleunigungsvektoren in den Stützpunkten zu den Eingabewerten. Die Bahnlaufzeiten für alle Bahnsegmente werden ebenfalls eingegeben. Die vorbereiteten grafischen Darstellungen zeigen die Bahn in den drei Ebenen, die zeitabhängige Bahnlänge, die absoluten Bahngeschwindigkeiten und Bahnbeschleunigungen sowie die Geschwindigkeiten $\mathrm{d}p_x / \mathrm{d}t$, $\mathrm{d}p_y / \mathrm{d}t$, $\mathrm{d}p_z / \mathrm{d}t$ und Beschleunigungen $\mathrm{d}^2 p_x / \mathrm{d}t^2$, $\mathrm{d}^2 p_y / \mathrm{d}t^2$, $\mathrm{d}^2 p_z / \mathrm{d}t^2$.

E3 Newton-Euler-Verfahren für Zweigelenkroboter

Auf dem Pfad *Robot_2G* liegen die zwei Hauptprogramme N_E_2G und MOD_2G zur Berechnung des inversen Modells eines beliebigen Zweigelenkroboters. Der Aufruf der Programme erfolgt mit Eingabe des jeweiligen Namens. Matlab muss dabei auf den entsprechenden Pfad zeigen. Wird N_E_2G verwendet, muss zuerst der vollständige Pfad *Robot_2G* auf die Festplatte des PCs kopiert werden, da in N_E_2G Dateien angelegt werden. MOD_2G benötigt die Symbolic Toolbox von Matlab.

Numerisches Modell mit dem Programm N_E_2G

Nach dem Aufruf von N_E_2G können in einem Dialogmenü die Parameter des Roboters numerisch vollständig definiert oder voreingestellte Werte übernommen werden. (s. Bild E1). Die Eingabe von aktuellen Werten ist im dunkelgrau unterlegten Feld vorzunehmen.

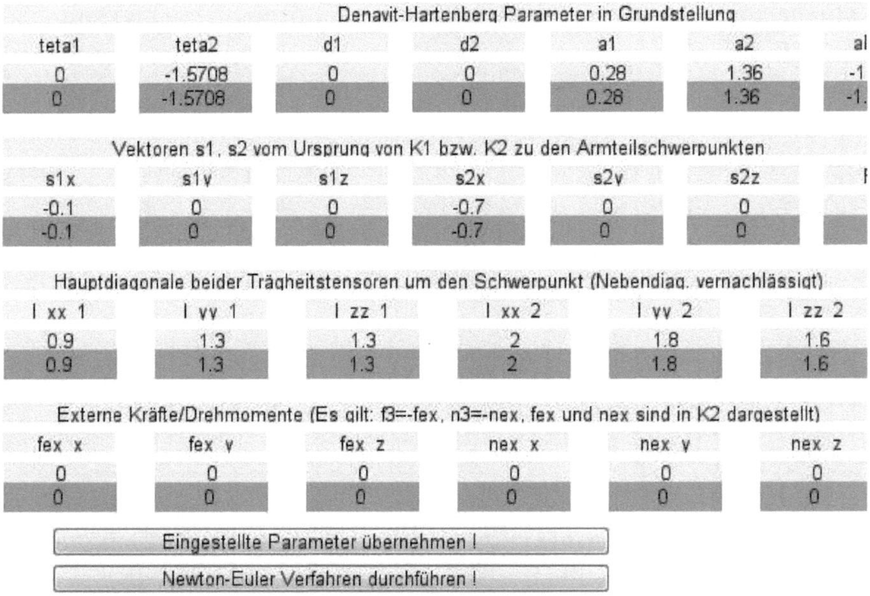

Denavit-Hartenberg Parameter in Grundstellung

teta1	teta2	d1	d2	a1	a2	al
0	-1.5708	0	0	0.28	1.36	-1
0	-1.5708	0	0	0.28	1.36	-1.

Vektoren s1, s2 vom Ursprung von K1 bzw. K2 zu den Armteilschwerpunkten

s1x	s1y	s1z	s2x	s2y	s2z	I
-0.1	0	0	-0.7	0	0	
-0.1	0	0	-0.7	0	0	

Hauptdiagonale beider Trägheitstensoren um den Schwerpunkt (Nebendiag. vernachlässigt)

I xx 1	I yy 1	I zz 1	I xx 2	I yy 2	I zz 2
0.9	1.3	1.3	2	1.8	1.6
0.9	1.3	1.3	2	1.8	1.6

Externe Kräfte/Drehmomente (Es gilt: f3=-fex, n3=-nex, fex und nex sind in K2 dargestellt)

fex x	fex y	fex z	nex x	nex y	nex z
0	0	0	0	0	0
0	0	0	0	0	0

Eingestellte Parameter übernehmen !

Newton-Euler Verfahren durchführen !

Bild E1 Einstellung der Modellparameter in N_E_2G

Die Gelenkart wird über h_1 bzw. h_2 bestimmt. Es sind nur die Werte 1 für Drehgelenk und 0 für Schubgelenk zulässig. Der Vektor g zeigt in Richtung der Fallbeschleunigung und ist im Koordinatensystem K_0 anzugeben. Ist Gelenk 1 ein Schubgelenk, ist d_1 kein konstanter Parameter und wird später überschrieben, während θ_1 („teta1") als konstanter Parameter verwendet wird. Ist Gelenk 1 jedoch ein Drehgelenk, ist θ_1 eine zeitabhängige Bewegungsgröße und wird später überschrieben. Hier wird d_1 als konstanter Parameter übernommen. Entsprechendes gilt für Gelenk 2. Alle anderen Parameter sind gemäß der Denavit-Hartenberg-Konvention einzugeben. Der externe Kraft- und Momentenvektor ist im Koordinatensystem K_2 dargestellt.

Nach Betätigen von *Eingestellte Parameter übernehmen* ist das Feld *Newton-Euler-Verfahren durchführen* anzuwählen. Nach Eingaben der Gelenkkoordinaten, Gelenkgeschwindigkeiten und Gelenkbeschleunigungen werden die an den Gelenken wirkenden Kräfte bzw. Drehmomente τ_1, τ_2 und die Systemmatrizen nach Gl. (6.38) berechnet und angezeigt.

Symbolisch/numerisches Modell mit dem Programm MOD_2G

MOD_2G kann vollständig die Funktionalität des Programmes N_E_2G übernehmen. Allerdings müssen bei jedem Lauf sämtliche Parameter des Zweigelenkroboters eingegeben werden. Die Angabe der konstanten Modellparameter kann dabei numerisch oder symbolisch erfolgen. Wenn ein symbolisches Modell erstellt werden soll, ist es jedoch von Vorteil, diejenigen Parameter, die den Wert 0 haben, als numerischen Wert einzugeben.

In MOD_2G kann zusätzlich das Antriebssystem einbezogen werden und man erhält sowohl die Systemmatrizen nach Gl. (6.38) als auch durch Einbeziehung des Antriebssystems die Systemmatrizen in der Form

$$U_S = M^*(q)\cdot\ddot{q} + G^*(q) + R^*(q)\cdot\dot{q} + C^*(q,\dot{q}) + (\hat{J}^*(q))^{\mathrm{T}}\cdot\begin{pmatrix} f_{ex} \\ n_{ex} \end{pmatrix}$$

und alle relevanten Größen in symbolischer oder numerischer Form. Zuletzt kann man auch die Bewegungsgrößen numerisch eingeben, um ein numerisches Ergebnis für τ_1, τ_2 zu erhalten. Zu beachten ist, dass die symbolische Formelmanipulation mit Matlab eine große Rechenleistung vom PC erfordert, und sich je nach Leistungsfähigkeit des PCs längere Antwortzeiten ergeben können.

E4 Simulation einer Eingelenkregelung

Für die Simulation der Geschwindigkeitsregelung und der vollständigen Kaskadenregelung einer dezentralen Eingelenkregelung stehen Matlab und Simulink-Programme auf dem Pfad *SIM_Gel* zur Verfügung. Die Simulationen von Abschnitt 7.2 wurden mit diesen Programmen durchgeführt.

Simulation der Geschwindigkeitsregelung

Es sind die Simulink-Programme GESCHW_PI zur Simulation bei Einsatz eines PI-Geschwindigkeitsreglers oder GESCHW_REDUS zum Test eines ReDuS-Reglers vorhanden. Die entsprechenden Parameter der Regelstrecke und des Reglers können in den Matlab-M-Files PI_PAR für den PI-Regler und RED_PAR für den ReDuS-Regler eingestellt werden. In diesen zwei M-Files sind auch Entwurfsmethoden programmiert, wie sie in Abschnitt 7.2 vorgeschlagen wurden.

Zur Durchführung der Simulation ist zuerst das entsprechende M-File zu editieren und auszuführen und dann das Simulink-File mit *Simulation-Start* zu aktivieren.

Simulation der Lageregelung

Zur Simulation der Lageregelung können die Simulink-Programme LAGE_PI oder LAGE_REDUS benutzt werden. Im erstgenannten Programm hat der unterlagerte Geschwindigkeitsregelkreis PI-Struktur, im zweitgenannten Programm ist der unterlagerte Geschwindigkeitsregler ein ReDuS-Regler. Je nachdem welcher Geschwindigkeitsregler eingesetzt wird, können die Parameter der Regelstrecke und des Reglers wieder in den Matlab-M-Files PI_PAR und RED_PAR eingestellt werden.

Zur Durchführung der Simulation ist zuerst das entsprechende M-File zu editieren und auszuführen und dann das Simulink-File mit *Simulation-Start* zu aktivieren.

Hinweise zur Internetseite

https://www.weber-industrieroboter.de

Es können folgende Inhalte heruntergeladen bzw. eingesehen werden:

- **ManDy:** Einheitliche Programmier-, Simulations- und Visualisierungsumgebung
- **Interpolation:** Matlab-M-Files zur Interpolation
- **Robot_2G:** Matlab M-Files zur Modellbildung von Zweigelenkrobotern
- **Sim_Gel:** Matlab- und Simulink-Programme zur Simulation von Einzelregelkreisen
- Lösungen zu den Aufgaben im Buch
- **Beispiel_TR:** Beispiel zur Modellierung und Regelung
- Hinweise auf Fehler und zu den Programmen
- **Beispiel Visual Servoing:** Grundlegende Simulation mit einem SCARA

Zur Nutzung der Programme ist zum Teil Matlab® R2020b erforderlich.

Zusätzlich ist die Toolbox Symbolic Math Toolbox für das Programm MOD_2G aus Robot_2G und Simulink für Sim_Gel erforderlich.

Bitte beachten Sie auch die Erläuterungen im Anhang und auf *https://www.weber-industrieroboter.de.*

Rückmeldungen und Hinweise auf Fehler senden Sie bitte an:
wolfgang-juergen.weber@h-da.de

Literatur

Literatur zu Kapitel 1

Populärwissenschaftliche Bücher

/1.1/ Bartneck, C., Belpaeme, T. et al.: *Mensch-Roboter-Interaktion. Eine Einführung.* Hanser, 2020

/1.2/ Bendle, O.: *Die Moral in der Maschine – Beiträge zur Roboter und Maschinenethik.* Kindle Edition, 2016

/1.3/ Ichbiah, D.: *Roboter. Geschichte – Technik – Entwicklung.* Knesebeck, München, 2005

/1.4/ Knoll, A.; Christaller, T.: *Robotik.* Fischer (Tb.), Frankfurt/M., 2016

/1.5/ Meyer, S.: *Mein Freund der Roboter. Servicerobotik für ältere Menschen – eine Antwort auf den demografischen Wandel?* VDE, Berlin/Offenbach, 2011

/1.6/ de Miranda, L. (Hrsg.): *Künstliche Intelligenz & Robotik in 30 Sekunden.* Librero, 2019

/1.7/ Wagner, T.: *Robokratie. Google, das Silicon Valley und der Mensch als Auslaufmodell.* PapyRossa, Köln, 2. Aufl., 2016

/1.8/ Wißnet, A.: *Roboter in Japan.* Iudicium Verlag, München, 2007

Lehr- und Fachbücher

/1.9/ Angeles, J.: *Fundamentals of Robotic Mechanical Systems.* Springer, New York, 4. Aufl., 2014

/1.10/ Buxbaum, H.-J. (Hrsg.): *Mensch-Roboter-Kollaboration.* Springer, 2020

/1.11/ Corke, P.: *Robotics, Vision and Control. Mechanical.* Springer, Berlin/Heidelberg, 2. Aufl., 2017

/1.12/ Craig, J. J.: *Introduction to Robotics-Mechanics and Control.* Pearson, 4. Aufl., 2017

/1.13/ Dillman, R.; Huck, M.: *Informationsverarbeitung in der Robotik.* Springer, Berlin [u. a.], 1991

/1.14/ Gevatter, H. J.; Grünhaupt, U. (Hrsg.): *Handbuch der Mess- und Automatisierungstechnik in der Produktion.* Springer, Berlin [u. a.], 2006

/1.15/ Haun, M.: *Handbuch Robotik.* Springer, Berlin [u. a.], 2. Aufl., 2013

/1.16/ Hesse, S.; Maliso, V. (Hrsg.): *Taschenbuch Robotik – Montage – Handhabung.* Hanser, München, 2. Aufl., 2016

/1.17/ Jazar, R. N.: *Theory of Applied Robotics. Kinematics, Dynamics and Control.* Springer, New York, Dodrecht, Heidelberg, 2. Aufl., 2010

/1.18/ Koubaa, A. (Hrsg.): *Robot Operating System. The Complete Reference.* Springer, Berlin[u. a.], Vol. 1, 2016, Vol. 2, 2017, Vol. 3, 2019, Vol. 4, 2020, Vol. 5, 2020, Vol. 6, 2021

/1.19/ Müller, R.; Franke, J. et al. (Hrsg.): *Handbuch Mensch-Roboter-Kollaboration.* Hanser, München, 2019

/1.20/ Paul, R. P.: *Robot Manipulators.* MIT Press, Cambridge, Mass., 1982

/1.21/ Pott, A., Dietz, T.: *Industrielle Robotersysteme. Entscheiderwissen für die Planung und Umsetzung wirtschaftlicher Roboterlösungen.* Springer, 2019

/1.22/ Reinhart, G.; Flores, A. E. M.; Zwicker, C.: *Industrieroboter. Planung - Integration - Trends.* Vogel, Würzburg, 2018

/1.23/ Schraft, R. D.; Hägele, M.; Wegener, K.; Kubacki, J. (Hrsg.): *Service - Roboter - Visionen.* Hanser, München, 2004

/1.24/ Siciliano, B.; Khatib, O.: *Springer Handbook of Robotics.* Springer, Berlin [u. a.], 2. Aufl., 2016

/1.25/ Siegert, H. J.; Bocionek, S.: *Robotik. Programmierung intelligenter Roboter.* Springer, Berlin [u. a.], 1996

/1.26/ Stark, G.: *Robotik mit Matlab.* Hanser, München/Wien, 2009

/1.27/ Verl, A.; AlbuSchäffer, A.; Brock, O.; Raatz, A. (Hrsg.): *Soft Robotics. Transferring Theory to Application.* Springer, Berlin [u. a.], 2015

/1.28/ Weck, M.; Brecher, C.: *Werkzeugmaschinen 4.* VDIBuch bei Springer, Heidelberg, 6. Aufl., 2013

Aufsätze

/1.29/ Elkmann, N.: *Projektionsbasierte Arbeitsraumüberwachung und intuitive MRI. https://www.iff.fraunhofer.de/content/dam/iff/de/dokumente/publikationen/projektionsbasierte-arbeitsraum ueberwachung-und-intuitive-mri-fraunhofer-iff.pdf*, 2016

/1.30/ Radusch, A: *Gefahrensituation und Stillsetzung des Roboters bei der Mensch-Roboter Kollaboration.* Masterkolleg, Wilhelm Büchner Hochschule, Darmstadt, Oktober 2021

Literatur zu Kapitel 2

Lehr- und Fachbücher

/2.1/ Angeles, J.: *Fundamentals of Robotic Mechanical Systems.* Springer, New York, 4. Aufl., 2014

/2.2/ Brillowski, K.: *Einführung in die Robotik. Auslegung und Steuerung serieller Roboter.* Shaker, Aachen, 2004

/2.3/ Corke, P.: *Robotics, Vision and Control. Mechanical.* Springer, Berlin/Heidelberg, 2. Aufl., 2017

/2.4/ Craig, J. J.: *Introduction to Robotics-Mechanics and Control.* Pearson, 4. Aufl., 2017

/2.5/ Heimann, B.; Amos, A.; Ortmaier, T.; Rissing, L.: *Mechatronik.* Hanser, München/Wien, 4. Aufl., 2016

/2.6/ Husty, M. et al.: *Kinematik und Robotik.* Springer, Berlin [u. a.], 1997

/2.7/ Jazar, R. N.: *Theory of Applied Robotics. Kinematics, Dynamics, and Control.* Springer, New York, Dodrecht, Heidelberg, London, 2. Aufl., 2010

/2.8/ Lynch, K. M.; Park, F. C.: *Modern Robotics. Mechanics, Planning and Control.* Cambridge University Press, Cambridge UK, 2017

/2.9/ Mareczek, J.: *Grundlagen der Roboter-Manipulatoren - Band 1. Modellbildung von Kinematik und Dynamik.* Springer, 2020

/2.10/ Mareczek, J.: *Grundlagen der Roboter-Manipulatoren Band 2. Pfad- und Bahnplanung, Antriebsauslegung, Regelung.* Springer, 2020

/2.11/ Paul, R. P.: *Robot Manipulators.* MIT Press, Cambridge, Mass., 1982

/2.12/ Schwinn, W.: *Grundlagen der Roboterkinematik.* Schmalbach, 1992

/2.13/ Siciliano, B.; Sciavicco, L.; Villani, L.; Oriolo, G.: *Robotics: Modelling, Planning and Control.* Springer, London, 2. Aufl., 2010

/2.14/ Siciliano, B.; Khatib, O. (Hrsg.): *Springer Handbook of Robotics.* Springer, Berlin/Heidelberg, 2. Aufl., 2016

/2.15/ Stark, G.: *Robotik mit Matlab.* Hanser, München/Wien, 2009

Aufsätze

/2.16/ Denavit, J.; Hartenberg, R. S.: *A Kinematic Notation for Lower-Pair Mechanisms Based on Matrices.* In: ASME Journal of Applied Mechanics (1955), 215 - 222

/2.17/ Pieper, D.; Roth, B.: *The Kinematics of Manipulators Under Computer Control.* In: Proc. of the Second Int. Congr. on Theory of Machines and Mechanisms, Zakopane, Polen, (1969) 2, 159 - 169

/2.18/ VDI-Richtlinien 2861, Blatt 1: Kenngrößen für Industrieroboter - Achsbezeichnungen. Juni 1988

Literatur zu Kapitel 3

Lehr- und Fachbücher

/3.1/ Bartsch, J.; Sachs, M.: *Taschenbuch mathematischer Formeln.* Hanser, München, 24. Aufl., 2018

/3.2/ Brillowski, K.: *Einführung in die Robotik. Auslegung und Steuerung serieller Roboter.* Shaker, Aachen, 2004

/3.3/ Craig, J. J.: *Introduction to Robotics-Mechanics and Control.* Pearson, 4. Aufl., 2017

/3.4/ Jazar, R. N.: *Theory of Applied Robotics. Kinematics, Dynamics and Control.* Springer, New York, Dodrecht, Heidelberg, 2. Aufl., 2010

/3.5/ Mareczek, J.: *Grundlagen der Roboter-Manipulatoren - Band 1. Modellbildung von Kinematik und Dynamik.* Springer, 2020

/3.6/ Mareczek, J.: *Grundlagen der Roboter-Manipulatoren - Band 2. Pfad- und Bahnplanung, Antriebsauslegung, Regelung.* Springer, 2020

/3.7/ Siciliano, B.; Sciavicco, L.; Villani, L.; Oriolo, G.: *Robotics. Modelling, Planning and Control.* Springer, London, 2. Aufl., 2010

/3.8/ Stark, G.: *Robotik mit Matlab.* Hanser, München/Wien, 2009

Aufsätze

/3.9/ Eppinger, M.; Kreuzer, E.: *Systematischer Vergleich von Verfahren zur Rückwärtstransformation bei Industrierobotern.* In: Robotersysteme 5 (1989), 219 - 228

/3.10/ Heiß, H.: *Roboterbewegungen mit Bahninterpolation.* VDI Berichte 1094 (1993), 569 - 578

/3.11/ Mehner, E.: *Automatische Generierung von Rücktransformationen für nichtredundante Roboter.* In: Robotersysteme 6 (1990), 81 - 88

/3.12/ Pieper, D.; Roth, B.: *The Kinematics of Manipulators Under Computer Control.* In: Proc. of the Second Int. Congr. on Theory of Machines and Mechanisms, Zakopane, Polen, (1969) 2, 159 - 169

/3.13/ Rall, K.; Wollnack, J.; Gossel, O.: *Kinematische Ketten: Schnelle und exakte Differentiation.* In: Automatisierungstechnik 43 (1995), 14 - 23

/3.14/ Weber, A.: *OSCAR - Optimization Strategy for Control of Redundant Articulated Robots.* In: Proc. 5th World Conf. on Robotics Research, Cambridge, Massachusetts, 1994, 13 - 21 bis 13 - 33

/3.15/ Weber, W.; König, A.: *Virtuelle Gelenke zur Lösung der universellen inversen Kinematik.* Internationales Forum Mechatronik, Oktober 2013, Winterthur, Schweiz

/3.16/ Woernle, C.: *Ein systematisches Verfahren zur Rückwärtstransformation bei Industrierobotern.* In: Robotersysteme 3 (1987), 219 - 228

Literatur zu Kapitel 4

Lehr- und Fachbücher

/4.1/ Biagiotti, L.; Melchiorri, C.: *Trajectory Planning for Automatic Machines and Robots.* Springer, Berlin/Heidelberg, 2008

/4.2/ Craig, J. J.: *Introduction to Robotics. Mechanics and Control.* Prentice Hall, New Jersey, 4. Aufl., 2017

/4.3/ Husty, M.: *Kinematik und Robotik.* Springer, Berlin [u. a.], 1997

/4.4/ Jazar, R. N.: *Theory of Applied Robotics. Kinematics, Dynamics and Control.* Springer, New York, Dodrecht, Heidelberg, 2. Aufl., 2010

/4.5/ Keppeler, M.: *Führungsgrößenerzeugung für numerisch bahngesteuerte Industrieroboter.* Springer, Berlin, 1984

/4.6/ Lynch, K. M.; Park, F. C.: *Modern Robotics. Mechanics, Planning and Control.* Cambridge University Press, Cambridge UK, 2017

/4.7/ Mareczek, J.: *Grundlagen der Roboter-Manipulatoren - Band 2. Pfad- und Bahnplanung, Antriebsauslegung, Regelung.* Springer, 2020

/4.8/ Olomski, J.: *Bahnplanung und Bahnführung von Industrierobotern.* Vieweg, Braunschweig, 1991

/4.9/ Shikin, V.; Plis, A. I.: *Handbook on Splines for the user.* CRC Press, Boca Raton/New York, 1995

/4.10/ Siciliano, B.; Sciavicco, L.; Villani, L.; Oriolo, G.: *Robotics. Modelling, Planning and Control.* Springer, London, 2. Aufl., 2010

/4.11/ Siciliano, B.; Khatib, O.: *Springer Handbook of Robotics.* Springer, Berlin [u. a.], 2. Aufl., 2016

/4.12/ Späth, H.: *Spline-Algorithmen zur Konstruktion glatter Kurven und Flächen.* Oldenbourg, München, 4. Aufl., 1986

/4.13/ Stark, G.: *Robotik mit Matlab.* Hanser, München/Wien, 2009

/4.14/ Weck, M.; Brecher, C.: *Werkzeugmaschinen.* VDIBuch bei Springer, Heidelberg, 6. Aufl., 2013

Aufsätze und Dokumentationen

/4.15/ Bechtloff, J.: *Neue Verfahren zur Echtzeitinterpolation für die Bahnsteuerung 6-achsiger Industrieroboter.* In: VDI Berichte 1094 (1993), 511-524

/4.16/ Heiß, H.: *Roboterbewegungen mit Bahninterpolation und Überschleifen.* In: VDI Berichte 1094 (1993), 569 - 578

/4.17/ Khalil, W.: *Trajectories Calculations in the Joint Space of Robot.* In: Danthine, A.; Geradin, M. (eds.): Advanced Software in Robotics. Elsevier Science Publishers, New York, (1984), 177 - 185

/4.18/ Weber, W.; König, A.; Nodem, D. X.: *User-Defined Transition between Path Segments in Terms of Tolerances in Speed and Position Deviation.* Int. Symp. on Robotics - Robotik 2016, München, 21./22. Juni 2016, 187 - 193, VDEVerlag, Berlin, Offenbach, ISBN 9783800742318

Literatur zu Kapitel 5

Lehr- und Fachbücher

/5.1/ Dillman, R.; Huck, M.: *Informationsverarbeitung in der Robotik.* Springer, Berlin [u. a.], 1991

/5.2/ Haun, M.: *Handbuch Robotik.* Springer, Berlin [u. a.], 2. Aufl., 2013

/5.3/ Ley, W.; Wittmann, K.; Hallmann, W. (Hrsg.): *Handbuch der Raumfahrttechnik.* Hanser, München, 5. Aufl., 2019

/5.4/ Siegert, H. J.; Bocionek, S.: *Robotik. Programmierung intelligenter Roboter.* Springer, Berlin [u. a.], 1996

Aufsätze/Handbücher

/5.5/ ABB: *Technisches Referenzhandbuch RAPID. Instruktionen, Funktionen und Datentypen, RobotWare 6.12.* Integrierte Hilfe im ABB Robot Studio. *https://new.abb.com/products/robotics/de/robotstudio/downloads*, Oktober 2021

/5.6/ Borgolte, U.: *IRL - Die deutsche Norm für explizite Roboterprogrammierung.* In: VDI Berichte 1094 (1993), 535 - 544

/5.7/ Brunner, B.; Vogel, J.; Hirzinger, G.: *Aufgabenorientierte Fernprogrammierung von Robotern.* In: Automatisierungstechnik 49 (2001), 312 - 319

/5.8/ *DIN 66312: Industrieroboter - Programmiersprache - Industrial Robot Language.* September 1996

/5.9/ *EasyRob: Easy-Rob 3D Robot Simulation Tool. www.easyrob.com*, April 2019

/5.10/ Ferre, M.; Buss, M.; Aracil, R.; Melchiorri, C.; Balaguer, C. (eds.): *Advances in Telerobotics.* Springer, Berlin/Heidelberg, 2007

/5.11/ Finkemeyer, B.: *Robotersteuerungsarchitektur auf der Basis von Aktionsprimitiven.* Fortschritte in der Robotik, Band 8, Shaker, Aachen, 2004

/5.12/ König, A.; Kleinmann, K.; Weber, W.: *Verbesserung des Einrichtprozesses von Industrierobotern durch akustisches Echtzeit-Feedback.* In: Automation 2012, VDIBerichte 2171, VDIVerlag, Düsseldorf, 2012, 287 - 290

/5.13/ Kuebler, B.; Seibold, U.: *Aktueller Stand und Entwicklung der robotergestützten Chirurgie.* In: Kramme, R. (Hrsg.): Medizintechnik. Verfahren, Systeme, Informationsverarbeitung. Springer, Berlin/Heidelberg, 5. Aufl., 2016

/5.14/ KUKA: KR C1/KR C2/KR C3. Reference Guide, Release 4.1

/5.15/ Maletzki, G.; Pawletta, T.; Pawletta, S.; Dünow, P.; Lampe, B.: *Simulationsmodellbasiertes Rapid Prototyping von komplexen Robotersteuerungen.* In: Atp -Automatisierungstechnische Praxis 50 (2008), 54 - 60

/5.16/ Passenberg, C.; Peer, A.; Buss, M.: *A survey of environment-, operator-, and task-adapted controllers for teleoperation systems.* Journal of Mechatronics, (2010), 787 - 801

/5.17/ Siemens: Robotersimulation und Programmierung. *https://www.plm.automation.siemens.com/de_de/products/tecnomatix/manufacturingsimulation/robotics-and-automation-programming*, April 2019

/5.18/ Som, F.: *Robotersteuerung mit eingebetteter grafischer 3D-Simulation und effizienten Expertenfunktionen für eine automatisierte Programmerstellung.* In: Robotik 2008, VDIBerichte 2012, VDIVerlag, Düsseldorf, 2008, S. 171 - 174 (Langfassung auf CD)

/5.19/ Wang, J., Rossano, G., Fuhlbrigge, T., Staab, H., Boca, R.: *Attribute Enabled Programming of Industrial Robots.* In: 47th International Symposium on Robotics, 2016, pp. 1 - 8

Literatur zu Kapitel 6

Lehr- und Fachbücher

/6.1/ Corke, P.: *Robotics, Vision and Control. Mechanical.* Springer, Berlin/Heidelberg, 2. Aufl., 2017

/6.2/ Craig, J. J.: *Introduction to Robotics-Mechanics and Control.* Pearson, 4. Aufl., 2017

/6.3/ Hagl, R.: *Elektrische Antriebstechnik.* Hanser, München/Wien, 3. überarb. und erw. Auflage, 2021

/6.4/ Heimann, B.; Albert, A.; Ortmaier, T.; Rissing, L.: *Mechatronik. Komponenten - Methoden - Beispiele.* Hanser, München/Wien, 4. Aufl., 2015

/6.5/ Jazar, R. N.: *Theory of Applied Robotics. Kinematics, Dynamics and Control.* Springer, New York, Dodrecht, Heidelberg, 2. Aufl., 2010

/6.6/ Mareczek, J.: *Grundlagen der Roboter-Manipulatoren - Band 1. Modellbildung von Kinematik und Dynamik*. Springer, 2020

/6.7/ Mareczek, J.: *Grundlagen der Roboter-Manipulatoren - Band 2. Pfad- und Bahnplanung, Antriebsauslegung, Regelung*. Springer, 2020

/6.8/ Pfeiffer, F.; Reithmeier, E.: *Roboterdynamik*. Teubner, Stuttgart, 1987

/6.9/ Pfeiffer, F.: *Mechanical Systems Dynamics*. Springer, Berlin [u. a.], 2008

/6.10/ Schröder, D.: *Elektrische Antriebe. Grundlagen*. Springer, Berlin [u. a.], 7. Aufl., 2021

/6.11/ Schröder, D.: *Elektrische Antriebe. Regelung von Antriebssystemen*. Springer, Berlin [u. a.], 5. Aufl., 2021

/6.12/ Wittenburg, J.: *Dynamics of Multibody Systems*. Springer, Berlin [u. a.], 2008

/6.13/ Wörnle, C.: *Mehrkörpersysteme*. Springer, Heidelberg [u. a.], 2. Aufl., 2017

/6.14/ Zirn, O.; Weickert, S.: *Modellbildung und Simulation hochdynamischer Fertigungssysteme*. Springer, Berlin [u. a.], 2006

Aufsätze

/6.15/ Hollerbach, J. M.: *A Recursive Lagrangian Formulation of Manipulator Dynamics and a Comparative Study of Dynamics Formulation Complexity*. In: IEEE Trans. on Syst., Man, Cyber. SMC10 (1980), 730 - 736

/6.16/ Schopen, A.: *Angetrieben mit System*. In: Mechatronik 1 - 2 (2016)

/6.17/ Walker, M. W.; Orin, D. E.: *Efficient dynamic computer simulation of robotic mechanism*. In: Journal of Dynamic Systems, Measurement and Control, 104 (1982), 205 - 211

/6.18/ Weber, W.: *Reduktion von Robotermodellen für die nichtlineare Regelung*. In: Automatisierungstechnik 38 (1990), 410 - 415, 442 - 446

/6.19/ Weber, W.; Anggono, L.: *Stochastic Approach to Generate Approximated Robot Models*. In: Proc. 4th IMACS Symposium on Mathematical Modelling (MATHMOD), Wien, Februar 2003, Vol. 1, S. 203, Vol. 2 (CD), S. 1183 - 1192

Literatur zu Kapitel 7

Lehr- und Fachbücher

/7.1/ An, C. H.; Atkeson, C. G.; Hollerbach, J. M.: *Model-Based Control of a Robot Manipulator*. MITPress, Cambridge (USA), 1989

/7.2/ Corke, P: *Robotics, Vision and Control*, Springer International Publishing, 2017

/7.3/ Craig, J. J.: *Introduction to Robotics. Mechanics and Control*. Prentice Hall, New Jersey, 4. Aufl., 2017

/7.4/ Demant, C.; Streicher-Abel, B.; Springhoff, A.: *Industrielle Bildverarbeitung*, Springer, 2011

/7.5/ Erhard,E: *Einführung in die Digitale Bildverarbeitung*, Vieweg+Teubner, Wiesbaden, 2008

/7.6/ Föllinger, O.: *Regelungstechnik*. VDE-Verlag, 12. Aufl., Berlin, 2016

/7.7/ Groß, H.; Hamann, J.; Wiegärtner, G.: *Elektrische Vorschubantriebe in der Automatisierungstechnik*. Publicis MCD Verlag, Erlangen/München, 2. Aufl., 2006

/7.8/ Koch, H.: *Konturverfolgung mit Industrierobotern*, Dissertation, Universitätsverlag Chemnitz, 2013

/7.9/ Lutz, H.; Wendt, W.: *Taschenbuch der Regelungstechnik*. Verlag Harri Deutsch, Thun und Frankfurt, 12. Aufl., 2021

/7.10/ Mareczek, J.: *Grundlagen der Roboter-Manipulatoren - Band 1. Modellbildung von Kinematik und Dynamik*. Springer, 2020

/7.11/ Mareczek, J.: *Grundlagen der Roboter-Manipulatoren - Band 2. Pfad- und Bahnplanung, Antriebsauslegung, Regelung.* Springer, 2020

/7.12/ Ohser, J.: *Angewandte Bildverarbeitung und Bildanalyse*, Hanser Fachbuchverlag, 2018

/7.13/ Rusin, V.: *Adaptive Regelung von Robotersystemen in Kontaktaufgaben.* Dissertation. Otto-von-Guericke Universität Magdeburg, Magdeburg, 2007

/7. 14/ de Schutter, J.; Baeten, J.: *Integrated Visual Servoing and Force Control*, Springer, 2003

/7. 15/ Siciliano, B.; Khatib, O.: *Springer Handbook of Robotics.* Springer, Berlin [u. a.], 2. Aufl., 2016

/7.16/ Siciliano, B.; Sciavicco, L.; Villani, L.; Oriolo, G.: *Robotics. Modelling, Planning and Control.* Springer, London, 2. Aufl., 2010

/7.17/ Siciliano, B.; Villani, L.: *Robot Force Control.* Kluwer Academic Publishers, Norwell, MA, USA, 2000

/7. 18/ Süße, H.; Rodner, E.: *Bildverarbeitung und Objekterkennung*, Springer, Wiesbaden 2014

/7.19/ Unbehauen, H.: *Regelungstechnik I.* Springer Vieweg, Wiesbaden, 16. Aufl., 2017

/7.20/ Weber, W.: *Regelung von Manipulator- und Roboterarmen mit reduzierten, effizienten inversen Modellen.* In: Fortschr.Ber. VDI, Reihe 8, Nr. 183, VDIVerlag, Düsseldorf, 1989

Aufsätze

/7.21/ Beerhold, J. R.: *Stabile adaptive Regelung nichtlinearer Mehrgrößen-Systeme mit neuronalen RBF-Netzen am Beispiel von Mehrgelenkrobotern.* In: Automatisierungstechnik 44 (1996), 577 - 583

/7.22/ Berns, K.: *Anwendung neuronaler Netze in der Robotik.* In: Robotersysteme 7 (1991), 32 - 32

/7.23/ Damm, M.; Hott, M.: Echtzeitfähige adaptive Positionsregelung für Manipulatoren mit sechs Freiheitsgraden. In: Automatisierungstechnik 42 (1994), 507 - 515

/7.24/ Dalacker, M.; Horn, A.: *Moderne Regelungsverfahren für Industrieroboter.* In: Automatisierungstechnik 41 (1993), 363 - 371

/7.25/ Dresselhaus, M.; Held, J.: *Entwicklungskonzept, Realisierung und Erprobung modellbasierter Regelungsverfahren für innovative Industrierobotersysteme.* In: Robotik 2000, VDI Berichte 1552 (2000), 185 - 190

/7.26/ Freund, E.; Hoyer, H.: *Das Prinzip nichtlinearer Systementkopplung mit der Anwendung auf Industrieroboter.* In: Regelungstechnik 28 (1980), 80 - 87 und 116 - 126

/7.27/ Hollerbach, J. M.; Suh, K. C.: *Redundancy Resolution of Manipulators through Torque Optimization.* In: IEEE Journ. of Robotics and Autom. Ra3 (1987), 308 - 316

/7.28/ JR3: Sensors. *www.jr3.com*, September 2016

/7.29/ Koeppe, R.; Meusel, P.; Hirzinger, G.: *Technologien für die Kraftregelung von Industrie- und Servicerobotern.* In: Robotik 2000, VDI Berichte 1552 (2000), 159 - 165

/7.30/ Kuntze, H. B.: *Regelungsalgorithmen für rechnergesteuerte Industrieroboter.* In: Regelungstechnik 32 (1984), 215 - 226

/7.31/ Kuntze, H. B.; Sajidman, M.; Schill, W.; Endres, D.: *Fuzzy-Logic-Regelung von Robotern.* In: VDI Berichte 1094 (1993), 305 - 319

/7.32/ Lange, F.; Hirzinger, G.: *Erhöhung der Bahngenauigkeit von positionsgeregelten Robotern.* In: VDI Berichte 1094, (1993), 321 - 330

/7.33/ Morel, G.; Malis,E.; Boudet, S.: *Impedance based combination of visual and force control.* In: IEEE International Conference on Robotics and Automation, Vol.2, 1998, pp. 1743 - 1748

/7.34/ Nelson, B.; Morrow, J.; Khosla, P.: *Robotic manipulation using high bandwidth force and vision feedback.* In: Mathematical and Computer Modelling, Volume 24, Issues 5 - 6, Elsevier, 1996

/7.35/ Olomski, J.: *Zentrale Vorsteuerung.* In: Schmid, D. (Hrsg.): Fortschrittliche Robotersteuerungstechnik. Fachberichte Messen Steuern Regeln. Springer, Berlin, 1991, 166 - 177

/7.36/ Ott, C.; AlbuSchäffer, A.; Kugi, A.; Stramigioli, S.; Hirzinger, G.: *Ein passivitätsbasierter Ansatz zur kartesischen Impedanzregelung von Robotern mit elastischen Gelenken.* In: Robotik 2004, VDI Berichte 1841 (2004), 71 - 79

/7.37/ Palm, R.; Hellendoorn, H.: *Fuzzy-Methoden in der Robotik.* In: Künstliche Intelligenz (KI), (1991) 4, 41 - 46

/7.38/ Schunk: Roboterzubehör. *https://schunk.com/de_de/greifsysteme/category/greifsysteme/roboterzubehoer/messen*, April 2019

/7.39/ Süss, U.; Weber, W.: *Untersuchung und Realisierung einer adaptiven Gelenkregelung nach dem Referenzmodellkonzept.* In: VDI Berichte 598 (1986), 297 - 308

/7.40/ Tsai, R.: *A versatile camera calibration technique for high-accuracy 3D machine vision metrology using off-the-shelf TV cameras and lenses.* In: IEEE Journal on Robotics and Automation, Vol. 3, No. 4, pp. 323 - 344, 1987

/7.41/ Weber, W.: *Adaption einer Roboterregelung an ein Referenzverhalten bei Parameteränderungen.* In: VDI Berichte 1094 (1993), 263 - 274

/7.42/ Weber, W.: *Modellbasierte Gelenkregelung in Kaskadenstruktur mit vorgegebenem Regelungsverhalten.* In: Robotik 2000, VDI Berichte 1552 (2000), 185 - 190

/7.43/ Weber, W.: *Modifizierter Drehzahlregler für automatischen Entwurf.* In: Wt - Werkstattstechnik online 91 (2001), 693 - 697

/7.44/ Weber, W.: *Reduktion von Robotermodellen für die nichtlineare Regelung.* In: Automatisierungstechnik 38 (1990), 410 - 415, 442 - 446

/7.45/ Weber, W.; Koch, H.: *Zustandsregler für Achsen mit Nachgiebigkeiten - ReDuS+ unterstützt Anlagenpersonal.* In: Automatisierungstechnische Praxis (atp), Oldenbourg Industrieverlag, Heft 4/2010, S. 888 - 892

/7.46/ Weber, W.; Kayser, A.: *Anwendungsorientierter Entwurf von Bewegungsregelungen.* In: Int. Forum Mechatronik (IFM2006), Linz, 2006, S. 245 - 266

/7.47/ Weber, W.: *Automatic Generated Real-time Models of Robot Dynamics.* In: Prepr. Int. Symp. on Robot Control (SYROCO), Wrocław, Poland, September 2003, S. 47 - 52

/7.48/ Weiss, L.; Sanderson, A.; Neuman, C.: *Dynamic sensor-based control of robots with visual feedback.* In: IEEE Journal on Robotics and Automation, Vol. 3, No. 5, pp. 404 - 417, 1987

/7.49/ Winkler, A.; Suchý, J.: *Lastidentifikation und Messung dynamischer Kräfte und Momente mit einem 12D-Kraft-/Momentsensor.* In: Robotik 2008, VDIBerichte 2012, VDIVerlag, Düsseldorf, 2008, S. 33 - 36 (Langfassung auf CD)

/7.50/ Wu, J.; Cheng, M.: *Depth estimation of objects with known geometric model for IBVS using an eye-in-hand camera.* International Conference on Advanced Robotics and Intelligent Systems (ARIS), 2017

/7.51/ Xu, X.: *Application of Rule Based FC Approach with Dynamic Compensation to Robot Manipulators.* In: Proc. of 1988 IEEE Int. Workshop on Intelligent Robots and Systems, IROS'88, Tokyo, 1988, S. 131 - 136

/7.52/ Ye, J.: *Modellgestützte adaptive Regelverfahren für Industrieroboter.* Bericht aus dem Institut A für Mechanik. Universität Stuttgart, Stuttgart, 2000

Literatur zu Anhang A

/A1/ Bartsch, J.; Sachs, M.: *Taschenbuch mathematischer Formeln.* Hanser, München, 24. Aufl., 2018

/A2/ Bronstein, I. N.; Semendjajew, K. A. [u. a.]: *Taschenbuch der Mathematik.* Verlag Europa-Lehrmittel, Nourney, 11. Aufl. 2020

Formelzeichen

a	Parameter P-T_2-Übertragungsfunktion
a_i	Denavit-Hartenberg-Parameter Gelenk i, $i = 0, 1, 2$, Parameter der Regelstrecke, $i = 0, 1, 2, 3$, Koeffizienten PTP-Splines
$\boldsymbol{a}_i$	Koeffizientenvektoren kart. Splines
$a_{k,i}$	$k = 0, 1$, Koeffizienten des nominalen Übertragungsverhaltens, Gelenk i
A	Winkel, Euler-Winkel
A_{St}	Startwert Euler-Winkel A
A_Z	Zielwert Euler-Winkel A
${}^C_0\boldsymbol{A}$	Rotationsmatrix zwischen K_C und K_0
${}^k_i\boldsymbol{A}$	Rotationsmatrix zwischen K_k und K_i
b	Parameter P-T_2-Übertragungsfunktion
$\boldsymbol{b}$	Systemvektor, Kraft-/Momentenvektor
$\boldsymbol{b}^*$	Vektor der Regelstrecke
$\tilde{\boldsymbol{b}}$	Näherung von $\boldsymbol{b}^*$
b_G	Bahnbeschleunigung Zirkularbahn
$\hat{b}_c$	Anwendervorgabe für b_c
b_m	Bahnbeschleunigung PTP-Bahn
$\hat{b}_m$	Anwendervorgabe für b_m
b_p	Bahnbeschleunigung Linearbahn
$\hat{b}_p$	Anwendervorgabe für b_p
b_w	Bahnbeschl. Orientierungsänderung
$\hat{b}_w$	Anwendervorgabe für b_w
$b_{k,i}$	$k = 0, 1$, Koeffizienten des nominalen Übertragungsverhaltens, Gelenk i
B	Winkel, Euler-Winkel
B_{St}	Startwert Euler-Winkel B
B_Z	Zielwert Euler-Winkel B
C	Winkel, Euler-Winkel
$\boldsymbol{C}$	Systemmatrix der Coriolis- und Zentripetalkräfte/Momente, Diagonalmatrix der Motorkonstanten
c_1, c_2	Gewichtungsfaktoren, Parameter des PI-Algorithmus
C_i	Motorkonstante des Motors
C_t	Steifigkeitsmatrix
$\boldsymbol{C}(t)$	Regler (externe hybride Regelung)
C_{St}	Startwert Euler-Winkel C
C_Z	Zielwert Euler-Winkel C
d_i	Schublänge, D.-H.-Parameter Gelenk i
d_L	Dämpfung Lageregelkreis
d_v	Dämpfung Geschwindigkeitsregelkreis
d_V	Länge eines Objekts in Bildkoord.
$\boldsymbol{D}_k$	$k = 0, 1$, Parametermatrix der Zusatzsignalsynthese
d_R	Länge eines Objekts in Weltkoord.
e	Regelfehler, Schleppabstand
e_∞	bleibender Regelfehler
$\boldsymbol{e}_R$	Drehvektor
$\boldsymbol{e}_u$	Einheitsvektor von $\boldsymbol{u}$
$\boldsymbol{e}_V$	Regelfehler in Bildkoordinaten
$\boldsymbol{e}_x$	Regelfehler (Visual Servoing) kart. Koord.
f	Freiheitsgrad
$\boldsymbol{f}_C$	Funktionsvektor von Winkelgeschwindigkeiten
$\boldsymbol{f}_{ex}$	externer Kraftvektor
$\boldsymbol{f}_{ex,S}$	Sollvektor der auszuübenden Kraft
$\boldsymbol{f}_i$	Kraftvektor auf Armteil i
F_D, $F_{D,i}$	Reibungskoeffizient des Drehgelenks i
$\hat{F}_{D,i}$	Reibungskoeffizient Schubgelenk i
$\boldsymbol{F}_D$	Matrix der Reibungskoeffizienten
$\boldsymbol{F}_i$	generalisierter Kraftvektor auf Armteil i
F_M, $F_{M,i}$	Reibungskoeffizient Motor i
$\boldsymbol{F}_M$	Koeffizientenmatrix Motorreibung
$\boldsymbol{F}_{St,v}(s)$	Übertr.fkt. Geschwindigkeitsregelkreis
$\boldsymbol{F}_0(s)$	Übertragungsfkt. offener Lageregelkreis
g	Fallbeschleunigung
$\boldsymbol{g}$	Vektor der Fallbeschleunigung

G	Vektor der Gravitationskräfte/-momente
$G_v(s)$	Übertr.fkt. Geschwindigkeitsregelkreis
h_i	Art des Gelenks i
I_A	Ankerstrom
$\boldsymbol{I}(t)$	Integralteil zum Zeitpunkt t
$\boldsymbol{I}_A$	Vektor der Ankerströme
$\boldsymbol{I}_{SP,i}$	Trägheitstensor Armteil i
$\boldsymbol{I}_V$	Kamerabild
$\boldsymbol{J}$	Jacobi-Matrix der Kinematik
$\hat{\boldsymbol{J}}$	Jacobi-Matrix für Kräfte/Momente
J_A	Massenträgheitsmoment Motoranker
$\boldsymbol{J}_A$	Matrix der Motorträgheitsmomente
$\boldsymbol{J}_V$	Bild-Jacobi-Matrix
k	Skalar, Faktor
K_D	Reibungskoeffizient
$K_{D,i}$	Koeffizient des D-Teils, Gelenk i
K_i	Koordinatensystem i
K_I	Koeffizient des Reglerintegralteils
$K_{I,i}$	Koeffizient des Reglerintegralteils
$\boldsymbol{K}_I$	Diagonalmatrix aller $K_{I,i}$
$\boldsymbol{K}_{IN}$	Matrix der Zusatzsignalsynthese
K_L	Verstärkung Lageregler
K_{MI}	Strommesskonstante
$\boldsymbol{K}_M$	Matrix von Motorparametern
K_p	Verstärkung PI-Regler
K_{St}	Streckenverstärkung
K_V	Regelparameter
K_{Vor}	Geschwindigkeitsvorsteuerung
K_W	Werkzeug-/Effektorkoordinatensystem
K_0	Gesamtverstärkung, Basiskoordinatensystem
l	Abstand Bildebene/Lochblende
l	Längenparameter
$\boldsymbol{l}$	Einheitsvektor von K_W
$\boldsymbol{m}$	Einheitsvektor von K_W
M	Massenträgheitsmoment Armteil
M_A	Motorantriebsmoment
$M_{A,i}$	Antriebsmoment, Motor i
M_R	Reibungsverlustmomente des Motors
M_{R0}	statisches Reibungsmoment des Motors
$\boldsymbol{M}$	Massenmatrix
$\boldsymbol{M}^*$	Systemmatrix der Regelstrecke

$\tilde{\boldsymbol{M}}$	Näherung von $\boldsymbol{M}^*$
$\boldsymbol{M}_A$	Vektor der Motorantriebsmomente
$\boldsymbol{M}_L$	Vektor der Motornutzmomente
$\boldsymbol{M}_R$	Vektor der Motorverlustmomente
$\boldsymbol{M}_{R0}$	Vektor der statischen Reibungsmomente
n	Anzahl der Gelenke, natürliche Zahl
n_C	Anzahl von Komponenten in $\boldsymbol{f}_C$
$\boldsymbol{n}$	Drehmomentenvektor, Einheitsvektor von K_W
$\boldsymbol{n}_i$	Momentenvektor auf Armteil i
$\boldsymbol{n}_{ex}$	externer Drehmomentenvektor
$\boldsymbol{n}_{ex,S}$	Sollvektor externer Drehmomente
n_x	Bildbreite
n_y	Bildhöhe
$\boldsymbol{N}_i$	generalisiertes Moment auf Armteil i
$\boldsymbol{p}(t)$	Vektor der kartesischen Position
$\boldsymbol{p}_H$	Vektor der Hilfsposition, Zirkularbahn
$\boldsymbol{p}_{HM}$	Vektor vom Hilfs- zum Mittelpunkt
$\boldsymbol{p}_{HZ}$	Vektor vom Hilfs- zum Zielpunkt
$\boldsymbol{p}_i$	Ortsvektor von K_0 nach K_i, Vektor von K_{i-1} nach K_i
$\boldsymbol{p}_{St}$	Startposition CP-Bahn
$\boldsymbol{p}_{StH}$	Vektor vom Start- zum Hilfspunkt
$\boldsymbol{p}_{StZ}$	Vektor vom Start- zum Zielpunkt
$\boldsymbol{p}_Z$	Zielposition CP-Bahn
$\boldsymbol{p}_{ZW}$	Positionsvektor zur Zwischenstellung
$\boldsymbol{p}_{04}$	Vektor von K_0 nach K_4
$\boldsymbol{p}_{14}$	Vektor von K_1 nach K_4
$P(t)$	Proportionalteil zum Zeitpunkt t
P_H	Hilfspunkt Zirkularbahn
P_{St}	Startpunkt CP-Bahn
P_Z	Zielpunkt CP-Bahn
$\boldsymbol{qt}$	Quaternion
$q(t)$	Gelenkkoordinate
$q_S(t)$	Sollwert der Gelenkkoordinate
q_{St}	Startwert der Gelenkkoordinate
q_Z	Zielwert der Gelenkkoordinate
$q_{S,L}$	Sollkoordinate der Leitachse
$q_{ZW,L}$	Zwischenlage der Leitachse
$\boldsymbol{q}(t)$	Vektor der Gelenkkoordinaten
$\boldsymbol{r}$	Vektor der Reglerausgangsgrößen
$\boldsymbol{r}_{S,i}$	Vektor zum Schwerpunkt Armteil i

$\boldsymbol{R}$	Rotationsmatrix der Euler-Winkel, Reibungsmatrix
$\boldsymbol{R}_V$	Ergebnisbild der Merkmalssuche
s	Laplace-Variable
$s(t)$	Bahnparameter der PTP-Bahn
$s_c(t)$	Bahnparameter der Zirkularbahn
s_e	Länge eines Bahnsegmentes PTP-Bahn
s_{ec}	Länge eines Bahnsegm. Zirkularbahn
s_{ep}	Länge eines Bahnsegmentes Linearbahn
s_{ew}	Bahnlänge Orientierungsänderungen
$s_c(t)$	Bahnparameter Zirkularbahn
$s_p(t)$	Bahnparameter der Linearbahn
$s_w(t)$	Bahnparam. der Orientierungsänderung
$\boldsymbol{s}_i$	Vektor von K_i zum Schwerpunkt SP_i
SP_i	Schwerpunkt Armteil *i*
$\boldsymbol{S}_G$	Getriebematrix
$\boldsymbol{S}, \boldsymbol{S}'$	Auswahlmatrizen der Kraftregelung
t	Parameter der Zeit
t_b	Beschleunigungszeit der PTP-Bahn
t_{bc}	Beschleunigungszeit der Zirkularbahn
t_{bp}	Beschleunigungszeit der Linearbahn
t_{bw}	Beschl.zeit der Orientierungsänderung
t_e	Bahndauer der PTP-Bahn
t_{ec}	Bahndauer der Zirkularbahn
t_{ep}	Bahndauer der Linearbahn
t_{ew}	Bahndauer der Orientierungsänderung
t_v	Bremszeitpunkt der PTP-Bahn
t_{vp}	Bremszeitpunkt der Linearbahn
t_{vc}	Bremszeitpunkt der Zirkularbahn
t_{vw}	Bremszeitp. Orientierungsänderung
T_A	Abtastzeit
T_L	Zeitkonstante des Lageregelkreises
T_N	Nachstellzeit des PI-Reglers
T_R	Referenzzeitkonstante
T_{St}	Zeitkonstante der Strecke
$\boldsymbol{T}_V$	Suchbild (Template Matching)
T_V	Zeitkonstante des Geschw.regelkreises
$\boldsymbol{T}_G$	Getriebematrix
$\boldsymbol{T}_W$	Lage des Werkzeuges als Frame
${}^C_0\boldsymbol{T}$	Frame zwischen K_C und K_0
${}^k_i\boldsymbol{T}$	Frame zwischen K_k und K_i
T_Ipo	zeitlicher Interpolationsabstand
u	Getriebefaktor, Stellgröße
$ü$	Überschwingweite
u_i^*	Ersatzstellgröße *i*
$\boldsymbol{u}$	Spaltenvektor
$\hat{\boldsymbol{u}}$	Ausgangsvektor der Vorsteuerung
$\boldsymbol{U}_S$	Vektor der Steuergrößen
v_C	Geschwindigkeit Zirkularbahn
$\hat{v}_c$	Vorgabewert für v_c
v_m	Bahngeschwindigkeit
$\hat{v}_m$	Vorgabewert für v_m
$v_{m,\max}$	max. mögliche Bahngeschwindigkeit
v_p	Geschwindigkeit Linearbahn
$\hat{v}_p$	Vorgabewert für v_p
v_S	Sollwert der Geschwindigkeit
$v_{Ueb,CP}$	Parameter CP-Überschleifen
$v_{Ueb,PTP}$	Parameter PTP-Überschleifen
v_w	Änderungsgeschwindigkeit Orientierung
$\hat{v}_w$	Vorgabewert für v_w
$\boldsymbol{v}$	Geschwindigkeitsvektor
$\boldsymbol{v}_i$	Geschwindigkeitsvektor Armteil *i*
V_R	Parameter ReDuS-Regler
$\boldsymbol{V}_s$	Sollwertvektor in Bildkoordinaten
$\boldsymbol{v}_{S,i}$	Geschw.vektor Schwerpunkt Armteil *i*
$\boldsymbol{V}$	Merkmalsvektor in Bildkoordinaten
$\boldsymbol{V}$	partieller Vektor kart. Beschleunigung
w	Sollwert der Regelgröße
$w(t)$	Vektor der Euler-Winkel
$\boldsymbol{w}_{St}$	Startvektor der Euler-Winkel
$\boldsymbol{w}_Z$	Zielvektor der Euler-Winkel
x	kartesische Koordinate, Regelgröße
$\boldsymbol{x}$	Vektor der Weltkoordinaten
$\boldsymbol{x}_C$	Basisvektor von K_C
$\boldsymbol{x}_V$	Bildmerkmal in kart. Koord.
$\boldsymbol{x}_{V,s}$	Sollwert Bildmerkmal in kart. Koord.
y	kartesische Koordinate
$\boldsymbol{y}_C$	Basisvektor von K_C
z	kart. Koordinate, Störgröße
$\boldsymbol{z}_C$	Basisvektor von K_C
α	(Euler-)Winkel, Parameter ReDuS
α_i	Denavit-Hartenberg-Winkel Gelenk *i*
β	(Euler-)Winkel, Parameter ReDuS

ε_{CP}	Parameter CP-Überschleifen
φ_R	Drehwinkel
φ_R	Phasenreserve
φ_Z	Zentriwinkel des Kreisbogens
ϕ	Roll-Winkel
ψ	Yaw-Winkel
χ	Winkel, Euler-Winkel
θ	Pitch-Winkel
θ_i	Winkel des Gelenks *i*
τ_i	Schubkraft, Drehmoment des Gelenks *i*
ω_D	Durchtrittskreisfrequenz
$\boldsymbol{\tau}$	Vektor der Gelenkkräfte/-momente
$\boldsymbol{\omega}$	Winkelgeschwindigkeitsvektor
$\boldsymbol{\omega}_i$	Winkelgeschwindigkeitsvektor Armteil *i*
Ω	Vektor Motorwinkelgeschwindigkeiten

Index

Symbole

A

B

C

D

E

F

G

H

I

J

K

L

M

T

U

V

W

Z

Weber/Koch

Industrieroboter